GÉOMÉTRIE

ET

MÉCHANIQUE

DES

ARTS ET MÉTIERS

ET DES BEAUX-ARTS.

Circulaire de Son Excellence le Ministre de l'Intérieur, adressée à tous les Préfets du Royaume.

Paris, le . novembre 1825.

Monsieur le préfet, des essais dont les commencements font augurer la réussite, sont tentés depuis quelque temps, pour mettre à la portée de ceux qui exercent les professions industrieuses, ou qui s'y destinent, des cours où s'enseignent les éléments les plus simples, ou plutôt les applications les plus usuelles aux arts et métiers, de la géométrie et de la méchanique.

Plusieurs villes ont paru disposées à suivre le modèle qu'offre à cet égard le cours professé à Paris, au Conservatoire royal des arts et métiers, par M. le baron Dupin, de l'Académie royale des sciences. On ne saurait mettre en doute, dans les pays manufacturiers, l'utilité et la grande importance de ces lumières, sans lesquelles l'industrie ne peut faire de véritables progrès; on doit y apprécier des cours où l'on propose de rendre ces connaissances accessibles et familières aux artistes, en les appropriant à leur capacité comme à leurs besoins, en les réduisant à la mesure du peu de temps dont ils peuvent disposer.

Si quelque ville de votre département ambitionnait sa part dans cette instruction, je le verrais avec intérêt; et vous pouvez assurer celles qui ont des fonds pour subvenir à la dépense de ces cours, qu'elles trouveront l'administration disposée à seconder leurs vœux; particulièrement elle leur désignera des professeurs de choix et de confiance.

Tout exemplaire du présent ouvrage qui ne porterait pas ma signature comme ci-dessous, sera contrefait ; conformément à la loi, je poursuivrai les contrefacteurs et les débitants de cet exemplaire.

Je poursuivrai également dans l'étranger, comme *faussaire*, tout contrefacteur qui, pour tromper le public sur l'édition originale, apposerait ma signature.

Bachelier

PARIS. — IMPRIMERIE DE FAIN, RUE RACINE, N°. 4,
PLACE DE L'ODÉON.

Circulaire de Son Excellence le Ministre de l'Intérieur, adressée à tous les Préfets du Royaume.

Paris, le . novembre 1825.

Monsieur le préfet, des essais dont les commencements font augurer la réussite, sont tentés depuis quelque temps, pour mettre à la portée de ceux qui exercent les professions industrieuses, ou qui s'y destinent, des cours où s'enseignent les éléments les plus simples, ou plutôt les applications les plus usuelles aux arts et métiers, de la géométrie et de la méchanique.

Plusieurs villes ont paru disposées à suivre le modèle qu'offre à cet égard le cours professé à Paris, au **Conservatoire** royal des arts et métiers, par M. le baron Dupin, de l'Académie royale des sciences. On ne saurait mettre en doute, dans les pays manufacturiers, l'utilité et la grande importance de ces lumières, sans lesquelles l'industrie ne peut faire de véritables progrès; on doit y apprécier des cours où l'on propose de rendre ces connaissances accessibles et familières aux artistes, en les appropriant à leur capacité comme à leurs besoins, en les réduisant à la mesure du peu de temps dont ils peuvent disposer.

Si quelque ville de votre département ambitionnait sa part dans cette instruction, je le verrais avec intérêt; et vous pouvez assurer celles qui ont des fonds pour subvenir à la dépense de ces cours, qu'elles trouveront l'administration disposée à seconder leurs vœux; particulièrement elle leur désignera des professeurs de choix et de confiance.

Je dois seulement vous faire remarquer qu'il s'agit ici d'une amélioration locale dans les professions industrieuses d'une ville ; un établissement à former dans ce but doit rester purement municipal : les fonds départementaux, ayant d'autres destinations, ne sauraient y concourir ; et ce n'est pas au conseil-général du département que doivent s'adresser les invitations de contribuer à la propagation de ce genre d'enseignement.

Recevez, Monsieur le Préfet, l'assurance de ma considération la plus distinguée,

POUR LE MINISTRE,

Le Conseiller d'État, Directeur,

Signé, DE SIRIEYS.

OBSERVATIONS

SUR

L'ENSEIGNEMENT DE LA GÉOMÉTRIE

ET

DE LA MÉCHANIQUE,

APPLIQUÉES AUX ARTS ET MÉTIERS ET AUX BEAUX-ARTS.

Par le baron CHARLES DUPIN, *membre de l'Académie royale des sciences, professeur au Conservatoire royal des arts et métiers*, etc.

PLUSIEURS contrées de l'Europe, qui fleurissent par les bienfaits de l'industrie, l'Angleterre, l'Écosse, la Prusse, les Pays-Bas, ont établi dans leurs cités, un enseignement spécial dont l'objet est de propager, au sein des ateliers et des manufactures, les applications les plus simples, les plus faciles et les plus fécondes de la science. Ce nouvel enseignement a déjà produit des résultats très-remarquables, en faveur des villes étrangères qui l'ont institué. La prospérité de Glasgow, par exemple, doit être attribuée à la supériorité qu'ont acquise ses fabrications de toute espèce, par l'instruction générale donnée aux chefs d'ateliers et de manufactures, ainsi qu'aux simples ouvriers.

Si la France restait en arrière de ce progrès des nations qui sont nos rivales en industrie, la France se trouverait dépassée de plus en plus; elle ne pourrait soutenir la concurrence du commerce, et se priverait volontairement des améliorations grandes et nombreuses qui, de toutes parts, se présentent à produire.

Déjà, beaucoup de villes du royaume ont reconnu la vérité de ces observations; elles ont fait des efforts dignes d'être cités en exemple, pour donner à la classe laborieuse une instruction appropriée à ses travaux.

Le gouvernement a secondé, avec bienveillance et générosité, ce mouvement imprimé vers un meilleur ordre de choses.

Son Excellence le Ministre de la Marine et des Colonies a gratifié d'un présent inestimable toutes les villes maritimes de la France, en prescrivant aux professeurs royaux d'hydrographie et de navigation, de professer la géométrie et la méchanique appliquées aux arts, en faveur de la classe industrieuse, à l'heure où ferment les ateliers. Par cette seule décision, quarante-quatre ports ont été pourvus du nouvel enseignement. Il suffit de citer parmi ces ports, Marseille, Bordeaux, Nantes, Rouen, le Hâvre, la Rochelle, Caen, Dunkerque, Lorient, Brest, Cherbourg, Arles, Narbonne, Toulon, etc.

Dans la plupart de ces ports, l'autorité municipale a secondé puissamment les vues bienfaisantes du ministre de la marine, en accordant un vaste local et les fonds nécessaires pour le chauffer, l'éclairer, le garnir de bancs, de tables, de tableaux propres aux démonstrations, etc.

Au Hâvre, la chambre de commerce a prêté sa grande salle d'audience, pour admettre un nombre suffisant de personnes, aux leçons du professeur.

A Lorient, M. le chevalier de Kerdrel, ancien officier de marine et maire de la ville, animé du plus noble zèle, établit une école de dessin linéaire, afin de compléter l'instruction des élèves qui suivront le cours de géométrie et de méchanique appliquées aux arts.

A Marseille, l'autorité municipale a signalé son amour du bien public, en accordant les fonds nécessaires à l'érection d'un amphithéâtre dans lequel aura lieu le nouvel enseignement. Une telle mesure fait le plus grand honneur à M. le marquis de Montgrand, maire de Marseille, et à ses dignes adjoints.

Pour atteindre le même but, la ville de Rouen, représentée par son maire, M. le marquis de Martainville, et par le conseil général de la commune, surpasse en munificence la ville même de Marseille. Dans un local spacieux approprié pour l'enseignement industriel, on donnera des leçons de géométrie, de méchanique et de chimie appliquées aux arts, et de dessin linéaire.

A Saint-Brieuc, M. le comte Frottier de Banieux, préfet du département des Côtes-du-Nord, après avoir concerté tous les préparatifs avec M. le Maire et M. le Commissaire des Classes, s'est fait un devoir et un honneur de présider lui-même à la séance d'installation de ce cours, où les autorités civiles et militaires ont assisté, et que Monseigneur l'évêque du diocèse a voulu bénir par sa présence.

Il serait trop long de citer toutes les villes maritimes où les autorités civiles, maritimes, militaires et religieuses, ont concouru, avec le plus généreux zèle, à la prospérité du nouvel enseignement.

Les villes de l'intérieur ne sont pas restées en arrière de ce beau mouvement.

Son Excellence le Ministre de l'intérieur, profondément pénétré des résultats utiles qu'on doit attendre de la géométrie et de la méchanique enseignées, dans leurs applications, aux personnes qui professent les arts et métiers et les beaux-arts, vient d'écrire à tous les préfets des départements du royaume, afin de leur exprimer son vœu pour qu'on établisse un pareil enseignement dans toutes les villes importantes.

Déjà plusieurs départements populeux, plusieurs grandes villes ont pris l'avance; nous pouvons citer dans ce nombre, Metz, Clermont-Ferrand, Nevers, Lyon, etc.

Pour faire participer aux bienfaits du nouvel enseignement, les habitants de l'Alsace qui ne sont familiers qu'avec la langue allemande, on traduit dans cette langue les leçons de Géométrie et de méchanique appliquées aux arts. Ainsi vont être exaucés nos vœux pour l'instruction de cette industrieuse et belle province.

Une émulation remarquable doit s'établir entre toutes les cités de la France.

Les villes, qui les premières posséderont un enseignement propre à donner une grande supériorité aux chefs d'ateliers et de manufactures et aux artistes de toute profession, verront leur industrie prendre une rapide avance sur les autres villes; leur prospérité nouvelle, résultat de cette supériorité, deviendra le digne prix des sacrifices qu'elles auront faits.

Il sera beau de mettre en parallèle, les efforts généreux des habitants et de leurs magistrats, des conseils municipaux, des maires et des préfets.

Le gouvernement laisse à la charge des communes, un enseignement qui doit bénéficier spécialement à chaque commune. Ce ne peut être que sur les fonds disponibles, dans chaque municipalité, que soient prises les dépenses du nouvel enseignement.

Quant aux villes les plus opulentes, une telle charge sera trop peu de chose pour qu'elle mérite d'être mentionnée. Ces villes sentiront l'importance de rétribuer honorablement un professeur spécial; afin que ce professeur soit un homme choisi, parmi beaucoup de candidats, pour ses rares talents et son expérience.

Quant aux villes moins riches, qui ne pourront faire des sacrifices considérables, essayons de leur indiquer des moyens économiques pour arriver au même but.

Dans chaque ville du second et du troisième ordre, se trouve au moins un professeur de mathématiques attaché au collége. On peut inviter ce professeur à donner, deux ou trois fois par semaine, le soir, à l'heure où l'on ferme les ateliers, des leçons de géométrie et de méchanique appliquées aux arts et métiers. Ces leçons étant imprimées pour le cours normal, donné au Conservatoire de Paris, chaque professeur n'aura plus qu'à les répéter; et ce travail est si facile, qu'on doit compter qu'il sera partout fait avec succès.

Un traitement supplémentaire, ne fût-il que moitié des appointements qu'il faudrait donner à un professeur spécial, accroîtra beaucoup l'aisance du professeur du collége, et le récompensera justement de ses nouvelles occupations.

Dans la plupart des villes, se présenteront d'anciens élèves de l'École Polytechnique familiers avec la géométrie et la méchanique. Beaucoup d'entr'eux commenceront gratuitement des cours, jusqu'à l'époque où l'on trouvera les moyens d'offrir une juste rétribution pour un professeur spécial. A Nevers, à Metz, à Lyon, etc., d'anciens élèves de l'École Polytechnique rendent, aujourd'hui même, ce généreux service à leur pays.

On voit, dans nos cités, un grand nombre de jeunes gens qui ont acquis une instruction purement littéraire ; leur esprit, vaguement développé, reste sans application. Ils croupissent dans la misère, s'ils ne peuvent obtenir, dans un bureau, quelque place de commis subalterne. Que de fois ils maudissent leur instruction première, brillante et sans utilité ! L'enseignement de l'industrie peut offrir une carrière à ces jeunes gens. Qu'ils étudient les éléments si faciles de la géométrie et de la méchanique appliquées aux arts et métiers et aux beaux-arts, pour enseigner ces éléments et former des artistes dans la partie théorique. La plupart trouveront bientôt, dans les grands ateliers et dans les grandes manufactures, une existence aisée, honorable. Alors, ils mettront en pratique les applications qu'ils auront quelque temps professées. Ainsi l'on offre un écoulement heureux et paisible au superflu de l'éducation purement spéculative; c'est un des plus grands bienfaits du nouvel enseignement.

Voilà ce que nous avons à dire au sujet des professeurs.

Quant aux dépenses qui seront nécessitées par le chauffage et l'éclairage de la salle destinée aux leçons, c'est un objet trop peu considérable pour arrêter les villes qui auront la moindre disposition à perfectionner leurs arts et leurs métiers. L'enrichissement de ces villes, fruit immédiat d'une industrie perfectionnée, les récompensera bientôt au centuple de ces légers sacrifices.

Lorsque le premier établissement des professeurs et du local sera fait, on pensera, par degrés, à former des collections de modèles et de machines. Ces collections pourront être riches et vastes, dans les villes manufacturières. Elles devront naturellement être moins étendues, et moins coûteuses, dans les villes d'un ordre inférieur. Dans ces villes, on pourra former les collections, d'une manière économique, en engageant l'ouvrier, l'artiste, qui suivra les cours, à donner seulement un modèle des produits ou des machines de son industrie spéciale. Chaque tailleur de pierre pourra faire cadeau d'une petite voûte, d'une petite porte ou d'une petite fenêtre, taillées au trait. De même, chaque charpentier pourra faire cadeau d'une pièce de charpente taillée en petit, comme modèle. Chaque menuisier pourra donner un prisme, un cube, une pyramide; chaque tourneur pourra donner un cylindre, un cône, une sphère, etc.

Le charron, le tonnelier, le machiniste, l'horloger, etc., feront pareillement leur modeste présent; et la collection se complètera peu à peu, par les tributs des élèves. Ce sera, pour chaque ville, le commencement d'un Musée d'industrie. Pour enrichir ce musée on saura tirer parti d'un juste et louable amour-propre, en inscrivant les noms des auteurs de chaque modèle, sur ce modèle même; ce qui servira, pour toutes les personnes qui viendront voir la collection, comme d'un échantillon propre à montrer le degré de talent des artistes, et propre à donner la vogue aux producteurs qui la mériteront.

Il y aurait encore beaucoup d'autres observations à faire, au sujet du nouvel enseignement. Nous aimons mieux les borner au petit nombre d'idées principales, qu'il importe, dès à présent, de mettre en exécution; nous réservant de présenter d'autres observations, quand il s'agira de perfectionner un enseignement qu'il faut, avant tout, songer à faire naître.

RAPPORTS

Des nouvelles mesures aux anciennes et des anciennes aux nouvelles.

1 mètre	=	3 pieds 11 lignes et 296 millièmes de ligne.
1 toise	=	1 mètre et 949 millimètres.
1 pied	=	325 millimètres.
1 pouce	=	27 millimètres et un dixième.
1 ligne	=	2 millimètres et 256 millièmes de millimètre.
1 are	=	2 perches et 927 millièmes de perche.
1 hectare	=	2 arpents et 927 millièmes d'arpent.
1 arpent	=	34 ares et 2 dixièmes.
1 perche	=	34 centièmes d'are.
1 litre	=	1 pinte 51 millièmes de pinte.
1 hectolitre	=	641 millièmes de septier.
1 septier	=	156 litres.
1 pinte	=	951 millièmes de litre.
1 gramme	=	19 grains.
1 kilogramme	=	2 liv. 5 gros 35 grains et 15 centièmes de grain.
10 grains	=	53 centigrammes.
1 gros	=	382 centigrammes.
1 once	=	30 grammes et 59 centigrammes.
1 livre	=	489 grammes et $\frac{1}{2}$ gramme.

MÉCHANIQUE

DES

ARTS ET MÉTIERS

ET DES BEAUX-ARTS.

PREMIÈRE LEÇON.

Système général des mesures employées dans les arts méchaniques.

Toutes les propriétés de la matière sont susceptibles d'être mesurées. Leur mesure fournit à la science des calculs, le moyen d'évaluer les rapports qu'ont entr'elles des propriétés comparables, et les divers degrés de la même propriété.

La science appelée *Physique* a pour un de ses objets principaux, la recherche des moyens d'obtenir cette mesure des propriétés de la matière. Chaque fois qu'on découvre une nouvelle branche de cette science, il faut trouver des mesures pour les rapports nouveaux qu'elle étudie. D'ordinaire, chacune de ces mesures conduit à des connaissances que, sans elle, il n'avait pas été possible d'acquérir.

Bornons-nous, maintenant, à la considération des mesures dont l'usage est indispensable dans toutes les parties de la méchanique. Quant aux mesures spéciales qui ne sont utiles qu'à certaines parties de cette science, et qu'à certains arts, nous les ferons connaître successivement, lorsque nous traiterons des matières spéciales qui les concernent.

Des mesures géométriques. J'appelle ainsi les mesures d'étendue, savoir : de distances, de surfaces et de volumes. La méchanique en fait usage pour mesurer les espaces occupés et les espaces parcourus par des points, des lignes, des surfaces et des corps.

Mesures de longueur. On conçoit qu'on peut prendre une partie de ligne droite plus ou moins étendue, pour unité de longueur. On peut de même changer cette unité suivant les temps, les lieux, les besoins et les circonstances. Aussi voyons-nous que les Français, les Allemands, les Italiens, les Anglais, et presque tous les peuples de la terre, emploient une unité différente pour la mesure des longueurs. Il y a plus : chez le même peuple, on voit souvent dans les diverses provinces, employer des mesures de longueur qui n'ont pas la moindre analogie.

Une telle diversité produit des inconvénients graves dans la pratique des arts, dans les opérations du commerce, et dans les relations de la société; cette diversité rend indispensable la connaissance exacte des rapports d'unités très-disparates, consacrées à la mesure des mêmes objets. Lorsqu'ensuite, on veut exécuter les calculs nécessaires aux travaux méchaniques, aux transports, aux ventes, aux achats, il faut, à chaque instant, faire des réductions de chiffres, pour connaître la véritable valeur des dimensions et des prix.

Indépendamment de la perte de temps qu'entraînent de telles réductions, un détriment notable résulte des moyens qu'elles fournissent pour frauder les hommes qui n'ont pas le loisir ou le savoir qu'exigent des calculs compliqués et sans cesse renaissants.

Il importe donc beaucoup à chaque peuple, que, dans toute l'étendue de son territoire, on n'emploie pour chaque chose qu'une seule espèce de mesures.

Si nous portions nos vues plus loin encore, nous verrions qu'il n'importe pas moins à l'espèce humaine toute entière, considérée dans ses grandes relations sociales, de n'avoir qu'un même système de mesures pour l'univers civilisé.

Aujourd'hui, le royaume des Pays-Bas, une partie de la Suisse, le Piémont, l'ancien royaume d'Italie et le royaume de Naples, font usage du système de mesures établi par les Français; et l'on pourrait raisonnablement espérer de voir ce système adopté par toutes les nations éclairées, si l'orgueil national de certains peuples, jaloux de notre gloire, ne s'opposait pas à cette introduction bienfaisante.

L'unité des mesures de longueur, anciennement adoptée parmi nous, n'avait, dans la nature, aucun type invariable, auquel on pût recourir, pour retrouver cette unité, dans tous les lieux et dans tous les temps. Le *pied* et la *toise* avaient été pris originairement sur la longueur du pied et sur la taille d'un homme d'une haute stature. Mais, comme il n'y a pas deux hommes dont les pieds soient rigoureusement égaux en longueur, et dont la taille soit identiquement la même, il en résultait que, si jamais on eût perdu l'étalon du pied ou de la toise, il n'aurait plus été possible d'en retrouver la longueur, avec une parfaite exactitude.

Les savants français ont conçu l'idée de mesurer sur la surface de la terre, la distance du pôle à l'équateur, en se dirigeant toujours du nord au sud, c'est-à-dire, en suivant la direction d'un méridien. Ils ont exécuté cette opération délicate avec un succès qui honore également, et les méthodes fournies par la science, et les instruments fournis par les arts méchaniques, et le talent, la persévérance, le courage des hommes célèbres qui ont entrepris ou continué cet immense travail.

Après avoir évalué, avec toute la précision que notre industrie puisse atteindre, la longueur de cette distance du pôle à l'équateur, on l'a divisée en dix millions de parties égales; et cette fraction, ce dix-millionième, on l'a pris pour unité de longueur, et on l'a nommé *mètre*.

Le mètre, comparé aux anciennes mesures, a 3 pieds 11 lig., 296 de longueur, c'est-à-dire, un peu moins de 3 pieds 1 pouce.

Si l'on n'avait que des distances assez peu différentes l'une de l'autre, et si l'on n'avait pas besoin d'une extrême exactitude, on pourrait n'employer qu'une espèce d'unités et négliger les fractions. Mais il est une infinité de distances ou de longueurs qu'il faut prendre à moins d'un mètre près : nécessité évidente lorsqu'il s'agit d'objets qui n'ont pas même un mètre de longueur. Il a donc fallu *diviser* et *subdiviser* l'unité principale des mesures.

C'est ici qu'on découvre un des plus grands avantages du nouveau système.

Dans notre système de numération, nous comptons par unités, par dizaines, par centaines ou dizaines de dizaines, et ainsi de suite; en allant toujours par unités de dix en dix fois plus grandes, si l'on suit l'ordre des chiffres de la droite à la gauche ; et de dix en dix fois plus petites, si l'on suit l'ordre inverse, ou de la gauche à la droite.

Le nouveau système des mesures françaises est mis en harmonie avec ce système de numération, ou plutôt c'est le même système introduit dans les subdivisions et dans les multiplications de nos mesures.

On a d'abord divisé le mètre en dix parties, ce sont des *décimètres ;* puis le décimètre en dix parties, qui sont les dixièmes des dixièmes ou les centièmes du mètre ; ce sont les *centimètres ;* puis le centimètre en dix parties, qui sont les dixièmes de centimètres ou les dixièmes de centièmes, c'est-à-dire les millièmes du mètre : ce sont les *millimètres*, et ainsi de suite.

Par la même raison qu'il est d'une extrême importance qu'on ait de petites unités de mesure, pour les objets d'une petite dimension et pour les courtes distances, il est également avantageux d'avoir de grandes unités pour mesurer de grandes dimensions et de grandes distances.

On a pris.... une longueur de dix mètres pour en faire la mesure appelée *décamètre ;*

Une longueur de dix décamètres, ou dix fois dix mètres, ou cent mètres, pour en faire un *hectomètre ;*

PREMIÈRE LEÇON.

Une longueur de dix hectomètres, ou dix fois cent mètres, ou mille mètres, pour en faire le *kilomètre*;

Une longueur de dix fois mille mètres, ou dix mille mètres, pour en faire le *myriamètre*.

Dix myriamètres égalent un degré centigrade de la terre (1), c'est-à-dire, la 100e. partie de la distance du pôle à l'équateur, mesurée sur un méridien.

Le degré latitudinal (2) de la terre égale 10 myriamètres;

La minute égale le kilomètre;

La seconde égale le décamètre;

La tierce égale le décimètre;

La quarte égale le millimètre;

Par conséquent, depuis un simple millimètre jusqu'au tour entier de la terre, ainsi que nous l'avons expliqué dans la Géométrie, IIIe. Leçon, en traitant du cercle, toutes les mesures usuelles de nos routes et de nos moindres travaux, ne forment qu'un même système.

Vous concevez, par ce simple exposé, quelle

---

(1) On a donné le nom de *grades* aux nouveaux degrés, pour les distinguer des anciens : la *division centigrade*, est celle du quart de cercle en cent grades, du grade en cent minutes, de la minute en cent secondes : telle que nous la rapportons ici.

(2) Comme tous les degrés ne sont pas égaux, on a pris la longueur des degrés moyens, mesurés depuis les îles Baléares jusqu'à l'île de Shetland, au nord de l'Écosse.

simplicité ces heureuses concordances doivent apporter dans beaucoup d'opérations de navigation, de topographie ou de géographie, combinées avec des observations astronomiques.

Disons-le derechef: l'immense avantage du nouveau système de mesures, est de se prêter, avec une extrême facilité, à toutes les opérations de notre arithmétique. Une longueur quelconque de myriamètres, de kilomètres, d'hectomètres, de décamètres et de mètres, peut et doit s'écrire, en plaçant de gauche à droite tous ces nombres à la suite les uns des autres, comme les unités, les dizaines, les centaines d'un seul et même nombre.

Par conséquent, si ces noms, tirés du grec, fatiguent votre mémoire, vous pouvez n'y plus songer; vous pouvez débarrasser votre pensée en bannissant toute idée de décamètre, d'hectomètre, etc.; et ne parler que de dizaines de mètres, de centaines de mètres, etc. Le système n'en subsiste pas moins dans son entier.

Les fractions du mètre, le décimètre, le centimètre, le millimètre, etc., s'écrivent *comme des fractions décimales*, à la droite des mètres(1), et se prêtent aux calculs avec autant de facilité que des nombres entiers.

---

(1) En séparant par une virgule les fractions et les entiers. Ainsi, 5 mèt., 4 veut dire cinq mètres et quatre dixièmes de mètre.

Sans doute, il est encore parmi vous un grand nombre de personnes qui font, ou qui du moins ont fait beaucoup d'usage de l'ancien système de mesures. Elles savent combien est embarrassante, fastidieuse, et sujette à produire des erreurs, la division irrégulière de cet ancien système. Une toise de six pieds, un pied de douze pouces, un pouce de douze lignes, une ligne de douze points, tout cela forme des subdivisions qui ne cadrent nullement avec la gradation décimale de notre arithmétique; des subdivisions qui, sous le nom de *parties aliquotes*, exigent ces calculs compliqués qui sont l'effroi des pauvres enfants, et qui nécessitent des années d'enseignement, chez d'ineptes maîtres d'école : on peut, à présent, dès la plus tendre jeunesse, apprendre ces opérations en peu de semaines, de manière à savoir les appliquer aux nouvelles mesures.

Ces avantages du nouveau système sont les mêmes pour les autres genres de mesures dont il nous reste à vous parler. Ils semblaient devoir le faire adopter par acclamation, sinon de tous les peuples, au moins du peuple français, par lequel il devait être regardé comme un monument national. Mais des préjugés de circonstance, mais des difficultés transitoires ont long-temps contrarié cette introduction.

Du mètre, comme nous venons de le voir, dérivent toutes les autres mesures de longueur. C'est pareillement du mètre que dérivent toutes les mesures de superficie, de volume, de poids, etc.

Mesures de superficie. L'unité fondamentale de ces mesures est le *mètre quarré*.

Un quarré de dix mètres de long sur dix mètres de large, lequel présente, par conséquent, dix rangées de dix mètres quarrés, ou cent mètres quarrés (GÉOMÉTRIE, VIe. leçon) est ce qu'on appelle un *are*.

Un quarré de dix ares de long sur dix ares de large, lequel présente dix rangées de dix ares quarrés, ou cent ares, est ce qu'on appelle un *hectare*. Il remplace notre ancien arpent, comme l'are remplace notre ancienne perche.

Mesures de capacité. Le mètre cube, qu'on appelle *stère*, est l'unité des volumes ou des capacités.

Un cube ayant un décimètre en tous sens, c'est-à-dire un décimètre cube, est le millième du mètre cube.

Pour la facilité des opérations du commerce et des arts méchaniques, on fabrique des vases dont l'intérieur contient un décimètre cube, et qu'on appelle *litres*; on s'en sert pour mesurer des liquides, et pour mesurer des solides en grain ou en poussière.

Un vase cent fois plus grand que le litre, ou

qui contient cent litres, est ce qu'on appelle l'*hecto*litre, de même que l'*hecto*mètre est la mesure de cent mètres.

Pour les petites quantités, on subdivise le litre en dix *déci*litres, ou cent *centi*litres, ou mille *milli*litres, etc.; de même que le mètre qui contient dix *déci*mètres, cent *centi*mètres ou mille *milli*mètres.

Cette analogie parfaite, entre les subdivisions des diverses mesures et leurs dénominations, est très-favorable à la mémoire; elle doit rendre facile, à chacun de nous, de se rappeler ces dénominations qui portent avec elles leur signification.

Les trois genres de mesures que nous venons d'indiquer pourraient être appelés mesures géométriques, car elles suffisent à la mesure de tout ce qui fait l'objet de la pure géométrie; mais il faut y joindre encore d'autres mesures, pour les besoins de la science et des arts méchaniques.

Mesures de méchanique : les poids. — Tous les corps de la terre ont une tendance à se rapprocher du centre de ce globe. Aussi, quand aucun obstacle ne leur résiste, ils s'approchent en effet de ce centre; ils descendent, ou, comme nous disons, ils tombent. Le total de la force avec laquelle un corps en repos tend à tomber, est désigné sous le nom de *poids*.

Ainsi, deux corps ont même poids, quand la

force totale avec laquelle ils tendent à tomber vers le centre de la terre, est égale.

On compare, on évalue le poids des corps, à l'aide de machines dont nous parlerons avec détails. C'est par le moyen de ces machines qu'on observe si deux corps ont ou n'ont pas un *poids égal*.

Le *gramme* est l'unité de mesure à laquelle on rapporte le poids de tous les corps.

10 grammes font un *déca*gramme,
100 grammes font un *hecto*gramme,
1.000 grammes font un *kilo*gramme,
10.000 grammes font un *myria*gramme.

C'est le même genre de mots composés que pour les grandes mesures tirées du mètre et du litre.

Le kilogramme sert à peser les corps d'un poids comparable à celui des objets que nous pouvons aisément manier.

100 kilogrammes forment le quintal métrique, et 1.000 kilogrammes forment la mesure connue dans la marine, sous le nom de *tonneau*.

Le gramme et ses subdivisions servent à peser de très-petits objets; tels que ceux de l'orfévrerie, de la chimie, de la pharmacie, etc. Il se subdivise en 10 *déci*grammes, en 100 *centi*grammes, en 1.000 *milli*grammes.

Afin de rapporter les mesures de poids aux mesures de dimensions, on a pris pour valeur du kilogramme le poids d'un décimètre cube on litre d'eau pure, réduite à sa plus grande densité, par un abaissement convenable de température.

Ainsi, dans tous les lieux de la terre, si vous possédez seulement, un mètre, ou un litre, ou un stère, ou un kilogramme, vous pourrez retrouver toutes les autres espèces de mesures, avec autant de précision que de facilité.

Une mesure employée dans les arts, et qu'il ne nous est pas permis de passer sous silence, c'est la monnaie.

L'unité de la monnaie est le *franc*, qui se divise en dix parties appelées *décimes*, en cent parties appelées *centimes*, en mille parties appelées *millésimes*. Quarante pièces de cinq francs pèsent un kilogramme. Ce qui rattache les mesures monétaires aux autres mesures du nouveau système.

Mesure des valeurs en méchanique, par la monnaie. La monnaie, considérée comme le représentatif de toutes les valeurs, peut être aussi considérée comme la mesure des forces employées dans les travaux des arts.

Je ne connais, disait le célèbre Montgolfier, que la force qui se paie. C'est-à-dire, qu'il prenait la monnaie pour mesure de la force employée à produire un effet quelconque.

Ainsi, par exemple, un homme ayant un certain degré de force, l'emploie à porter *un* certain poids à un mètre de distance, et il reçoit *un* franc. Un autre plus fort, ou qui travaille plus long-temps, ou qui va plus vîte, porte *deux* fois le même poids à la même distance, et il reçoit *deux* francs. Ces deux francs représentent une *force utile* double. Voilà comment l'argent est la mesure de la force.

Supposons à présent qu'il vienne un troisième homme, qui, avec une machine quelconque, la brouette, le chariot, le traîneau, n'importe, puisse transporter trois fois le même poids, sans dépenser plus de force que l'ouvrier qui reçoit un franc pour ne porter qu'une fois cet objet à la même distance. L'ouvrier qui emploie la machine va recevoir trois francs, quoiqu'il n'ait peut-être pas employé plus de force que celui qui ne reçoit qu'un franc. Il faudrait donc, pour produire le même effet, que l'un employât trois fois plus de force que l'autre.

Aux yeux de Montgolfier, ces deux hommes ayant produit le même effet utile, ont fourni la même quantité de *force utile*, et doivent recevoir la même somme d'argent, quoique l'un ait dépensé trois fois plus de force que l'autre.

Le problème que doit se proposer le méchanicien, est d'effectuer tous les mouvements, tous les transports, tous les travaux des arts, de manière que, pour un effet donné, on ait perdu la moindre quantité de forces possible ; et, par conséquent, de manière qu'avec une quantité donnée de forces disponibles, on obtienne la plus grande somme, prix légitime du plus grand effet utile : tel est le problème que la méchanique des arts et métiers a pour objet de résoudre.

La force se manifeste à nous, non-seulement par des équilibres obtenus, au moyen de poids qui mesurent cette force; mais par des mouvements dont il faut mesurer la durée.

Je n'entreprendrai pas de vous définir le temps et la durée, parce que mes définitions n'atteindraient pas à l'évidence de l'idée que chacun de vous en a conçue.

Les corps qui parcourent des espaces égaux en temps égaux, sont propres à servir de mesure à la durée. Mais il est presque impossible de trouver de tels corps dans la nature. Cependant, les hommes qui ont observé l'état du ciel ont remarqué que le soleil revient, par rapport à chaque *point* de la terre, dans un même plan vertical (1), au milieu de chaque jour et de chaque nuit; ils ont partagé ce temps en douze parties qu'ils ont appelées des *heures*, l'heure en soixante minutes, la *minute* en soixante *secondes*; et ainsi de suite.

Cette mesure suffit pour les besoins ordinaires de la vie civile. Mais elle est insuffisante pour les besoins des sciences exactes, telles que l'astronomie, la géographie; et pour les besoins

---

(1) Le plan méridien dirigé du nord au midi.

de certains arts, tels que la navigation; parce que tous les jours de l'année ne sont pas égaux entr'eux.

L'astronome prend pour unité la longueur moyenne de tous les jours de l'année; puis il subdivise ces jours astronomiques en heures, en minutes, en secondes, etc. Le temps estimé par le secours de ces dernières mesures, est ce qu'on appelle le *temps moyen*.

Lors de la création du nouveau système des poids et mesures, on avait adopté, pour la division de l'année, le système de l'Égypte, et d'Athènes colonie de l'Égypte. On décomposait l'année en 12 mois; le mois en trois *décades* de 10 jours. Chaque année, on ajoutait 5 *jours complémentaires* aux 360 jours des 36 décades. Tous les quatre ans, un sixième jour complémentaire donnait les 366 jours de l'année *bissextile*.

Ce système était de beaucoup préférable à l'amalgame incohérent et bizarre que présentent les douze mois de 28, de 29, de 30 et de 31 jours, et les 52 semaines du calendrier grégorien. Mais toutes les religions chrétiennes rattachent à la division par semaine, les alternatives de travail et de repos : c'était attenter à la liberté des cultes que de forcer à prendre les *décadi* pour jours de repos et des célébrations religieuses. Il eût donc fallu simplement laisser les jours fériés tels qu'ils étaient anciennement, et n'employer la division décadaire que dans le commerce et la comptabilité publique. Alors on aurait trouvé moins d'obstacles à son adoption.

La division du jour en dix heures, de l'heure en cent minutes, de la minute en cent secondes, n'a pas été mieux conservée que celle des décades et des douze mois égaux.

On a trouvé beaucoup d'obstacles à l'introduction des autres parties du système des poids et mesures. Pour faire entrer en ligne de compte toutes les causes qui se sont opposées à l'adoption d'un tel système, il est juste d'indiquer les fautes des administrateurs qui voulaient le faire adopter d'autorité. Comme ils craignaient sans cesse de voir échapper de leurs mains un pouvoir éphémère, ils ont mis une extrême précipitation à commander ce qu'il fallait rendre, avant tout, d'une exécution facile.

Une des premières opérations aurait dû être la refonte générale de toutes les monnaies ayant pour unité la livre tournois, en monnaies nouvelles ayant le franc pour unité. Néanmoins, on a mis plus de quinze années pour opérer incomplètement la refonte des monnaies d'argent : celle des monnaies d'or est encore loin de son terme (1).

---

(1) Dans le bocage de l'ancien Bas-Poitou, les pièces de six livres sont reçues aujourd'hui même pour six francs, dans les marchés

Les instituteurs du nouveau système de mesures ont commis bien d'autres fautes. Ils avaient prescrit l'emploi général de ce système, avant d'avoir fait fabriquer un nombre suffisant de mesures de chaque espèce; ce qui rendait impossible l'exécution immédiate de la loi.

Les marchands, que des moyens de rigueur contraignaient à vendre avec les nouvelles mesures, étaient généralement obligés, pour satisfaire les acheteurs, de vendre avec les anciennes; parce que les acheteurs voulaient avoir une aune de drap et non pas un mètre, deux livres de pain et non pas un kilogramme, une pinte de vin et non pas un litre. C'est ce qu'ils faisaient souvent, en marquant les nouvelles mesures sur les anciennes, ou bien en réduisant les unes par les autres.

Le temps a fait disparaître une partie de ces inconvénients.

---

et dans les foires. Les négociants de Chollet, m'assure-t-on, ne veulent payer qu'en livres tournois, pour des francs, les achats qu'ils font aux petits fabricants, lesquels élèvent à ce sujet des réclamations parfaitement inutiles. Ce qu'il y a de plus remarquable, c'est que les livres tournois qui ne devraient plus avoir cours, sont fournies, à ce qu'on prétend, par les employés du fisc, qui font avec avantage ce commerce illicite.

Je ne doute pas qu'en donnant la plus grande publicité au récit de semblables abus, la connaissance n'en parvienne jusqu'à l'autorité supérieure, dont la bienveillante sollicitude s'appliquera, soyons-en sûrs, à les faire cesser.

Aujourd'hui, dans presque toute la France, le nouveau système monétaire est compris et suivi.

Les habitants de Paris et du Nivernais font à présent un usage exclusif du stère, pour la mesure du bois de chauffage.

L'usage du kilogramme est adopté généralement par les maisons de roulage et de commerce.

La valeur du litre est parfaitement connue des ouvriers de toutes les classes, parce que le litre est la mesure des liquides.

Cependant, quelques mesures de capacité présentent encore des exceptions fâcheuses, et qu'il est à désirer de voir disparaître (1).

Après avoir fait la juste part de l'ignorance et des préjugés, étudions d'autres difficultés

---

(1) Par exemple, les eaux-de-vie se comptent encore en veltes, au lieu de se compter en litres, dans plusieurs opérations importantes. Le bulletin du commerce, qui rapporte exactement le prix des denrées des différentes places, continue de coter les eaux-de-vie, doubles, et simples, à l'entrepôt de Paris, par 27 veltes (216 pintes anciennes). A la vérité, cette manière conserve l'habitude du calcul de ce genre d'opération, et favorise de un pour cent le négociant.

Les denrées, à Marseille, sont aussi cotées, d'après la même feuille, par la quantité de kilogrammes correspondante aux cent livres du petit poids ancien de cette place du Midi.

Je pourrais citer encore beaucoup d'autres exemples relatifs aux vins, aux huiles, à la bière, que l'on vend dans Paris même à la pinte et au baril, au lieu de les vendre au litre et à l'hectolitre.

qui n'ont rien de commun avec les opinions des hommes, et qui naissent de la nature même des choses. Cette étude jettera quelques lumières sur les moyens de compléter l'adoption des nouvelles mesures.

Il est toujours fatigant et difficile de quitter un système de mesures établi de longue main, et les premiers moments d'innovation semblent présenter plus d'inconvénients que d'avantages : voici quelles sont ces difficultés.

Tous les objets employés dans nos arts et dans la société, les machines, les instruments, les outils, les meubles et les édifices, sont composés d'éléments dont l'expérience, en général, plutôt que le raisonnement et le calcul, ont déterminé les dimensions, les poids, les volumes. Peu à peu, la mémoire retient les nombres qui représentent ces volumes, ces poids, ces dimensions, rapportés à l'unité de mesure. Lorsque l'artiste n'éclaire point ses connaissances avec le flambeau de la théorie, vous voyez bien que toute sa science repose dans ce savoir local de grandeurs de toute espèce. Si vous changez l'unité de mesure, voilà son talent numérique entièrement perdu. Pour prendre la moindre dimension, il lui faudra des réductions, des calculs, une perte de temps, un surcroît de fatigues ; or, la paresse est toujours un avocat éloquent auprès des hommes. Ce n'est pas tout : nos pensées sont inséparables de la langue qui nous est familière ; et, même après en avoir appris une autre, long-temps encore nous ne pouvons suivre le fil de nos idées, imaginer, comparer, réfléchir dans ce nouvel idiome, sans passer mentalement par le premier. C'est une observation que l'expérience aura sans doute fait faire à plusieurs d'entre vous. Eh bien ! il en est des opérations de nos sens, comme de celles de notre intelligence. A force d'employer une unité de mesure, notre imagination en prend le sentiment, c'est-à-dire, qu'elle voit dans l'espace la vraie grandeur de cette unité : elle apprend à l'appliquer en idée sur les objets dont elle se retrace l'image ; or, c'est un grand pas, dans la pratique des arts, que d'avoir acquis ce sentiment. Il rend l'œil géomètre, et, comme il opère avec la rapidité de l'éclair, il est parfait.

Maintenant, vous voyez qu'en forçant celui qui possède le sentiment de telles ou telles mesures, à changer ses unités, s'il n'est qu'un homme ordinaire, c'est-à-dire, un homme tel qu'ils le sont tous, excepté quelques hommes extraordinaires, il va perdre le sentiment des étendues. Il voyait la longueur d'un pied ; il aurait vu la longueur de trois pieds ; il y aurait même ajouté presque un pouce ; il se serait formé l'image exacte de cette longueur ; et pourtant, il n'en aura pas le sentiment comme d'une unité. Il ne saura pas la poser instantanément en idée sur les objets, et les réduire à sa mesure. Il n'emploiera le mètre et ses subdivisions, qu'en calculant combien la dimension qu'il pense convenable à tel objet, ferait de pieds, par exemple; puis, combien ces pieds, font de mètres. Cela est long et pénible. Sans doute, un tel travail, continué quelque temps par un esprit observateur, ne pourra manquer de donner aussi le sentiment des nouvelles mesures. Mais, combien est petit le nombre des hommes qui consentent d'acheter un bien futur, quelque voisin soit-il, par des sacrifices certains et présents!

Nous venons de remarquer le rôle important que joue la mémoire dans les opérations des arts. Comme on fait mieux, ce qui est et plus simple et plus facile, on a tâché de mettre tous les objets dans un rapport élémentaire avec les mesures adoptées; on a tâché d'exprimer en nombres *ronds* les dimensions les plus habituellement employées dans l'industrie. Vous concevez, en effet, qu'un homme qui n'aura jamais calculé de sa vie la force du moindre morceau de fer ou de pierre, ou de bois, ne sait pas s'il faudrait donner plutôt 12 pouces que 12 pouces 1|2, ou 12 pouces 1|4, ou 13 pouces à cet objet. Comment, au simple aperçu, découvrirait-il la convenance de telles ou telles dimensions, à moins d'un 12e. près? Cette précision est trop au-dessus des opérations habituelles de son esprit pour qu'il songe à l'atteindre. Ainsi, la pièce qu'il emploie doit avoir un pied juste, et ce sera la plus parfaite des dimensions possibles, par cela seul qu'elle est la plus simple. D'ailleurs, le plus souvent, c'est par une transmission continue qu'elle a passé de maître en apprentif; et, dans les pratiques de l'industrie, comme dans les usages de la société, le temps consacre tout. Mais, lorsqu'on change de système de mesures, les nombres ronds dans le premier système ne le sont plus dans le second. Cependant, l'homme qui voulait un pied de longueur pour sa pièce, et qui a vu son père ou son maître lui donner un pied, comment voulez-vous qu'il lui donne autre chose qu'un mètre divisé par trois unités, plus onze cent quarante quatrièmes et deux cent nonante six millièmes de cent quarante quatrièmes du pied ? Il croirait les principes de son art bouleversés, si quelqu'un, appréciant les vraies dimensions de la pièce à travailler, lui disait, par exemple : ce n'est pas mathématiquement douze pouces réduits en mètres qu'il faut lui donner ; la pratique, éclairée par la théorie, m'apprend que c'est trois décimètres ou trois décimètres et demi, etc.

Parmi les auteurs qui, dans leurs écrits, ont employé les nouvelles mesures, les uns, présentant les valeurs des objets en mesures nouvelles, y ont joint les mêmes valeurs en mesures anciennes; et comme celles-ci sont encore plus familières à la grande majorité des lecteurs, il en est résulté qu'en se servant de ces ouvrages, l'esprit, qui s'arrête naturellement sur ce qui lui présente le moins de fatigues, fixe uniquement son attention sur ces dernières.

Il s'offre à nous une autre raison qui mérite d'être observée. Comme la mémoire n'est qu'une science d'analogie, nous retenons bien mieux les valeurs exprimées dans la langue qui nous est la plus familière. C'est pour ignorer cette raison que nous avons vu tant de personnes se figurer réellement que les nouvelles mesures étaient en elles-mêmes plus difficiles à retenir que des valeurs égales, exprimées avec les anciennes dénominations. Mais, aussi, tout se réunissait pour fortifier cette illusion. Plus des valeurs sont exprimées par des nombres simples ou ronds en anciennes mesures, plus, par cela même, les nouvelles, presque incommensurables avec les autres, présenteront des nombres compliqués. La comparaison involontaire que le lecteur fait de ces valeurs, ainsi rapprochées, peut-elle être en faveur du système le plus avantageux?

D'autres auteurs ont exclusivement employé, dans leurs écrits, les nouvelles mesures. Mais à l'exemple des premiers, ils avaient fait, et le plus souvent on avait fait pour eux, toutes les opérations primitives avec des mesures anciennes. Il en est résulté qu'au lieu d'avoir des nombres simples pour résultats en nouvelles mesures, ils n'ont offert que des fractions qu'ils ont poussées jusqu'à des degrés d'approximation ridicules, puisqu'ils passent de beaucoup l'exactitude comportée par chaque genre d'opérations.

Il eût donc fallu, dans tous les arts, au moment de l'institution des nouvelles mesures, exiger de nouvelles tables, en nombres ronds, d'après ces mesures nouvelles : lesquelles tables eussent offert et les données et les résultats les plus essentiels, ceux dont les autres ne sont plus que des conséquences nécessaires. Alors l'adoption du nouveau système eût offert tant d'avantages et si peu d'inconvénients, qu'elle aurait été complète au bout d'un temps assez court.

Il faut ajouter quelques développements à ces idées.

Quand l'industrie d'un peuple est très-développée, les arts dont elle se compose sont liés entr'eux par une chaîne étroite et nécessaire. Il en est peu qui n'empruntent à d'autres ou des instruments ou des matières premières. Plusieurs arts ont pour unique objet de suffire à ce besoin. Voilà ceux qu'il eût fallu surtout considérer, et chez lesquels il eût fallu, par tous les moyens, hâter l'introduction des nouvelles mesures ; en transformant toutes les valeurs, toutes les dimensions de leurs produits, en nombres ronds par rapport à ces mesures. C'eût donc été d'abord les matrices, les filières, les moules de toute espèce qu'il aurait fallu briser et refaire, ou du moins, en attendant leur fin naturelle, ne plus refaire qu'en harmonie avec le nouveau système. Il eût fallu que les fabricateurs de métiers ne les fissent plus qu'en remplissant les mêmes conditions : ainsi pour les étoffes, par exemple, de manière à les donner d'un mètre, ou de 5, ou de 6, ou de 7 décimètres de large. En un mot, il eût fallu que les introducteurs du nouveau système descendissent avec patience dans les moindres détails des arts. Ces fatigues étaient grandes, sans doute, et plus utiles que brillantes ; mais aussi le succès les eût récompensées, et l'honneur en aurait rejailli tout entier sur les auteurs mêmes du système.

Nous allons maintenant descendre de ces généralités, pour les rendre sensibles par des exemples frappants. Si les nouvelles mesures devaient être adoptées quelque part, c'était certainement dans les travaux des services publics ; parce qu'ils sont confiés à des hommes d'une instruction supérieure, et que ces hommes, attachés par état au gouvernement dont ils tiennent la règle et le compas, sont les instituteurs, les propagateurs naturels de ses desseins, de ses vues sur les arts. Examinons, dans l'objet qui nous occupe, à quel point ils ont suivi ces vues.

Les ingénieurs militaires et ceux des ponts et chaussées, forcés, par la nature de leur service, de faire ou de vérifier habituellement un grand nombre de calculs, gagnaient trop à rejeter un système où les calculs sont irréguliers et compliqués, pour ne pas adopter promptement un autre système uniforme et simple, tel que celui des mesures décimales. Ils ont refait en entier le tableau des valeurs de leurs travaux estimés en nouvelles mesures, et ils n'en connaissent plus d'autres.

Le génie maritime a fait des progrès beaucoup moins rapides, vers ce perfectionnement. A peine, au bout de quatre ans, un tableau des dimensions des bois, en nouvelles mesures, a-t-il paru. Cependant, malgré les défauts sans nombre de ce premier travail, comme le cubage de la grande quantité de bois qu'il faut pour les constructions navales, lorsqu'il doit être fait en pieds, pouces, etc., est une opération très-longue, tandis que les cubages métriques sont extrêmement simples, les recettes des bois n'ont plus été faites qu'en mesures nouvelles, dans les ports de l'état. Mais, pour appliquer les nouvelles mesures à la construction même des navires, il fallait un bien plus grand travail; il fallait refaire en nombres ronds les devis des vaisseaux, des frégates et généralement des navires de tous les rangs, en indiquant avec détails les dimensions réduites de toutes les pièces dont chaque bâtiment se compose. Enfin, il fallait étendre cet immense travail à tous les arts de la marine, arts dont les produits sont pour l'ingénieur autant d'éléments de ses travaux ; la mâture, la corderie, la poulierie, la voilerie, etc. Comme on n'a point exécuté ces opérations préliminaires, il en est résulté qu'on a long-temps employé dans nos ports, des mètres qu'on avait aussi gradués en pieds, et sur lesquels on ne regardait que les pieds. Ces doubles mesures sont l'image des écrits dont nous parlions il n'y a qu'un moment; toutes les dimensions s'y trouvent accolées deux à deux, de manière qu'on n'y consulte jamais que les anciennes.

Mais, lorsqu'un ancien élève de l'École polytechnique, M. le marquis de Clermont-Tonnerre, a dirigé le département de la marine et des colonies, un changement remarquable s'est opéré sous ce point de vue. Il a décidé qu'à l'avenir on ne ferait dans les ports et dans les arsenaux de la France et des colonies aucun usage des anciennes mesures; il a prescrit de briser les mesures qui présentent d'un côté les divisions du vieux système, et de l'autre les divisions du nouveau.

Voyez quels sont les bienfaits lents, mais certains, des grandes institutions, qui donnent à la jeunesse une instruction vaste et solide; elles exercent une influence qui croit avec les années; les élèves ainsi formés parviennent au pouvoir, et ils raffermissent un bien sur lequel on n'osait presque plus compter.

Un autre service public nous montrera plus particulièrement l'effet des obstacles que nous avons énumérés en dernier lieu. Dans l'artillerie, l'élément dont tous les autres dépendent est le poids du boulet ou son calibre. Les dimensions des pièces, de leurs affûts, de leurs caissons, de leurs charges, tout est une conséquence nécessaire de cette première donnée. Mais les poids des boulets, exprimés en nombres ronds relativement aux anciennes mesures, ne le seraient plus par rapport aux nouvelles. Cependant, comment appeler des canons de 24 livres de balle, par exemple? Les appellera-t-on des canons de 12 kilogrammes? mais ce serait une erreur, car 12 kilogrammes sont plus grands que 24 livres. Les appellera-t-on des pièces de 11 kilogrammes; mais ce serait encore une erreur, car 11 kilogrammes sont plus petits que 24 livres. Si l'on veut les appeler simplement des pièces de 11 ou de 12, leur dénomination étant fausse, la charge et toutes les données établies d'après le poids du boulet seront fausses aussi.... Ces difficultés sont plus apparentes que réelles, car une fabrication meilleure et plus précise des pièces et des boulets a permis d'augmenter très-sensiblement le poids des boulets. Aujourd'hui ce poids dépasse le nombre de livres indiqué par leur calibre, et par là rapproche beaucoup des demi-kilogrammes le nombre de livres exprimant le calibre des canons et des carronades.

A l'époque où fut introduit le nouveau système, jamais conjoncture plus favorable pour produire dans l'artillerie un changement général, pouvait-elle se présenter? Lorsque notre système militaire prenait un développement tout nouveau, lorsqu'il fallait créer bien plus d'usines, de fonderies, de foreries, qu'il n'en existait d'anciennes dont les machines, d'ailleurs, étaient bientôt hors de service par des travaux d'une étendue et d'une activité sans exemple jusqu'alors, pourquoi ne pas faire les foreries nouvelles sur les calibres de 4, de 6, de 8,.... demi-kilogrammes, au lieu de les faire sur ceux de 4, de 6, de 8,... livres? Bientôt le nombre des nouveaux canons eût été incomparablement plus grand que celui des anciens; un service d'un développement immense eût mis en peu de temps ces derniers hors de service, et le plus grand changement de mesures se fût opéré sans perte et sans nul effort. Que si l'on craignait la multiplicité momentanée des calibres, résultat de cette innovation, ne pouvait-on pas composer l'armement de certaines places et de certaines armées, avec des canons anciens, et ne donner aux autres que des armes nouvelles? Sans doute, ces changements eussent nécessité quelques transports de pièces. Mais, en faisant toujours passer les anciennes pièces, des places tranquilles aux places menacées ou aux corps agissants, et celles des nouvelles usines aux dépôts, aux parcs de réserve, aux lieux les moins exposés; en transportant toujours sur les vaisseaux, les anciens calibres de marine, et garnissant avec les nouveaux, d'abord les côtes, puis les parcs des grands ports, l'effet naturel de la guerre aurait opéré de lui-même un changement qui n'eût été gigantesque que pour les petits esprits.

Ces changements seraient-ils possibles encore? Nous le croyons; et les mêmes moyens conduiraient avec le temps aux mêmes résultats. Il suffirait de changer convenablement le diamètre des forets, et le reste viendrait de soi-même.

Qu'un tel changement s'opère ou qu'il ne s'opère pas, rien n'empêche d'introduire dans l'artillerie les nouvelles mesures d'étendue (1). Elles n'ont rien de commun avec celles des poids. Les calibres des pièces de 4, de 6, de 8.... livres, ne sont pas plus donnés en nombre rond par des *pouces*, qu'ils ne le seront par des *centimètres*. Il en est de même des autres dimensions. Ce serait donc un beau travail, si quel-

---

(1) Depuis l'époque où l'on a présenté ces développements, pour la première fois, dans le cours du Conservatoire, l'artillerie *de terre* a commencé cette importante innovation.

que officier de cette Arme distinguée, appréciant en méchanicien et en géomètre toutes les vieilles mesures consacrées par la routine, les réduisait en nombres simples de la nouvelle. Ce ne serait pas une occupation ingrate et stérile. Des perfectionnements non pas même soupçonnés seraient certainement le fruit de cette heureuse entreprise. Avec le temps, les avantages naturels offerts par ce grand travail forceraient toute l'armée à l'adopter, et tôt ou tard la correction même des calibres s'opérerait pour le progrès des travaux de l'artillerie.

Lorsque tous les services publics auront adopté sans réserve, les nouvelles mesures, par cela même elles se trouveront introduites dans les autres travaux publics, et dans tous les arts civils, liés avec eux par des relations nécessaires ; c'est la presque totalité des arts mathématiques. Déjà les arts chimiques s'en servent avec avantage : le grand nombre des hommes adonnés aux travaux de ces arts divers, répandront peu à peu les connaissances qu'ils auront acquises, et le temps achèvera de vaincre les autres obstacles.

Après nous être formé quelque idée des difficultés offertes par un changement dans la valeur des mesures, il est naturel de nous occuper aussi des difficultés d'un changement de nomenclature : tel sera l'objet des premières pages de la leçon suivante.

DEUXIÈME LEÇON.

Suite des mesures. Premières lois du mouvement, et leurs applications aux machines.

Nous avons vu combien étaient sages les raisons qui firent choisir des dénominations tirées des langues anciennes ; elles étaient trop profondes pour que la multitude en pût être frappée. Pourquoi, disait-on, pourquoi chercher des noms qui ne soient entendus que des savants et des érudits? N'est-ce pas assez des difficultés réelles de tout changement opéré dans la grandeur des mesures, sans y joindre encore les obstacles qui naissent d'une nomenclature nouvelle? D'ailleurs, une telle nomenclature est-elle faite pour la généralité des hommes? Plus est ingénieuse l'idée d'exprimer les multiples et les sous-multiples par des mots composés de deux parties qui désignent et l'espèce et la modification de l'unité, plus peut-être cette nuance, trop peu marquée, échappera généralement. On confondra toujours cette multitude de mots, millimètres, centimètres, décimètres, dont la désinence est la même. Qui croirait, cependant, que des objections aussi frivoles aient prévalu sur la raison, dans les contrées mêmes qui doivent s'honorer d'avoir fondé le plus beau système de mesures.

Eh quoi ! si nous ne faisons pas quelques efforts en faveur du système qui nous est dû, pour le conserver également propre à toutes les autres nations, celles-ci voudront-elles paraître moins opposées au système qui leur est étranger ? Mais, à ces raisons, qui n'ont de poids que pour trop peu d'esprits, ne peut-on pas ajouter les suivantes. Si vous ne changez point le nom des mesures que vous abandonnez, comment distinguerez-vous les valeurs exprimées d'abord avec les anciennes, puis avec les nouvelles mesures ? Sera-ce en écrivant toujours, *mesures anciennes*, *mesures nouvelles* ? Mais, déjà, la paresse nous fait raccourcir de moitié les simples noms des mesures. On voit des négociants français qui ne veulent pas prendre la peine de dire un kilogramme ; ils appellent cela un *kilo !* De sorte qu'en faisant la même chose pour le kilolitre et pour le kilomètre, ce seront également des *kilo* pour ces abréviateurs, et ils ne sauront plus ce qu'ils auront voulu dire ; mais nous sommes si conséquents, que ces petites difficultés semblent ne pas nous arrêter. On se contentera donc d'indiquer du nom de pied, le pied ancien et le tiers du mètre. Ainsi naîtra, relativement à nous, pour la postérité, l'incertitude où nous jettent souvent les mesures des anciens. Par exemple, lorsqu'ils nous parlent de stades, comme il en existait quatre différents, qu'ordinairement ils ne prenaient pas la peine de distinguer, nous ne savons auquel rapporter les distances qu'ils nous citent. Voilà le service que nous cherchons à rendre à nos neveux.

Mais, est-il bien vrai qu'une nomenclature composée d'une quinzaine de mots, soit si difficile à retenir? N'aimons-nous pas à nous exagérer les difficultés, pour avoir le plaisir de les dire insurmontables? Depuis un siècle, les progrès des sciences n'ont-ils pas fait passer rapidement une foule de leurs expressions, aussi dérivées du grec, dans la langue commune, et jusque dans le parler populaire? Qui ne connaît le *baromètre* et le *thermomètre*? Et pourquoi ces noms seraient-ils plus faciles à retenir que celui de *kilomètre*?

Quels sont les enfants mêmes qui ne retiennent pas les noms du *Cosmorama*, du *Diorama*, du *Panorama*, du *Géorama* et de la *Phantasmagorie*? et qui n'en aient une idée très-claire et très-distincte? En quoi, je le demande, ces mots sont-ils plus faciles que ceux du mètre, du décimètre, etc....? Cependant les premiers indiquent seulement des images, des ombres qui changent, qui échappent; tandis que les derniers indiquent des longueurs matérielles qu'on peut prendre à la main, toucher, bien connaître une fois, et qui ne changent jamais. Avouons-le, nous sommes aussi profonds dans nos futiles plaisirs, que nous affectons d'être incapables d'efforts d'attention, pour ce qui tient à nos besoins réels.

Mais, sans aller chercher des noms d'objets isolés, et par-là plus faciles à saisir, n'avons-nous pas encore sous les yeux un grand exemple d'une nomenclature immense adoptée par toute l'Europe? Je veux parler de la nomenclature chimique. Aujourd'hui, les moindres apothicaires, et jusqu'aux chirurgiens de campagne, en connaissent les principales dénominations. Cependant, que dirions-nous des chimistes français, si, pour se rendre plus intelligibles aux droguistes et aux fraters de nos villages, ils avaient rejeté les plus belles expressions de la science? si, de leur côté, les Allemands, les Italiens, les Anglais, avaient pris des dénominations particulières à leur idiome? Au lieu de n'avoir qu'une seule et même langue scientifique, il y en aurait eu vingt, toutes inintelligibles l'une pour l'autre. Les chimistes ont conçu des idées bien plus élevées. Ils ont refait une immense nomenclature; et, dans l'espace de dix années, ils en ont rendu l'adoption générale, chez les peuples qui cultivent les sciences naturelles. Mais, ajoutons que ces savants laborieux n'ont pas craint de refaire en entier leur science. Il faudrait de même refaire en entier la science des mesures de toute espèce. Voilà ce que nous avons déjà dit et ce que nous disons encore.

Et de même qu'en considérant de nouveau tous les phénomènes, pour déterminer avec précision les proportions des principes qui les produisent, ce travail est devenu, pour les chimistes, la source d'une foule de découvertes; de même, en dressant les tableaux exacts des quantités de toute espèce, qui forment les données des arts, on préparerait, on produirait une infinité de perfectionnements; on soumettrait au calcul une foule de pratiques qu'il n'a point régularisées encore : ces travaux deviendraient une source féconde de progrès futurs.

PREMIÈRES LOIS DU MOUVEMENT.

L'observation des corps en mouvement, sur la terre et dans notre système planétaire, nous a fait connaître plusieurs principes généraux qu'il importe de présenter ici, pour servir de base à nos explications subséquentes.

I. Un corps en repos, si rien ne le sollicite à se mouvoir, reste éternellement en repos. Il y reste, parce que, dans ce cas, il n'y a pas de raison pour qu'il se meuve dans un sens plutôt que dans un autre.

Ainsi, quand un corps passe de l'état de repos à l'état de mouvement, il faut qu'une cause quelconque l'ait sollicité à se déplacer, l'ait contraint à se mouvoir d'un côté plutôt que d'un autre : cette cause, cet agent est ce que nous appelons une *force*. La méchanique a pour objet de connaître comment les forces agissent sur des corps isolés ou dépendants l'un de l'autre dans leurs positions et dans leurs formes.

II. Lorsqu'un corps commence à se mouvoir dans une certaine direction et avec une certaine vitesse, si nul obstacle ne trouble ce mouvement, il le continue dans la même direction, en conservant la même vitesse, c'est-à-dire, en parcourant des espaces égaux en temps égaux. Voilà ce qu'on appelle le *mouvement uniforme*.

Toutes les fois qu'un corps mis en mouvement, dans une certaine direction et avec une certaine vitesse, change cette vitesse ou cette direction, l'expérience a constamment fait connaître que cette altération provient de l'action favorable ou contraire de quelque nouvelle force.

De même qu'un corps inanimé, *inerte*, est incapable de se donner un mouvement qu'il n'a pas, on conçoit qu'il est incapable de hâter un mouvement qu'il a reçu. Ainsi, lorsqu'un corps inanimé est en mouvement, il continue toujours ce mouvement, c'est-à-dire qu'il parcourt dans la même direction, des espaces égaux durant le même temps. La vitesse est le rapport entre l'espace parcouru et le temps.

Par exemple, en prenant la minute pour unité de temps, et le mètre pour unité de longueur, on dira : le corps qui parcourt un mètre en une minute, se meut avec la vitesse 1 ; le corps qui parcourt deux mètres en une minute, a pour vitesse 2 ; le corps qui parcourt trois mètres en une minute, a pour vitesse 3 ; etc.

L'expérience nous montre encore un autre fait bien remarquable ; c'est que deux forces appliquées au même corps, dans la même direction (comme deux chevaux attelés à la file pour tirer une voiture), produisent le même effet qu'une force unique égale à la somme des deux premières, et agissant aussi dans la même direction. Cette force unique est ce qu'on appelle la *résultante*, parce qu'elle résulte des deux autres forces, qu'on appelle les *composantes* ; ou, si vous l'aimez mieux, parce qu'elle produit le même *résultat* que ses deux composantes.

Au contraire, quand deux forces agissent dans la même direction, mais en sens opposés, le corps se meut comme s'il était animé d'une seule force *résultante*, égale à la *différence* des deux forces *composantes*, et dirigée dans le sens de la plus grande.

Ainsi vous voyez, dans les descentes rapides, les voituriers dételer leur cheval de devant et l'attacher derrière la voiture, pour qu'il se fasse traîner comme s'il tirait à reculons. Dans ce cas, la force motrice, au lieu d'être celle des deux chevaux, n'est plus que la force du limonier pour tirer en avant, moins celle de l'autre cheval pour tirer en arrière.

De l'équilibre. Si la force qui tire en arrière était égale à la force qui tire en avant, la différence serait zéro, et le corps ne se mouvrait ni dans le sens de l'une, ni dans le sens de l'autre : il y aurait ce qu'on appelle *équilibre*, c'est-à-dire, *repos forcé* : état bien différent du *repos naturel* qui subsiste quand aucune force n'agit sur le corps pour le solliciter au mouvement.

Si l'on oppose à la résultante de plusieurs forces, une nouvelle force égale et dirigée en sens contraire à cette résultante, il y a donc équilibre : principe remarquable et fécond, qui permet de ramener à des questions d'équilibre, les questions ayant pour objet la recherche des résultats qui produisent du mouvement.

Au lieu de considérer seulement 2 forces agissant dans la même direction, nous pourrions en considérer 3, 4, 5, etc.; en un mot, un nombre quelconque. Alors nous verrions que, pour avoir la résultante, il faut : 1°. prendre la somme de toutes celles qui tirent ou poussent en avant; 2°. la somme de toutes celles qui tirent ou poussent en arrière : le corps se mouvra du côté de la plus forte somme, de même que s'il était poussé ou tiré par une seule force égale à la différence de ces deux sommes (1).

Un troisième principe, qu'il importe de graver dans votre mémoire, est celui-ci : s'il faut une certaine force pour mouvoir un corps avec une certaine vitesse, c'est-à-dire, pour le transporter à une distance donnée, dans un temps donné ; pendant le même temps, la moitié de cette force ne portera le même corps qu'à la moitié de cette distance ; le tiers de cette force ne portera le même corps qu'au tiers de cette distance ; le quart de cette force ne portera le même corps qu'au quart de cette distance, et toujours dans la même proportion.

Au contraire, la durée du temps étant supposée constante, le double de la force portera le même corps au double de la distance ; le triple

---

(1) Considérons, par exemple, une voiture de roulier tirée par huit chevaux de file. Quand tous ces chevaux sont attelés en avant, c'est-à-dire, dans le même sens et dans la même direction, la voiture est tirée avec la même force que s'il n'y avait qu'un seul cheval égal en force aux huit autres. Ensuite, si le roulier détèle trois chevaux, par exemple, pour les attacher derrière la voiture et tirer à reculons : 1°. le mouvement total est le même que s'il n'y avait qu'un cheval en avant, égal en force aux 5 qui s'y trouvent encore, et qu'un cheval en arrière, égal en force aux 3 qu'on vient d'y placer ; 2°. ce mouvement sera pareillement égal à celui qu'on produit avec un cheval unique, ayant pour force la différence des 5 qui tirent en avant, aux 3 qui tirent en arrière. Il est évident qu'alors le mouvement aurait lieu du côté des 5 chevaux, s'ils étaient tous d'égale force.

T. II — Méchan. 6

de la force le portera au triple de la distance; le quadruple de la force le portera au quadruple de la distance, et ainsi de suite.

Quand la force reste constante, et que la masse du corps varie, voici ce qui arrive.

Pendant le même temps, la force constante transporte une masse double à une distance sous-double, une masse triple à une distance sous-triple, une masse quadruple à une distance sous-quadruple, et ainsi de suite. De même encore, la force constante porte la moitié du corps à une distance double, le tiers du corps à une distance triple, le quart du corps à une distance quadruple, et toujours dans le même rapport.

Ainsi, vous voyez que les grandes masses sont plus difficiles à mouvoir que les petites masses, et cette résistance est précisément proportionnelle à la masse : de sorte qu'avec la même force employée à mouvoir le même fardeau, la résistance est toujours proportionnelle à la masse.

Il y a donc dans la matière une opposition au mouvement et à la vitesse, opposition directement proportionnelle à la masse : cette opposition qu'il faut vaincre pour mettre les corps en mouvement, est ce qu'on appelle l'*inertie*.

Cette inertie se sent très-bien, lorsque l'on compare les efforts qu'il faut faire pour remuer de gros et de petits corps. Le moindre enfant jette assez loin de lui un petit caillou et des grains de sable; tandis qu'à peine les hommes les plus robustes, réunissant leurs forces, peuvent, dans le même temps, faire avancer, d'un doigt, un énorme fardeau, un gros bloc de marbre, par exemple.

Remarquons ici comment, en définitive, une même force peut produire un même résultat par des moyens différents.

Je puis couper le corps qu'il s'agit de transporter, en 2, 3, 4,.... parties égales ; puis appliquer à chacune toute la force. Si je le coupe en 2 parties égales, chaque moitié sera transportée 2 fois plus vite : donc les 2 moitiés seront transportées dans le même temps total. Si je le coupe en 3 parties égales, chaque tiers sera transporté 3 fois plus vite ; donc les 3 tiers seront transportés dans le même temps total, etc.

Supposons, maintenant, que j'aie 20 fardeaux d'égale masse, qu'il faille transporter chacun, à une distance donnée, par 20 forces égales. Si je joins ces fardeaux 2 à 2, et que je les fasse tirer par les forces jointes 2 à 2, j'aurai 10 systèmes de transport au lieu de 20; mais les 20 corps seront toujours transportés à la même distance dans le même temps. Il en serait de même si j'avais joint 3 à 3, 4 à 4,... les fardeaux, pour les faire tirer aussi par les forces jointes 3 à 3, 4 à 4, etc.

Voilà pourquoi (sous le point de vue d'évaluation de méchanique) il est indifférent de faire voiturer le même poids total, par des voitures à 1, à 2, à 3, à 4,…. chevaux, ayant des charges comme 1, ou 2, ou 3, ou 4,…. Le poids total est toujours voituré à la même distance dans le même temps. C'est aussi pour cela que les maisons de roulage font payer un prix fixe par kilogramme à transporter, soit que le fardeau pèse peu ou beaucoup de kilogrammes ; parce que la force totale, qu'il est nécessaire d'employer au transport, est proportionnelle au poids total du fardeau. Enfin, voilà pourquoi les maisons de roulage paient aux rouliers un même prix par kilogramme, soit que les rouliers emploient des voitures à 1, ou 2, ou 3, ou 4…. chevaux ; parce que le poids total, porté sur chaque voiture, est proportionnel à la force totale des chevaux attelés à la voiture.

Pour avoir la dépense de forces qu'exige un corps transporté à une distance donnée, il faut l'estimer : 1°. d'après le poids du corps ; 2°. d'après la vitesse qu'on doit mettre à parcourir la distance. Le produit de cette estimation représente la *quantité de mouvement*.

Le poids s'estime en kilogrammes, et le temps en heures. Si donc 1 kilogramme parcourt la distance qu'on a prise pour unité en une heure, la quantité de mouvement $= 1$.

10, 100, 1000… kilogrammes, parcourant l'*unité* de distance en 1 heure, donneront une quantité de mouvement représentée par *une* fois 10, 100, 1000....

1, 10, 100, 1000... kilogrammes, parcourant *deux* fois l'unité de distance en 1 heure, donneront une quantité de mouvement représentée par *deux* fois 1, 10, 100, 1000.... kilogrammes.

Je me suis appesanti sur ces exemples, parce qu'ils sont propres à présenter, sous un jour élémentaire, des notions qu'il importe de rendre aussi faciles que faire se peut.

Avant d'aller plus avant, récapitulons les lois du repos et du mouvement, que nous venons de faire connaître.

Tout corps en repos, *y reste*, à moins qu'une ou plusieurs forces ne le sollicitent à se mouvoir.

Tout corps en mouvement, *y persiste*, à moins qu'une force ne l'arrête.

Tout corps mis en mouvement se meut en ligne droite; il parcourt des espaces égaux en temps égaux, si quelque force étrangère ne vient pas troubler la constance et la régularité de ce mouvement, qu'on appelle *uniforme*.

La *vitesse* est le rapport qui se trouve entre un espace uniformément parcouru et le temps mis à le parcourir.

Quand le temps mis à parcourir un espace est constant, la vitesse double, triple, quadruple comme l'espace; elle devient de même sous-double, sous-triple, sous-quadruple; en un mot, elle est directement proportionnelle à cet espace.

Quand l'espace parcouru est constant, plus le temps employé pour le parcourir est grand, plus la vitesse est petite; et cela, dans un rapport exactement inverse, c'est-à-dire que, si le temps double, triple, quadruple, alors la vitesse sous-double, sous-triple, sous-quadruple, etc.

Quand la vitesse est constante, l'espace parcouru est directement proportionnel au temps, c'est-à-dire, croît et décroît dans la même proportion.

Dans les mouvements uniformes, la force est proportionnelle à la masse du corps, multiplié par la vitesse.

Si les corps se mouvaient sans éprouver de résistance, comme ils le feraient dans un vide parfait, une fois la première impulsion donnée, ils continueraient de se mouvoir avec la même vitesse et dans la même direction.

Mais, sur la terre, à chaque instant, une foule d'obstacles, de frottements, de résistances s'opposent à la perpétuité du mouvement des corps.

Aussi, quand nous imprimons à un corps un mouvement quelconque, voyons-nous que ce mouvement diminue par degrés, et finit par s'anéantir.

Par exemple, lorsque des hommes jouent à la boule, si ce n'était le frottement du terrain et la résistance de l'air, cette boule, une fois lancée sur un plan horizontal, roulerait sans jamais diminuer de vitesse ; or vous savez que, même sur les plans les plus unis que nous puissions produire, cette vitesse diminue et s'anéantit promptement.

Par conséquent, dans nos arts, pour produire un mouvement continu, il faut à chaque instant ajouter de nouveaux degrés de force aux corps que nous mettons en mouvement.

Ainsi, par exemple, quand nous avons des fardeaux à transporter sur des routes, il ne suffit pas de leur imprimer d'abord un certain mouvement, il faut remplacer à chaque instant ce que font perdre les résistances. C'est ce qu'on obtient par le moyen des hommes ou des animaux qu'on emploie à traîner ces fardeaux.

Cette quantité de forces qu'il est nécessaire d'employer, à chaque instant, est évidemment égale à la force perdue pendant l'instant précédent ; et la somme des forces employées au transport, au bout d'un temps considérable, doit être regardée comme égale à la somme des forces perdues par les résistances.

Ainsi, lorsqu'un homme marche avec une force constante, pendant un temps considérable, la somme des forces employées pendant ce temps représente la somme des forces perdues.

Vous voyez qu'ici la dépense des forces est d'autant plus grande que l'espace est plus grand. Lorsque ce mouvement est en tout uniforme, les forces employées à le produire, pendant un temps donné, sont directement proportionnelles à ce temps.

Remarquez donc bien l'extrême différence qui se trouve, d'une part, entre les mouvements tels qu'ils pourraient exister dans le vide et sans aucune espèce de frottement; de l'autre part, entre les mouvements effectués par nous sur la terre. Si l'on avait à faire voyager dans le ciel une planète, une comète, un fardeau quelconque, et que ce mouvement se payât, il suffirait de peser la planète, la comète ou le fardeau, pour en multiplier le poids par la vitesse. Ce produit resterait le même, à quelque distance que dût avoir lieu le transport; puisqu'il ne serait jamais besoin de dépenser de forces nouvelles pour continuer ce transport. Mais, sur la terre, il faudrait ajouter à cette première somme une autre somme qui représenterait les forces perdues à chaque instant; cette dernière somme, croissant toujours, surpasserait bientôt tellement la première, qu'on pourrait négliger celle-ci. Alors, on dirait, comme les entrepreneurs de roulage : toutes choses égales d'ailleurs, le prix du transport est proportionnel aux espaces parcourus. Ces observations ne s'appliquent pas seulement aux transports, mais à la plupart des mouvements imprimés aux machines par les diverses espèces de forces. C'est ce qu'on verra mieux dans la suite de ce cours, et particulièrement dans le IIIe. volume : EMPLOI DES FORCES MOTRICES.

Nous venons de voir ce qui se passe lorsqu'une force unique imprime, une fois pour toutes, le mouvement à un corps donné. Supposons que cette force renouvelle son action à des intervalles de temps égaux entr'eux.

Appelons e l'espace parcouru par le corps, v la vitesse imprimée à ce corps, et t le temps mis à parcourir l'espace e, avec la vitesse v.

Au commencement de la seconde unité de temps, la force, réitérant son action, double la vitesse du corps qui, dans le second laps de temps t, parcourt un espace égal à $2e$.

Au commencement de la troisième unité de temps, la force, réitérant encore son action, *triple* la vitesse de ce corps qui, dans le troisième laps de temps t, parcourt un espace égal à $3e$, etc. On a donc pour les divers instants :

	1er. temps t;	2e. temps t;	3e. temps. t;	4e. temps t;	m^e. temps t
vitesses acq. :	v	$2v$	$3v$	$4v$	mv
espaces parc. :	e	$2e$	$3e$	$4e$	me.

L'espace total parcouru par le corps, durant m fois le temps t, égale évidemment :

$$e + 2e + 3e + 4e \ldots + me.$$

Nous pouvons employer la géométrie pour rendre sensibles, par une figure, ces résultats relatifs à la science des forces.

T. II.—MÉCHAN.

Soit, fig. 1, la ligne verticale OX, divisée en espaces égaux, dont chacun représente l'unité de temps t. Soit l'horizontale OY, divisée en espaces égaux, dont chacun représente l'espace e parcouru durant le premier temps t.

En menant par les points de division, des lignes horizontales et verticales, nous allons former un escalier dont les marches auront pour longueur les espaces e, $2e$, $3e$, $4e$..., parcourus dans les temps successifs égaux à t.... La surface des différentes marches sera

$$OA \times e, \quad AB \times 2e, \quad BC \times 3e, \quad CD \times 4e....$$

Mais $OA = AB = BC = CD$.... Faisons cette largeur de toutes les marches, égale *à l'unité*. Alors la surface des marches sera simplement :

$$e, 2e, 3e, 4e....$$

Et *la surface totale de l'escalier représentera simplement l'espace total parcouru par le corps.*

Supposons que la force impulsive soit réduite à moitié, mais qu'elle double le nombre de ses impulsions dans un temps donné.

En conservant toujours la même unité d'étendue, les marches du nouvel escalier, fig. 2, qui représentera ce nouveau mouvement, n'auront que moitié de largeur, et seront deux fois aussi nombreuses. De même, les espaces parcourus n'auront, à chaque demi-temps, qu'une moitié de l'accroissement primitif; mais il y aura *deux* fois autant d'accroissements.

DEUXIÈME LEÇON.

On pourrait de même supposer la force impulsive réduite au tiers, au quart, fig. 3, au cinquième... de sa grandeur primitive, mais renouvelant ses impulsions trois, quatre, cinq... fois, tandis que la force primitive ne les renouvelait qu'une fois. Alors les mouvements sont représentés par des marches dont la largeur est réduite au tiers, au quart, au cinquième.... de la largeur primitive, et dont l'accroissement de longueur n'est que le tiers, le quart, le cinquième de l'accroissement primitif.

Si l'on mène une ligne droite OZ, du sommet à l'extrémité inférieure de l'escalier, elle passera par tous les points I, II, III, IV ..., qui terminent le bas des marches de l'escalier, et l'on aura pour espaces parcourus au bout des temps :

t, $2t$, $3t$, $4t$ ....
AI, BII, CIII, DIV ....

Le rapport des côtés de OAI ne change pas quand on prend à la fois la moitié du côté $OA=t$ et du côté $AI=e$, le tiers de OA et le tiers de AI, le quart de OA et le quart de AI, pour former les escaliers, fig. 2 et fig. 3, qui représentent les autres mouvements que nous venons d'expliquer.

Ainsi, la direction de la ligne OI. II. III. IV... ne change pas, quand on suppose que la force diminue de grandeur dans le même rapport qu'elle multiplie ses impulsions durant un temps donné.

Si les impulsions devenaient tellement multipliées, et la force tellement petite à chaque impulsion, qu'il fallût diviser $OA = t$ et $AI = e$, en parties égales dont chacune échappât à nos sens, alors le profil de l'escalier 1 I 2 II 3 III 4 IV...., fig. 1, deviendrait à nos yeux une simple droite OZ, fig. 4. La surface de l'escalier O 1 I 2 II... ZX, représentant l'espace total parcouru par le corps, durant le temps représenté par OX, cette surface deviendrait simplement celle du triangle OXZ, fig. 4.

La vitesse étant proportionnelle à l'espace divisé par le temps (qu'on prend ici pour unité), les longueurs des marches AI, BII, CIII,... représentent les vitesses acquises par le corps, au bout d'un temps égal à $1\,t, 2\,t, 3\,t$....

Donc cette vitesse est la même au bout du même temps, en supposant que la force réduite à $\frac{1}{2}, \frac{1}{3}, \frac{1}{4}, \frac{1}{5}$.... agisse 2, 3, 4, 5... fois, tandis que la force primitive n'agissait qu'une fois.

Quand le nombre des impulsions est si grand, durant un temps donné, que nos sens ne peuvent plus en distinguer la succession par le changement soudain des vitesses, la ligne droite OZ, avons-nous dit, fig. 4 et 5, représente les vitesses acquises, lorsque OX représente les temps écoulés, et la surface de l'escalier, qui devient alors celle du triangle OXZ, représente les espaces parcourus. Par conséquent, au bout d'un temps représenté par OX, la vitesse acquise est représentée par une longueur XZ, et l'espace parcouru est représenté par une surface OXZ.

Appelons t et T les temps représentés par Ox et OX; fig. 5; v, V les vitesses représentées par xz et XZ; enfin e et E les espaces représentés par la surface des triangles Oxz, OXZ.

On aura   Ox : OX : : xz : XZ
    Ou t : T : : v : V.

Donc, dans le mouvement que nous considérons, les vitesses v, V, acquises au bout des temps t, T, sont proportionnelles à ces temps.

On a de plus, GÉOMÉTRIE, V^e. leçon :

Surface Oxz : *surface* OXZ : : Ox^2 : OX^2
    Ou e : E   : : t^2 : T^2.

Donc *les espaces sont proportionnels aux quarrés des temps mis à les parcourir.*

Ainsi, les temps étant $1t$, $2t$, $3t$, $4t$, $5t$, $6t$,...
les espaces parcourus sont $1e$; $4e$, $9e$, $16e$, $25e$, $36e$....

On a, dans les triangles semblables, Oxz, OXZ,
surface Oxz : *surface* OXZ : : xz^2 : XZ^2.
    e : E   : : v^2 : V^2.

Donc *les espaces parcourus, en des temps donnés, sont proportionnels aux quarrés des vitesses acquises à la fin de ces instants.*

Par conséquent....

au bout du temps.... $1t$, $2t$, $3t$, $4t$, $5t$, $6t$,...
les vîtesses acquises sont.... $1v$, $2v$, $3v$, $4v$, $5v$, $6v$,...
les espaces parcourus sont... $1e$, $4e$, $9e$, $16e$, $25e$, $36e$,...

Supposons qu'au bout d'un temps T, représenté par OX, fig. 5, la force impulsive cesse tout à coup son action; le corps va se mouvoir avec la vitesse constante V, représentée par XZ. Alors les horizontales égales $XZ = x'z' = X'Z'$, représentent cette vitesse constante.

La surface du triangle OXZ représente l'espace total parcouru durant le temps T par une suite de forces impulsives extrêmement petites, et reproduisant à chaque instant égal, leur action constante.

La surface du rectangle XZZ'X', double du triangle OXZ, représente l'espace total parcouru durant un second temps T, avec la vitesse constante acquise au bout du premier temps T.

Ainsi, quand une force constante extrêmement petite renouvelle ses impulsions, à des intervalles de temps égaux, et de même extrêmement petits, l'espace total qu'elle a fait parcourir à un corps, durant un temps T, est moitié de l'espace que, dans le même temps T, ce corps va parcourir, si la force cesse de renouveler ses impulsions.

Pesanteur. La nature nous présente un grand exemple de la répétition continue d'une force impulsive constante. Tous les corps sont attirés vers le centre de la terre; nous sentons cette force, quand nous l'empêchons d'entraîner un corps que nous voulons porter. A chaque instant la force de la pesanteur est détruite par la résistance que notre corps présente au mouvement ; et nous la sentons se reproduire, l'instant d'après, avec une action toujours la même.

Par conséquent, tous les résultats auxquels nous venons de parvenir, relativement aux forces qui renouvellent à chaque instant leur impulsion constante, s'appliquent à la force de la pesanteur.

Ainsi, quand un corps tombe librement, sans être arrêté par aucun obstacle :

1°. Les vîtesses qu'il acquiert sont proportionnelles aux temps mis à les acquérir ;

2°. Les espaces totaux qu'il parcourt sont proportionnels aux quarrés des temps mis à les parcourir;

3°. Les espaces totaux parcourus sont proportionnels aux quarrés des vîtesses acquises par le corps, au bout de chaque espace parcouru.

4°. Si le corps, au bout d'un temps donné, prend une vîtesse constante, égale à celle qu'il vient d'acquérir dans ce temps, il va parcourir un espace total *double* de celui qu'il vient de parcourir en augmentant graduellement de vîtesse.

Pour le point de la terre où nous nous trouvons, l'espace qu'un corps parcourt en tombant, durant la première seconde de sa chute, égale $4^{\text{mèt.}}$, 9043975. Donc sa vîtesse acquise au bout d'une seconde peut lui faire parcourir uniformément le double de cet espace, c'est-à-dire, $9^{\text{mèt.}},808795$ par seconde.

Au bout de 10 secondes, l'espace parcouru par un corps qui tombe librement, égale 100 fois l'espace qu'il parcourt durant une seconde, $490^{\text{mèt.}},43975$; au bout d'une minute, cet espace égale $17.655^{\text{mèt.}},831$.

Il s'en faut de beaucoup que les corps tombent avec une aussi grande vitesse, à cause de la résistance que l'air leur oppose. Voyez IIIe. volume, EMPLOI DES FORCES MOTRICES.

Application. Quand les espaces à parcourir ne sont pas très-grands, et qu'on emploie des corps très-pesants, on peut, au moyen d'un excellent *compteur*, qui marque les cinquièmes de seconde, mesurer avec une approximation remarquable, la profondeur d'un puits ou la hauteur d'un mur, d'un dôme, etc. On laisse tomber le corps, en comptant les secondes et fractions de secondes qu'il met à parcourir cet espace; on multiplie le quarré de ce nombre par $4^{\text{mèt.}},904...$, et le produit est l'espace parcouru.

Remarquez cette première et belle relation de la géométrie et de la méchanique, qui vous fait trouver la hauteur d'un édifice ou la profondeur d'une mine, en regardant une montre, et qui vous ferait également trouver la longueur d'un temps écoulé, par une simple mesure de l'espace. Les pendules nous offriront un exemple plus remarquable encore de cette intime liaison de deux sciences qui réunissent leurs principes et leurs conséquences, pour éclairer et guider l'industrie.

Quand j'expliquerai l'effet des pilons, des moutons, des balanciers pour la monnaie, des marteaux, des martinets, etc., etc., vous verrez quelles applications importantes et nombreuses les arts ont su faire des lois qui règlent la chute des corps, et combien il était important pour vous de connaître ces lois.

Supposons qu'au moment où la pesanteur va commencer ses impulsions, répétées à chaque instant, le corps ait acquis une certaine vitesse; alors il faut distinguer trois cas.

1°. Si la vitesse primitive est dirigée dans le même sens que la pesanteur, c'est une vitesse constante qui s'ajoute aux vitesses imprimées par la pesanteur.

Dans ce cas, la pesanteur est, pour le corps dont la vitesse s'accroît, s'*accélère* à chaque instant, ce qu'on appelle une *force accélératrice*.

2°. Si la vitesse primitive est dirigée en sens contraire de la pesanteur, la pesanteur diminue à chaque instant cette vitesse. Comme elle retarde sans cesse la marche du corps, on l'appelle alors *force retardatrice*.

Quand on tire un coup de pistolet du haut en bas, la balle tombe d'abord avec toute la vitesse qu'elle reçoit de la poudre enflammée; cette vitesse première s'accroît, ensuite, des actions sans cesse répétées de la pesanteur, qui agit comme force accélératrice.

Quand on tire de bas en haut le coup de pistolet, la balle s'élève d'abord avec toute la vitesse qu'elle reçoit de la poudre enflammée ; mais son mouvement est, à chaque instant, retardé par l'action sans cesse renouvelée de la pesanteur qui agit alors comme force retardatrice.

Au bout d'un certain temps, l'action, toujours contraire de la pesanteur, a détruit toute la vitesse primitive que la balle avait reçue ; et cette balle reste un moment en repos. La pesanteur, continuant son action, fait descendre cette balle, à partir de la position où elle se trouve au repos, et continue d'agir comme une force accélératrice.

Dans ce nouveau mouvement, à chaque instant, la force de la pesanteur ajoute une quantité d'action précisément égale à celle qui, durant la montée de la balle, avait été retranchée. Ainsi, *pour la même durée de temps, avant et après le moment où la balle arrive à son point le plus haut, elle parcourt des espaces égaux, soit qu'elle monte, soit qu'elle descende. Elle se trouve toujours avec la même vitesse acquise,*

DEUXIÈME LEÇON.

lorsqu'elle parvient à la même hauteur, soit qu'elle monte, soit qu'elle descende.

Il est essentiel de graver ce résultat dans votre mémoire. C'est un des principes les plus féconds de la méchanique ; et vous verrez combien ses applications, dans l'industrie, sont importantes et nombreuses.

La vitesse perdue par la balle qui monte, est proportionnelle au temps écoulé depuis qu'elle est lancée ; et la diminution d'espace parcouru par la balle montante est proportionnelle au quarré de ce temps.

La vitesse acquise par la balle qui descend est proportionnelle au temps écoulé depuis qu'elle a commencé de descendre. L'espace parcouru par la balle descendante, en vertu de la pesanteur est proportionnel au quarré de ce temps.

On a donné le nom simple de forces à celles qui n'agissent qu'une fois sur un corps, et pour lesquelles les espaces parcourus sont simplement proportionnels aux vitesses constantes.

On a donné le nom de *forces vives* aux forces accélératrices ou retardatrices dont la mesure est donnée par le quarré des vitesses acquises.

Dans quelque position que se trouve d'abord un corps, et quelque vitesse qui l'anime, s'il descend durant un temps t, il acquiert une vitesse v, proportionnelle à t. Par conséquent, M étant sa masse, il acquiert une quantité de mouvement égale à M. v^2 : c'est la *force vive* du corps M.

Lorsqu'on fait tomber un corps pour lui faire acquérir une force qu'on puisse employer ensuite dans les travaux de l'industrie, la quantité de force qu'il accumule est représentée par sa masse, multipliée par sa vitesse acquise. Ce qui fait par exemple au bout de

1.	2.	3.	4....	secondes
1.	4.	9.	16....	fois M × $9^{\text{mèt.}}$, 808795.

Les valeurs prises de gauche à droite donnent les forces vives croissantes pour le corps qui tombe ; ces mêmes valeurs prises de droite à gauche donnent les forces vives décroissantes pour le corps qui monte.

La différence de ces forces est évidemment la même entre les mêmes hauteurs, soit qu'on monte, soit qu'on descende.

Ainsi, quand un corps tombe librement avec une force vive acquise depuis un point A jusqu'à un point B, si on le lance de bas en haut avec cette même force, il s'élève de B jusqu'en A avant que la force retardatrice de la pesanteur ait consommé tout ce que, d'abord, elle avait produit en faisant descendre le corps.

Vous voyez, par là, qu'on ne peut pas tirer avantage : 1°. de la force acquise par un corps qui descend, pour le faire remonter plus haut que son point de départ ; 2°. de la force perdue par un corps qui monte, pour regagner plus de force par la chute de ce même corps, s'il doit revenir à son point de départ.

Ces vérités sont bien simples, et pourtant, si vous en pénétrez votre esprit, elles vous éviteront une foule de combinaisons fausses, et de *vaines recherches* de MOUVEMENT PERPÉTUEL.

Lorsqu'un corps est en repos, et qu'il est soumis à l'action du vent, c'est une force qui le pousse en renouvelant sans cesse ses impulsions, jusqu'à ce qu'il ait acquis une vitesse égale à celle même du vent. Mais, à mesure que le corps acquiert une vitesse plus considérable, il reçoit de la part du vent une impulsion moins forte. Ainsi, dans ce cas, la force accélératrice n'est plus constante; et les lois mathématiques, qui règlent les rapports du temps avec les vitesses et les espaces parcourus, ne sont, par conséquent, plus aussi simples que celles dont nous avons donné la démonstration et l'application, relativement à la pesanteur (1).

Lorsqu'un corps se meut dans l'air, supposé calme, ou bien se meut dans une direction contraire à celle du vent, à mesure que le corps augmente de vitesse, il éprouve, de la part de l'air, une résistance croissante. Ainsi, l'air agit

---

(1) Nous verrons plus tard que la force même de la pesanteur n'est pas constante, à diverses distances du centre de la terre.

non pas seulement comme une force retardatrice constante; mais comme une force retardatrice qui croit de plus en plus.

Nous développerons davantage ces observations, qu'il nous suffit d'indiquer maintenant, lorsque nous ferons connaître la nature plus particulière de la force de l'air et ses applications à l'industrie, dans le IIIe. volume, qui traitera *des forces motrices applicables à l'industrie.*

Il nous reste un troisième cas à présenter, que nous ne pouvons encore traiter; c'est celui où la force primitive est dirigée dans un sens différent de l'action des forces accélératrices ou retardatrices. Alors, le corps ne parcourt plus une ligne droite; il décrit une courbe, dont la nature et la courbure dépendent de la loi d'action des forces accélératrices ou retardatrices, et de l'intensité de ces forces.

Je n'ai cité que deux forces, la force de l'air et celle de la pesanteur, qui agissent pour accélérer ou retarder le mouvement des corps. L'industrie fait usage d'un grand nombre d'autres forces, ou bien doit vaincre la résistance de semblables forces, pour obtenir les effets qu'elle désire. Je me contenterai d'en citer quelques-unes.

Quand un navire est mis en mouvement dans l'eau, il l'est, généralement, par une force constante qui le fait partir de l'état de repos pour arriver à la plus grande vitesse qu'il puisse atteindre. Il est obligé, pour cela, de vaincre par degrés les résistances de l'eau, qui agit comme force retardatrice. Il n'atteint l'état d'un mouvement uniforme, que quand la perte de vitesse, éprouvée par l'effet de la force retardatrice, est précisément égale à l'acquisition de vitesse qu'il recevrait de la force impulsive supposée renouveler à chaque instant son action.

Dans toute espèce de machines, l'on distingue pareillement une force impulsive, laquelle, à chaque instant, ajoute une quantité donnée d'action, pour détruire des résistances, lesquelles, à chaque instant, doivent détruire cette même quantité d'action.

Lorsqu'on commence à mettre en jeu la machine, la force impulsive l'emporte nécessairement sur la force retardatrice, pour qu'il y ait mouvement. Ce mouvement s'accélère par degrés, jusqu'au point où la perte de vitesse, à chaque moment, causée par les résistances, est précisément égale à l'acquisition de vitesse, causée par la force impulsive. Quand on arrive à cet état, la machine prend un mouvement uniforme; tel est celui qui sert aux travaux ordinaires de l'industrie.

Il faut donc bien distinguer, dans le jeu des machines, les premiers mouvements *variés*, qui commencent avec une vitesse nulle, et croissent par degrés, jusqu'à la vîtesse constante qui doit servir aux travaux habituels.

Cette considération n'est pas un vain objet de curiosité. Dans la première partie du mouvement, une portion de la force impulsive est employée pour communiquer à chaque partie de la machine, le degré de vîtesse qui correspond à l'état constant du travail habituel. Il faut, par conséquent, que la force impulsive détruise : 1°. la force d'inertie de la machine; 2°. les premières résistances des forces retardatrices. Si l'on imprimait tout à coup à la machine une force constante, susceptible de la mettre à l'instant même en mouvement, avec toute la vîtesse qu'elle doit avoir dans l'état habituel, il faudrait un effort instantané, extrêmement considérable, pour vaincre à la fois, les résistances propres à cette machine, et celles qui naissent de la force d'inertie de ses éléments. On risquerait de briser des parties importantes ou, du moins, d'ébranler la solidité de tout le système. Lorsque nous expliquerons le jeu des engrenages, nous offrirons un exemple remarquable de l'importance qu'on doit attacher à de telles observations.

TROISIÈME LEÇON.

Forces parallèles.

Jusqu'ici nous n'avons considéré que des forces dirigées suivant la même ligne droite. Nous avons vu que leurs actions s'ajoutent ou se retranchent, suivant que les forces agissent dans le même sens ou en sens contraire.

Des effets pareils sont produits lorsque les forces agissent, non plus suivant la même ligne droite, mais suivant des lignes parallèles.

Ainsi, par exemple, deux chevaux tirant à la file et sur la même ligne droite, produisent le même effet que deux chevaux attelés de front et tirant parallèlement : trois chevaux attelés à la file et tirant sur la même ligne droite, produisent le même effet que trois chevaux attelés de front et tirant parallèlement, etc.

Donc : 1°. plusieurs forces parallèles et dirigées dans le même sens, produisent le même effet qu'une force unique égale à leur somme et tirant dans la même direction : cette force est leur *résultante*.

S'il y a des forces parallèles qui tirent en avant et des forces parallèles qui tirent en arrière, on réduira les premières à une seule force égale à leur somme, les secondes à une seule pareillement égale à leur somme; la résultante définitive sera égale à la différence des deux sommes et dirigée dans le sens de la plus forte.

Je vous donne ces résultats comme démontrés par l'expérience : j'aime mieux suivre cette marche que vous présenter des démonstrations peu faites pour satisfaire des esprits justes. Ainsi, par exemple, je pourrais dire, avec quelques auteurs élémentaires, qu'il faut regarder deux forces dont les directions sont parallèles, comme concourant en un même point, *à l'infini*, et comme ayant, *à l'infini*, une seule et même direction. Mais, en parlant ainsi, je vous dirais certainement des choses peu rigoureuses et fort-peu sensibles à votre intelligence.

Il est facile de voir que la résultante des forces parallèles, a la même direction que les composantes, et qu'elle est égale à la somme de celles qui font avancer, moins la somme de celles qui font reculer; mais il n'est pas aussi facile de voir, dans tous les cas, quelle doit être la position précise de la résultante. L'on a besoin, pour trouver plus aisément cette position, de recourir à la géométrie.

La géométrie sert à représenter, par des lignes proportionnelles, non-seulement des espaces parcourus ou à parcourir, non-seulement des espaces occupés par des machines et par des produits d'industrie, mais d'autres éléments de méchanique qui semblent n'avoir rien de commun avec la science de l'étendue. Il importe, avant tout, de bien fixer vos idées à cet égard.

A coup sûr, il n'y a rien de commun entre la durée d'un temps et la longueur d'une ligne. Mais divisons le temps en parties égales, par exemple, en heures. Divisons ces heures en parties égales, en minutes, en secondes, etc. Divisons une ligne, droite ou courbe, en parties égales, numérotées par 1, 2, 3...., comme les heures qui se suivent à partir d'un instant déterminé. Divisons chaque portion de ligne en autant de parties égales qu'il y a de minutes dans une heure; ces nouvelles divisions représenteront les minutes de chaque heure. Subdivisons ces nouvelles portions de ligne, en autant de parties qu'il y a de secondes dans la minute; les subdivisions formées de la sorte représenteront les secondes; et ainsi de suite.

Si je numérote avec des chiffres toutes ces divisions, je pourrai représenter le temps : 1°. par des nombres; 2°. par des longueurs de lignes; et, si j'ajoute, ou retranche, ou multiplie, ou divise les portions de ligne, comme j'aurais fait des portions mêmes du temps qu'elles représentent, il est évident que la ligne finale, résultat de toutes ces opérations, indiquera le temps final, qu'il fallait calculer. Voilà comment la géométrie sert à représenter le temps par des lignes.

Les cadrans des montres et des horloges portent un cercle gradué, divisé en douze parties égales, qui désignent les heures, et subdivisé en soixante parties égales qui désignent les minutes. Mais l'unité de mesure n'étant pas la même pour les minutes et pour les heures, il faut deux aiguilles pour suivre les deux mouvements, et l'aiguille qui marque les minutes va douze fois plus vite que l'aiguille qui marque les heures.

Sur les cadrans solaires, la durée du temps est aussi représentée par des éléments géométriques : ce sont des angles. On mène, par le centre du cadran, une ligne droite parallèle à l'axe de la terre. On suppose qu'un plan passe à la fois par cette droite et par le centre du soleil. Il tourne uniformément, et les angles qui mesurent son mouvement, mesurent les espaces parcourus.

Les vitesses, comme les temps, sont susceptibles d'être représentées par des lignes. Ainsi, dans la figure 1, seconde leçon, les hauteurs OA, AB, BC,... représentent les temps écoulés, tandis qu'un corps acquiert des vitesses représentées par des parallèles AI, BII, CIII,...

Alors, ainsi que nous l'avons vu, les espaces parcourus sont représentés par des surfaces.

Quand on veut que les espaces parcourus soient représentés par des lignes proportionnelles à ces espaces mêmes, et que les temps soient aussi représentés par des lignes, les vitesses deviennent les rapports de ces lignes; et ne sont plus représentées que par des nombres.

Les forces ne sont ni des temps, ni des vitesses, ni des espaces, mais des agents qui emploient le temps pour faire parcourir aux corps, certains espaces, en certain temps, avec certaines vitesses.

Les forces, comme le temps, comme les vitesses, comme les espaces, peuvent être représentées par des lignes qui leur soient proportionnelles, et qui aient la direction même de ces forces.

Ces notions sont simples et faciles; elles vous font tout à coup découvrir une immense utilité de la géométrie. La géométrie sert ici pour faciliter l'intelligence de la méchanique, et pour représenter, pour peindre à nos yeux des choses très-réelles, mais qui n'ont pas d'apparence que nos sens puissent saisir. Ainsi, nous ne pouvons ni voir, ni toucher, ni entendre le temps; mais nous pouvons voir des lignes, des points, des chiffres marqués sur un cadran. C'est alors la géométrie qui rend visible, en quelque sorte, et qui nous permet de mesurer le temps.

De même, nous ne pouvons pas voir, entendre, toucher le poids de l'atmosphère; mais nous pouvons voir les divisions d'une ligne droite appliquée le long d'un baromètre, et lire ainsi les variations du poids de l'atmosphère : c'est la géométrie qui les rend perceptibles par nos sens.

De même encore nous ne pouvons pas juger, par notre vue, de la pression que la vapeur exerce dans une chaudière de machine à vapeur; mais, au moyen d'un *manomètre*, qui n'est autre chose qu'un *baromètre à vapeur*, nous pouvons représenter ces pressions par une ligne divisée en parties égales. Voyez IIIe. vol. EMPLOI DES FORCES.

Ne soyez donc pas étonnés de nous voir représenter des forces par des lignes droites. La direction de ces lignes, sera la direction même que suivrait un corps soumis à l'action de la force représentée. La longueur de la ligne représentera la grandeur de la force. Revenons maintenant à l'examen des forces parallèles.

Quand deux forces AX, BY, fig. 1, tirent une ligne droite AB, qui leur est perpendiculaire, il est évident qu'une verge CR, attachée au milieu de AB et parallèle aux forces, étant placée symétriquement par rapport à elles, doit représenter la direction de leur résultante. En effet, la force de droite n'étant pas plus grande que celle de gauche, il n'y a pas de raison pour que la résultante soit plus rapprochée de la droite que de la gauche, ou de la gauche que de la droite.

S'il y avait trois forces tirant parallèlement en AX, BV, CZ, fig. 2, et placées à égale distance, la résultante agirait suivant BV, et ainsi de suite. Ces deux cas ont leur application dans un grand nombre d'attelages.

Lorsqu'un seul cheval tire une voiture, au moyen de deux traits ou de deux limons symétriquement placés à droite et à gauche du milieu de la voiture, le cheval tire également le trait ou le limon de droite et celui de gauche. Ainsi la voiture doit avancer dans une direction parallèle à ces limons ou à ces traits, comme si le cheval ne tirait qu'avec une corde ou un timon fixé dans le milieu de la voiture.

Quand il y a deux chevaux de front, ils sont placés à égale distance du milieu g, fig. 3. Alors les quatre traits sont t, t', t'', t''', placés symétriquement à droite et à gauche du milieu : 1°. les deux traits t et t', ont pour résultante une force égale à $t + t'$, appliquée, en Ee, au milieu du palonnier ab ; 2°. t'' et t''' ont pour résultante une force égale à $t'' + t'''$, appliquée, en Ff, au milieu du palonnier cd ; 3°. Les deux forces eE, fF, ont elles-mêmes pour résultante gG, égale à leur somme, c'est-à-dire, à $t + t' + t'' + t'''$, et placée à égale distance de eE et de fF.

Par conséquent, la ligne gG, qui passe par le milieu de la voiture, représente en direction la résultante définitive.

Supposons qu'il y ait deux forces parallèles, aX, bY, inégales, et tirant la verge ab, fig. 4 ; demandons-nous la position de la résultante.

Pour représenter ce cas, supposons que xaC et ybC, fig. 5, soient deux prismes ou deux cylindres de même matière et de même grosseur, et d'une longueur telle que, mis bout à bout, ils occupent deux fois la longueur ab ; c'est ce que nous pouvons toujours faire.

Cela posé, il est évident que le poids de Cax = X et de Cby = Y ne changera pas, si je suspends Cax et Cby horizontalement par leur milieu. Alors, il y aura entre a et b : 1°. la moitié de la longueur du petit poids ; 2°. la moitié de la longueur du grand poids. Or, la somme de ces demi-longueurs égale la distance ab. Donc les deux poids seront bout à bout et placés comme s'ils ne formaient qu'un poids unique. Supposons qu'ils soient tout-à-coup collés l'un à l'autre, cela ne changera rien à l'équilibre ; mais il est évident qu'un poids unique xy, également gros d'un bout à l'autre, serait en équilibre, en le suspendant avec une seule force par son milieu. Soit c ce milieu, la résultante R des deux forces X et Y passera par le point c.

Supposons qu'on renverse bout pour bout acb ; le point c se trouvant posé en C, on aura évidemment $bC = ac = bY$.

$$aC = bc = aX.$$

Ainsi le point C tombera sur c, au milieu de ab.

Donc, *il suffit de se placer en c, à des distances de aX et de bY, qui soient proportionnelles aux forces bY et aX, pour avoir le point d'application de la résultante.*

Je vais vous offrir un exemple de cette vérité, dans l'attelage des chevaux.

Souvent on emploie le système suivant. On a trois chevaux de front X, Y, Z, fig, 6; Y et Z sont attelés au palonnier ab; leur résultante cR est égale à la somme de leurs forces et placée au milieu de ab. Cette résultante agit directement avec la force simple du troisième cheval. Alors on place le point E deux fois aussi près de cR que de dX; c'est le point d'application des forces cR et dX, et, par conséquent, de la résultante définitive Q. Aussi, EQ se trouve-t-il dirigé suivant l'axe longitudinal de la voiture.

Supposons que, dans la figure 4, la force $R = X + Y$, surpasse de moins en moins la force Y, parce que X diminue de plus en plus. Dans l'égalité $R \times b C = X \times ab$, si nous supposons que R et bC ne changent pas, on voit clairement que, plus X diminuera, plus ab augmentera. Si la force X est successivement réduite à la moitié, au tiers, au quart, etc., de sa longueur primitive, il faudra que la distance aC double, triple, quadruple, etc., pour conserver le même produit $X \times ab$. Quelque grand que soit ab, on trouvera toujours une petite valeur de X qui pourra satisfaire à cette égalité; et $R = X + Y$, surpassera toujours Y, de la petite quantité X.

De là résulte une conséquence bien remarquable : c'est que deux forces Y et R, quand elles sont égales, parallèles et dirigées en sens contraires, ne peuvent pas être mises en équilibre avec une troisième force X. Quelque petite que soit X et quelque loin qu'on la place, elle ne sera jamais assez petite et jamais placée assez loin.

Puisqu'une force unique ne peut pas faire

équilibre à deux forces égales, opposées et parallèles, il faut que ces deux forces ne puissent pas avoir pour résultante une force unique, capable de faire avancer le corps en ligne droite. Les deux forces égales, opposées et parallèles, doivent donc produire, sur le corps auquel on les applique, un autre effet que de le transporter en ligne droite. Les lois du nouveau mouvement que le corps prend alors, seront expliquées dans la quatrième leçon, après que nous aurons expliqué tout ce qui concerne les mouvements opérés en ligne droite.

Revenons à l'action des forces parallèles qui peuvent avoir une résultante, et faisons connaître à leur sujet un principe fort-remarquable.

Quand deux forces X, Y, agissent perpendiculairement sur une verge AB, fig. 7, si l'on oblique également ces deux forces, c'est-à-dire, qu'on les conserve parallèles, en X et Y, la résultante R, toujours égale à leur somme, reste appliquée au même point C. Ainsi, *la position du point d'application, et la grandeur de la résultante, ne dépendent nullement de l'obliquité des forces parallèles, relativement à la droite qui joint leurs points d'application.*

Cette propriété du mouvement, bien simple en apparence, a des résultats d'une extrême importance, dans toute la méchanique, et dans l'industrie; indiquons les principales.

Supposons qu'on ait trois forces parallèles X, Y, Z, appliquées à trois points qui ne sont pas en ligne droite; AX, BY, CZ, fig. 8, représentant la direction de ces forces. D'abord, X et Y auront une résultante R appliquée en D, égale à X + Y, et telle qu'on ait la proportion
$$DA : DB :: Y : X.$$
Ensuite, R et Z auront pour résultante S = R + Z = X + Y + Z, et le point d'application E, de S, sera tel que DE : EC :: Z : R.

Cela posé, changeons à la fois la direction de toutes les forces, sans changer leur parallélisme : puisque la position des points D et E est indépendante de la direction des forces, cette position restera la même. Ainsi, de quelque manière qu'on change la direction des forces parallèles agissant sur A, B, C, pourvu que le parallélisme ne soit pas détruit, la résultante aura toujours le même point d'application E.

Si j'avais quatre, cinq ou six forces, au lieu de deux, je trouverais, de même, que le point d'application de toutes les forces ne saurait changer, quoiqu'on changeât à la fois la direction de toutes les composantes : pourvu que ces forces restassent parallèles.

On peut considérer un corps comme étant l'ensemble d'un très-grand nombre de petites parties de matière, poussées vers la terre, par des forces dont les directions sont à très-peu près parallèles; et peuvent, sans aucune erreur sensible, être considérées comme telles.

Lorsqu'on tourne et retourne le corps, si, dans chaque position, on cherche *le point* où devrait être appliquée la force unique résultante du poids de chaque petite partie du corps, on trouve toujours un même point : ce point remarquable est ce qu'on appelle le *centre* de gravité.

On s'assure, par l'expérience, de cette propriété des corps, en les suspendant par un fil dans différentes directions; le fil suit évidemment la direction de la résultante du poids de toutes les parties du corps; et l'on reconnaît que le fil est toujours dans une direction qui passe par un point unique; c'est le *centre de gravité*.

La propriété des centres de gravité a des conséquences très-importantes pour les arts, dans le mouvement des corps.

Supposons qu'un corps de figure quelconque se meuve en ligne droite, et sans tourner. Chacune de ses petites parties, appelées *molécules*, est animée d'une force proportionnelle : 1°. à la vîtesse commune; 2°. à la quantité de matière que contient cette molécule.

Dans le mouvement rectiligne que nous examinons, chaque molécule se meut en ligne droite; elle est animée d'une force dirigée dans le sens de cette droite, et proportionnelle : 1°. à sa masse; 2°. à sa vîtesse.

Considérons, par exemple, un corps qui ait un mètre de longueur. Si l'on prend cette longueur pour base d'un triangle dont le sommet soit au centre de la terre, on va former un triangle dont la base ne sera pas la six-millionnième partie de sa hauteur; et les deux longs côtés, qui représenteront la direction de la pesanteur, ne feront pas un angle égal *au cent millième d'un degré* : angle que nos meilleurs instruments ne sauraient parvenir à mesurer.

Toutes ces forces ont une résultante unique, parallèle à leur direction commune, égale à leur somme, et passant par le centre des forces, qui est ici le centre de gravité du corps.

Ainsi *le corps se meut de la même manière, c'est-à-dire, en ligne droite et sans tourner* :

1°. *Si l'on anime à la fois chacune de ses molécules par une force proportionnelle à la masse de la molécule et dirigée dans la direction donnée.*

2°. *Si l'on anime le corps entier par une seule force, parallèle à la direction donnée, et passant par le centre de gravité du corps.*

3°. *Si l'on anime le corps par plusieurs forces parallèles, ayant une résultante unique qui passe par le centre de gravité du corps.*

Par conséquent, pour arrêter complètement, au moyen d'une seule force, le mouvement d'un corps qui s'avance en ligne droite, il faut que *la direction de cette force passe par le centre de gravité du corps.*

Pour arrêter, au moyen de plusieurs forces, le mouvement d'un corps qui s'avance en ligne droite, il faut que la résultante de ces forces passe par le centre de gravité du corps.

Nous avons prouvé qu'en suspendant ou soutenant un corps par un seul point, la condition d'équilibre est que le centre de gravité du corps se trouve sur la même verticale avec le point de suspension. Quand on veut suspendre un corps dans une position déterminée, il faut, par conséquent, concevoir une verticale qui passe par le centre de gravité de ce corps, et placer le point d'attache sur cette verticale. Dans la leçon où je ferai connaître la position des centres de gravité du quarré, du rectangle, du lozange, du cercle, de l'ellipse, etc., vous verrez que les cadres auxquels on donne cette forme, et qu'on suspend dans nos appartements, ont leur point de suspension et leur point d'attache placés sur une même verticale avec le centre de gravité des cadres. Il en est de même des lustres suspendus aux dômes des églises, ainsi qu'aux planchers des salons, et des seaux suspendus à des cordes pour puiser de l'eau, pour descendre dans les mines.

La connaissance de la position du centre de gravité est, comme on voit, nécessaire aux artistes, soit qu'ils posent des corps destinés à rester en repos dans une situation donnée, soit qu'ils doivent faire avancer des corps en ligne droite et sans tourner; soit qu'ils doivent arrêter le mouvement des corps qui s'avancent ainsi.

Le corps de l'homme a son centre de gravité, comme tout autre corps. Mais ce centre de gravité change de place quand l'homme remue quelqu'un de ses membres, ou quand il porte quelque fardeau. Alors le corps de l'homme et le fardeau, considérés ensemble, ont un centre de gravité par lequel passe la résultante du poids de cet homme et du poids de son fardeau.

Quand l'homme se tient debout et droit, fig. 9 et 10, on peut regarder la plante de ses pieds comme les points d'application de forces parallèles agissant de bas en haut, et représentant la force de résistance du terrain sur lequel l'homme est placé. Toutes ces forces de résistance ont une résultante verticale unique, en un certain point A.

Pour qu'il y ait équilibre, il faut que cette résultante passe par le centre de gravité G de notre corps; sans cela le corps est entraîné du côté vers lequel se trouve son centre de gravité. Nous tomberions infailliblement, si nous ne nous hâtions de ramener ce centre à l'aplomb de la résultante des forces de résistance, en rejetant quelques-uns de nos membres vers le côté opposé à celui vers lequel notre chute commence.

Le centre de gravité de notre corps, doit

donc être considéré comme variant presque à chaque instant, par les mouvements divers qu'exigent nos besoins ou nos plaisirs.

Dans les beaux-arts et dans beaucoup de branches de l'industrie, il est important d'étudier les diverses positions que peut prendre notre centre de gravité.

Il faut que les peintres et les sculpteurs connaissent assez exactement ces positions, pour ne jamais poser leurs figures, ce qu'on appelle *en porte à faux*, c'est-à-dire, dans une situation telle que de vrais personnages ne pourraient s'y tenir sans tomber : défaut qui suffit pour ôter toute grâce aux compositions des beaux-arts.

Supposons qu'un artiste représente, dans une situation parfaitement droite, un homme qui porte sur son dos, fig. 11, (1) un fardeau considérable et volumineux ; il péchera contre les lois de la méchanique, et contre la vérité d'observation.

En effet, l'équilibre exige qu'alors le centre de gravité g du corps de l'homme et du fardeau, réunis comme un seul corps, soit sur la même verticale que la résistance éprouvée par la plante des pieds de l'homme. Mais, si l'homme reste droit, le centre de gravité g est porté vers l'arrière

___

(1) Dans toutes les explications et pour les figures qui vont suivre, nous représentons par G le centre de gravité du corps de l'homme, par H, celui du fardeau, et par g le centre de gravité du corps de l'homme et du fardeau pris ensemble.

jusqu'à sortir de l'espace occupé sur le terrain par la plante des pieds; alors il faut que l'homme tombe en arrière avec son fardeau.

Le porte-faix connaît parfaitement cet effet méchanique. Aussi, dès qu'il applique un fardeau contre son dos, commence-t-il à pencher en avant le haut de son corps, ainsi qu'on le voit dans la fig. 12; afin que le centre de gravité commun du corps et du fardeau, soit ramené sur la verticale convenable.

Le fardeau conservant le même poids, plus son centre de gravité se trouve éloigné de celui du corps de l'homme, plus le centre commun est en arrière; plus, par conséquent, le portefaix doit se pencher en avant; ce qui finirait par l'obliger à prendre une position très-incommode et presqu'impossible avec un fardeau trop volumineux, comme dans la fig. 12.

Quand un corps est plat d'un côte et large de l'autre, le porte-faix appuie le côté plat contre son dos; il porte ainsi le plus en avant possible, le centre de gravité du fardeau. Par conséquent, avec une charge donnée, il peut se pencher le moins possible en avant, pour être en équilibre malgré sa charge.

Le sac du soldat est un poids assez considérable, placé contre le dos. L'ancien sac, très-bombé, présentait un inconvénient analogue à celui du fardeau de la fig. 12. Le centre de gravité de ce poids était fort en arrière; ce qui contraignait le fantassin à marcher en penchant beaucoup le haut du corps en avant, suivant les pénibles préceptes d'une gothique ordonnance. En réfléchissant sur les propriétés des centres de gravité, l'on a senti tout l'avantage qu'il y aurait à donner aux soldats, des sacs larges et plats, fig. 13, dont le centre de gravité se trouvât moins en arrière, en les posant par leur large face contre le dos du soldat. Cette amélioration essentielle est une application bien facile, bien simple, de la théorie des centres de gravité; et pourtant les soldats ont porté péniblement des sacs mal configurés, pendant près de deux siècles, avant qu'on ait fait cette application en leur faveur.

Un fardeau placé en avant, produit l'effet opposé, de nous obliger à nous rejeter en arrière pour conserver notre équilibre sur nos pieds, si nous ne voulons pas être dans une position où nous ne puissions nous trouver placés sans risquer de tomber, comme dans la figure 14.

Regardons une poissarde, par exemple, fig. 15, dont l'étalage tenu par des bretelles, est horizontalement suspendu devant elle. Elle se tient très-droite, porte le haut du corps et la tête en arrière. Souvent, appuyant les poings sur les hanches, elle porte pareillement ses coudes en arrière : habitude qu'elle ne prend pas, d'ordinaire, pour se donner une attitude quinteuse et menaçante ; mais pour porter sans fatigue le centre de gravité du corps et des bras, aussi en arrière que possible, afin de faire contre-poids à son étal.

Regardons une femme enceinte, fig. 18. Lorsque sa grossesse augmente, le fardeau plus pesant qu'elle porte en avant, l'oblige, comme la poissarde, de tenir le haut du corps plus en arrière. Si l'usage le permettait, elle marcherait aussi fort-souvent en appuyant ses mains sur ses hanches, pour rejeter ses coudes en arrière.

Les hommes incommodés par un embonpoint extraordinaire, fig. 17, sont obligés de se tenir d'une manière analogue à la position de la poissarde et de la femme enceinte.

Afin qu'on puisse porter en avant un poids considérable, il faut avancer beaucoup les pieds et rejeter beaucoup en arrière le milieu du corps pour porter le plus possible en arrière, le centre de gravité, fig. 16.

J.-J. Rousseau remarquait que les femmes ne savent pas courir, et qu'elles tendent, en courant, les coudes en arrière. C'est parce qu'en courant, elles portent le haut du corps trop en avant ; ce qui exige cet emploi des bras pour contre-poids.

Quand un porteur d'eau n'est chargé que d'un seau, fig. 20, qu'il tient à la main, le centre de gravité de son corps et du seau se trouve déplacé non plus en avant ou en arrière, comme dans les cas précédents, mais de côté; alors il doit se pencher du côté opposé, ce qui est toujours pénible. Il en est de même d'une personne qui porte un enfant sur son bras, fig. 19.

Nous évitons les fatigues perdues, dont nous venons de parler, en chargeant également deux parties opposées de notre corps. Par exemple, en donnant deux seaux au porteur, fig. 22, et deux enfants d'égal poids à la bonne qui les porte, fig. 21.

De faibles femmes portent avec aisance des poids, souvent considérables, en les posant sur leur tête, fig. 23, de manière que le centre de gravité du fardeau soit à l'aplomb du centre de gravité du corps. Alors le centre de gravité du système se trouve plus élevé, mais reste toujours sur la même verticale. La porteuse n'a donc besoin de se pencher d'aucun côté pour conserver l'équilibre de sa position naturelle.

Une invention méchanique fort-ingénieuse pour les personnes qui jadis travaillaient à ne rien faire, était la besace. La besace ou bis-sac se compose, comme son nom l'indique, de deux sacs égaux, ou d'un sac unique, percé au milieu, pour passer la tête du quêteur, fig. 24. A mesure que les tributs arrivent à la besace, on la remplit également par devant et par derrière, et le centre de gravité du système ne change pas de verticale. On peut donc, avec l'emploi de la besace, accumuler sans fatigue, dans les deux poches qui la composent, un très-grand fardeau.

Supposons qu'un homme droit sur ses deux pieds se tienne tout à coup sur un pied ; si son corps reste droit, il va tomber inévitablement du côté du pied levé. Mais, pour prévenir cette chute, l'homme rejette un peu son corps vers le côté du pied qui reste à terre, et le centre de gravité se trouve sur la verticale qui passe dans la partie du terrain occupée par ce pied.

Voilà pourquoi, lorsque les hommes marchent, ils se jettent, sans s'en apercevoir, et alternativement, un peu vers la droite et un peu vers la gauche : suivant que c'est le pied gauche ou le pied droit qui est levé, fig. 25.

Ce mouvement alternatif est extrêmement sensible lorsqu'on se place en avant d'un peloton, et dans l'alignement de la marche. On voit le peloton osciller vers la droite et vers la gauche à chaque pas, avec d'autant plus de régularité, qu'il marche avec plus d'ensemble.

C'est ce léger mouvement vers la droite et vers la gauche, commandé par la position que doit garder le centre de gravité, qui rend très-pénible, pour deux personnes, de se donner le bras et de marcher un peu lestement, à moins d'aller au pas. Car, sans cela, le centre de gravité de l'une tend à tomber vers la gauche, précisément quand le centre de gravité de l'autre tend à tomber vers la droite. Par conséquent, lorsque les deux pieds de dedans sont à terre, les deux personnes se choquent ou se poussent l'une l'autre; au contraire, quand les deux pieds de dehors sont à terre, les deux personnes se tirent et tendent à se séparer; ce qui fatigue leurs bras.

Les mêmes raisons, appliquées aux soldats d'infanterie, qui, dans l'ordre actuel, doivent marcher en se touchant les coudes, ont fait une nécessité indispensable d'obliger tous les hommes en contact, à marcher au pas. Sans cela, jamais leurs coudes ne pourraient conserver ce contact, puisque le corps de l'un se porterait à droite, quand le corps de l'autre se porterait à gauche : alors l'ensemble de la ligne serait bientôt rompu. Afin que, dès le commencement de la marche, il s'établisse une telle harmonie dans tous les mouvements, on fait constamment partir les soldats d'un même pied : c'est le pied gauche qu'on a choisi. Ainsi, vous voyez que *la raison, qui force à faire partir les soldats du même pied, dans les marches régulières, tient à la théorie des centres de gravité.*

La danse offre des applications de cette théorie, qui sont beaucoup plus variées encore que la marche. Vous concevez que ce n'est pas ici le lieu d'examiner les leçons des maîtres de ballet ou de contredanse, pour y chercher de telles applications. Cependant, il est un principe de mouvement qui, se retrouvant dans la marche, dans la danse et dans les exercices de voltige, mérite de trouver ici sa place.

Supposons que le danseur ou le voltigeur élève le pied droit, par exemple du côté droit, il doit aussitôt porter quelque partie du corps vers le côté opposé pour maintenir son équilibre; mais, comme il faut que les mouvements du corps même soient aussi petits que possible, afin que l'effort soit mieux dissimulé, et qu'on y trouve de l'aisance et de la grâce, il faut que le bras gauche soit étendu vers la gauche. Si l'on ramène le pied droit en arrière, il faut que le bras gauche soit ramené en avant. Telle est l'attitude de la belle statue du Mercure volant, fig. 26; telle est celle des Renommées.

L'opposition des mouvements des bras aux mouvements des pieds, pour conserver le centre de gravité dans la même verticale, est indispensable aux sauteurs de corde qui voltigent sans balancier; aussi, peut-on l'y remarquer beaucoup plus sensiblement. Le balancier a toujours pour objet de ramener sur une verticale passant par la corde, le centre de gravité du corps et du balancier réunis.

J'ai souvent remarqué des hommes qui marchent vite, qui balancent beaucoup leurs bras et qui les jettent sur le côté, au lieu de les jeter en avant et en arrière, comme font la plupart des hommes. D'après les observations que je viens de présenter sur la manière dont, à chaque pas, notre centre de gravité se trouve jeté vers le côté du pied qui pose à terre, on voit que les bras, par un mouvement naturel, se portent vers le côté du pied levé, pour ramener le centre de gravité dans la direction de la marche. Ainsi, ces hommes-là marchent plus droit que les autres.

La considération du centre de gravité est d'une grande importance dans l'art de l'escrime. Le poids du corps devant porter habituellement sur le pied gauche, qui reste en arrière, il faut que le centre de gravité du corps soit sur une verticale qui passe toujours par ce pied. Cette condition oblige de porter le haut du corps très-en arrière, et d'étendre en arrière la main gauche pour faire équilibre au bras droit et à la jambe droite, qui sont en avant. Le moindre coup de fleuret renverse le tireur, s'il a son centre de gravité trop en arrière. Au contraire, lorsque ce centre est trop en avant, le tireur éprouve une grande fatigue quand il doit porter son corps en arrière, et la lenteur de ce mouvement peut aussi mettre sa vie en danger.

Dans la leçon que nous consacrerons au mouvement de rotation, nous verrons que les centres de gravité n'y jouent pas un rôle moins important que dans le mouvement de translation.

LEÇONS.

II.ᵉ Leçon.

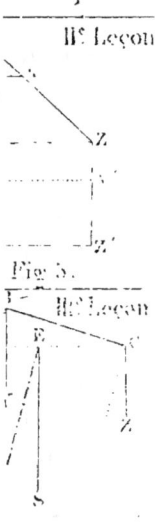

Fig. 5.

III.ᵉ Leçon

Fig. 8.

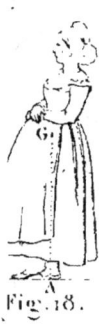

Fig. 18.

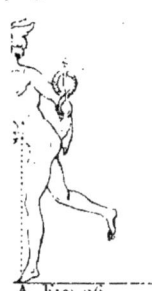

Fig. 26.

Gravé par Adam

MÉCHANIQUE. ARTS ET MÉTIERS et

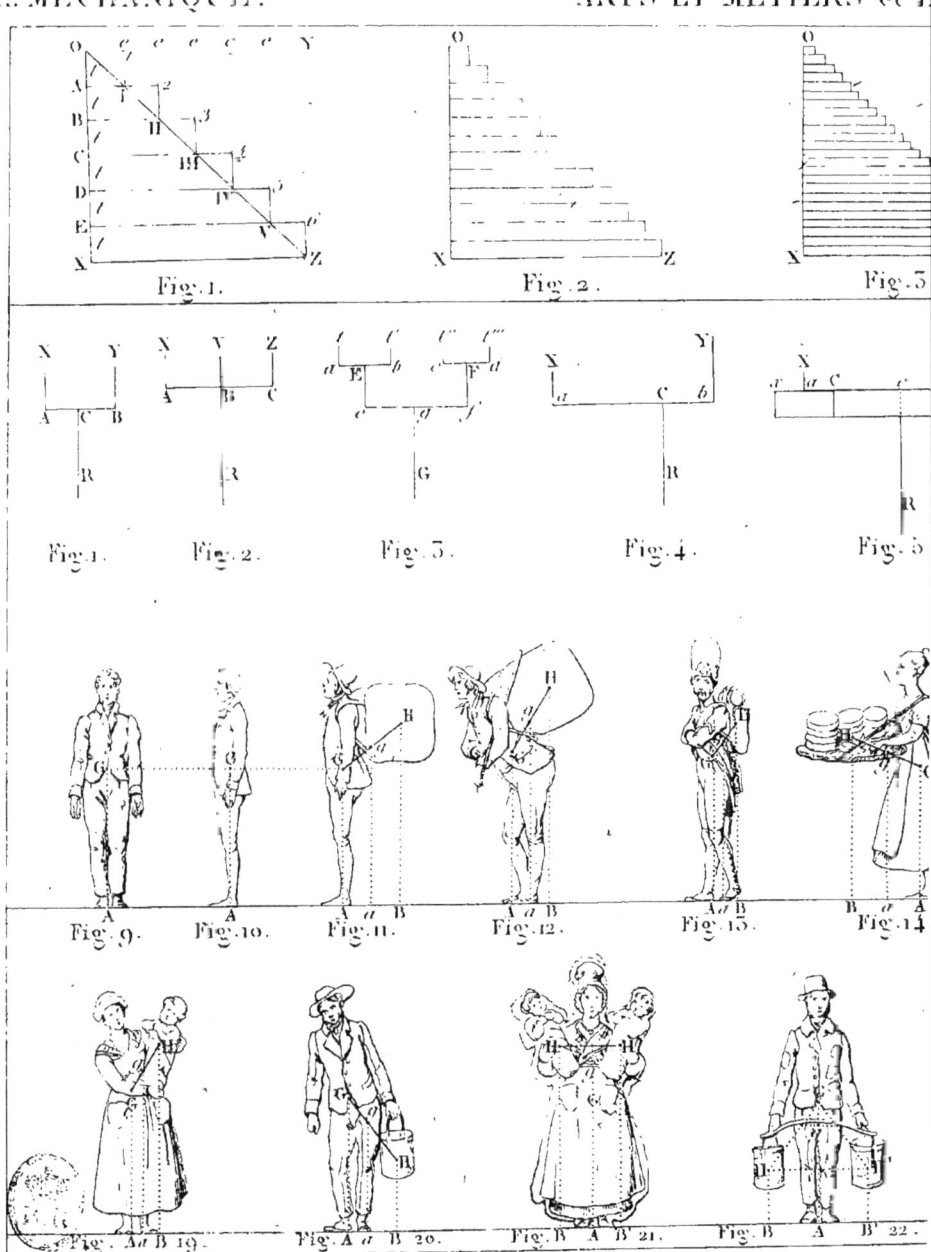

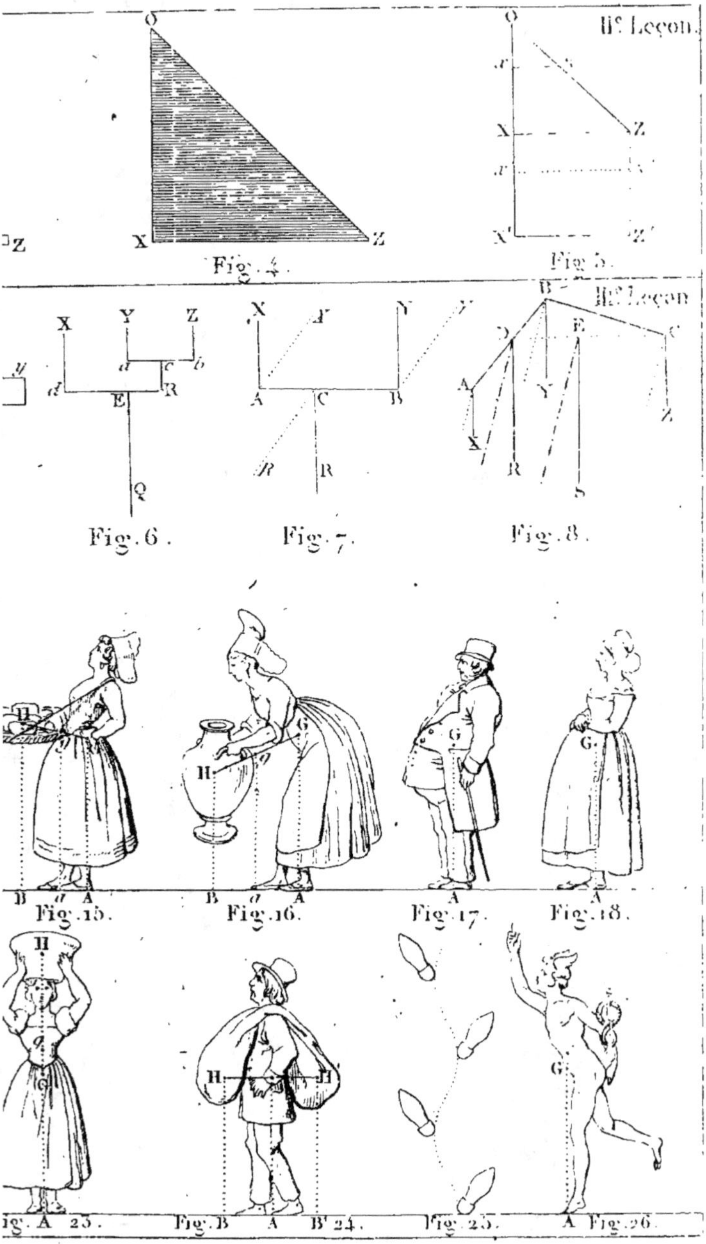

K-ARTS. IIe et IIIe LEÇONS.

Fig. 4. Fig. 5.

Fig. 6. Fig. 7. Fig. 8.

Fig. 15. Fig. 16. Fig. 17. Fig. 18.

Fig. 23. Fig. 24. Fig. 25. Fig. 26.

gravé par Adam

QUATRIÈME LEÇON.

Du centre de gravité des machines et des produits d'industrie ; des moments.

Quelques exemples donnés dans la leçon précédente ont suffi pour montrer combien il importe, à beaucoup d'arts et de métiers, qu'on détermine exactement la position du centre de gravité, dans un grand nombre de corps de diverse figure. Il n'est pas moins important qu'on détermine le centre de gravité des parties stables et des parties mobiles de toutes les machines.

Lorsqu'on charge une voiture à deux roues, il est essentiel que le poids du chargement ne soit placé ni trop en avant ni trop en arrière de l'essieu. Dans le premier cas, le chargement écraserait le cheval, ou du moins lui ferait supporter une charge inutile, qui ne diminuerait en rien l'effort nécessaire pour tirer la voiture. Dans le second cas, le poids de la partie d'arrière l'emportant sur le poids de la partie d'avant, la voiture tendrait à basculer, et basculerait en effet, ou du moins tendrait à soulever le cheval et à lui faire perdre terre. Cet effort pénible pourrait même devenir dangereux, si l'on montait une côte à pente très-prononcée.

Dans la construction, dans l'arrimage, dans l'installation, dans le gréement des navires, il est indispensable de calculer la position du centre de gravité de chaque partie du bâtiment et de chaque objet qu'il renferme, pour connaître le centre de gravité de l'ensemble ; et pour s'assurer qu'il satisfait aux conditions d'équilibre et de stabilité, comme on l'expliquera, IIIe. vol., Forces motrices.

Quand deux poids égaux, considérés comme des points matériels, sont attachés aux deux bouts d'une verge inflexible et supposée sans pesanteur, le centre de gravité de leur ensemble est au milieu de la droite.

Une ligne droite pesante, AB, fig. 1, représentée par un fil métallique, partout d'égale grosseur, a son centre de gravité G placé au milieu de sa longueur. En effet, si l'on suspend la droite par son milieu, il n'y aura pas de raison pour qu'un côté de cette droite l'emporte sur l'autre côté. L'équilibre subsistera, quelle que soit l'inclinaison de la ligne pesante. Le point autour duquel a lieu cet équilibre constant, est le centre de gravité de la ligne droite pesante.

Chacun sait, en effet, qu'en posant le milieu d'un bâton horizontal sur le bout du doigt ou sur une pointe quelconque, on le tient en équilibre. On le tient également en équilibre lorsqu'on le suspend par son milieu. Quand nous parlerons du levier, nous verrons que l'équilibre de la balance est une application de ce principe.

Supposons, à présent, qu'on demande le centre de gravité du système de deux lignes droites AB, CD, fig. 2, uniformément pesantes dans toute leur longueur; de manière que les longueurs AB, CD, représentent les poids mêmes de ces droites.

On pourra regarder le poids de la droite AB, comme étant concentré en son milieu E, et le poids de CD comme étant concentré en son milieu F.

Alors on aura deux forces parallèles appliquées l'une en E, l'autre en F, et représentées par AB, CD. Leur résultante sera représentée par AB + CD; elle aura son point H d'application sur la droite EF, déterminé par la proportion

$$AB : CD :: HF : HE,$$
et $$AB + CD : AB :: EF : HF;$$
d'où, $$\frac{AB \times EF}{AB + CD} = HF.$$

Or nous savons trouver la valeur d'un quatrième terme d'une proportion. Voyez Géom., V^e leçon.

Avec la méthode que nous venons d'indiquer, il sera très-facile de connaître le centre de gravité d'autant de lignes pesantes qu'on voudra, en les prenant deux à deux. S'agit-il, par exemple, d'avoir le centre de gravité des lignes droites qui forment le polygone rectiligne ABCD, fig. 3? On prendra les points 1, 2, 3,....., au milieu des côtés AB, BC, CD.....; puis, sur la droite 1.2, on trouvera le centre x de gravité des deux droites AB, BC, par la méthode qu'on vient de donner. Menant x.3, et regardant le poids des deux droites AB, BC, comme concentré en x, dans leur centre de gravité, on trouvera le point y, centre de gravité de AB + BC, et de CD. On trouvera de même le point z, centre de gravité de AB + BC + CD et de DA. Ce sera le centre de gravité des quatre droites AB, BC, CD, DA.

Il serait utile que les élèves s'exerçassent à faire un polygone ABCD..., en fil de fer, et qu'ils y attachassent des fils de soie, 1.2, x.3, y.4, etc. Ils trouveraient exactement la position du centre de gravité du polygone. Ensuite, avec un nouveau fil, ils suspendraient tour à tour le polygone par le point A, par le point B, par le point C...; alors, ils verraient qu'un fil à plomb, mis à côté du fil de suspension, passe toujours par le centre de gravité du polygone. Ils se formeraient ainsi, par l'expérience, une idée plus claire et plus facile de la propriété des centres de gravité. Cet exercice leur apprendrait d'ailleurs une opération très-utile, et les forcerait de pratiquer la méthode géométrique des lignes proportionnelles. (Voyez Géométrie, V⁰ Leçon.)

Dans notre cours de géométrie, nous avons soigneusement examiné la figure et les propriétés des lignes symétriques, des surfaces symétriques et des volumes symétriques. L'importance de la symétrie des formes, est plus grande encore pour le méchanicien que pour le géomètre. C'est un objet sur lequel on ne saurait trop attirer l'attention des artistes.

Soit, fig. 4, une figure quelconque ABCDED'C'B'A, symétrique par rapport à l'axe AE. Soit, g, le centre de gravité du contour ABCDE, situé à gauche de l'axe de symétrie.

Si nous replions cette partie de gauche sur la partie de droite, elles s'appliqueront exactement l'une contre l'autre. Puisqu'elles ne différeront alors, ni de grandeur, ni de forme, ni de position, il faudra que leur centre de gravité se trouve au même point. Donc g', centre de gravité de AB'C'D'E, est dans une position symétrique par rapport à g, c'est-à-dire que g, g', sont également distants de l'axe, et situés sur une droite gg' perpendiculaire à cet axe.

Les deux contours symétriques ABCDE, AB'C'D'E, étant d'égal poids, sont représentés par deux forces égales appliquées, l'une en g, l'autre en g'; et leur résultante, égale à leur somme, est au milieu de gg', c'est-à-dire, en G, sur l'axe de symétrie. Donc....

Le centre de gravité d'une ligne symétrique quelconque, est nécessairement placé sur l'axe de symétrie.

Remarquons que la superficie plane, terminée

par un contour symétrique, est symétrique par rapport au même axe que le contour.

Nous pouvons supposer que ce contour termine une surface plane, partout également pesante, comme une feuille de papier, de métal, etc. Alors, si g, g', représentent les centres de gravité des superficies placées à droite et à gauche de l'axe de symétrie, la droite gg' est toujours perpendiculaire, en G, à l'axe, et Gg égale Gg'. Donc, *le centre de gravité de toute superficie plane symétrique, est placé sur l'axe de symétrie.* Par conséquent, *Si l'on suspend par un point de l'axe, des cadres de figure quelconque, mais symétriques, l'axe de symétrie se placera toujours dans une position verticale.* En effet, le poids de la figure agit comme s'il était concentré tout entier au centre de gravité; de plus, la direction verticale de cette force est supposée passer par le point fixe de suspension ou d'attache. Donc la force est détruite par l'obstacle, et par conséquent le cadre reste en équilibre.

Nos appartements sont décorés par un grand nombre de cadres. Quelle que soit leur figure, ils sont tous de forme symétrique : tous doivent avoir leur point de suspension placé dans l'axe de symétrie; et notre œil est choqué, quand on n'a pas bien observé cette règle.

Pour fixer les idées sur les considérations générales que nous venons de présenter, offrons quelques exemples simples. Dans toutes les figures dont nous allons parler, nous désignerons par la lettre G le centre de gravité.

Le centre de gravité G, tant du contour que de la superficie d'un cadre triangulaire symétrique ABC, fig. 5, est placé sur la verticale qui passe par le sommet A, et par le milieu de la base BC du triangle ABC.

Soit qu'on suspende ce cadre par le sommet A, fig. 5, ou par le milieu D de la base BC, fig. 6, ces deux points étant sur l'axe de symétrie, la position d'équilibre du cadre est celle où l'axe AD devient vertical.

Suspendons un cadre ayant la forme d'un trapèze symétrique ABCD : 1°. par le milieu E de sa petite base AB, comme dans la figure 7 ; 2°. par le milieu F de sa grande base CD, comme dans la figure 8. L'équilibre exigera que l'axe de symétrie EF, qui contient le centre de gravité G du contour et celui de la surface du trapèze, se place dans une position verticale.

La démonstration que nous avons donnée pour faire voir que le centre de gravité d'un contour plan, et d'une superficie plane, symétriques par rapport à un axe, est nécessairement placé sur cet axe, s'applique également aux figures terminées par des lignes droites ou par des lignes courbes. De là résultent les conséquences suivantes :

Tout arc de cercle ABC, fig. 9, est symétrique par rapport au rayon OB, qui passe par le milieu de cet arc. Donc le centre G (1) de gravité, soit du contour, soit de la surface de cet arc de cercle, est placé sur le rayon OB. Par conséquent, si l'on suspend l'arc de cercle ABC par son milieu B, les deux extrémités A, C, seront sur la même horizontale, dans la position d'équilibre.

Il en sera de même pour la superficie du segment ABC, et pour celle du secteur OABC. En renversant la figure, on obtient une seconde position d'équilibre, fig. 10. Si le point de suspension est toujours sur le rayon OB, ce rayon conserve, dans ce cas comme dans le précédent, une position verticale.

La parabole et l'hyperbole étant symétriques par rapport à l'axe qui passe par leur sommet, si l'on prend, à partir du sommet B d'une de ces courbes, fig. 11, deux portions BA = BC, de cette courbe, le centre de gravité de la courbe sera sur l'axe. Donc, si l'on suspend cette courbe par son sommet B, elle sera en équilibre, quand l'axe BD suivra la direction verticale.

Il y a des figures qui ont deux axes de symétrie, AB, CD. Tels sont les rectangles, fig. 12 et

_____

(1) Il faut bien remarquer pour l'arc de cercle, comme pour le trapèze, que le centre de gravité du contour n'a pas la même position que le centre de gravité de la superficie.

13, tels sont les lozanges, fig. 14 et 15. Dans ces figures, le centre de gravité G, devant se trouver sur chacun des axes de symétrie, se trouve nécessairement sur le point G qui leur est commun, c'est-à-dire, au centre de symétrie.

Donc, *le centre de gravité des contours et des superficies, symétriques par rapport à deux axes, se trouve au croisement de ces axes, c'est-à-dire, au centre de symétrie.*

Les polygones réguliers sont tous symétriques par rapport à plusieurs axes; ce qui présente autant de suspensions symétriques différentes qu'il y a d'axes de symétrie. Donc, *Le centre de gravité du contour et celui de la superficie des polygones réguliers, sont l'un et l'autre placés au centre de symétrie de ces polygones.*

L'ellipse, fig. 16 et 17, est symétrique par rapport à ses deux axes AB, CD. Donc, *Le centre de gravité G du contour et de la superficie de l'ellipse, est au centre de symétrie de cette courbe.*

Le cercle, fig. 18, est symétrique par rapport à chacun de ses diamètres AB, CD...; donc....

Le centre de gravité du contour et de la superficie d'un cercle, est au centre du cercle.

Ainsi, par quelque point du contour d'un cadre polygonal régulier, ou d'un contour elliptique, ou d'un contour circulaire, qu'on suspende ce cadre, son centre de symétrie se placera toujours à l'aplomb du point de suspension.

Centre de gravité des surfaces. Pour en déterminer la position, l'on suppose que les surfaces sont, comme de minces feuilles de papier ou de métal, partout également épaisses et pesantes pour la même superficie.

Centre de gravité du triangle. Lorsqu'on veut trouver le centre de gravité de l'aire d'un triangle ABC, fig. 19, on divise ce triangle en un grand nombre de bandes parallèles et très-étroites, qu'on regarde comme des droites pesantes : leur centre de gravité se trouve sur la ligne droite AE, qui les coupe toutes par le milieu, d'après la propriété des lignes proportionnelles. Donc le centre G de leur ensemble, c'est-à-dire du triangle total, est sur la droite AE, menée de A au milieu de BC. On démontrera de même qu'il est sur BF et sur CK, menées, de B et de C, jusqu'au milieu de AC et de AB. Donc le centre de gravité du triangle est au point G commun aux trois lignes AE, BF, CK. Maintenant, puisque les points K, E, sont au milieu de AB et de BC, la droite KE est parallèle à AC. Les lignes proportionnelles (GÉOMÉTRIE, V^e leçon) donnent

$$1 : 2 :: BK : BA :: KE : AC :: EG : GA.$$

Donc $EG = \frac{1}{2} GA$ et $EG = \frac{1}{3} AE$.

Ainsi : 1°. *le centre de gravité du triangle est placé sur la ligne droite qui joint le sommet et le milieu de la base ;* 2°. *il est au tiers de cette ligne, en partant de la base.*

QUATRIÈME LEÇON. 99

Centre de gravité du quadrilatère ABCD, fig. 20. Pour le trouver, on déterminera d'abord le centre des triangles ABC, ADC, en menant EB, ED, par le milieu de AC, et prenant EO $= \frac{1}{3}$ EB, EO' $= \frac{1}{3}$ ED; puis, joignant O et O' par une droite, on trouvera la résultante de deux forces parallèles F $=$ ABC, F' $=$ ADC, appliquées en O et O'. Le point d'application G de la résultante, sera le centre de gravité du quadrilatère.

Il est plus facile de trouver le centre de gravité des quadrilatères qui ont quelque régularité.

Pour le trapèze ABCD, fig. 22, le centre de gravité G se trouve sur la ligne EF, qui divise en parties égales toutes les bandes formées par des droites parallèles aux bases.

Les surfaces du parallélogramme, du lozange, du rectangle et du quarré, ont leur centre de gravité à l'intersection des deux diagonales. *Voyez* fig. 21 et figur. 15, etc.

En effet, chaque diagonale divise ces figures en deux triangles égaux, et la seconde diagonale coupant la première par le milieu, contient les centres de gravité des deux triangles. Donc le centre de gravité de la figure se trouve sur la seconde diagonale. On démontrerait de même qu'il est sur la première; donc il est sur les deux, et par conséquent au point où elles se croisent.

Si nous divisions la surface symétrique quelconque, plane ou courbe, fig. 4, par des bandes parallèles entr'elles et perpendiculaires à l'axe de symétrie, le centre de gravité de chaque bande serait sur l'axe ou sur le plan de symétrie. Donc le centre de gravité d'une aire symétrique est sur l'axe ou sur le plan de symétrie.

Quand une aire a deux axes ou deux plans de symétrie, son centre de gravité est à l'intersection des deux axes : c'est le centre de la figure.

Par conséquent, pour les aires planes, qui ont deux axes de symétrie, le centre de gravité est au centre de symétrie, ainsi que nous l'avions démontré en parlant des contours symétriques. Passons aux aires ou surfaces courbes.

Une surface courbe, ou composée de plusieurs plans, est symétrique par rapport à un axe, quand toute section faite dans la surface, perpendiculairement à l'axe, a son centre de symétrie placé sur cet axe. Le volume terminé par la surface symétrique, est également symétrique par rapport à cet axe.

Si l'on fait, dans la surface ou le volume, un très-grand nombre de sections perpendiculaires à l'axe, et très-rapprochées, on pourra regarder les sections du solide comme de simples surfaces pesantes, dont le centre de symétrie sera sur l'axe. Par conséquent, la résultante de leur poids sera sur le même axe; et toutes ces résultantes passeront par l'axe supposé vertical. Donc leur résultante unique sera dirigée suivant cet axe ; donc, enfin....

Les volumes, ainsi que les surfaces courbes, qui sont symétriques par rapport à un axe, ont leur centre de gravité sur cet axe de symétrie.

Quand un volume a deux axes de symétrie, il possède un *centre de symétrie* qui se trouve sur ces deux axes; c'est aussi le centre de gravité de la surface ou du volume.

Les arts nous offrent un grand nombre de figures qui ont un axe de symétrie : par exemple, toutes les surfaces de révolution. Quand on suspend ces surfaces par un point quelconque de leur axe, la position d'équilibre de la surface ou du volume est celle pour laquelle l'axe est vertical.

Les lustres qu'on suspend soit avec un cordon, soit avec une chaîne, dans les maisons, les palais et les temples, sont toujours symétriques par rapport à un axe. On attache le lustre par un des points de cet axe; et, dans la position d'équilibre, l'axe prend une position verticale. Il en est de même du *fil à plomb* AB, fig. 18 bis : le plomb B est un corps symétrique par rapport à un axe auquel le fil est attaché.

Non-seulement l'axe est vertical quand le lustre est en repos. Il reste vertical : 1°. si le lustre est descendu ou monté, lorsqu'on fait mouvoir verticalement son point d'attache; 2°. si le lustre tourne sur lui-même. Par conséquent, à moins que le lustre ne reçoive quelque choc oblique et d'un seul côté, il gardera sa position verticale.

Il en est de même *du fil à plomb*; et cette propriété en justifie l'usage.

Vous verrez, par la suite, que l'industrie a fait plusieurs applications fort-belles de la propriété qu'ont les axes de symétrie, de contenir le centre de gravité des corps. Avant d'aller plus loin, faisons connaître d'autres propriétés très-importantes des forces parallèles et des centres de gravité.

MOMENTS DES FORCES PARALLÈLES.

Les deux forces parallèles X, Y, fig. 24, appliquées aux points A et B de la droite AB, ayant Z pour résultante appliquée en O sur AB, l'on a

$$X \times OA = Y \times OB. \quad X : Y :: OB : OA.$$

Menons mOn perpendiculaire à la direction des forces parallèles, on aura $OB : OA :: On : Om$. (GÉOMÉTRIE V^e. leçon : *lignes proportionnelles*)

Donc aussi $\quad X : Y :: On : Om$.

et $\quad X \times Om = Y \times On$.

X et Om restant les mêmes, on peut supposer la distance On, *sous-double*; alors il faut que la force Y *double*, pour que le produit reste constant et qu'il y ait équilibre. On peut supposer la distance On, *sous-triple*; alors il faut que la force Y *triple*. On peut supposer la distance On, *sous-quadruple*; alors il faut supposer la force Y *quadruple*, etc. Ainsi, l'action d'une force Y, sur une résistance Z' égale et opposée à Z, pour faire équilibre à une force parallèle X, s'accroît : 1°. proportionnellement à la force même Y; 2°. proportionnellement à la distance On de la direction de cette force au point où se trouve placée la résistance. Ce produit, qui mesure l'efficacité de la force sur une résistance placée en O, est ce qu'on appelle le *moment* de la force par rapport au point O.

$X \times Om$ est le moment de X, de même que $Y \times On$ est le moment de Y. La condition d'équilibre $X \times Om = Y \times On$, s'exprime en disant:

Pour que deux forces parallèles X, Y, *soient en équilibre autour d'un point résistant* O, *il faut que le moment des deux forces, pris par rapport à ce point, soit égal de part et d'autre.*

Il faut, de plus, que les deux forces X, Y, tendent à faire tourner la droite en sens opposés.

On pourrait placer la résistance en A, fig. 24, et considérer l'équilibre de deux forces Y, Z', agissant en sens contraires. En menant Aq perpendiculaire à la direction des forces parallèles, on aurait $Y : Z' :: AO : AB :: Ap : Aq$.

Donc $Y \times Aq = Z' \times Ap$.

Ainsi, dans ce cas comme dans le précédent, le produit des moments est égal entre la force Y et la force Z' qui fait équilibre à X et Y, ainsi qu'entre la force Y et la force Z résultante de X et Y.

Menons, à présent, une droite quelconque A*mn*, fig. 25, par le point A, et les perpendiculaires O*m*, B*n*, à cette droite. Les propriétés des lignes proportionnelles (V^e. leçon, GÉOMÉTRIE), nous donneront :

$$Y : Z' :: AO : AB :: Om : Bn.$$
d'où $\quad Y \times Bn = Z' \times Om.$

Le produit de la force Y, par la distance de son point B d'application, à la droite A*mn*, et le produit de la force Z' par la distance de son point O d'application à la droite A*mn*, sont les *moments* de Y et Z, *pris par rapport à la droite A*mn, droite qu'on appelle alors *l'axe des moments*.

Ainsi : 1°. Quand l'axe des moments passe par le point d'application de la force X, en équilibre avec les forces parallèles Y et Z', le moment de Y égale le moment de Z', et les deux moments agissent en sens contraires.

Si nous menons LMN parallèle à A*mn*, puis AL, O*m*M, B*n*N, perpendiculaires à ces parallèles ; nous aurons $\quad AL = Nn = Mm$;
mais $\quad\quad\quad\quad\quad\quad X + Y = Z'$;
donc $\quad\quad X \times AL + Y \times Nn = Z' \times Mm.$
Déjà, $\quad\quad\quad\quad\quad Y \times Bn = Z' \times Om$;
Par conséquent, $X \times AL + Y \times BN = Z' \times OM.$

Donc, en prenant une droite quelconque LMN pour axe des moments, la somme des moments de deux forces parallèles X, Y, équivaut au moment de la force Z' qui leur fait équilibre, et par conséquent au moment de la résultante Z de X et de Y, puisque $Z = Z'$.

Supposons à présent que nous ayons trois forces composantes X, Y, U, fig. 26. Rapportons-les à l'axe quelconque des moments Mm :

1°. $\quad X \times Ax + Y \times By = Z' \times Dz'$
2°. $\quad Z' \times Dz' + U \times Cu = Z \times Ez$

donc $X \times Ax + Y \times By + U \times Cu = Z \times Ez$.

Ainsi, *les moments de trois forces, présentent une somme égale au moment de leur résultante.*

On prouvera de même que, sur un plan, la somme des moments de quatre, de cinq, de six... forces, en un mot d'un nombre quelconque de composantes, est égal au moment de leur résultante : quelles que soient et la position et la direction de l'axe des moments.

Par conséquent, en menant, de chaque point d'application des forces, une perpendiculaire à l'axe des moments, le produit de la résultante par la distance qui correspond à son point d'application, est égal à la somme des produits correspondants pour toutes les composantes.

Cette belle propriété fournit les applications les plus importantes aux calculs du mouvement des corps, ainsi qu'au jeu des machines. Il est donc essentiel que les élèves la gravent dans leur mémoire, et s'en forment une idée bien précise.

Cette même propriété sert pour connaître immédiatement la position du point d'application de la résultante d'autant de forces parallèles qu'on le désire, sans être obligé de les prendre deux à deux, trois à trois, etc.

On mène deux lignes à angle droit OX, OY, fig. 27; puis, des points d'application A, B, C, D... des forces P, Q, R, S..., on abaisse sur OX et sur OY, les perpendiculaires Aa, Bb, Cc...., et Aa', Bb', Cc',.... Cela posé, G étant le point d'application de la résultante Z, on a

$$G g \times Z = A a \times P + B b \times Q + C c \times R + \ldots$$
$$G g' \times Z = A c' \times P + B b' \times Q + C c' \times R + \ldots$$

Donc

(I). $G g = \dfrac{A a \times P + B b \times Q + C c \times R + \ldots}{Z}$

(II). $G g' = \dfrac{A a' \times P + B b' \times Q + C c' \times R + \ldots}{Z}$

Rappelons-nous que la résultante Z est égale à la somme de toutes les composantes.

Si les forces P, Q, R, S,...., sont égales, et qu'il y en ait un nombre n; leur résultante $= n \times P$. Alors l'égalité des moments donne

$$G g \times Z = A a \times P + B b \times Q + C c \times R + \ldots$$
$$G g \times n \times P = A a \times P + B b \times Q + C c \times R + \ldots$$

D'où, $n \times G g = A a + B b + C c + \ldots$

Donc, $G g = \dfrac{A a + B b + C c + \ldots}{n}$

Ainsi, *quand des forces composantes sont égales entr'elles, si l'on prend pour chacune la distance de son point d'application à l'axe des moments, et qu'on divise la somme de ces distances par le nombre des forces, on a la distance de l'axe au point d'application de la résultante.* C'est un résultat qui peut être d'un fréquent usage dans les arts.

Si l'on n'a que trois forces égales à P, appliquées aux trois sommets A, B, C, d'un triangle, fig. 28, et qu'on prenne la base AB du triangle pour axe des moments ; alors, la distance de cet axe aux points d'application des forces appliquées aux sommets A, B, devient nulle, et par conséquent aussi leur produit par P. Donc il reste simplement, en appelant R la résultante ;

$R \times Gg = P \times Cc$. Mais $R = 3P$. Donc, par compensation, $Gg = \frac{1}{3} Cc$.

Ainsi, *le centre de gravité de trois forces égales, appliquées aux sommets d'un triangle, est au tiers de la distance de chaque sommet à la base opposée. Donc ce centre est le même que le centre de gravité de l'aire du triangle* (1) : conséquence fort-remarquable, et qui trouve souvent son application dans les calculs de la méchanique.

Dès qu'on a les distances Gg, Gg', fig. 27, du point G aux deux droites OX, OY, on a la position du point G centre d'application des forces.

---

(1) On démontrerait par la même méthode aussi facilement que *le centre de gravité de quatre forces égales, appliquées aux sommets d'une pyramide, est le centre même de gravité du volume de la pyramide.*

D'après la définition même des centres de gravité, ce point G est le centre de gravité des forces P, Q, R, S..., appliquées en A, B, C, D.... (1).

Le principe que nous venons d'exposer, et la méthode qu'il fournit, s'appliquent donc immédiatement pour trouver la position du centre de gravité de tant de forces qu'on veut, distribuées avec ou sans continuité, sur des lignes, des surfaces ou des volumes.

Pour trouver le centre de gravité d'une ligne pesante AB, fig. 29, on la partage en très-petites parties d'égal poids ; on multiplie chacune de ces parties par sa distance, à une première droite OX, puis à une seconde OY. On divise successivement la somme des premières et des secondes, par la somme des forces, et l'on a : 1°. Gg ; 2°. Gg'.

Les méthodes suivantes, pour trouver le centre de gravité des surfaces et des volumes, ne sont indispensables à expliquer, que dans les ports.

Les constructeurs de navires ont besoin de mesurer la surface des voiles et de fixer : 1°. la position du centre de gravité de chaque voile ;

---

(1) Si les forces parallèles ne sont pas toutes dans un même plan, on substitue aux axes des moments, des *plans de moments*, perpendiculaires entr'eux. Alors on remplace les perpendiculaires aux axes A*a*, B*b*..., par des perpendiculaires aux plans. Dans tous les cas, la somme des moments des composantes, est égale au moment de la résultante. C'est ce qu'il serait très-facile de démontrer par les propriétés des lignes proportionnelles : Géométrie V. leçon.

2°. le centre de gravité de l'ensemble de ces voiles. En effet, toutes choses égales d'ailleurs, plus ce dernier centre, qu'on appelle *centre de voilure*, se trouve élevé au-dessus du centre de gravité, plus la force du vent a d'énergie pour incliner le navire et le faire chavirer. On admet que toutes les voiles, tournant autour de leurs points de suspension, sont à la fois rabattues dans le plan de symétrie du navire. On divise ces voiles en triangles dont on détermine aussitôt la superficie et le centre de gravité. Supposons, fig. 27, que les forces parallèles P, Q, R,..., représentant la surface de ces triangles, soient appliquées aux points A, B, C,..., centres de gravité des mêmes triangles; les deux formules (I), (II), de la page 106, donneront immédiatement les distances Gg, Gg', du centre G de la voilure, à deux axes OX, OY, l'un horizontal et l'autre vertical; ce qui suffira pour faire connaître la position du centre de voilure dans le plan de symétrie du navire.

Soit l'aire plane A Mma, fig. 30, terminée par une courbe AM et par trois droites à angle droit Aa, am, mM; on demande le moment de cette aire par rapport à la droite am.

Divisons la droite am en un très-grand nombre de parties dont la largeur égale l, et menons, par les points de division, les droites Bb, Cc, Dd,... parallèles à Aa et Mm.

1°. Si l'on regarde les petites portions AB, BC, CD, ... de la courbe ABCD..., comme des lignes droites, on a : *surface* AamM $= l. \{ \frac{1}{2} Aa + Bb + Cc + Dd + ... \frac{1}{2} Mm \}$

Supposons d'abord qu'on remplace la figure continue maABCD.... par la figure échelonnée maAb'Bc'Cd'D.... les centres de gravité q, q', q''... de ces figures, seront distants de am, de quantités respectivement égales à $\frac{1}{2}$Aa, $\frac{1}{2}$Bb, $\frac{1}{2}$Cc...

Donc les moments des rectangles qui composent la figure échelonnée, seront, par rapport à l'axe am :

Pour Aabb' $= l \times$ A$a \times \frac{1}{2}$Aa
Bbcc' $= l \times$ B$b \times \frac{1}{2}$Bb
Ccdd' $= l \times$ C$c \times \frac{1}{2}$Cc...

Moment total $= \frac{1}{2} l$ (Aa^2 + Bb^2 + Cc^2 + ... M'm')².

Ainsi, *le moment total est égal à la somme des quarrés des lignes* Aa, Bb, Cc..., *multipliée par la moitié de la largeur des bases égales.*

Si l'on prend la figure échelonnée maAa''Bb''Cc''... M, on aura de même, pour moment total,

$$\tfrac{1}{2} l \times (\text{B}b^2 + \text{C}c^2 + \text{D}d^2 + \ldots + \text{M}m^2).$$

Voilà deux moments entre lesquels est celui de la surface continue maAM.

1°. Moment moindre $\frac{1}{2} l$ (Aa^2 + Bb + Cc^2 + ... M'm'^2).
2°. Mom. plus grand $\frac{1}{2} l$ (Bb^2 + Cc^2 + ... M'm'^2 + Mm^2).

Prenant le moment moyen, on a

$$\tfrac{1}{2} l \, (\tfrac{1}{2}\text{A}a^2 + \text{B}b^2 + \text{C}c^2 + \ldots + \text{M}'m'^2 + \tfrac{1}{2}\text{M}m^2).$$

Donc, *le moment de l'aire ou superficie* MmaA, *égale la demi-largeur* l *de toutes les tranches, multipliée par la somme des quarrés des longueurs intermédiaires* Bb, Cc...., *et par la moitié du quarré des longueurs extrêmes* Aa, Mm.

La valeur qu'on vient d'obtenir sera d'autant plus approchée de la véritable, que les tranches seront plus multipliées et par conséquent plus étroites.

Si, maintenant, nous divisons le moment que nous venons de trouver, par l'aire maAM, nous aurons la distance Gg, de l'axe am au centre de gravité G de cette aire.

QUATRIÈME LEÇON.

Ainsi, $Gg = \dfrac{\frac{1}{2}Aa^2 + Bb^2 + Cc^2 + \ldots + \frac{1}{2}Mm^2}{Aa + 2Bb + 2Cc + \ldots + Mm}$

Rien n'est plus facile que de calculer la valeur de cette fraction ; ce ne sera qu'une affaire de patience.

Il serait également facile d'en obtenir la valeur par la géométrie, au moyen des triangles rectangles, et d'après le principe que le quarré du grand côté est égal à la somme des quarrés des deux petits côtés.

Vous voyez, ainsi, combien les propriétés exposées dans la géométrie sont utiles pour résoudre les questions de la méchanique.

La méthode que nous venons de présenter est générale ; elle s'applique aux surfaces de figure quelconque.

Supposons qu'on demande de trouver la distance de l'axe XY au centre de gravité G de l'aire ABC.... Mc'b'A, fig 31. Menons les parallèles équidistantes Aa, $Bb'b$, $Cc'c$, $Dd'd$... Soient G', G'', les centres de gravité de maABCDM, et de $maAb'c'd'$...M, nous aurons

$$G'g' = \dfrac{\frac{1}{2}Aa^2 + Bb^2 + Cc^2 + \ldots \frac{1}{2}Mm^2}{Aa + 2Bb + 2Cc + \ldots \; Mm}$$

$$G''g' = \dfrac{\frac{1}{2}Aa^2 + b'b^2 + c'c^2 + \ldots \frac{1}{2}Mm^2}{Aa + 2bb' + 2cc' + \ldots \; Mm}$$

1°. Moment ABCDM$ma\ldots = \frac{1}{2}l\,(\frac{1}{2}Aa^2 + Bb^2 + Cc^2 + \ldots \frac{1}{2}Mm)$

2°. Moment $a'b'c'Mma\ldots = \frac{1}{2}l\,(\frac{1}{2}Aa^2 + b'b^2 + c'c^2 + \ldots \frac{1}{2}Mm)$

La différence de ces moments, divisée par la différence des surfaces, c'est-à-dire, par la surface proposée ABCDM$d'c'b'$A, donnera la distance Gg du centre de gravité de cette surface, à l'axe XY des moments.

Avec la figure 30, rien n'est plus facile que d'avoir la distance Gg' du centre de gravité G par rapport à l'axe aA perpendiculaire à am.

Si nous calculons par rapport à aA, le moment des tranches parallèles échelonnées plus petites, nous aurons

1°. *Moment* de $Aabb' = \frac{1}{2}l \times l \times Aa$;

2e *Moment* de Bbcc' $= \frac{3}{2} l \times l \times $ Bb;

3°. *Moment* de Ccdd' $= \frac{5}{2} l \times l \times $ Cc.....

(I). *Moment total* $\frac{1}{2} l^2$ (Aa + 3Bb + 5Cc + 7Dd + ...)

Si nous faisons les tranches échelonnées plus grandes que l'aire continue maABCDE...., nous aurons :

Moment de $a''ab$B $= \frac{1}{2} l \times l \times $ Bb.

Moment de $b'bc$C $= \frac{3}{2} l + l \times $ Cc.

Moment de $c''cd$D $= \frac{5}{2} l \times l \times $ Dd.

Donc le *moment total* est

(II)... $\frac{1}{2} l^2$ (Bb + 3Cc + 5Cc + 7Dd + ...)

Prenant la demi-somme des deux moments (I) et (II), on a

(III). $\frac{1}{2} l^2$ { Aa + 2Bb + 4Cc + 6Dd + 8Ee....}

En continuant ainsi jusqu'à Mm, qu'il faudra multiplier, non par le double du nombre des tranches auxquelles il correspond, mais par le simple nombre.

Ce moment (III) divisé par surf. ABCD,... égale Gg'.

Les constructeurs de navires ont besoin de déterminer la superficie, le centre de gravité, et le moment de diverses sections horizontales, faites dans la carène, et terminées par les contours qu'ils appellent *lignes d'eau* et *lignes de flottaison*. La méthode la plus simple qu'ils puissent employer est celle que nous venons d'exposer. Cette méthode, familière à tous les officiers du génie maritime, devrait l'être également à tous les constructeurs du commerce. Il en est de même de la méthode que nous allons présenter pour déterminer la position du centre de gravité des solides et le moment de ces solides.

Rapportons la position du centre de gravité du corps

solide, à deux plans de projection qui se coupent à angle droit : tels qu'on les emploie dans la géométrie. Voyez Géométrie, XIII°. leçon.

Coupons le corps par tranches verticales d'égale épaisseur, I, II, III,... et par tranches horizontales 1, 2, 3... aussi d'égale épaisseur ; l'ordre des chiffres marquant celui des tranches.

Supposons, fig. 31, que l'aire ABCD... soit la base d'un cylindre droit, le centre de gravité du cylindre se projettera horizontalement sur le centre de gravité de l'aire. Les formules précédentes nous donneront sur-le-champ la distance du centre de gravité de ce cylindre, par rapport à deux axes perpendiculaires entr'eux.

Imaginons qu'on divise un volume quelconque, un navire, par exemple, en beaucoup de tranches horizontales équidistantes, représentées en plan, fig. 32. Imaginons que la surface du navire, au lieu d'être continue, soit échelonnée de manière à présenter comme des marches d'escalier contournées suivant la forme du solide ; plus ces marches que nous appellerons échelons, seront multipliées, et moins le corps échelonné différera du corps dont la surface est continue. Enfin, supposons que h soit la hauteur verticale de toutes les tranches ou échelons :

1°. Le volume de chaque marche d'escalier sera $h \times$ la surface de la tranche qui sert de base à l'échelon ;

2°. Le centre de gravité de la marche se projettera horizontalement sur le centre de gravité de la tranche qui sert de base à cet échelon ;

3°. La hauteur h, multipliée par le moment de la tranche est égale au moment de l'échelon même ayant pour base l'aire de cette tranche ;

4°. La somme des volumes des échelons représente le volume total V du corps proposé ;

5°. La somme des moments des échelons représente le moment total du corps proposé.

Enfin, si les moments sont pris par rapport à l'axe OY, et que leur somme soit M, on a sur-le-champ $Gg' = \frac{M}{V}$. Si les moments sont pris par rapport à l'axe OX, et que leur somme soit m, on a sur-le-champ $Og = \frac{m}{V}$.

On voit combien cette méthode est simple et facile. Elle n'est pas seulement employée par les théoriciens; elle est utile à tous les ingénieurs, à tous les artistes, qui veulent calculer avec précision la position du centre de gravité d'un volume quelconque. Ne craignons pas de répéter que cette étude est particulièrement essentielle pour les constructeurs de navires; elle pourrait souvent donner aux marins, des lumières précieuses sur les qualités de leurs bâtimens, s'ils connaissaient et s'ils appliquaient de pareilles méthodes.

Je me contenterai d'indiquer la position remarquable du centre de gravité de plusieurs surfaces et de plusieurs solides importans pour l'industrie; laissant aux élèves qui voudront pousser plus loin leurs études, le soin de voir dans les livres spéciaux, la démonstration des résultats que j'énonce.

Le centre de gravité d'un prisme ou d'un cylindre est à égale distance de la base supérieure et de la base inférieure. En coupant le prisme ou le cylindre en deux parties égales, par un plan parallèle aux deux bases, le centre de gravité de la section est le centre même de gravité du prisme ou du cylindre.

QUATRIÈME LEÇON.

Si l'on prend le centre de gravité de chaque base d'un prisme ou d'un cylindre, et qu'on joigne les deux centres par une droite, le milieu de cette droite est le centre de gravité, soit du prisme, soit du cylindre (1).

La somme des arêtes d'un tronc de prisme, divisée par le nombre des arêtes, donne la distance de la base au centre de gravité du tronc

---

(1) Si le prisme est droit, le plan qui le coupe parallèlement aux bases, à égale distance de ces bases, est un plan de symétrie ; donc il contient le centre de gravité du prisme.

Supposons qu'on ait divisé le prisme en un nombre très-grand de tranches parallèles aux bases, les centres de gravité des tranches deviendront, pour ainsi dire, identiques avec ceux de la surface des tranches. Les tranches auront leur centre de gravité sur une ligne droite parallèle aux arêtes du prisme, et le centre du prisme sera sur le milieu de cette droite. Si l'on suppose que les tranches glissent parallèlement les unes sur les autres, de manière que les centres des tranches restent toujours en ligne droite, on va former un volume échelonné dont le centre de gravité sera toujours sur la ligne droite qui joint ces centres.

Plus on suppose que les tranches sont minces et nombreuses, plus le volume échelonné approche d'un prisme oblique, sans que la position du centre de ce volume cesse, pour cela, d'être à égale distance des plans qui terminent les tranches extrêmes.

Donc, enfin, dans le prisme oblique comme dans le prisme droit, le centre de gravité se trouve au milieu de la droite qui passe par le centre de gravité des bases.

La même décomposition du cylindre droit en cylindres échelonnés, dont les échelons fussent de plus en plus petits, ferait voir que le centre de gravité d'un cylindre, oblique ou droit, est au milieu de la ligne droite qui joint les centres de gravité des deux bases.

de prisme, en mesurant cette distance par une droite parallèle aux arêtes.

Si l'on prend le centre de gravité de la base d'une pyramide ou d'un cône, et qu'on la joigne par une droite avec le sommet ; puis, qu'on prenne le quart de cette droite à partir de la base, ou les trois quarts à partir du sommet, le point qu'on trouve est le centre de gravité, soit de la pyramide, soit du cône (1).

Le centre de gravité de la surface et du volume de la sphère, est au centre de symétrie de la sphère.

Le centre de gravité d'une calotte sphérique

---

(1) En divisant la pyramide par tranches extrêmement minces, au moyen de plans parallèles à la base, on verra que les centres de ces tranches sont au centre de gravité de sections parallèles à la base. Mais ces sections sont semblables, et leurs points correspondants sont en ligne droite avec le sommet de la pyramide ; donc tous les centres des tranches, et par conséquent le centre même de la pyramide, sont sur la ligne droite qui joint le centre de gravité de la base avec le sommet ; ce qui sera vrai des quatre sommets et des quatre faces qui leur sont opposées.

Soit g, fig. 23, le centre de gravité de la base ABC de la pyramide SABC. On a $Kg = \frac{1}{3} KB$; de même, g' étant le centre de gravité de SAC, on a $Kg' = \frac{1}{3} KS$. Donc, si l'on mène $g'GB$ et gg', les deux lignes KS et KB sont coupées proportionnellement ; ainsi gg' est le tiers de BS ; de même que Kg est le tiers de KB, et Kg' le tiers de KS. Donc, à cause des triangles semblables Ggg', GBS, $Gg = \frac{1}{3} GS$, et par conséquent $Gg = \frac{1}{4} Sg$. Donc, enfin, le centre de gravité de la pyramide est au quart de la distance du sommet au centre de gravité de la base.

est situé sur l'axe de symétrie ou flèche de la calotte : il est au milieu de cette flèche.

Le centre de gravité de la surface et du volume des surfaces de révolution est situé sur leur axe de symétrie.

Menons un plan coupant par l'axe d'un cône droit circulaire, entier ou tronqué, le triangle ou trapèze de la section a pour centre de gravité celui de la surface du cône ou tronc de cône.

Le centre de gravité du volume de la demi-sphère est aux trois huitièmes du rayon, à partir du centre.

Le centre de gravité d'un segment de parabole est aux trois cinquièmes de la flèche, à partir du sommet.

Le centre de gravité d'un segment de volume paraboloïde engendré par la révolution de la parabole sur son axe, est aux deux tiers de l'axe à partir du sommet.

Emploi des centres de gravité, pour trouver le volume de certains corps.

Il faut maintenant expliquer et démontrer une très-belle analogie entre la détermination de certains volumes et le centre de gravité de certaines surfaces.

Supposons qu'on ait déterminé le centre de gravité G., fig. 53, d'une superficie qui tourne autour d'un axe QO'. Dans ce mouvement, le contour OmnO décrit une surface de révolution.

Le volume compris dans la surface de révolution, égale la superficie OmnO, multipliée par le cercle qu'a parcouru le centre G.

Pour le démontrer, menons par l'axe OO' deux plans O'p, O'q, extrêmement voisins et faisant entr'eux un angle très-petit. On pourra regarder le corps comme terminé par une côte cylindrique entre ces deux plans. Le tronc de cylindre aura pour base OmnO, sur le plan O'p. Décomposons cette base en petits quarrés égaux, chacun sera la base d'un petit prisme rectangulaire terminé par le plan O'q.

Soit $vxyz$ un de ces petits quarrés; par le centre i du quarré, menons $i'i''$ parallèle à l'axe OO, nous aurons : volume du prisme $abcd$, ayant $vxyz$ pour base et $i'i''$ pour hauteur $= vxyz \times i'i''$.

Or ce produit est le moment de $vxyz$ transporté sur le plan Oq, par rapport à Op. Donc la somme des volumes des prismes, c'est-à-dire, le volume de la section pOq, égale la somme des moments de l'aire OmnO, dans le plan Oq, par rapport au plan Op.

Projetons en G'G'', le centre de gravité G de OmnO; nous aurons

Surface OmnO $\times$ G'G'' $=$ la somme des moments de OmnO placée en Oq par rapport à Op.

Donc le produit

Surface OmnO $\times$ G'G'', égale le volume de la

partie du corps de révolution, comprise entre O'p et O'q.

Or G'G" est égal à l'espace que le centre G doit parcourir pour passer du plan O'p au plan O'q, quand ces plans sont supposés extrêmement près l'un de l'autre. Donc, enfin,...

La surface OmnO multipliée par l'espace G'G" que parcourt son centre de gravité, quand elle tourne autour de son axe OO', donne un produit égal au volume de la partie du solide de révolution comprise entre les plans O'p, O'q.

Nous pouvons concevoir autant de plans qu'on voudra, très-voisins les uns des autres, et passant par l'axe; toujours le volume de la partie du solide de révolution comprise entre ces plans sera représenté par le produit de l'aire OmnO par l'espace que parcourt le centre de gravité de cette aire.

Ainsi, *quand un solide est formé par une aire plane qui tourne autour d'un axe, le volume du solide est égal au produit de l'aire par l'espace que parcourt, dans ce mouvement, le centre de gravité de l'aire.*

La démonstration précédente restera la même, si l'aire OmnO tournant autour de OO', afin de passer de O'p en O'q, tourne ensuite autour d'un second axe tracé dans le plan de l'aire, pour décrire une portion plus ou moins grande d'une nouvelle surface de révolution, puis autour d'un troisième axe tracé dans le plan de l'aire, etc.

Dans tous ces cas, le volume terminé par chaque nouvelle surface égalera la surface de l'aire génératrice, multipliée par l'espace que parcourt le centre de gravité de cette aire.

Applications. Cette méthode très-simple est employée par les architectes instruits, pour calculer les volumes ou quantités de pierre, de bois, de fer, que contiennent les escaliers à vis, les voûtes annulaires, etc.; par les ingénieurs des ponts et chaussées, pour calculer les déblais et les remblais des canaux; par les artilleurs, pour calculer le volume des parties annulaires de leurs bouches à feu, etc., etc. Les constructeurs de navires ont aussi beaucoup d'occasions d'appliquer, dans le cubage des bois, la méthode générale que nous venons de démontrer.

Il est essentiel d'appeler l'attention des élèves sur ces relations intimes des propriétés de la géométrie et de la méchanique. La méchanique sans géométrie est une routine sans théorie, une étude sans lumière ou plutôt une étude *impossible*. A son tour la méchanique rend à la géométrie d'importants services; elle lui fournit des instruments variés pour exécuter avec une extrême précision, et pourtant avec facilité, des opérations très-délicates. Efforçons-nous donc de montrer de plus en plus les rapports indispensables de ces deux belles sciences, pour les appliquer de concert à l'industrie.

ÇON.

é par Adan.

MÉCHANIQUE. ARTS ET MÉTIERS et BE

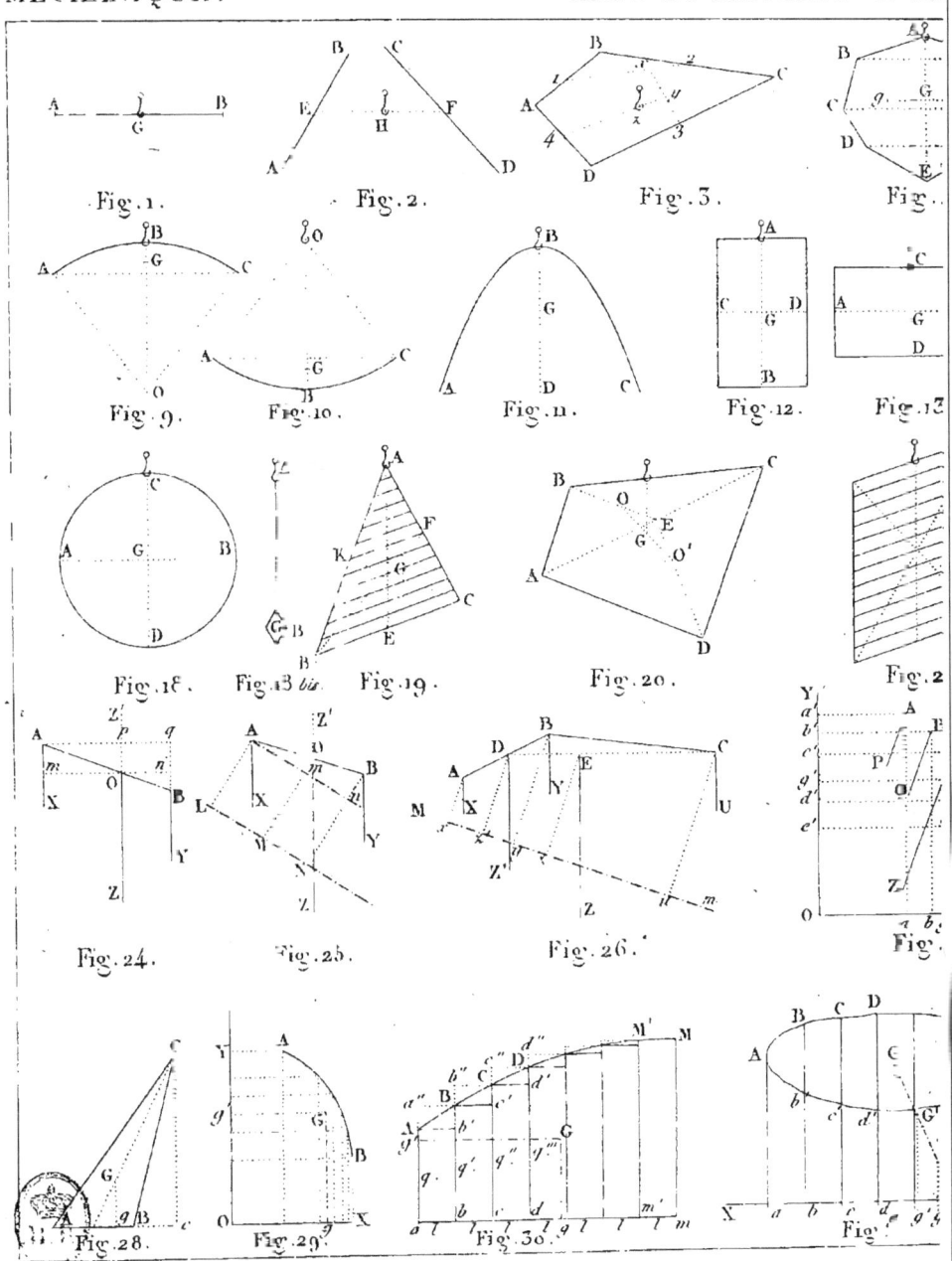

Dessiné par Charles Dupin.

ARTS. IV.ème LEÇON.

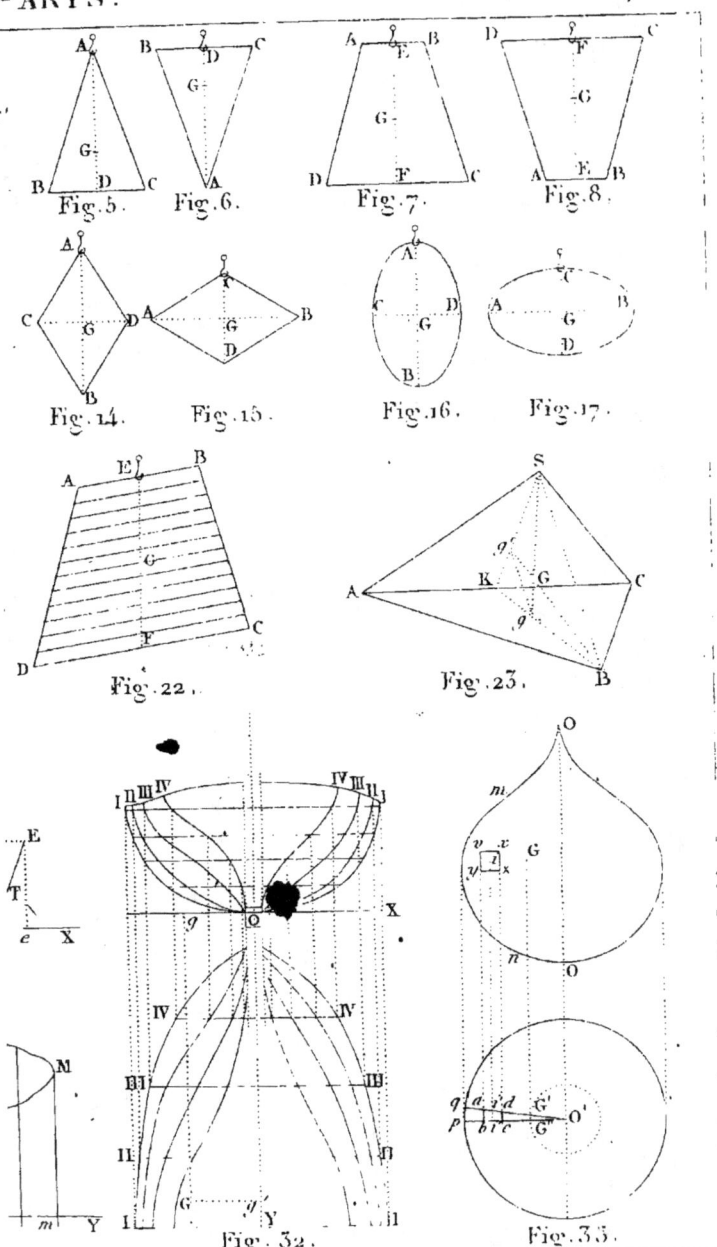

Gravé par Adam.

CINQUIÈME LEÇON.

Suite des lois du mouvement.

Nous avons étudié les lois du mouvement produit par des forces dirigées suivant une même ligne droite. Nous avons vu que si deux forces agissent sur un point matériel, dans la même direction, pendant un temps donné, l'espace total parcouru pendant ce temps est le même que si le point matériel avait été mû d'abord par la première force, puis par la seconde.

Supposons, par exemple, qu'un vaisseau qui va vent arrière, et s'avance uniformément, porte un marin qui part de la poupe et s'avance de même uniformément vers la proue ; supposons qu'au bout d'un temps donné, le marin parvienne à la proue, en suivant la direction de la marche du vaisseau. L'espace total parcouru par le marin sera le même que s'il eût d'abord marché de la poupe à la proue, dans le temps donné, le vaisseau restant en repos ; puis que, restant en repos dans le vaisseau, le vent l'eût emporté uniformément, pendant le temps donné, avec la vitesse primitive du vaisseau.

Non-seulement les espaces parcourus sont les

mêmes dans les deux cas, mais la force totale employée à mouvoir l'homme et le navire est la même : il n'a pas fallu plus de force pour ce navire et pour le marin, soit que leurs mouvemens aient eu lieu dans le même temps ou successivement.

Dans ces deux cas, l'espace total parcouru en vertu des deux forces agissantes à la fois, est la somme des espaces parcourus, lorsque la force qui fait avancer le vaisseau d'une part, et de l'autre celle qui fait avancer l'homme, agissent séparément.

Tandis que le navire s'avance, admettons, au contraire, que le marin retrograde de la proue à la pouppe. L'effet est le même que 1°. si, le marin restant d'abord en repos, le navire exécutait son mouvement progressif ; 2°. si, le navire restant en repos, le marin retrogradait de la proue à la pouppe. L'espace parcouru, quand ces deux mouvemens s'exécutent ensemble, est égal à la différence des espaces parcourus : 1°. quand le marin n'est animé que de sa propre force ; 2°. quand il n'est animé que de la force qui fait avancer le navire.

Cette propriété que possède la matière, de parcourir le même espace total dans un temps donné, lorsque plusieurs forces agissent à la fois suivant la même direction, et lorsque chaque force agit successivement durant ce même temps; cette propriété, dis-je, n'appartient pas seulement aux corps sollicités à se mouvoir, par des forces dirigées suivant une même ligne droite : elle est générale, quelle que soit la direction des forces.

Voulez-vous un exemple bien simple et bien familier de ces mouvements combinés. Placez-vous sur un bateau, et promenez-vous d'un bord à l'autre, quand il est en repos. Lorsque le bateau s'avancera dans le sens de sa longueur, votre mouvement transversal n'en continuera pas moins avec la même vitesse uniforme : tant que vous emploirez la même quantité de force pour vous mouvoir.

Si vous tirez un coup de fusil ou de pistolet, d'un point du navire à un autre, la balle n'ira pas moins frapper le point ajusté, si le navire est en repos, ou s'il est en mouvement : pourvu que ce mouvement ne change pas durant le trajet que parcourt la balle, depuis l'arme jusqu'à l'objet ajusté. Voyons quelle route cette balle doit suivre.

Supposons que la balle ou corps quelconque A, fig. 1, soit poussé par deux forces que représentent les flèches AX et AY. La première force, agissant seule, fera parcourir en temps égaux, au corps A, des espaces égaux Ab, bc, cd,... sur la ligne droite Ax, prolongement de AX. La seconde force, agissant seule, fera parcourir durant les mêmes temps égaux, au corps

A, des espaces égaux Ab', $b'c'$, $c'd'$,... sur la ligne droite Ay, prolongement de AY.

Si, durant le premier temps, la force AX agit seule, elle transporte le corps A en b; ensuite, si la force AY agit seule durant un temps égal, dans sa direction propre, elle fait parcourir au corps A une ligne bB égale et parallèle à Ab'.

Si la force AX agit seule durant les deux premiers temps, elle transporte le corps A en c; ensuite, si la force AY agit seule durant deux temps égaux aux deux premiers, elle fait parcourir au corps A une ligne cC égale et parallèle à Ac'; et ainsi de suite.

Enfin, les points B, C, D,... où le corps se trouve transporté lorsqu'on fait agir ainsi tour à tour les deux forces AX et AY, sont les points où ce corps arriverait, si l'on supposait que les deux forces agissent à la fois durant un même temps. De plus, la propriété des lignes proportionnelles, GÉOMÈTRIE, V^e. leçon,

$$A b : b B : : A c : c C : : A d : d D....$$

exige que les points A, B, C, D,.... soient en ligne droite, et que les figures AbBb', AcCc', AdDd',..... soient des parallélogrammes ayant tous leur diagonale placée sur la ligne droite ABCD.... Donc, quand un corps est sollicité par deux forces, il se meut en ligne droite, et suit la diagonale du parallélogramme dont chaque côté représente l'espace que parcourrait

CINQUIÈME LEÇON. 125

ce même corps, s'il n'était poussé durant le même temps que par une des deux forces composantes.

Ainsi, quand les deux forces composantes sont représentées en grandeur et en direction par des lignes droites Ab, Ab'; leur résultante est également représentée en grandeur et en direction par la diagonale du parallélogramme AbBb', dont Ab, Ab', sont les côtés. Voilà ce qu'on doit entendre par le *parallélogramme des forces* (1).

---

(1) On peut démontrer rigoureusement la propriété du parallélogramme des forces.

Soient deux forces quelconques X, Y, fig. 2, représentées par les droites AM, AN. Avec ces droites comme côtés, achevons le parallélogramme AMIN. Appliquons en N, sur IN et sur son prolongement, deux forces opposées x, y, égales à Y; elles se détruiront mutuellement, et ne changeront rien à la résultante de X et Y.

Combinons à présent X avec x, et Y avec y.

1°. S, dirigée suivant HK, étant la résultante des forces parallèles X, x, on a.... $x : X : : $ AN : NI : : AH : HN.

Mais HK étant parallèle à NI, la propriété des lignes proportionnelles, Géométrie, V^c. leçon, donne AN : NI : : AH : HK; donc HK = HN. En menant la droite KNR, le triangle KHN a ses angles HKN, HNK, égaux entr'eux, ainsi qu'à l'angle KNI. Donc la droite KNR divise en deux parties égales les angles ANI, ou YNy. Les forces Y, y, étant égales, leur résultante R est située sur KNR; puisqu'il n'y a pas de raison pour qu'elle se rapproche plus de l'une que de l'autre des deux forces Y, y.

Ainsi, les deux forces X, Y, d'une part; de l'autre, les deux forces S et R ont la même résultante. Mais la résultante des deux premières passe par le point A, qui leur est commun; la résultante des deux secondes passe par le point K, qui leur est commun; donc, enfin, la résultante de X et de Y passe par A et K,

A chaque instant le parallélogramme des forces trouve son application, dans les moindres mouvements de nos membres, dans le jeu des outils que nous employons, et dans les mouvements extérieurs auxquels nous sommes obligés de participer. Il est essentiel de bien considérer, dans chaque cas, si les forces composantes dont nous faisons usage sont dirigées de manière à produire une résultante, dirigée elle-même dans le sens qui nous parait convenable ; et si la quantité de forces perdues est la moindre possible. J'ose assurer que cette étude faite avec attention et persévérance, produira, dans les ateliers et dans les manufactures, une économie de force et de temps qui aura les conséquences les plus

---

c'est-à-dire, par AKI diagonale du parallélogramme AMIN, dont les côtés AM, AN, représentent les deux forces composantes X et Y.

Pour trouver la grandeur de la résultante Z dirigée suivant AI, fig. 3, prenons Z' égale et directement opposée à cette force. Alors X, Y, Z', se font équilibre, et chacune de ces trois forces est égale et directement opposée à la résultante des deux autres.

Construisons un parallélogramme ayant : sa diagonale dirigée suivant AM', deux côtés dirigés suivant AN, et AI'=-AI, avec AN pour un de ces côtés. Si l'on veut que AN représente une première composante et AM' la direction d'une résultante X, la seconde composante Z', étant dirigée suivant AI', il faut que AI' soit un côté du parallélogramme ANM'I'. Donc AI'=NM'=AI. Donc enfin la résultante Z=Z est représentée en grandeur ainsi qu'en direction, par la diagonale AI du parallélogramme AMIN, lorsque les côtés AM, AN, de ce parallélogramme représentent les x composantes.

importantes et qui pourra même faire éviter les plus graves dangers. Il suffit d'en indiquer un exemple qui, par malheur, ne se reproduit que trop fréquemment.

Quand une personne qu'effraie le mouvement trop rapide d'une voiture, saute par la portière, son corps est animé : 1°. par le mouvement horizontal de la voiture ; 2°. par la force verticale de la pesanteur. La résultante oblique de ces deux forces fait presque toujours tomber la personne qui saute, au moment où elle arrive à terre. Comme la diagonale qui représente la résultante des deux forces agit obliquement, cette diagonale, qui passe par le centre de gravité de la personne, ne passe point par les pieds de cette personne, si elle se tient droite. Elle devrait donc, afin de ne pas tomber, se jeter en penchant beaucoup le haut du corps vers le côté d'où vient la voiture. C'est par ignorance de ce principe, et par défaut de présence d'esprit, au moment du danger, que tant de personnes font des chutes qui fracturent leurs membres, et parfois leur coûtent la vie, lorsqu'elles sautent d'une voiture emportée par des chevaux dont la vitesse les effraie.

Quand deux côtés AB, AC, fig. 4, d'un parallélogramme, sont égaux entr'eux, ce qui forme alors un lozange, la diagonale divise en deux parties égales l'angle formé par les côtés. Ainsi, quand deux forces sont égales, leur résultante divise en deux parties égales l'angle formé par ces forces. On conçoit, en effet, qu'alors il n'y a nulle raison pour que la résultante soit plus rapprochée d'une composante que de l'autre.

Tous les oiseaux ont une figure symétrique par rapport au plan vertical AD, fig. 5, qui va de leur tête à leur queue, quand ils se tiennent debout et droits. Lorsqu'ils volent, leurs ailes exécutent des mouvements symétriques, et frappent également l'air, qui réagit contre ces ailes avec deux forces égales, symétriquement disposées par rapport au plan AD. Donc la résultante des deux forces est dans ce plan, et pousse l'oiseau suivant la direction indiquée par ce plan.

La droite et la gauche de notre corps étant symétriques, chaque fois que nous employons symétriquement nos bras et nos jambes, afin de produire un effet méchanique quelconque, la résultante des efforts de ces membres passe par le plan de symétrie de notre corps.

L'exemple le plus frappant de cet effet est donné par l'exercice de la *natation*. Pour suivre une route dirigée suivant le plan de symétrie de son corps, le nageur exécute des mouvements symétriques avec ses mains et ses pieds, comme on le voit représenté dans la fig. 6. La répulsion de l'eau, contre la paume des mains et la plante des pieds, est indiquée par les flèches

f, f, F, F; et les résultantes le sont par r, R.

Les poissons dont la forme est symétrique par rapport au plan vertical qui va de leur tête à leur queue, fig. 7, ont des paires de nageoires symétriquement placées à droite et à gauche. Ils les remuent simultanément, comme le nageur emploie ses mains et ses pieds; de manière à ce qu'elles fassent le même angle avec le plan de symétrie. C'est pourquoi leur résultante est dans ce plan, et produit la marche directe.

Les navires, qui sont des poissons artificiels, ont généralement un plan vertical de symétrie, dirigé de la pouppe à la proue. Quand on veut faire avancer le navire, on emploie des forces égales et placées symétriquement de chaque côté de ce plan. Tantôt ce sont des avirons, fig. 8, tantôt des roues à aubes, tantôt des poids, etc. *Voyez*, IIIe. volume, Emploi des forces motrices. Toujours la résultante de ces forces est dans le plan de symétrie, lorsqu'on veut procurer au navire une marche directe.

La navigation produite par la force d'un vent de côté, nous offre une application constante de la décomposition des forces. Soit AB, fig. 9, l'axe d'un navire, où la droite MN représente la projection d'une voile appuyée en O contre un mât. OP représentant, en grandeur et en direction, la force X avec laquelle le vent pousse la voile, construisons le parallélogramme rectangle OCPD, dont OP est la diagonale. La force OP se décompose en deux autres; la première, OC, se trouvant dans le sens de la voile MN, ne produit aucun effet pour faire avancer le navire; la seconde OD, perpendiculaire à la voile, est la seule qui pousse cette voile et le mât et le navire. Mais OD se décompose en deux autres forces. La première OE, dans le sens de l'axe de symétrie, tend à faire avancer le navire; la seconde OF le pousse en travers, et produit le mouvement de côté qu'on appelle *dérive*. Le constructeur de navires et le navigateur doivent combiner leurs tracés et leurs manœuvres de telle sorte que la force OE produise la plus grande *marche* possible, et que la force OF produise la moindre *dérive* possible.

Dans le parallélogramme ABDC, fig. 10, lorsque l'angle BAC est très-ouvert, la diagonale AD est très-courte. Ensuite, à mesure que l'angle BAC se ferme, la diagonale AD s'allonge, jusqu'au point où l'angle BAC devient nul; alors AC est posé sur AB, et la résultante est égale à la somme des composantes. Donc, si l'angle BAC n'est pas nul, jamais la résultante des forces AB, AC, ne saurait égaler la somme de ces deux composantes.

On fait un fréquent usage de la propriété qu'a la résultante AD, de diminuer au fur et à mesure que l'angle BAC augmente. Je vais vous en citer un exemple bien simple.

Supposons qu'il s'agisse de ficeler la malle MM, fig. 11. Je commence par passer le bout CA de la corde, dans une boucle A faite au bout A de BA. Je tire avec vigueur le bout libre, dans une direction très-rapprochée de AC. Quand je ne puis plus produire d'effet dans ce sens, je dirige ce bout transversalement en AD. Si je le tire avec la moindre force, je produis un angle BEC, c'est-à-dire, que je contrains le point A à se rendre en E, de manière qu'en formant le parallélogramme BEGF, la petite diagonale EF représente la petite force de la main, qui fait équilibre aux grandes tensions BE, EC, de la corde. J'engage ensuite le bout de ficelle libre, par-dessous la valise; puis, entre EB, EC, ED; et je ramène le point E en A, par une tension graduelle de la corde.

On employait autrefois très-fréquemment l'arme de jet appelée flèche; on la lançait avec un arc élastique CED, fig. 12, tendu par une corde CD. L'usage de cet arc était si familier, comme nous l'avons vu, GÉOMÉTRIE, IIIe. leçon, que les mots d'arc, de corde et de flèche ont passé, des usages de la chasse et de la guerre, à ceux de la science. Examinons les effets de l'arc.

D'une main, l'homme saisit son arc en E; de l'autre, il tient le gros bout de sa flèche. Avec ce bout il pèse sur le milieu F de la corde. L'effort qu'il fait pour écarter le point E du point F, étant représenté par 2 FG, l'effort supporté par les demi-cordes, l'est par GD et par GC.

Lorsque la main placée en G, abandonne le bout de la flèche, les demi-cordes GC, GD, tendent à reprendre leur longueur naturelle; elles agissent sur la flèche avec une égale force, et lui font par conséquent suivre la direction diagonale GFE.

Au moment du tir, la tension éprouvée par chaque demi-corde, est à la force avec laquelle la flèche est lancée, comme la longueur GC ou GD est au double de GF. En effet, GF est la moitié de la diagonale du parallélogramme des forces, construit avec les côtés GC et GD.

Mais, l'arc CED étant pour l'ordinaire un corps élastique, tend à se redresser avec d'autant plus d'énergie, que l'angle CGD est plus fermé; ce qui augmente encore la force avec laquelle la flèche est lancée. Par ce moyen, tel individu dont la main ne pourrait lancer une flèche qu'à quelques pas, et avec peu de force, envoie cette flèche à des distances considérables, avec assez de vigueur pour blesser et tuer l'homme et les grands animaux.

Un autre exemple vous montrera toute l'efficacité d'une force très-petite, agissant d'une manière analogue à celle qui fait fléchir la corde de l'arc.

Pour donner aux cordes d'une harpe le degré de tension qui les monte au ton convenable, il faut se servir d'une clef qui quadruple ou quintuple la force du poignet de l'accordeur. Deux hommes robustes, saisissant à la main, et tirant chacun par un bout, certaines cordes de harpe, auraient certainement peine à les tendre autant qu'elles doivent l'être quand elles font partie de ce bel instrument. M. de Prony a calculé les tensions des cordes d'un piano : la somme qu'il a trouvée est plus grande que la force de quatre chevaux. Cependant, une jeune fille qui ne soutient pas, sans fatigue, ses bras tendus le long des cordes d'une harpe, trouve dans ses doigts délicats assez de force pour saisir ces cordes et les pincer par le milieu, de manière à en former deux demi-cordes anguleuses : ce sont les deux côtés d'un parallélogramme, fig. 13, dont la diagonale représente l'effort exercé par les doigts de la jeune fille. Quand elle ouvre la main, cet effort se trouve assez puissant pour imprimer à la corde un mouvement de vibration qui retentirait long-temps, s'il n'était étouffé par une pédale, ou perdu dans les sons successifs du morceau qu'on exécute.

Jusqu'ici nous n'avons considéré que ce qui se passe dans un simple parallélogramme des forces, c'est-à-dire, lorsqu'on n'a que deux composantes et leur résultante.

Supposons, maintenant, que nous ayons trois composantes agissant sur un même point matériel A, fig. 14. Soient AB, AC, AD, les parties de ligne droite qui représentent, en longueur et en direction, ces trois composantes. Si l'on construit le parallélogramme ABEC, avec les deux lignes AB, AC, prises pour côtés, la diagonale AE représentera la grandeur et la direction de la résultante des deux premières forces, c'est-à-dire, qu'un corps sollicité à la fois par les deux forces AB, AC, ou par la seule force AE, parcourra le même espace, dans la même direction, et pendant le même temps.

Combinons la résultante partielle AE, avec la troisième force AD, en formant avec ces deux lignes un parallélogramme AEFD. La diagonale AF de ce nouveau parallélogramme est évidemment la résultante de AD et de AE. Mais l'effet produit par AE est équivalent à l'effet produit par les deux forces AB et AC. Donc, enfin, l'effet produit par la force AF équivaut, au total, à celui que produiraient les trois forces AB, AC, AD.

Nous pouvions arriver à ce résultat par une autre considération. Quand deux forces AB, AC, fig. 15, agissent sur un corps A, la première force AB agissant seule, pendant un temps donné, le transporte de A en B. La deuxième force AC agissant ensuite seule, le transportera de B en E, parallèlement à AC; de manière que BE=AC. La troisième force AD, agissant ensuite seule, le transportera de E en F, parallèlement à AD, et de manière que EF = AD. Enfin, le corps arrivant en F, par l'effet successif des trois forces, sera précisément au même point où il serait arrivé, si les trois forces avaient agi en même temps pour le transporter.

Cette nouvelle construction ne diffère de la précédente qu'en ce qu'elle est moins compliquée : car il y manque les 3°. et 4°. côtés des parallélogrammes de la fig. 14.

S'il y avait un nombre quelconque de forces OA, OB, OC,... fig. 16, agissant sur un point matériel, il serait transporté aussi loin dans un temps donné, que dans le cas où toutes les forces agiraient séparément et successivement, pour le transporter dans leur direction propre, pendant ce même temps. Alors, on mènerait successivement Ab, bc, cd, etc., parallèles et égaux en longueur à OB, OC, OD, etc. Puis, joignant le premier point O et le dernier e de cette suite de côtés, Oe représenterait la résultante de toutes les composantes représentées par OA, OB, OC, OD...

Donc, en fermant par une droite Oe le polygone OAbcd...eO, cette droite représente la résultante, lorsque chacun des autres côtés représente une force composante.

Si nous renversions en Oe', la résultante Oe, cette force devenant directement opposée aux composantes, leur ferait équilibre. De là résulte ce beau théorème, qu'on doit à Leibnitz : *si tant de forces qu'on voudra sont appliquées au même point matériel, et si ces forces peuvent être représentées en grandeur et en direction, dans un sens qui se suive, par les côtés d'un polygone quelconque, régulier ou irrégulier, mais complet et fermé, toutes ces forces se font nécessairement équilibre.*

Dans le polygone MNPQRS, fig. 17, on remarque un angle rentrant, Q. Cet angle est nécessaire à la formation du polygone, parce que la direction de la flèche QR indique le sens dans lequel on doit tracer le côté QR, pour que les forces qui doivent se faire équilibre se succèdent toutes dans le même sens. Enfin, chaque côté du polygone représente la grandeur et la direction des forces.

La manière dont nous avons considéré la composition des forces, a cet avantage qu'elle s'applique également à des puissances qui agissent dans un même plan et dans des plans différents; ce qui, pour beaucoup de cas, est d'une extrême importance.

Il en résulte seulement, quand les forces OA, OB, OC, OD,..., fig. 16, ne sont pas toutes dans un même plan, qu'alors les côtés du polygone OA*bcd*,..., qui sont respectivement parallèles aux directions de ces forces, ne sont pas dans un même plan. Mais la résultante O*e* de toutes ces forces n'en est pas moins représentée en grandeur et en direction par la ligne droite O*e*, menée, du point O commencement du polygone OA*bcd*..., jusqu'au point *e* où se termine le dernier des côtés qui représentent des forces composantes.

Autant il est simple et facile de construire,

sur le papier ou sur le terrain, le polygone O*Abcd*..., lorsque ce polygone est tout entier dans un même plan; autant la construction de ce polygone serait difficile et compliquée, si tous les côtés qui le composent ne pouvaient pas être dans un même plan.

Heureusement qu'alors les notions données, Ier. volume, GÉOMÉTRIE, deuxième, septième et treizième leçons, nous offrent un moyen très-court et très-exact, pour obtenir et la direction, et la grandeur de la résultante : quels que soient le nombre, la direction et la grandeur des forces composantes.

Pour avoir la projection d'une ligne MN, fig. 18, située sur un plan, par rapport à deux axes OX, OY, il suffit d'abaisser, des deux extrémités de cette droite, des perpendiculaires sur les axes de projection : les parties *mn*, *m'n'*, comprises entre ces perpendiculaires, sont les projections cherchées.

Prolongeons *m*M en A et *m'*M en B, nous aurons le parallélogramme MANB, dans lequel nous pourrons regarder MN comme une force résultante, ayant ses composantes représentées par MB = *mn*, et par MA = *m'n'*, puisque ces dernières lignes sont des parallèles comprises entre d'autres parallèles. GÉOMÉTRIE, IIe. leçon.

Ce que je dis d'une force, je pourrais le dire de deux, de trois, de quatre, et d'un nombre quelconque de forces; quelles que fussent leur grandeur et leur direction, chacune d'elles serait représentée par ses deux projections sur deux axes à angle droit.

Lorsque nous aurons un nombre quelconque de forces telles que MN, NP, etc., fig. 18, il suffira donc de prendre leurs projections sur les deux axes à angle droit OX, OY; puis, de considérer, d'une part, que le corps est mû suivant OX, avec les forces mn, np, pq,..., et de l'autre suivant OY, avec les forces $m'n'$, $n'p'$, $p'q'$....; l'effet résultant sera toujours le même. On voit, en effet, que la droite MQ, fermant le polygone MNPQ, représente la résultante des forces MN, NP, PQ; et que cette résultante a pour projections mq, $m'q'$, somme ou différence des projections partielles. Maintenant, lorsque des forces mn, np, pq..., $m'n'$, $n'p'$, $p'q'$...., agissent suivant une même ligne droite : 1°. leur résultante est dirigée suivant cette droite; 2°. elle est égale à la somme de toutes celles qui sont dirigées d'un côté, moins la somme de toutes celles qui sont dirigées du côté opposé. Rien ne sera plus facile à faire qu'une telle distinction.

Soit, fig. 17, un groupe quelconque de forces représentées par les droites MN, NP, PQ... Projetons ces droites sur l'axe OX, en mn, np, pq,... Nous verrons que les forces pq et rs poussent en sens contraire de mn, np, qr.... Ainsi, la résultante sera $mn + np + qr$ moins $pq + rs$.

Il est évident que *mn* + *np* moins *pq* c'est *mq*, et que *qr* moins *rs* c'est *qs*. Donc, enfin, la résultante totale est *mq* plus *qs*; c'est-à-dire, *ms*. Cette partie de l'axe est en effet la projection de MS qui ferme le polygone des forces, et par conséquent qui représente la résultante de MN. NP, PQ...

Si toutes les forces MN, NP, PQ..., fig. 18, sont dans le plan des axes OX, OY, les mouvements exécutés par le point M sur les deux axes de projection, représenteront parfaitement les mouvements exécutés par M, en vertu des forces composantes quelconques MN, NP, PQ, etc.

Mais, si les forces ne sont pas dans le plan des deux axes, il faut prendre trois axes perpendiculaires entr'eux. Par exemple, on peut prendre un plan vertical; et deux plans horizontaux, l'un dirigé du nord au sud, l'autre de l'orient à l'occident.

Alors, en abaissant des perpendiculaires aux axes, des deux extrémités de chaque ligne droite qui représente une force, les projections représenteront trois forces telles qu'un point matériel mû successivement suivant la direction de chacune d'elles, arrivera finalement à la même position que s'il eût été mû par la force primitive unique.

De même qu'on rend sensibles par un parallélogramme, la décomposition et la composition de deux forces sur un plan; de même on rend sensibles, par un parallélipipède, la décomposition et la composition de trois forces dans l'espace. Voyez

Géométrie, VII°. leçon, des parallélipipèdes.

Or, en menant la diagonale AG, fig. 19, de l'angle A à l'angle opposé G, il est évident que, si je prends cette diagonale avec les trois côtés AB, AC=BE, AD=EG, je vais former un polygone ABEGA fermé de toutes parts. Donc je puis regarder le côté AG de ce polygone, comme représentant, en grandeur et en direction, une force AG, qui fait équilibre à trois forces respectivement représentées, en grandeur et en direction, par AB, AC, AD.

De sorte, par exemple, que si la force AG suffit pour transporter dans un temps donné le point A en G; dans un temps égal, la force AB transportera ce point de A en B; puis, dans un temps égal, la force AC transportera le point A, de B en E; enfin, dans un temps égal, la force AD transportera le point A, de E en G.

Donc les trois forces représentées par AB, AC, AD, agissant à la fois, transporteront A en G, dans le même temps que chacune de ces forces, agissant successivement, ou que la résultante AG agissant seule.

Remarquez ici qu'en appelant axes de projection les droites AB, AC, AD, les parties AB, AC, AD, seront précisément, sur ces axes, les projections de la diagonale AG, c'est-à-dire, de la résultante AG de ces trois forces.

Vous trouverez peut-être un peu longue la

marche que j'ai cru devoir suivre ; mais il était indispensable d'entrer dans tous ces développements, pour que vous trouvassiez aussi élémentaires qu'elles le sont réellement, des propriétés dont on a fait un épouvantail pour les personnes qui commencent l'étude de la science.

En décomposant chacune des forces qui peuvent agir sur un corps, en deux autres forces parallèles à deux axes donnés, ou en trois autres forces parallèles à trois axes donnés, on forme des groupes d'autant de forces parallèles à chaque axe, qu'il y a de forces différentes agissant sur le corps, quelles que soient la grandeur et la direction de ces forces. Ainsi, l'action de forces qui n'ont aucune analogie, quant à leur direction, se réduit immédiatement à l'examen de l'action des forces parallèles.

Si toutes les forces parallèles, obtenues par une décomposition telle que nous venons de l'indiquer, ont une résultante unique qui passe par le centre de gravité du corps, elles tendront à faire avancer le corps en ligne droite, et sans tourner : de la même manière que si elles étaient réduites à une seule, égale à leur somme et parallèle à leur direction commune.

Si toutes les forces ont une résultante qui ne passe pas par ce centre de gravité, cette résultante agira pour faire tourner le corps. Il importe d'examiner de quelle manière ce mouvement aura lieu. Supposons qu'une force AX ne passe pas par le centre de gravité G, fig. 22; GA étant la perpendiculaire menée du point G à la direction AX de cette force; nous ne changerons rien au mouvement de ce corps, en ajoutant une force unique Gx, parallèle et égale à AX, et deux forces ay, AY, parallèles à Gx, dirigées en sens contraire, égales chacune à la moitié de Gx, et tellement placées que GA=Ga, puisque Gx fait équilibre à ay, AY. Mais la force AY étant moitié de AX, et dirigée en sens contraire, détruit la moitié de AX. Par conséquent, le corps se trouve sollicité au mouvement par trois forces: 1°. Gx, qui passe par le centre de gravité du corps, =AX; 2°. la moitié de AX, agissant dans le sens de AX; 3°. ay égal à la moitié de AX, et dirigée en sens contraire.

Les deux forces égales $\frac{1}{2}$AX et ay, étant également éloignées du centre de gravité G, agiront pour faire tourner ce centre de gravité, sans le faire avancer d'un côté plutôt que de l'autre; puisqu'il n'y a pas de raison pour que, de deux forces égales et dirigées parallèlement en sens opposés, l'une l'emporte sur l'autre.

Ainsi: 1°. par l'action des forces $\frac{1}{2}$AX et ay, le centre de gravité n'avance ni ne recule; 2°. par l'action de la force Gx, le centre de gravité est transporté en ligne droite, en vertu de l'action d'une force égale et parallèle à AX.

Par conséquent, lorsqu'un nombre quelconque

de forces agissent sur un corps de figure aussi quelconque : 1°. si l'on décompose toutes ces forces parallèlement à des axes donnés ; 2°. si l'on détermine la résultante totale des forces, pour la transporter parallèlement au centre de gravité : ce centre se mouvra en ligne droite, comme si toutes les forces étaient immédiatement appliquées au centre même de gravité. Tel est le principe très-remarquable de *la conservation du centre de gravité*, dénomination qu'il doit surtout à cette autre propriété que *tous les mouvements intérieurs produits dans un corps par les actions et les réactions des diverses parties de ce corps, ne changent rien au mouvement du centre de gravité par rapport aux points extérieurs de l'espace.*

Le jeu de billard offre des exemples, variés et très-sensibles, des propriétés du mouvement imprimé aux corps par l'action d'une force qui ne passe point par le centre de gravité de ces corps. Frappons une bille de billard, non point dans la direction de son centre, mais à droite, par exemple. Alors : 1°. la bille s'avance avec la même vitesse que si elle était frappée dans la direction de son centre ; 2°. elle prend un mouvement de rotation de droite à gauche en avançant.

Si l'on frappe la bille en dessus du centre de gravité, elle avance pareillement avec la même vitesse que si elle était frappée dans la direction de son centre, et prend un mouvement de rotation de dessus en dessous, tandis qu'elle s'avance.

Les effets contraires ont lieu, lorsqu'on frappe la bille, soit à gauche, soit en-dessous du centre de gravité.

Quand on frappe la bille au-dessous du centre de gravité, la résistance causée par le frottement du tapis contre la bille est augmentée. Quand on frappe la bille au-dessous du centre, en pointant la queue de haut en bas, la bille s'avance moins vite que quand la queue agit parallèlement au billard ; alors la vitesse de rotation peut l'emporter, au point de n'être pas détruite en totalité par ce frottement, lorsque la vitesse progressive de la bille est déjà détruite. La résistance du tapis continuant toujours comme une force rétrograde, une partie de cette résistance est employée à diminuer la vitesse de rotation de la bille, et l'autre agit comme si elle était transportée au centre de la bille qu'elle fait rétrograder. C'est ainsi que, d'un seul coup de queue de billard, on peut faire avancer, puis rétrograder une bille.

Des effets analogues à ceux du jeu de billard se remarquent dans le mouvement des boulets de canon et des bombes ; ils produisent des résultats extraordinaires dont l'étude est de la plus haute importance dans l'art de la guerre. Cette étude est l'objet de la science appelée *Ballistique*.

ᴵᴱ LEÇON.

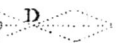

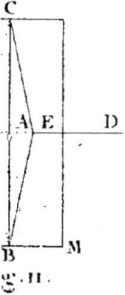

Fig. 11.

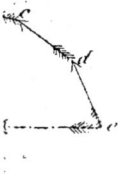

16.

Gravé par Adam.

I. MÉCHANIQUE.   ARTS ET MÉTIERS et B

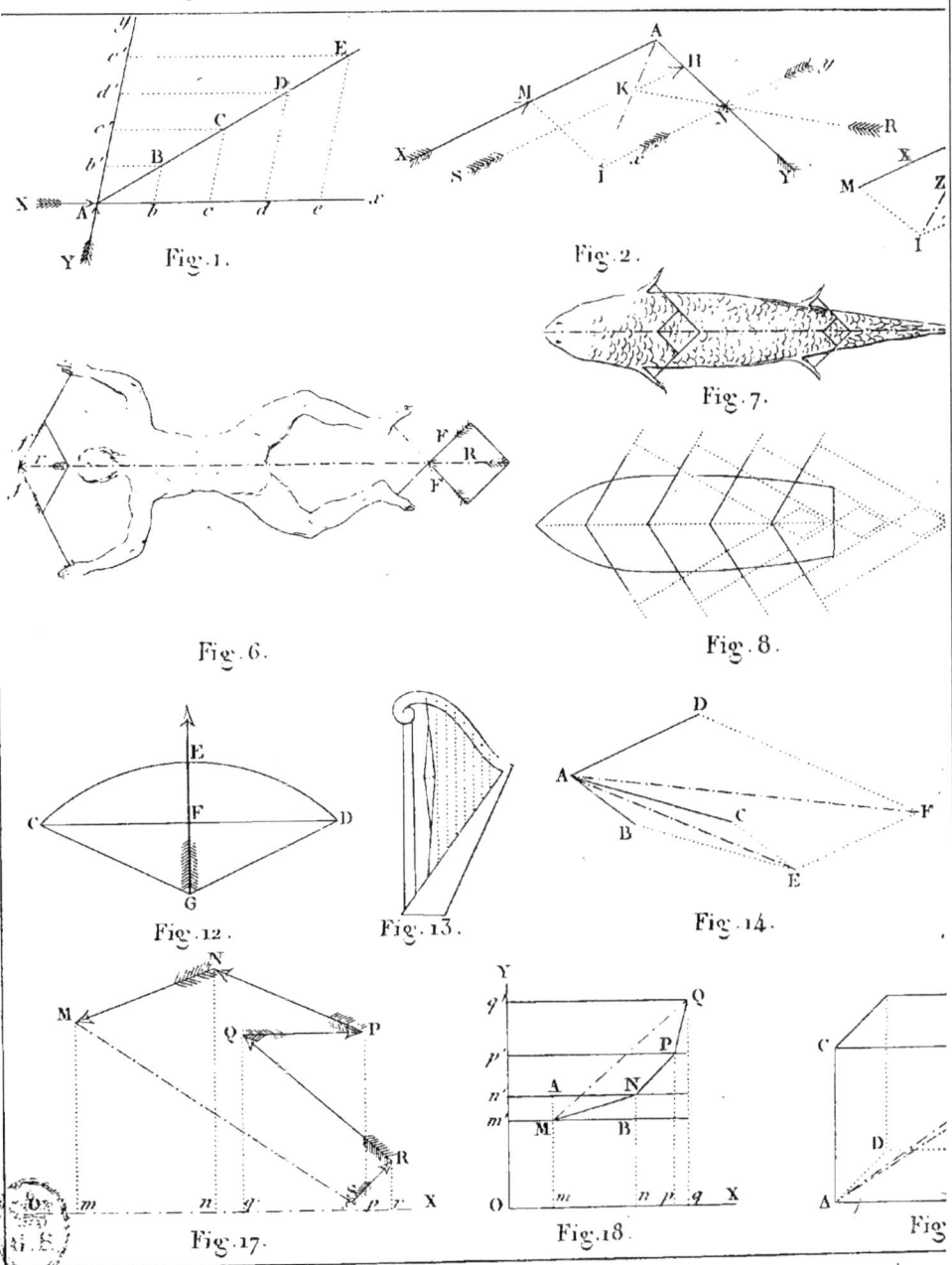

Fig. 1. Fig. 2. Fig. 7. Fig. 6. Fig. 8. Fig. 12. Fig. 13. Fig. 14. Fig. 17. Fig. 18. Fig.

Dessiné par Charles Dupin.

X-ARTS.   Vème LEÇON.

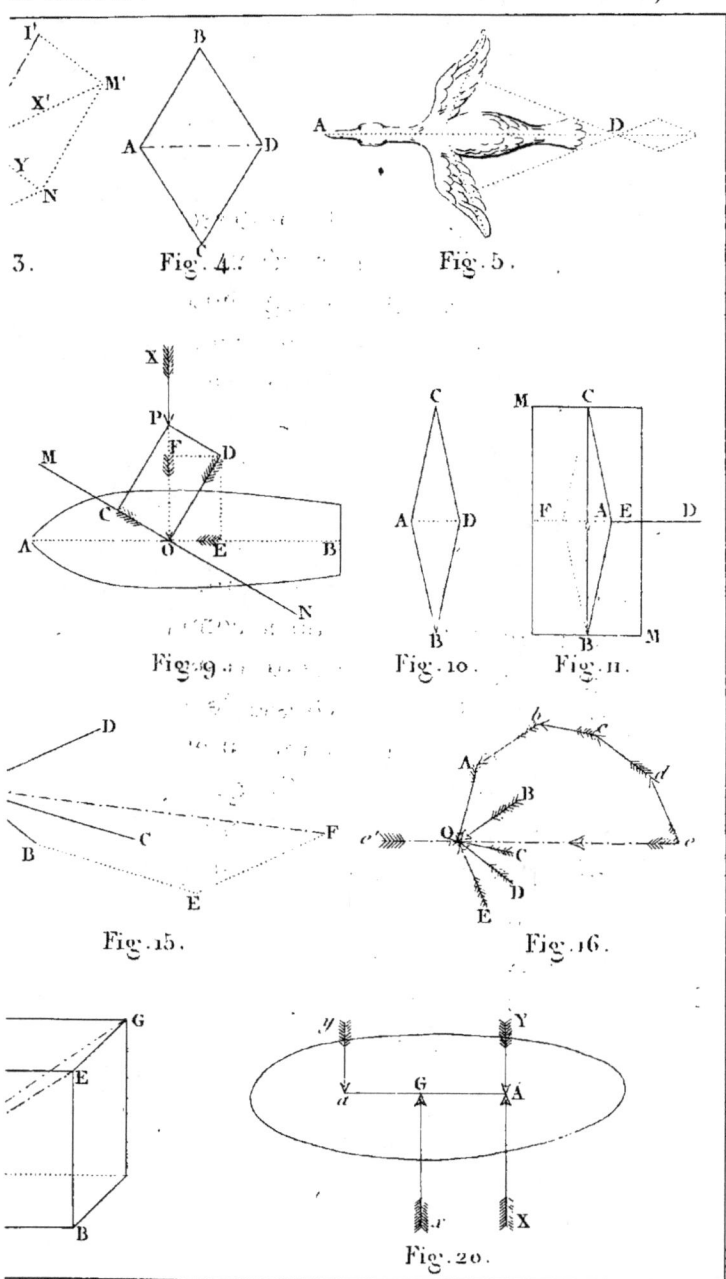

Gravé par Adam.

SIXIÈME LEÇON.

Des machines simples : les cordes, les ponts suspendus, les harnais, le gréement des vaisseaux, etc.

On appelle machines les combinaisons de parties matérielles propres à transmettre une force quelconque, en changeant sa direction, ou sa vîtesse, ou l'amplitude de l'espace qu'elle fait parcourir dans un temps donné.

On compte sept machines simples, auxquelles on rapporte toutes celles qui sont composées. Ces machines simples sont : les cordes, le levier, la poulie, le treuil, le plan incliné, la vis et le coin. Nous allons traiter de chacune d'elles avec toute l'étendue qu'exige l'importance du sujet. Nous en parlerons dans l'ordre que nous venons d'indiquer.

I. *Des cordes.*

Pour faciliter l'étude des cordes employées à transmettre des forces, les géomètres supposent d'abord qu'elles sont flexibles, inextensibles, et sans pesanteur. Puis, suivant qu'il importe de faire entrer en considération, leur roideur plus ou moins grande, leur extensibilité ou leur pesanteur, ils recherchent (tant par la théorie que par l'expérience), quelles altérations peuvent être produites dans les résultats primitifs, par les propriétés de la matière dont les cordes sont composées.

Cette manière de venir à bout des questions les plus compliquées, en les ramenant d'abord à leurs éléments les plus simples, n'a rien que de très-philosophique; elle aide à la faiblesse de notre intelligence, et double l'efficacité de nos moyens d'opérer. Nous allons suivre la même marche dans l'examen des propriétés des cordes et de toutes les autres machines simples.

Considérons donc une corde parfaitement flexible, inextensible et sans pesanteur.

Commençons par appliquer une seule force à chaque extrémité de la corde. Ces deux forces tirant la corde en sens opposés, supposons-les égales. Par leur effet, cette corde est tendue en ligne droite; ligne dont les deux extrémités se trouvent à la plus grande distance possible. Alors les deux forces se font équilibre, puisqu'il n'y a pas de raison pour que la corde, également tirée des deux bouts, s'avance d'un côté plutôt que de l'autre.

Faisons agir une troisieme force qui tire dans le même sens qu'une des deux premières : que la seconde, par exemple. L'effet opposé de la première, étant détruit par la seconde, la corde se mouvra du côté de la troisième, comme si les deux premières n'agissaient pas. Dans ce mouvement, exécuté suivant la direction de la corde, il est évident que cette corde ne cessera pas d'être en ligne droite. La troisième force ne fera qu'entraîner la corde; et les deux premières forces qui se font équilibre, produiront cet équilibre en exerçant sur la corde une tension représentée par chacune de ces deux forces.

Les résultats auxquels nous venons de parvenir étant les mêmes, quelle que soit la longueur de la corde, il s'en suit que la tension qu'elle éprouve est la même en chacun de ses points, C, A....

En effet, pour connaître la tension éprouvée par la corde, au point quelconque C, fig. 1, l'on pourrait y supposer appliquées les deux forces AX, BY; de même, pour connaître la tension éprouvée au point A, on peut supposer les deux forces AX, AY, appliquées en A. L'effet des forces ne changeant pas, quel que soit leur point d'application, il en résulte que la tension éprouvée par la corde en un point quelconque C, est (comme nous l'avions avancé) la même qu'à l'extrémité A; donc elle est égale dans toutes ses parties.

Maintenant, supposez que la corde ait partout une force constante, excepté dans un seul point plus faible que les autres. En accroissant graduellement et de la même quantité, les deux forces opposées, on atteint un terme où la tension exercée sur la corde (tension supposée la même pour tous les autres points de cette corde) est trop peu considérable pour rompre cette corde en aucun point, excepté le plus faible. Donc la corde rompra dans ce point faible, et l'équilibre du système sera détruit.

Ce moyen est précisément celui qu'on emploie dans les arts, pour mesurer *la force des cordages*. Quand les cordages doivent servir, soit à fixer, soit à suspendre des objets dont la tenue est d'une grande importance, il devient indispensable de s'assurer que les cordages supporteront sans se rompre les plus grands efforts auxquels on devra les soumettre. Il est donc essentiel de connaître, avant tout, la résistance dont ils sont susceptibles. C'est ce qu'on doit faire avec un soin particulier, pour les cordes ou câbles de fer, câbles que j'ai eu le bonheur de faire adopter, depuis 1817, par la marine française. Car il suffirait qu'un seul chaînon, par mauvaise qualité du fer ou par mauvaise fabrication, eût une force très-inférieure, pour exposer le câble à casser, comme si tous les autres chaînons étaient également faibles.

Quand une corde est courte, il y a moins de chances pour qu'elle se trouve, en quelque point, beaucoup plus faible qu'en tout autre. Aussi, remarque-t-on qu'en prenant deux bouts d'une même corde, inégaux en longueur, pour les soumettre à des tensions égales, le bout le plus court est généralement susceptible d'éprouver un plus grand effort, avant d'être rompu, que le bout le plus long.

Au lieu d'une force agissant à chaque extrémité de la corde, supposons qu'il y ait un nombre quelconque de forces.

Soient Ax', Ax'', Ax''',... fig. 2, les forces agissantes d'un côté, et By', By'', By''',... les forces agissantes de l'autre côté. On pourra remplacer d'une part toutes les forces Ax', Ax'', Ax''',... et de l'autre, les forces By', By'', By''',... par une force unique qui sera leur résultante, et que nous déterminerons d'après les lois ordinaires de la composition des forces. Pour cela, nous ferons un polygone dont les côtés soient égaux et parallèles aux droites représentant les forces. Les deux lignes droites AX, BY, qui ferment ces polygones, représenteront les deux résultantes. Il faudra que ces deux résultantes : 1°. soient dirigées en sens opposés, suivant la direction même de la corde AB; 2°. soient égales entr'elles.

Si les forces ne sont pas égales, il y aura mouvement dans le sens de la plus grande, et la vitesse sera en raison inverse de la masse de la corde à mouvoir, etc., IIe. leçon.

Application à la sonnerie des cloches. Les cloches que l'on sonne dans les églises sont tirées par une corde verticale AB, fig. 3. Quand la cloche est trop grosse pour que deux ou trois hommes, tirant à la fois sur cette corde, puissent sonner avec facilité, l'on fixe au bas de la corde principale AB, des cordes plus petites Ax', Ax'', Ax''',... Un homme saisit chacune de ces cordes, et tous tirent ensemble pour donner à la cloche le mouvement qui lui convient. Afin d'obtenir la résultante, il suffit de former un polygone $Ax'X''X'''$... dont les côtés Ax', $x'X''$, $X''X'''$,... représentent, en grandeur et en direction, les forces Ax', Ax', Ax'''....

En menant la ligne droite AX''', par le point A et par l'extrémité du dernier côté, on fermera ce polygone des forces, polygone dans lequel cette ligne droite AX''' représentera la résultante. Enfin, pour le cas que nous examinons, il faudra que cette résultante soit dans la direction de la corde verticale AB.

Ordinairement les sonneurs, dont la force est à peu près la même, se placent en cercle, à distance égale les uns des autres, de manière que le centre du cercle soit à l'aplomb de la corde AB. Par cette disposition, la résultante de leurs forces passe nécessairement par la ligne AB.

Moutons ou sonnettes pour battre les pieux. Ce que je viens de dire sur la sonnerie des cloches

SIXIÈME LEÇON. 151

s'applique également lorsqu'on veut tirer avec des cordons, la corde principale qui fait agir le *mouton* mis en usage pour battre les pieux. Aussi cette machine est-elle souvent appelée *sonnette*; parce qu'on la sonne comme une grosse cloche d'église. Mais pour compléter l'explication de cette machine, il faut connaître les poulies.

Jusqu'ici nous avons envisagé les cordes comme tirées seulement par leurs extrémités. Supposons qu'elles soient en outre tirées en un point intermédiaire.

Soient AX et BY, fig. 4, les forces appliquées aux extrémités A,B, d'une corde ACB, et CZ la force appliquée au point intermédiaire C. Ces trois forces se feront équilibre, si, en transportant BY en Cy, AX en Cx, le parallélogramme formé sur les côtés Cx, Cy, a précisément sa diagonale CZ$'$ égale et opposée à la force CZ$'$.

Supposons que la force AX, fig. 5, représentée par Cx, et la force BY représentée par Cy, soient égales entr'elles. Alors le parallélogramme $CxZ'y$ sera ce qu'on appelle un lozange, et les angles xCZ$'$, yCZ$'$, seront égaux; c'est-à-dire, que les lignes droites CAX, CBY, feront le même angle avec la direction de la résultante CZ$'$.

Mais, suivant que Cy sera plus grand ou plus petit que Cx, la force CZ$'$ sera plus rapprochée ou plus éloignée de CBY que de CAX; et cela dépendra de la forme des triangles égaux CxZ$'$, CyZ$'$.

Si nous avions quatre forces AX, BY, A$'$X$'$ et B$'$Y$'$, fig. 6, appliquées en C, C$'$, il faudrait qu'il y eût équilibre autour de chaque point C, C$'$....

Par exemple, autour du point C, l'on aurait les forces AX et BY, dont la résultante devrait être dirigée suivant le prolongement de CC', et représenterait la tension exercée par ces deux composantes sur le cordon CC'. Construisant donc le parallélogramme CyZx, où Cx égale AX, Cy = BY, on aura CZ égal à la tension de la corde BC.

De même, pour le point C', en construisant le parallélogramme C'y'Z'x' avec les côtés C'x' = A'X', C'y' = B'Y', on aura C'Z' égal à la tension de la corde. Il faudra, pour que CC' reste en équilibre, que les deux tensions opposées CZ, CZ', soient égales.

Remarquons ici que la détermination des diverses tensions de AC, CC', C'A', etc., étant indépendante de la longueur des parties AB, BC, CD, etc., ces tensions ne changent pas, non plus que l'état d'équilibre de tout le système, lorsqu'on augmente ou qu'on diminue la longueur de ces parties. On peut donc supposer nulles une ou plusieurs d'entr'elles, sans que pour cela l'équilibre soit détruit. Par conséquent, lorsqu'un nombre quelconque de forces sont appliquées à divers points d'une même corde, en appliquant toutes ces forces au même point, sans changer ni leur grandeur, ni leur direction, toutes les forces ainsi transportées parallèlement, et débarrassées de la corde, sont en équilibre.

Lorsqu'une corde est tirée par des forces appliquées à divers points, elle présente la figure d'un polygone, et, pour cette raison, prend le nom de *polygone funiculaire* : du mot latin *funiculum*, petite corde ou cordon. Il faudra que les forces agissant autour de chaque point, soient en équilibre avec les tensions éprouvées par les côtés du polygone dont ce point est le sommet.

Nous avons de fréquents exemples de l'équilibre du polygone funiculaire, lorsque nous suspendons des poids à une corde dont les deux bouts ne sont pas sur la même verticale. Les ponts suspendus, dont nous parlerons à la fin de cette leçon, nous offriront un autre exemple des polygones funiculaires et de l'utilité des évaluations qui s'y rapportent.

Soient Ay, Bz, Cv, Dw, fig. 7, des forces verticales ; leur résultante Rr sera pareillement verticale, égale à leur somme, et pourra se déterminer immédiatement par la théorie des forces parallèles. Pour que l'équilibre existe dans le polygone funiculaire, il faut que la force Rr, qui représente l'ensemble des forces Ay, Bz, Cv et Dw, fasse équilibre à la tension des bouts A, D, de la corde. Ce qui exige : 1°. que les directions des deux forces extrêmes Ax, Du, aboutissent au même point O sur la résultante Rr des forces parallèles; 2°. qu'en prenant $Ox' = Ax$, et $Ou' = Du$, sur les droites OAx et ODu, la diagonale du parallélogramme formé sur ces deux côtés, soit précisément égale à Rr, et verticale comme toutes les forces composantes.

Quant aux tensions éprouvées par les diverses parties de la corde ABCD, il sera toujours très-facile de les déterminer, en regardant chaque force parallèle Ay, Bz, etc., comme la diagonale d'un parallélogramme dont les côtés sont Ax et AB prolongés, AB et BC prolongés, BC et CD prolongés, etc. ; les côtés de ces parallélogrammes représenteront les tensions de ces cordons. On déterminera de la sorte la tension de chaque cordon AB, BC, CD, à ses deux extrémités. Si l'équilibre subsiste, il faudra que cette tension soit la même aux deux extrémités de chaque cordon. Sans cela, le cordon s'avancerait du côté de la tension la plus grande, comme s'il était immédiatement sollicité par deux forces inégales.

Actuellement, nous sommes en état de faire entrer en considération la pesanteur des cordes. Examinons, d'abord, une corde fixée à ses deux bouts, et qu'on laisse pendre librement.

Nous pouvons regarder cette corde comme étant composée d'un nombre infini de petites lignes droites, égales entr'elles, très-peu inclinées l'une sur l'autre, et formant la ligne courbe que doit alors suivre la corde pour se placer dans un état d'équilibre et de repos. Considérons deux de ces petits côtés consécutifs AB et BC, fig. 8, la résultante du poids de chacune d'elles est une force qui passe par leur milieu, en M et N. On va donc avoir une suite de forces parallèles Mx, Ny, Oz, égales, et telles que leurs points d'application M, N, O, sont équidistants.

La résultante de toutes ces forces est égale à leur somme et dirigée verticalement : soit Rr cette résultante. Il faudra, d'après ce que nous avons vu précédemment, que les deux derniers côtés Ff, Gg, du polygone funiculaire, par leur prolongement, se rencontrent sur la résultante Rr.

Ainsi, les tangentes, en F et G, à la courbe FAB....G, se coupent toujours sur la direction de la résultante du poids de la corde librement pendante : résultante qui passe par le centre de gravité de la corde (1).

La courbe formée par la corde pliée librement en vertu de sa pesanteur, resterait la même,

---

(1) Cette propriété sert aux mathématiciens à trouver une équation différentielle de la courbe que forme la corde, librement abandonnée à sa pesanteur. Mais malheureusement, les

soit que cette courbe fût un fil éminemment flexible et continu, soit qu'elle fût une chaîne ou chaînette composée de chaînons infiniment petits. Ce qui ferait de cette chaînette un polygone composé d'un nombre infini de côtés infiniment petits. C'est même ainsi qu'on a d'abord considéré le problême. On a nommé *spécialement chaînette*, la courbe suivie par une telle chaîne, ou par une corde parfaitement flexible, fixe à ses deux bouts, et librement abandonnée à l'action de la pesanteur.

Les arts méchaniques et les beaux-arts font un fréquent usage de la chaînette.

Les câbles, les chaînes, AB, fig. 14, avec lesquels on tient les navires en équilibre contre les forces du vent et du courant, prennent la forme de chaînettes plus ou moins courbes, selon leur tension. Il en est de même des cordes employées pour le halage, et tirées par des hommes ou des chevaux, au moyen de cordelles attachées en divers points aux cordes principales. L'examen des tensions supportées par ces cordes et par ces cordelles, et la transmission ainsi que la perte des forces

---

méthodes dont nous sommes en possession, ne sont pas assez puissantes pour donner en quantités finies l'équation qui doit déterminer la figure de cette même courbe. Quant à nous qui, dans les arts, pouvons opérer sur la courbe même, et déterminer tous ses éléments au moyen de mesures immédiates, nous parvenons ainsi, par le fait et de la manière la plus simple, aux résultats où la science analytique ne saurait nous conduire.

de halage, sont des questions importantes, qu'on résout au moyen des principes exposés dans cette leçon. Nous expliquerons cet emploi des chaînettes, au sujet du gréement des navires.

Il faut aussi rapporter à la chaînette et au polygone funiculaire, l'équilibre des *trailles* ou cordes tendues d'un bord à l'autre des rivières. Elles sont attachées à des points assez élevés pour qu'un bateau mâté passe dessous. Sur la traille peut courir (au moyen d'une poulie) le bout supérieur d'un cordage dont le bout inférieur retient un *bac*. Dans chaque position où cette corde se trouve, elle éprouve une tension causée par l'action que l'eau courante exerce sur le bac. Cette tension fait équilibre à deux autres tensions éprouvées par les portions de la traille situées à droite et à gauche de la corde qui tient le bac. Pour connaître la force nécessaire à donner, soit à cette corde, soit à la traille, il faut calculer les plus grandes tensions qu'elles aient à supporter : les propriétés de la chaînette et du polygone funiculaire en donnent le moyen.

Une des applications les plus importantes de la chaînette et des cordes en général, est celle qui se rapporte aux *ponts suspendus*, fig. 15; mais, avant de la faire connaître, il faut expliquer les propriétés géométriques de la chaînette, propriétés si fécondes en conséquences.

Si les deux extrémités A, B, d'une chaînette

AECFB, fig. 9, sont placées à la même hauteur, cette courbe sera symétrique par rapport à la verticale DC, menée par le milieu D de AB. On voit, en effet, qu'il n'y a pas de raison pour que la partie de gauche AEC, diffère de forme ou de grandeur avec la partie de droite BFC.

Les guirlandes et les cordons d'or, de soie, de rubans, de franges et de fleurs, suspendus à des points qui ne sont pas sur la même verticale, forment des chaînettes dont la symétrie est heureusement contrastée par une variété de courbures et de positions; variété dont l'élégance est un des secrets de l'art ayant pour but la décoration des appartements et des édifices publics.

Il est utile que le peintre et le dessinateur étudient le genre de courbure qui caractérise la chaînette; afin qu'ils donnent à la représentation de ces objets d'ornement, des contours qui ne soient pas dépourvus de vérité.

Maintenant, regardons comme fixe, le point E, fig. 9, et supprimons AE; la partie restante ECB n'en sera pas moins en équilibre. Or, si l'on mène l'horizontale EF et qu'on prenne le point F, au lieu du point B, pour second point fixe, la partie EC sera encore symétrique à FC.

Ainsi, lorsqu'une chaînette, fig. 9, n'a pas ses deux extrémités E, B, placées à la même hauteur, si par l'extrémité la moins élevée E, l'on mène l'horizontale EF, la partie ECF de la chaînette, en dessous de cette horizontale, sera symétrique par rapport à la perpendiculaire CG, abaissée du milieu G de EF, et le point C sera le plus bas de tous les points de la chaînette.

Puisque la chaînette ECF est symétrique par rapport à la verticale CG, le centre de gravité de cette courbe est sur cette verticale. Menons les deux lignes droites EO, FO, tangentes en E et en F à la chaînette. Prenons, ensuite, une partie OR verticale et représentant le poids de la chaînette; les côtés du parallélogramme OrRr', représenteront les tensions éprouvées par la corde, en E et en F.

Demandons-nous quelle est la tension exercée en C, point le plus bas de la chaînette. Si nous menons CO, OB, fig. 10, tangentes à la chaînette en C et B: 1°. le centre de gravité de la chaînette CB sera sur la verticale OG, qui passe par le point O; 2°. si nous construisons sur OG, OC, OB, prolongés, le parallélogramme OPQS, lorsque OP représentera le poids de l'arc CB, OS représentera la tension éprouvée en C, et OQ la tension éprouvée en B par la chaînette. Mais, dans le parallélogramme OPQS, PQ=OS, et comme OPS est un triangle rectangle, OQ est toujours plus longue que OS, c'est-à-dire, que la tension éprouvée par la chaînette, en B, est toujours plus forte que la tension éprouvée en C.

Mais, lorsqu'on s'élève, la tangente BOQ fait, avec la verticale, un angle plus aigu; la longueur de OS reste constante; la longueur de OP s'accroît comme le poids de la chaînette; ainsi, le côté OQ s'accroît de plus en plus. Par conséquent, la tension de la chaînette est de plus en plus grande pour les points les plus élevés.

Si donc on suppose que la chaînette est partout d'égale force, c'est toujours au point le plus élevé que commencera la rupture; et si la chaîne peut résister en ce point, elle peut, à plus forte raison, résister dans les parties intermédiaires.

SIXIÈME LEÇON.

Lorsque, dans un triangle rectangle POS, fig. 10, un côté OP, de l'angle droit O, s'allonge, si l'autre côté OS reste constant, le grand côté PS diffère de moins en moins de PO.

Supposons, maintenant, que la figure représentée par la chaînette CB, fig. 11 et 12, augmente ou diminue tout à coup de grandeur proportionnellement dans toutes ses parties; je dis que l'équilibre ne sera nullement troublé, et que la forme de la chaînette ne devra par conséquent pas changer pour cela.

En effet, dans la nouvelle chaînette, un point quelconque m étant semblablement placé par rapport au point M de la première, la tangente mo fait avec la verticale dco le même angle que la tangente MO avec la verticale DCO. D'ailleurs, la longueur des chaînettes est proportionnelle aux distances BD, bd. Par conséquent, on aura le rapport des poids des chaînettes OP : op, égal au rapport des tensions OQ : oq, éprouvées par les chaînettes, en M et m.

Ainsi, les tensions seront partout accrues dans la même proportion que le poids de la corde. Ces forces sont placées dans une position semblable à celle qu'elles occupaient dans la première position : donc elles se font pareillement équilibre, en agissant sur une chaînette de même figure.

Posons donc en principe que, dans les chaînettes semblables, les tensions éprouvées par chacune d'elles, en des points semblablement placés, sont précisément dans le rapport des dimensions analogues, ou, comme on dit, *homologues*, de ces deux courbes.

Si, par conséquent, je comparais deux chaînettes de figure semblable, mais l'une deux fois plus petite et deux fois plus pesante que l'autre, ou trois fois plus petite et trois fois plus pesante que l'autre, ou quatre fois plus petite et quatre fois plus pesante que l'autre, la tension éprouvée par les deux chaînettes, en des points semblablement placés, serait égale de part et d'autre.

Comparons, maintenant, les tensions éprouvées par deux chaînettes qui ne sont pas semblables. Pour simplifier nos recherches, et pour nous occuper d'ailleurs spécialement du cas le plus généralement utile dans les arts, considérons des chaînettes fort peu courbées; regardons-les comme ayant même poids pour la même longueur, et supposons que les points fixes soient toujours à la même distance.

Lorsqu'une courbe ACB, fig. 13, a très-peu de courbure, on peut, sans erreur sensible, regarder le centre de gravité de chaque partie CB de cette courbe, comme étant sur une verticale EF placée à égale distance des extrémités C et B. Si l'on élève par ce centre G la verticale EGF, jusque sur la droite AB, on aura DF = FB; et, si l'on abaisse, du point B, la verticale BI sur CE prolongé, on aura CE = EI.

Actuellement, prenons C et B pour points fixes de la chaînette, menons les deux tangentes extrêmes CE, EB; elles seront les deux côtés d'un parallélogramme CEBF ayant FE pour diagonale. Représentons par FE le poids de l'arc CB, les côtés EB, EC, représenteront les tensions éprouvées par la corde, en B et en C.

Si la flèche CD est extrêmement petite par rapport à la longueur AB, il n'y a, pour ainsi dire, aucune différence entre CF et EB, FB et CE. Donc, alors, la tension de la corde ou de la chaîne formant chaînette, reste à très-peu près la même dans toute son étendue. Mais, pour que la tension fût rigoureusement la même dans tous les points, il faudrait que la flèche CD fût nulle.

Maintenant, le poids de la courbe étant regardé comme constant, et représenté par OR, la tension que la corde éprouve en B, est représentée par OQ, en menant QR horizontalement jusqu'au prolongement OQ de la tangente BE.

Mais nous avons les deux triangles semblables BEI, OQR, dans lesquels

$$BE : BI :: OQ : OR. \text{ Donc } OQ = OR \times \frac{BE}{BI},$$

BI étant égal à CD, et BE très-peu différent de $\frac{1}{2}$ BD, lorsque BI $=$ CD est très-petit, on a, par approximation,

$$OQ = OR \times \frac{BD}{2CD}.$$

Si donc la distance des extrémités A, B, est invariable, ainsi que le poids de la corde représenté par OR, la tension OQ sera en raison inverse de la flèche CD ; donc il faudrait que la tension OQ exercée en B ou en A fût infiniment grande, pour que CD pût être infiniment petit ou nul. Par conséquent, *lorsqu'une corde est tirée horizontalement par ses deux bouts, il faudrait qu'elle fût tirée par deux forces infiniment grandes, pour qu'elle se tendît exactement en ligne droite.*

J'ai cru nécessaire de montrer avec détail cette circonstance ; parce qu'il y a des personnes auxquelles on persuaderait difficilement, par exemple, qu'en tirant bien fort sur une corde libre très-légère, par deux points situés à la même hauteur, il sera toujours impossible de la roidir au point qu'elle devienne tout-à-fait droite.

Application au gréement des navires. Il est fort-utile qu'on se familiarise avec les propriétés que nous venons d'exposer au sujet de la chaînette. On se rendra compte des efforts supportés par des cordes, dans une foule de cas importants. Je citerai, par exemple, tout le *gréement des vaisseaux*. On nomme ainsi l'ensemble des cordages employés à soutenir et à mouvoir les mâts et les vergues d'un navire.

Les mâts verticaux, CD, EF, GH, fig. 15, sont tenus, dans leur partie inférieure, par un système particulier de charpente. A leur partie supérieure on passe un nœud coulant fait avec un très-fort cordage, qu'on appelle *étai*, parce qu'il sert pour étayer le mât. Il descend dans la direction de la poupe à la proue, et vient se fixer en un point du navire. Dans les *mouvements de tangage*, quand la poupe s'élève et que la proue s'abaisse, l'étai résiste afin d'empêcher que le mât ne casse en tombant vers l'arrière. L'étai sert de plus à contrebalancer l'effort considérable des haubans.

Les *haubans* sont des cordages pliés par le milieu, et liés en cette partie, de manière à former un large œillet dans lequel passe la tête du mât : les deux bouts de chaque cordage forment deux haubans qui viennent se fixer le long du même bord. On place de la sorte, alternativement, pour le même mât, une paire à tribord et la suivante à bas-bord.

Les haubans tirent à la fois la tête du mât, en descendant du milieu du navire vers les bords, et de l'avant vers l'arrière.

Les étais et les haubans, étant inclinés, ne peuvent pas former des lignes droites, quelque tension qu'on leur fasse éprouver ; ils forment des *chaînettes*. Les chaînettes des haubans ont une courbure peu sensible, parce que ces cordages s'approchent assez de la direction verticale; mais pour les étais, qui s'éloignent davantage de la direction verticale, la courbure de la chaînette est beaucoup plus considérable.

La chaînette formée par un étai, par un hauban, varie de courbure à chaque impulsion nouvelle du vent ou des vagues.

Quand le vent pousse le navire, de l'arrière à l'avant, il diminue la courbure de la chaînette formée par les haubans, pour augmenter la courbure de la chaînette formée par les étais.

Quand le vent souffle d'un côté, il diminue la courbure des chaînettes formées par les haubans qui sont de ce côté, pour augmenter la courbure des chaînettes formées par les haubans qui sont du côté opposé.

La considération des allongements dont les chaînettes formées par les haubans et par les étais, sont susceptibles, soit d'après la matière qui compose ces cordages, soit d'après la nature des courbes qu'ils forment, est importante, et pour le gréement des vaisseaux, et pour la navigation.

On pourrait, au lieu d'employer des cordages qui soient partout d'égale grosseur, en employer dont la grosseur diminuât de plus en plus vers le bas : de manière à n'avoir, au point le plus bas, que la force nécessaire pour résister à la tension;

artificielle qu'on procure, dans cette partie, à chaque hauban.

Cette nouvelle condition rendrait sans doute plus difficile la fabrication des cordages : mais elle serait d'une économie considérable, et rendrait plus léger le gréement des vaisseaux.

Il y aurait encore à produire beaucoup d'autres perfectionnements dont l'exposition ne doit pas trouver sa place ici. Mais ce que je viens de dire suffit pour vous montrer comment on peut, à chaque instant, calculer la tension des cordages et leur direction la plus avantageuse.

Ponts suspendus. Expliquons maintenant la structure et l'équilibre de ces ponts.

Supposons qu'on tende une corde entre deux points A, B. A partir de différents points, également espacés sur cette corde, fixons d'autres cordes verticales ou *suspensoires*, mm', nn', oo', pp'.... Plaçons deux cordes égales, A$mnop$....B, à côté l'une de l'autre et à la même hauteur; joignons, par des traverses horizontales, le bas des suspensoires placées vis-à-vis l'une de l'autre. Enfin, sur ces traverses parallèles, fixons un plancher : ce sera le pont suspendu.

Pour déterminer les conditions d'équilibre de ce pont, il faut considérer que chaque corde Amno...B porte une partie du pont, de même poids, pour un même intervalle entre les suspensoires; mais les suspensoires augmentent de poids à mesure qu'on approche des extrémités de la corde.

Comme le poids des suspensoires est peu de chose en comparaison du poids total du pont, on admet que la corde supporte, y compris son poids, des charges égales pour des longueurs horizontales égales; alors la courbe qu'elle forme est une *parabole*. C'est ce que j'ai démontré le premier, dans mon traité d'Architecture navale militaire, aux XVIIIe et XIXe. siècles, ouvrage présenté à l'Institut de France en 1815.

D'après cela, l'on peut trouver sur-le-champ la position du centre de gravité de la corde AmnB et le point T où ses deux tangentes se rencontrent. Car, dans la parabole ayant IM pour flèche, IM = MT.

Si l'on construit le parallélogaamme TaMb sur les tangentes AT, BT, d'une chaîne de suspension, regardée comme une parabole, on aura : le poids de la chaîne *est à* la tension éprouvée en T par cette chaîne, *comme* MT *est à* aT. Si nous menons ab, parallèle à AB, nous avons MT : aT : : 2IT : AT : : 4IM : AT : : 8IM : 2AT.

Enfin, lorsque la flèche IM est peu considérable par rapport à la longueur AI, l'on peut regarder 2AT et AB comme égales. Donc, enfin, dans ce cas, le poids de la chaîne est à la tension de la chaîne, en A, comme huit fois la flèche de la chaîne, est à la distance AB des points d'appui A, B.

Il faut remarquer que cette valeur n'est qu'approximative. Dès qu'on ne pourra sans erreur sensible, confondre l'une pour l'autre les longueurs AT, AI, on devra reprendre le rapport AT : 4 IM au lieu de AB : 8 IM.

On calculera bien plus aisément la force des suspensoires verticales, en divisant le poids de la plate-forme du pont, par leur nombre. Il faudra proportionner leur grosseur au nombre de kilogrammes qu'on trouvera pour quotient de cette division.

Les grands ponts suspendus, construits pour le passage des rivières considérables, sont exécutés par les ingénieurs des ponts et chaussées ou par des entrepreneurs spéciaux. Mais les petits ponts économiques, servant au passage d'un ravin, d'un ruisseau, pour porter des piétons, des brouettes, etc., ou servant pour communiquer d'un édifice à un autre dans une manufacture, intéressent toutes les branches d'industrie.

Souvent, pour ces ponts économiques, au lieu de chaînes, on emploie des fils de fer (1) qu'on réunit en faisceaux, et qu'on entoure d'un fil en hélice spirale, comme les cordes métalliques des instruments de musique. Des tiges

---

(1) On pourra supposer pour moindre force du fil de fer, qu'il porte 40 kilogr. par millimètre quarré de section avant de se rompre, et ne charger qu'avec 20 kilogr. par millimèt.

de fer servent de suspensoires; de petites traverses inférieures portant de simples planches longitudinales, suffisent pour compléter le pont. Ces constructions réunissent au plus haut degré l'économie à la solidité, quand on en proportionne la figure et les dimensions, suivant les lois établies, dans cette leçon, sur l'équilibre des cordes.

M. Séguin d'Annonay, qui, le premier en France, a construit des ponts suspendus avec des fils de fer, en a présenté l'exemple le plus avantageux, dans sa manufacture où il a fait exécuter un pont de ce genre, ayant près de dix-huit mètres de longueur sur six décimètres de largeur. Ce pont, destiné au passage des piétons, n'a coûté que *cinquante francs*. M. Séguin a publié un ouvrage élémentaire fort utile à consulter par les personnes qui voudront construire de petits ponts suspendus. Pour les travaux plus importants du même genre, nous indiquerons : les mémoires du colonel Dufour, mémoires dont l'analyse fait partie de nos Voyages dans la Grande-Bretagne; le savant et profond travail de M. Navier, membre de l'Institut; enfin, la troisième partie de nos Voyages, *Force commerciale*, dans laquelle nous avons donné les plans et la description des grands ponts suspendus exécutés pour l'Angleterre et pour nos colonies.

Après avoir considéré des cordes isolées, soumises à l'action de forces quelconques, ainsi qu'à l'action de la pesanteur, considérons les cordes comme devant être appliquées sur la surface des corps solides. Lorsqu'une corde est appliquée sur une surface, et tirée par ses deux extrémités, il est évident que cette corde doit changer de position, autant qu'il est possible, à chaque force qui la sollicite d'avancer dans le sens de sa direction propre, et, généralement, autant qu'il est possible, à la corde même, de prendre une position où elle occupe plus de longueur sur la surface. Il ne peut y avoir équilibre que dans la position définitive où la corde occupe, sur la surface, la position de la ligne la plus courte qu'on puisse mener entre deux quelconques des points de contact de la corde et de la surface. Les lignes les plus courtes que l'on puisse tracer sur des surfaces ont, par conséquent, une relation nécessaire avec la position d'équilibre des cordes appliquées sur des surfaces, et tirées par leurs extrémités (1).

(1) Le caractère géométrique de ces courbes est qu'en chacun de leurs points, si l'on mène un plan qui leur soit osculateur, ce plan doit être perpendiculaire à la surface sur laquelle la courbe est tracée. Par conséquent, si l'on plantait une suite de jalons, dans les différents points de la courbe, perpendiculairement à la surface r, en regardant suivant le sens de la courbe, de manière à ce que les rayons visuels formassent un plan qui passât à la fois par la tangente à la courbe, et par le jalon perpendiculaire au point que l'on considère, le plan formé par les rayons visuels serait osculateur à la courbe, laquelle paraîtrait

Lorsqu'une corde est pliée sur une surface, et sollicitée par une force à chacune de ses deux extrémités, il faut que ces deux forces soient égales, pour qu'il y ait équilibre. Si elles n'étaient pas égales, la corde se mouvrait dans le sens de la plus grande : de la même manière que s'il n'y avait en tout qu'une seule force, agissant en ce sens, et qu'elle fût égale à la différence des deux forces primitives.

Les arts font un grand usage de cordes ainsi tendues sur des surfaces. Les constructeurs de navires, lorsqu'ils veulent donner à la surface de la membrure, ainsi qu'à la surface des bordages, une courbure parfaitement continue, tendent des cordeaux suivant le sens longitudinal, en leur donnant une direction bien régulière dans le sens de la longueur des bordages. Ils enlèvent successivement les parties trop saillantes des pièces de bois qu'ils veulent parer, entre les différents clous qui fixent la corde sur la surface. Cette corde, tendue par ses deux extrémités, prend la direction et la courbure d'une ligne la plus courte qu'on puisse tracer sur la surface du navire, entre les clous consécutifs.

---

comme si elle n'avait aucune courbure au point que l'on considère. Cette propriété peut servir pour tracer par approximation la courbe la plus courte qu'on puisse tracer sur une surface, à partir d'un point donné, suivant une direction pareillement donnée.

Il y a des surfaces qu'on peut enceindre complètement avec une corde dont on réunit les deux extrémités, qu'on serre ensuite fortement par un nœud ou par tout autre moyen. La corde n'arrive à sa position d'équilibre que quand elle suit exactement la direction de la ligne la plus courte que l'on puisse mener, depuis le point où se trouve le nœud, en faisant le tour du corps, pour revenir à ce même nœud.

L'habillement des hommes et des femmes présente une application continuelle des cordes appliquées ainsi sur des surfaces. Les ceinturons et les ceintures sont les lignes les plus courtes que l'on puisse tracer sur la surface immédiate du corps, ou sur la surface du corps *couverte* de nos *vêtements*. Si la ceinture était placée plus haut, elle tendrait à descendre; si, au contraire, elle était placée plus bas, elle tendrait à monter.

Plusieurs parties de la parure des femmes et des hommes sont composées aussi de cordes ou cordons tendus sur la surface de la tête; comme les chaînes, les rubans artistement passés dans les cheveux, dans les coëffures grecques et romaines, comme les diadèmes asiatiques, comme les lacets des corsages, comme les rubans ou lanières des cothurnes, etc.

Les jarretières, les bracelets, les colliers, les anneaux, doivent être assimilés, tantôt à des chaînettes libres posées sur des surfaces variées, tantôt aux lignes de striction qui ceignent la surface des jambes, des bras, des doigts et du cou, suivant les directions les plus courtes que puissent offrir ces parties de nos membres.

Lorsque nous expliquerons le jeu des poulies, on verra que les cordes se placent dans la gorge des rouets de poulies, suivant la ligne la plus courte qu'on puisse tracer dans cette gorge.

L'attelage des chevaux présente des applications intéressantes et très-variées de la combinaison des lignes les plus courtes qu'on puisse tracer sur la surface du corps de ces animaux. Les colliers, les sangles, les brides, et généralement toutes les parties des harnais sont assujetties à la règle que nous avons donnée pour l'équilibre des cordes appliquées sur des surfaces.

Après avoir considéré une corde appliquée sur une surface, et tirée seulement par ses extrémités, supposons qu'elle soit en outre tirée par un point intermédiaire. On trouvera les conditions de l'équilibre en ce point, si l'on suppose que les forces qui tirent la corde aux extrémités, soient transportées, suivant la direction même de la corde, au point où la force intermédiaire agit. Il faut que ces trois forces soient dirigées et proportionnées de manière qu'elles se fassent équilibre en ce point, comme si la corde n'appartenait à aucune surface.

Les principes donnés au sujet des polygones funiculaires, pour l'égalité des tensions, en chaque point intermédiaire sollicité par une force particulière, sont les mêmes que les principes qui s'appliquent aux polygones funiculaires, dans lesquels les portions des cordes sont pliées sur une surface quelconque. Il faudra toujours : 1°. que les tensions exercées sur deux parties de cordes, à droite et à gauche d'une force intermédiaire, fassent équilibre avec cette force ; 2°. que les tensions exercées sur chaque partie de corde, entre deux forces intermédiaires, soient égales et directement opposées.

Les harnais, que nous venons de citer, offrent des exemples variés de polygones funiculaires.

La condition de l'équilibre et de la proportion des forces, dans ces polygones funiculaires, n'est pas un objet de simple curiosité : car il est évident que la solidité de chaque partie d'un harnais doit être proportionnée aux efforts que cette partie doit supporter, et que le harnais doit avoir ses différentes parties taillées de telle manière qu'elle restent en équilibre, malgré l'action de la pesanteur et des forces du tirage ; sans quoi le harnais changerait nécessairement de position, et l'attelage serait mauvais.

C'est en appliquant la géométrie et la méchanique à la proportion, à la coupe des harnais, qu'on est parvenu, surtout dans les arts militaires, à rendre le poids de ces harnais un minimum, et leur forme aussi favorable que possible à l'application de la force du cheval. Les Anglais et les Allemands ont les premiers fait cette étude ; il en est résulté, pour leurs coursiers et leurs attelages, une grande supériorité d'action. Nous avons encore beaucoup à faire sous ce point de vue, surtout pour les harnais des chevaux employés aux transports de l'agriculture et du commerce. C'est un objet essentiel vers lequel nous appelons toute l'attention des artistes.

Lorsqu'au lieu de cordes, considérées comme des lignes mathématiques, on doit employer des cordes qui aient un volume déterminé et une forme particulière, comme les courroies, les lanières, etc., il faut que ces lanières et ces courroies posent à plat sur les surfaces contre lesquelles elles appuient; sans quoi elles se déformeraient nécessairement. Alors on doit considérer les lanières et les courroies comme des surfaces développables tangentes à la surface du corps sur lequel on les pose. C'est encore une application des considérations présentées dans la Géométrie, X^e. leçon.

La manière de suspendre les fardeaux avec des cordes, pour donner aux hommes la facilité de les porter, mérite une attention spéciale. Un moyen simple et commode est celui de deux courroies attachées au dos du sac des soldats, ou de la hotte et du crochet des porteurs. Ces bretelles sont passées sous l'aisselle et sur l'épaule; elles ne peuvent rester en équilibre, si elles ne prennent la direction de la ligne la plus courte qu'on puisse mener des points d'attache, en passant ainsi sous l'aisselle et sur l'épaule. C'est pourquoi l'on est souvent obligé de les retenir par une corde horizontale qui croise la poitrine, et va de l'une à l'autre bretelle. On détermine aisément la tension que doit éprouver cette corde et l'angle qu'elle doit faire avec les deux bretelles, à son point d'application. Un autre moyen d'appliquer la bretelle est celui du porteur d'eau, qui pose la sienne sur ses deux épaules, la fait descendre le long de ses bras jusqu'à la hauteur de ses mains, où la bretelle se trouve terminée, de chaque bout, par un crochet qui saisit l'anse du seau. Pour empêcher les deux seaux de se rapprocher, par leur poids, des jambes du porteur, on les sépare au moyen d'un cerceau. Il serait facile de trouver, dans ce système, la tension supportée par la bretelle. Il faut qu'elle fasse équilibre : 1°. au poids de chaque seau; 2°. à la force de compression qu'éprouve le cerceau et qui détruit l'effort qu'exercent les deux seaux pour se rapprocher l'un de l'autre.

L'art de ficeler les paquets de toute espèce,

est fondé sur les propriétés de l'équilibre des cordes tendues sur les surfaces. C'est une étude facile que celle de cette application, et les élèves prendront plaisir à la faire eux-mêmes, et à vérifier, dans les pratiques de l'industrie, les conceptions de la théorie.

L'art de tracer sur la surface du corps humain et sur la surface de nos vêtements, des courbes qui soient les lignes les plus courtes qu'on puisse tracer sur ces surfaces, et qui, satisfaisant à cette condition, s'allient, en même temps aux conditions de la variété, de la simplicité, de l'uniformité, de l'élégance, appartient aux beaux-arts qui nous offrent les applications les plus variées et les plus ingénieuses.

Nous avons vu que la spirale jouit de la propriété géométrique d'être la ligne la plus courte qu'on puisse tracer sur un cylindre, entre deux points quelconques de cette ligne. Par conséquent, on peut plier des cordes en spirale sur une surface cylindrique, et tirer ensuite ces cordes par leurs extrémités, tangentiellement à leur direction, sans qu'elles changent en rien la courbure qu'elles affectent autour du cylindre.

On a fait une application très-étendue de cette propriété géométrique, dans les machines où l'on est obligé de plier des cordes sur des surfaces ; par exemple dans l'application de la corde à la machine appelée treuil, que nous décrirons dans la Xe. leçon. Les grosses cordes des violons, des harpes et des pianos sont formées d'une corde à boyau, centrale, autour de laquelle on plie en spirale un fil métallique. La tension de ce fil est la même dans tous les points de sa longueur, lorsqu'il prend cette forme spirale. Par conséquent, les vibrations qui ont lieu lors du jeu de l'instrument, sont les mêmes dans toutes les parties de la corde ; ce qui résulte des propriétés de cette courbure spirale.

Les filets sont formés de cordes attachées deux à deux, en des points qui suivent un ordre déterminé. Il y a des filets qui sont faits pour s'appliquer exactement sur des surfaces. Tel est le filet dont on recouvre les ballons aérostatiques et qui se termine au contour de la nacelle portée par ces ballons. Il est facile de calculer, d'après les principes exposés dans cette leçon, la tension éprouvée par chaque cordon, dans les diverses parties du filet.

La parure des femmes offre souvent des filets destinés à couvrir certaines parties de la surface de leurs cheveux et de leurs vêtements. Tels sont les réseaux employés dans la coëffure ; tels sont ces tissus légers qu'on appelle organdis et tulles. Leur fabrication, en forme de filets, les rend propres à suivre avec délicatesse les inflexions et les courbures du corps humain.

N.

dam

II. MÉCHANIQUE.   ARTS ET MÉTIERS et BEAUX

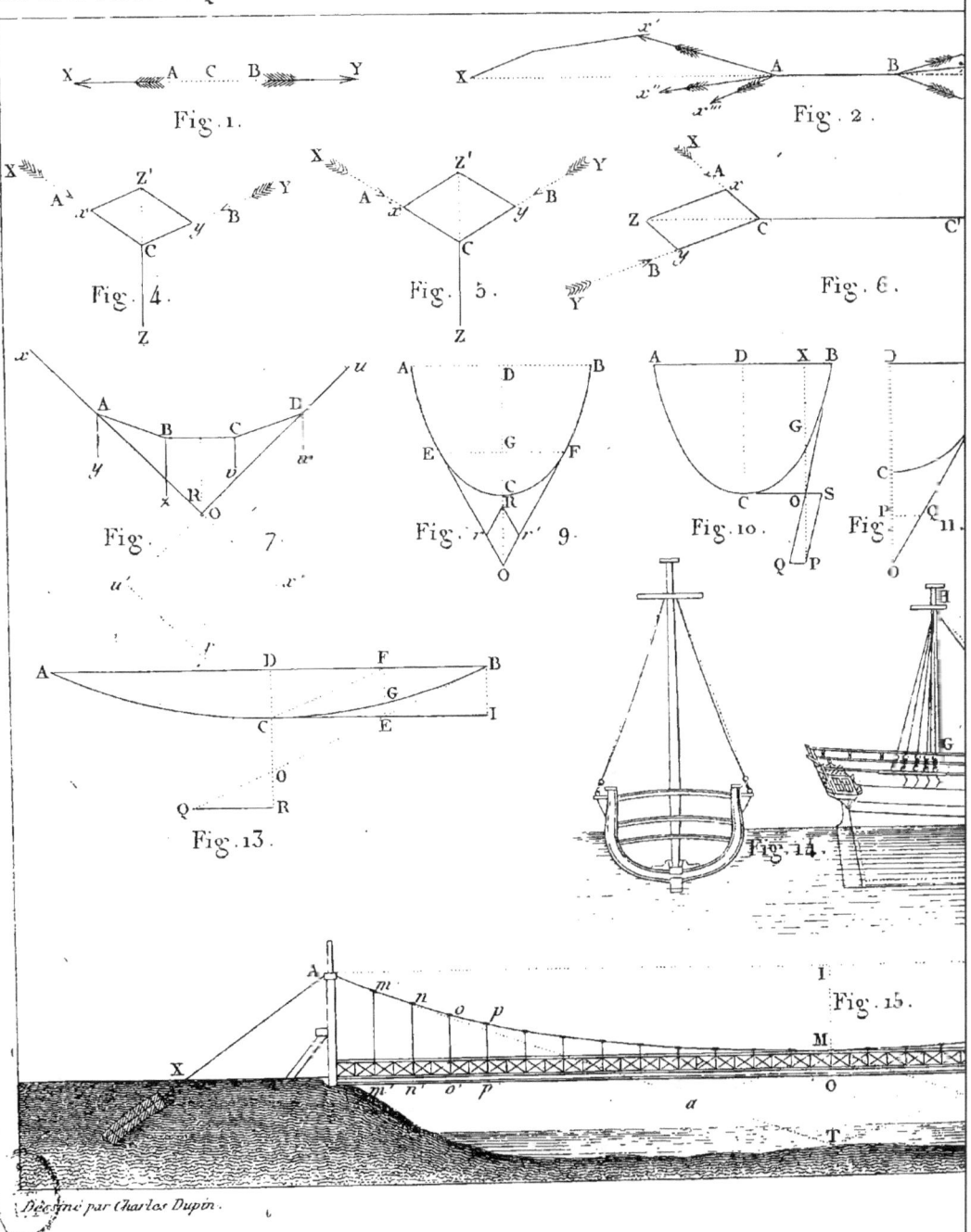

ARTS. VI.ᵉᴹᴱ LEÇON.

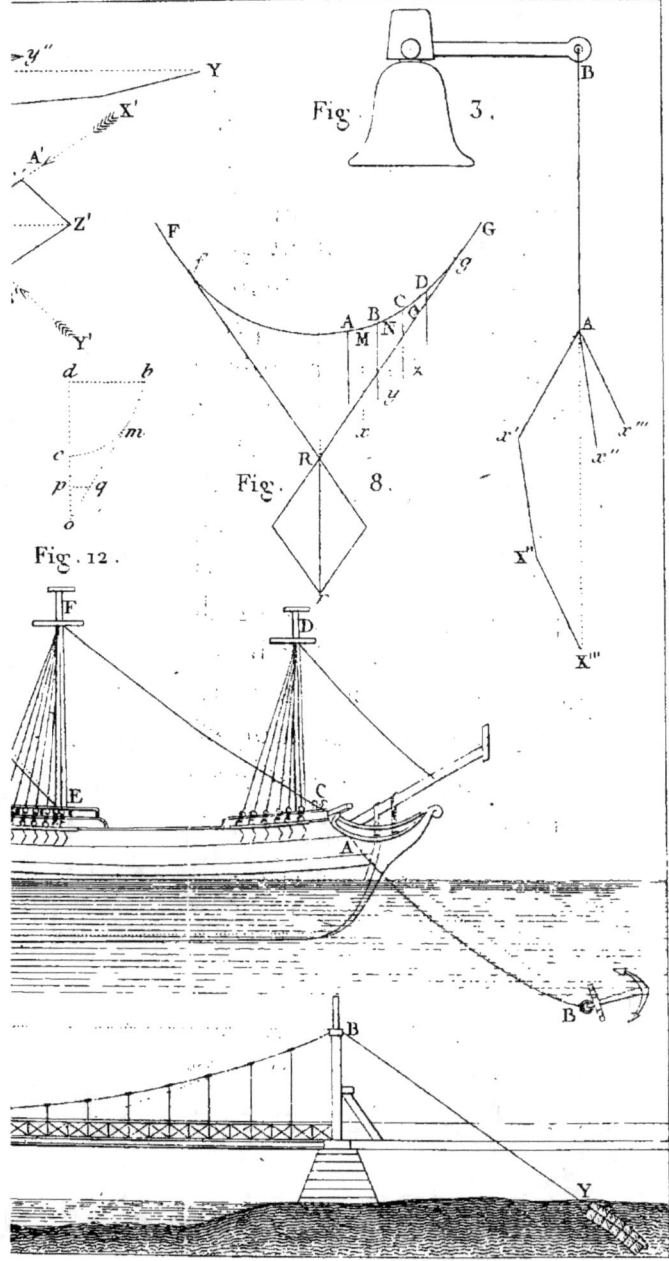

SEPTIÈME LEÇON.

Suite des cordes. — Mouvements circulaires des cordes, des verges, des roues, des volants. Moments d'inertie. — Les pendules.

Supposons qu'une force X soit appliquée perpendiculairement au bout A d'une corde AC, inextensible et sans pesanteur, l'autre bout C restant attaché à un point inébranlable.

Si la force X agissait librement, durant un temps quelconque, elle ferait avancer en ligne droite le point matériel A, et l'éloignerait de plus en plus du point fixe C; mais le fil que nous employons empêche le point matériel de se trouver plus loin de C que la distance première CA; donc ce fil tire le point matériel pour le tenir à une distance constante du point fixe. Par réaction, la force AX tire le fil, lequel, obéissant à ces forces, doit toujours être tendu. Donc, enfin, l'extrémité A de ce fil décrit un cercle.

Ici nous voyons trois forces bien distinctes : la première X, perpendiculaire au rayon CA, et par conséquent dirigée suivant la *tangente* AX du cercle que parcourt le point matériel A, c'est la *force tangentielle*; la deuxième, tirant le fil vers le centre, c'est la *force centrale;* la troisième, tirant le fil pour éloigner du centre le point A, c'est la *force centrifuge,* égale et directement opposée à la force centrale. Voyons le rapport de ces dernières forces à la première.

Construisons le parallélogramme AN*mn*, avec les côtés égaux AN, A*n*; la diagonale A*m* représentera l'effort nécessaire pour changer la direction de A*n* en celle de AN, et faire passer le corps de A en N ; cet effort A*m* est la force centrale.

Si nous menons le rayon CN, les triangles ACN, NA*m*, seront semblables, parce qu'ils sont symétriques et qu'ils ont un angle commun A. Donc,

$$CN : AN : : AN : Am = \frac{AN^2}{CN}$$

C'est-à-dire, que A*m qui représente à la fois la force centrale et la force centrifuge, égale le quarré de la force tangentielle, divisé par le rayon.*

Avec le raisonnement qu'on vient d'employer on verra qu'en prenant AN=NN'=N'N''..., et faisant agir sur CN, CN', CN''.... une nouvelle force centrale toujours égale à A*m*, le corps parcourra, dans des intervalles de temps égaux, les espaces AN, NN', N'N''.... Donc, le corps conserve toujours la même vîtesse tangentielle et reçoit à chaque instant, de la force centrale, une impulsion nouvelle et constante, quand il parcourt un cercle donné : tel est *le mouvement circulaire uniforme.*

Dans ce mouvement, la *vîtesse tangentielle* égale l'arc parçouru, divisé par le temps mis à le parcourir.

Si l'on divise l'arc par le rayon, l'on a la mesure de l'angle. Ainsi, l'angle qui correspond à l'arc parçouru égale la vîtesse tangentielle divisée par le rayon de cet arc, et multipliée par le temps mis à le parcourir. Cet angle divisé par le temps, donne la mesure de ce qu'on appelle la *vîtesse angulaire* d'un corps qui tourne autour d'un centre. Donc : 1°. avec la même vîtesse tangentielle, la vîtesse angulaire est en raison inverse du rayon ; 2°. avec le même rayon, la vîtesse tangentielle et la vîtesse angulaire sont proportionnelles.

Quand les rayons diffèrent, le temps mis à parcourir le cercle entier est en raison inverse de la vîtesse angulaire ; donc le temps mis à parcourir le cercle entier est proportionnel au rayon divisé par la vîtesse tangentielle.

Ces résultats trouvent leur application dans une foule de questions de méchanique, importantes pour l'industrie.

Rappelons encore avec soin, que lorsqu'un corps, circulant autour d'un centre, est retenu par un fil, un cordon, ou une tige quelconque, la force centrale est la tension qu'éprouve le fil, le cordon, etc., du côté du centre, et que la force centrifuge est la tension opposée qu'éprouve le fil pour s'éloigner du centre.

L'écuyer qui fait tourner un cheval au manége, se place au centre du cercle, et, d'une main, tient le bout de la longe attachée au bridon du cheval. Ici, la force tangentielle est la force même du cheval qui tend sans cesse à s'échapper par la tangente; mais l'écuyer tire la longe avec une force centrale, égale à la force avec laquelle le cheval tire cette longe, c'est-à-dire, égale à la force centrifuge du cheval. Quand le cheval double de vîtesse, la force centrale est quatre fois plus grande; quand le cheval triple de vîtesse, la force centrale est neuf fois plus grande, etc. La même explication, les mêmes rapports, conviennent au jeu de la fronde, dont nous parlerons bientôt.

Un cheval qui tourne librement dans un cercle ne s'y tient pas droit, parce que la force centrifuge qui anime à chaque instant toutes les parties de son corps, le pousse horizontalement en dehors du cercle, et tend à le faire tomber. Pour résister à cette tendance, effet de la force centrifuge, le cheval incline le haut du corps vers le centre du cercle qu'il parcourt, et cette inclinaison doit augmenter comme le quarré de sa vîtesse. Aussi, remarque-t-on qu'elle est très-considérable quand le cheval court au grand galop. Afin que le cheval puisse marcher sans trop de difficulté, en se tenant penché vers le centre du cercle, on incline par fois le chemin circulaire qu'il doit parcourir. Voyez fig. 2.

Le faiseur de tours, qui se tient debout sur son cheval, est de même obligé de pencher le haut du corps vers le centre du manége, pour n'être pas renversé par l'effet de la force centrifuge. La fig. 2 démontre quelle composition se fait entre la force de la pesanteur et la force centrifuge, pour qu'il y ait équilibre dans la position du cheval et du voltigeur.

Lorsqu'une voiture avance en décrivant un arc de cercle, ou, comme on dit, lorsqu'elle tourne, elle éprouve aussi l'action d'une force centrifuge qui tend à la renverser. Si elle circule sur une route L qui descende vers le centre O du tournoiement, la force centrifuge et celle de la pesanteur trouvent à cette disposition le même avantage que le cheval, fig. 2, tournant sur les chemins AB, ED, autour du même axe OO'.

Si la route M est horizontale, rien ne diminue la tendance de la force centrifuge à faire verser la voiture.

Enfin, si la route N descend en s'éloignant du centre de tournoiement, cette pente joint à son effet défavorable, celui de la force centrifuge : alors existe le plus grand danger de verser.

Les routes de France ont le grand inconvénient d'être bombées au milieu, de manière à présenter deux pentes très-fortes en sens opposés. Dans les tournants, où deux voitures se rencontrent, la voiture conduite sur la pente qui regarde le centre du tournant, est favorisée par cette pente; mais la voiture conduite sur la pente extérieure, est défavorisée d'autant, et risque beaucoup de verser.

Ce devrait être une règle générale, dans les tournants, de ne jamais faire de pente extérieure; et de pratiquer, au contraire, toutes les fois que la chose est possible, une seule pente descendante vers le centre du tournant.

La force centrifuge étant en raison inverse du diamètre de l'arc parcouru, il en résulte qu'elle est peu considérable quand ce diamètre est grand, et qu'elle croît d'autant plus que ce diamètre diminue. Dans les tournants fort-courts, ceux dont l'arc n'a qu'un très-petit diamètre, la force centrifuge est donc considérable, et par conséquent il y a grand danger de verser.

En même temps, ce danger augmente comme le *quarré* de la vitesse des voitures.

Voilà pourquoi les cochers et les cavaliers prudents ne lancent jamais leurs chevaux avec une grande vitesse, dans les tournants courts; et pour peu qu'ils aillent vite, ralentissent le pas lorsqu'ils vont tourner.

Remarquez avec quelle précision, avec quelle

facilité, la méchanique apprécie tous les effets du mouvement circulaire, dans les cas les plus importants à la sécurité des transports et des voyages. La méchanique fait aussi connaître des principes de construction des voitures, fondés sur les lois du mouvement.

Quand une roue, fig. 3, se meut avec rapidité dans le sable ou dans la boue, elle enlève des portions de cette boue ou de ce sable, qui prennent la vîtesse tangentielle de la roue, et qui, n'étant pas retenues contre les bandes ou les jantes avec une force égale à la force centrifuge, cèdent à cette force, et sont lancées avec la vîtesse tangentielle qu'elles ont acquise. En avant des roues des voitures de luxe, on place une large plaque circulaire en métal, XY, qu'on appelle *paraboue*, et qui arrête toutes les parcelles de boue lancées par l'effet de la force tangentielle.

Si les jantes des roues n'étaient pas unies entr'elles par des chevilles enfoncées moitié par moitié dans leurs bouts en contact, et par les bandes en fer qui recouvrent ces joints, la force centrifuge, qui tend sans cesse à les éloigner du centre, les arracherait des rais, et les lancerait, comme le sable et la boue, quand les roues prendraient une grande vîtesse. Si les clous qui fixent les bandes sur les jantes, tiennent peu dans le bois de la jante, la force centrifuge les arrache et les lance dans la direction des rais prolongés. Par conséquent, la solidité des assemblages des jantes, des bandes et des clous qui fixent ces bandes sur les jantes, a des règles données par les rapports de la force tangentielle et de la force centrifuge. Il en est de même pour beaucoup d'autres roues employées dans les machines : comme on le verra par la suite.

L'ouvrier, en frappant à grands coups de hache ou de marteau, fait parcourir un cercle à son instrument, qui, lâché tout à coup, s'échapperait par la tangente de l'arc qu'il parcourt. C'est ainsi qu'on brandissait circulairement, et qu'on lançait *la masse d'armes, la hache d'armes, le pilon, la dague*, etc.; c'est ainsi qu'on employait la fronde.

Avant l'invention des armes à feu, *la fronde* était une arme de jet fort-importante; aujourd'hui, c'est un amusement pour les enfants. Au milieu d'une corde légère ACB, fig. 4, est une espèce d'œil C, où l'on pose une pierre. L'on joint les deux extrémités A et B que l'on saisit d'une main; après quoi, l'on imprime un mouvement de rotation à la fronde. Si l'on emploie une force constante : 1°. la fronde tourne avec une vitesse constante; 2°. la corde de la fronde est toujours tendue, et elle exerce sur la main un effort qui représente la force centrale nécessaire pour tenir la pierre C toujours à la même distance du centre A. Lorsqu'on lâche une des parties de la corde, cette force centrale cesse de s'opposer à la force centrifuge; la pierre cesse de se mouvoir circulairement, et la force tangentielle pousse librement la pierre, qui parcourt une ligne droite, lorsqu'on la lance verticalement.

Dans tout ce que nous venons de dire, nous avons fait abstraction de l'effet de la pesanteur sur le corps A. Si l'on tenait compte de cet effet, le problême serait beaucoup plus compliqué.

Si l'on obligeait un corps à tourner *dans un cercle creux*, il se mouvrait contre la circonférence du cercle avec une force constante qui serait la force tangentielle, celle qui détermine la vitesse de sa marche progressive. Cette force tangentielle, qui pousserait le corps à s'échapper par la tangente, trouverait, à chaque instant, une résistance contre la circonférence du cercle creux. Cette résistance, perpendiculaire à la circonférence et par conséquent dirigée vers le centre, serait la force centrale, égale et directement opposée à la force centrifuge.

L'artillerie emploie des barils, tournants sur leur axe, et contenant les balles de plomb qu'elle veut ébarber. Il faut que la solidité de ces barils soit proportionnée : 1°. à la masse des balles qu'on y renferme à la fois; 2°. à la force centrifuge des balles, laquelle est proportionnelle au quarré de la force tangentielle employée pour faire circuler les balles dans ce baril.

T. II. — MÉCHAN.

On doit en dire autant des tambours tournants qui contiennent les boulets à dérouiller, ou les balles de cuivre placées au milieu de la poudre qu'on veut granuler.

Jusqu'ici, nous n'avons examiné que le mouvement circulaire d'un corps obligé de se mouvoir en ligne courbe, parce qu'une corde, une tige, un contour massif, l'obligeaient à suivre cette ligne, en vertu d'une action toujours dirigée vers le centre du mouvement.

La nature nous offre de grands exemples de corps qui se meuvent en ligne courbe, sans être retenus par aucun de ces liens intermédiaires ou de ces contours extérieurs. Ainsi se meuvent librement dans l'espace, la lune autour de la terre, et la terre autour du soleil. Voyez fig. 5.

Dans ces mouvements, il y a d'abord la force tangentielle T qui tend sans cesse à pousser en ligne droite la lune et les planètes ; ensuite la terre est pour la lune le foyer d'une force centrale C, qui s'exerce à chaque instant contre la force centrifuge de la lune, de même que le soleil est pour la terre le foyer d'une force centrale qui s'exerce à chaque instant contre la force centrifuge de la terre.

Si la force centrale et la force tangentielle se balançaient, étaient dans le rapport qui convient au mouvement circulaire, la lune décrirait un cercle autour de la terre, de même que la terre décrirait un cercle autour du soleil. Mais il y a des positions où la force tangentielle est un peu plus forte; alors la lune s'éloigne de la terre, et la terre du soleil. En s'éloignant, leur direction centrifuge devient oblique par rapport à la direction centrale. Par conséquent, la force centrale s'oppose à la force centrifuge, et la diminue; de manière que c'est, au contraire, cette dernière qui finit par l'emporter un peu sur la première. Alors l'astre mobile se rapproche du centre de son mouvement. Voilà comment la lune autour de la terre, et la terre autour du soleil, décrivent une courbe allongée, une ellipse dont la terre est le foyer pour l'ellipse que suit la lune, et le soleil le foyer pour l'ellipse que suit la terre.

La force centrale de la terre, par rapport à la lune, c'est la force que nous avons appelée *pesanteur* et *attraction*. C'est la force qui tend sans cesse à faire redescendre une bombe lancée de bas en haut, et qui lui fait décrire une courbe ABC, fig. 6, quand on la lance obliquement.

Si la force de la pesanteur était constante, et si l'air n'opposait aucune résistance au mouvement des corps qu'on y lance, une pierre, une bombe, un volant, en un mot un corps quelconque, ayant reçu l'impulsion d'une force primitive, parcourraient une *parabole* ABC.

La résistance réelle de l'air diminue beaucoup

l'espace enfermé par la courbe; elle aplatit surtout la seconde branche de la parabole idéale, et produit la courbe AEF.

Un objet d'expériences important pour l'artillerie, est de déterminer, d'après la masse et le volume des boulets, des bombes, des balles, etc., d'après la force qui les lance, et la direction de l'impulsion primitive, les points où peut atteindre le projectile, à diverses hauteurs ainsi qu'à diverses distances. Nous ne pouvons, ici, qu'indiquer ces grandes et belles applications de la méchanique; elles composent la théorie qu'on appelle spécialement *ballistique*.

Il est aujourd'hui bien démontré que la terre, au lieu d'être en repos et placée, ainsi qu'on l'a cru si long-temps, comme un point fixe au centre de l'univers, tourne sur elle-même avec une telle rapidité, qu'elle achève chacun de ses tours dans la durée totale d'un jour et d'une nuit. Ainsi, par la seule rotation du globe, les habitants de la terre placés à l'équateur, sont emportés, d'occident en orient, avec une vîtesse quatre cents fois plus grande que celle d'un piéton qui marche au pas ordinaire.

Chacun des points de la terre est donc animé d'une force tangentielle qui tend à l'emporter loin du globe, et d'une force centrale qui tend, au contraire, à le précipiter vers le centre de la terre. Cette force centrale, c'est l'at-

SEPTIÈME LEÇON.

traction du globe. Quant à la force tangentielle, comme elle est à très-peu près la même pour tous les corps placés dans le voisinage les uns des autres, ces corps, emportés d'un mouvement presque égal, se tiennent, les uns par rapport aux autres, dans un état approchant du repos parfait.

Soit, fig. 7, une projection de la terre, parallèle à l'équateur; de sorte que l'équateur et les parallèles soient représentés par des cercles. Comparons le mouvement des points E, A, situés l'un sur l'équateur EE'E'', l'autre sur un parallèle quelconque AA'A''. Soit mené le rayon OyY, infiniment près du diamètre EOE'. Abaissons les perpendiculaires xy, XY, sur EOE'; il est évident que les rayons OA, OE, seront proportionnels aux lignes EX, Ax, qui représentent les forces centrifuges des points matériels E, A. Donc, dans le mouvement de la terre autour de son axe, la force centrifuge, qui sollicite chaque point, est proportionnelle à la distance de l'axe à ce point.

Ainsi, la force centrifuge est la plus grande possible pour les points E, E', situés sur l'équateur. Cette force détruit une partie de la pesanteur des corps. Enfin, la pesanteur des corps est moindre à l'équateur qu'en tout autre point de la terre. Nous verrons bientôt comment l'expérience peut justifier ce résultat.

Soit une tour EF bâtie en E. Décrivons, du centre O, l'arc FY', et menons Y'X' perpendiculaire à OF, nous aurons OE : OF : : EY : FY ; c'est le rapport des forces tangentielles.

Supposons que je fasse tomber, du sommet de la tour F, un corps quelconque, lequel arrive au bas de la tour quand le sommet arrive en Y'. Ce corps est animé d'une force tangentielle qui lui ferait aussi parcourir FY'; donc il doit tomber, non pas en Y, quand le pied de la tour arrive en ce point; mais en Z, à une distance EZ=FY'. Rendons ce résultat sensible par des chiffres.

Le rayon de la terre, à l'équateur, égale 6,376,466 mètres. Supposons que, dans une des villes bâties sous la ligne équatoriale, on ait construit une tour élevée de cent mètres, et demandons-nous la différence de vitesse de deux points matériels placés l'un au pied, l'autre au sommet de la tour.

Le rayon de la circonférence parcourue par l'un sera de 6,376,466 mètres, et par l'autre de 6,376,566 mètres. Le rapport inverse de ces deux nombres est celui des vitesses. Il est facile de voir qu'en un jour, le point le plus haut aura parcouru de plus que le point le plus bas, cent mètres multipliés par le rapport de la circonférence au rayon : ce qui donne 628 mètres et quelque chose. Maintenant, un corps pesant, abandonné dans le vide à son propre poids, mettrait presque cinq secondes pour descendre de cent mètres, à partir d'un des points de la circonférence de l'équateur : ce qui est la 17280ᵉ. partie du jour. Divisons 628 mètres par 17280, nous aurons la quantité dont le haut de la tour s'est avancé vers l'orient, plus vite que le bas de la tour, pendant la chute de ce corps. Nous trouverons ainsi que le corps pesant doit tomber, non pas exactement au bas de la tour, suivant la verticale; mais à l'orient de cette verticale, à la distance d'environ $\frac{625^{\text{mèt.}}}{17280}=$ 36 millimètres.

Comme la résistance de l'air ralentit considérablement la chute des corps graves, il faudrait beaucoup plus de cinq secondes pour qu'un corps tombât de 100 mètres. Par conséquent le corps grave tomberait à plus de 36 millimètres à l'orient du pied de la tour, et l'expérience serait d'autant plus concluante.

Quand un corps solide tourne uniformément autour d'un axe, tous ses points faisant en même temps un tour complet, leur vitesse est proportionnelle à la circonférence, et par conséquent au rayon des cercles qu'ils parcourent.

Mais, sur deux cercles différents, ayant leur centre au centre même du mouvement, et chargés uniformément de parties matérielles, la quantité de ces parties est proportionnelle au rayon; donc, pour ces deux cercles, la quantité de mouvement, c'est-à-dire, le produit de la masse par la vitesse, est proportionnelle au rayon multiplié par le rayon : c'est-à-dire, au *quarré* du rayon.

Il suit de là que, dans les machines où l'on emploie des roues évidées, qui présentent des bandes circulaires d'égale largeur, ABC, *abc*, fig. 8, la quantité de mouvement dont ces bandes sont animées, lorsqu'elles font chacune leur tour dans le même temps, est proportionnelle au quarré du rayon de ces roues.

A masses égales, il est donc beaucoup plus pénible de faire tourner de grandes roues que de petites. Par exemple, lorsque ABC est trois fois aussi grand et trois fois aussi lourd que *abc*, si l'on veut que ABC fasse un tour complet dans le même temps que *abc*, il faut trois fois trois ou neuf fois autant de quantité de mouvement. Mais, si l'on rendait *abc* trois fois aussi lourd sans l'agrandir, il suffirait de tripler cette quantité pour conserver la même vîtesse. Cette quantité triplée serait encore plus petite que celle dont ABC est animé, puisque cette force est neuf fois aussi grande.

Par conséquent, si j'ai pour objet d'accumuler dans une masse donnée de matière une grande quantité de mouvement, j'ai d'autant plus d'avantage, que je distribue cette matière sur une circonférence de plus grand diamètre. Pour beaucoup de machines, il est d'une extrême importance d'accumuler ainsi la plus grande quantité possible de mouvement, dans une masse dont le poids ne surcharge pas trop les points d'appui. Par ce moyen, si des irrégularités accidentelles, ou naissant de l'inégalité des mouvements, tendent à produire des accélérations ou des ralentissements fâcheux, une grande roue animée d'une rotation constante, pouvant acquérir ou perdre une quantité de mouvement assez considérable, sans que sa vîtesse en soit beaucoup altérée, cette roue, dis-je, agit comme un conservateur, comme un régulateur, qui produit souvent des effets extrêmement utiles : on appelle *volants* ces conservateurs de forces.

Au lieu de leur donner la forme d'une bande continue, ABC, fig. 8, on concentre souvent sur trois ou quatre points équidistants A, B, C, fig. 9, ou A, B, C, D, fig. 10, toute la matière qu'on devrait répartir sur la bande ABC. Alors cette matière restant à la même distance moyenne du centre de rotation, conserve, pour une même vîtesse, la même quantité de mouvement.

Nous allons démontrer, dans un moment, que le centre de rotation O des volants, doit être aussi leur centre de gravité. Sans cela, la roue serait à chaque instant tirée d'un côté plus que de l'autre; son mouvement ne pourrait avoir ni régularité, ni uniformité. On satisfait de la manière la plus avantageuse à la condition que nous indiquons, en prenant le centre du volant pour centre de symétrie des poids dont on veut composer le volant. Telle est la règle suivie dans les fig. 9 et 10.

La théorie qui va suivre est indispensable aux constructeurs de navire, aux horlogers, aux constructeurs de machines ; mais, dans beaucoup de villes, elle sera peut-être au-dessus de la portée actuelle des ouvriers : alors le professeur l'omettra.

On démontrerait pour tout corps solide qui tourne autour d'un axe, comme on l'a fait pour le globe de la terre, p. 189, que la force centrifuge est proportionnelle à la distance de l'axe à chaque point matériel.

Soit le plan de la fig. 12, perpendiculaire à cet axe représenté par le point G. Soient les points matériels égaux en masse, m, m',... M, M',... lesquels composent le corps ABCD : les distances Gm, Gm',... GM, GM' .. seront proportionnelles aux forces centrifuges, et pourront les représenter.

Supposons que le centre de gravité se trouve sur l'axe G, et menons les perpendiculaires mn, $m'n'$,.. MN, M'N',... sur une droite quelconque, XGY, prise pour axe des moments de poids égaux m, m',..... M, M'..... Il faudra qu'on ait

1°. $m \times Gn + m' \times Gn'... = M \times GN + M' \times GN'...$
2°. $m \times mn + m' \times m'n'... = M \times MN + M' \times M'N'...$

C'est-à-dire que les forces centrifuges Gm, Gm',... GM, GM'... décomposées : 1°. perpendiculairement ; 2°. parallèlement à la droite XGY, ont une résultante nulle, suivant quelque direction qu'on les décompose parallèlement au plan de la figure. Donc, parallèlement à ce plan, *la résultante des forces centrifuges ne tire dans aucun sens plus que dans un autre, l'axe qui passe par le centre de gravité du corps.*

Supposons, maintenant, que le centre de rotation g soit à la distance Gg du centre de gravité G, sur l'axe xgy pa-

SEPTIÈME LEÇON. 195

rallèle à XGY. Les nouvelles forces centrifuges gm, gm'... gM, gM',.... décomposées parallèlement à Gg, auront pour résultante

$$m \times ml + m' \times m'l' + \ldots - M \times ML - M' \times M'L'\ldots$$

On ne change pas cette résultante si l'on en retranche $m \times mn + m' \times m'n' + \ldots$, puis si l'on y ajoute la valeur égale $M \times MN + M' \times M'N' + \ldots$. Mais remarquons que $ml - mn = m'l' - m'n'\ldots = MN - ML = M'N' - M'L'\ldots$ Donc, le résultat de l'addition et de la soustraction proposées sera la somme des masses $m + m' \ldots + M + M'\ldots$ multipliée par Gg.

Donc, *quand un corps tourne autour d'un axe xgy, qui ne passe pas par son centre de gravité G, la résultante des forces centrifuges augmente proportionnellement à la distance de l'axe au centre; elle est la même que si l'on supposait condensées au centre G, toutes les parties du corps.*

Cet effet de la force centrifuge tend à déplacer l'axe et à l'entraîner sans cesse du côté du centre de gravité. C'est un inconvénient qu'il faut éviter dans la plupart des machines de rotation, et surtout dans celles où l'on emploie des volants. Ainsi, *règle générale, il faut que le centre de gravité d'un volant soit sur l'axe de rotation.*

Considérons, à présent, l'effet des forces centrifuges estimé parallèlement à l'axe. Supposons, fig. 12, que le plan de la figure devienne celui de l'axe. Représentons maintenant cet axe par XGY, en admettant, d'ailleurs, que G soit le centre de gravité du corps.

Coupons le corps par une suite de plans mn, $m'n'$, $m''n''$,... perpendiculaires à l'axe. Soient, sur le plan de la figure, les points m', m'', m''',... représentant la projection du centre de gravité des points matériels contenus dans chaque plan. La résultante de toutes les forces centrifuges, sera représentée par la résultante des forces $m \times mn$, $m' \times m'n'$, $m'' \times m''n''\ldots$. Ensuite, pour déterminer la résultante de ces forces, il faudra d'abord trouver la résultante P des forces placées d'un côté de l'axe, et la résultante Q des forces placées de l'autre côté de cet axe. Si les deux forces P, Q, se trouvaient sur une même perpendiculaire à l'axe, et que cet axe passât par le centre de gravité du corps, les deux forces se feraient nécessairement équilibre. Par conséquent, l'axe ne serait sollicité à se mouvoir dans aucun sens, par l'effet des forces centrifuges. Mais si, comme on l'a représenté dans la fig. 12, les perpendiculaires Pp, Qq, menées sur l'axe XGY, n'appartiennent pas à la même ligne droite, l'axe sera sollicité à tourner par l'effet des forces P et Q, multipliées respectivement par les distances Gp et Gq. On trouve les moments de P et de Q par rapport au centre de gravité G, en multipliant chaque force $m \times nn$ par Gn, $m' \times m'n'$ par Gn', $m'' \times m''n''$ par Gn'', etc.; puis, en voyant si la somme des moments des forces qui agissent dans un sens, égale la somme des moments des forces qui agissent dans le sens opposé.

On démontre, par des méthodes de calcul que nous ne pouvons pas présenter ici, que cette égalité de moments ordinaires, est la condition indispensable pour que le moment d'inertie du corps, pris par rapport à l'axe XGY, soit un *maximum* ou un *minimum*.

Si l'on veut que l'axe des volants, et généralement les axes employés dans les machines de rotation, n'éprouvent de pression dans aucun sens, par l'effet des forces centrifuges, on voit qu'il faut s'arranger de manière que les forces P, Q, soient toujours placées sur une même ligne droite, perpendiculaire à l'axe, en même temps qu'on fait passer cet axe par le centre de gravité.

La grande utilité qu'ont, pour le jeu des machines, les axes relativement auxquels cette condition est remplie, justifie leur dénomination d'*axes principaux*

SEPTIÈME LEÇON. 197

Après avoir déterminé la direction la plus avantageuse qu'il convienne de donner à l'axe des volants, il faut voir quelle vîtesse ces volants peuvent prendre lorsqu'on emploie, pour les faire mouvoir, une force déterminée, et que le volume, ainsi que la masse des volants, sont pareillement déterminés.

Soit pour plus de facilité l'axe de rotation perpendiculaire au plan de la fig. 11, et représenté par le point O; le corps tournant autour de cet axe en vertu de la force Ff et à la distance Of de l'axe. Nous supposons Ff dans le plan de la figure.

L'effort, le moment de Ff pour faire tourner l'axe sera représenté par $Ff \times Of$.

La vîtesse angulaire a, prise par le corps, sera l'arc parcouru durant l'unité de temps, sur le cercle dont le rayon est aussi pris pour unité. Le point matériel m du corps, va parcourir durant l'unité de temps un arc $mn = a \times Om$. La quantité de mouvement de m, sera donc $m \times a \times Om$, et la quantité totale de mouvement des points m, m', m''... du corps sera

$$a \times \{ m \times Om + m' \times Om' + m'' \times Om'' + \ldots \}$$

Pour mesurer l'effet que chaque molécule, en vertu de cette quantité de mouvement, exerce pour faire tourner l'axe, ramenons tous les points m, m'.... sur la ligne droite fo, et d'un même côté de l'axe, sans changer leur distance à cet axe. Alors toutes les forces tangentielles qui animeront m, m', m''...., forces représentées par les quantités de mouvement que nous venons de trouver, seront parallèles et dirigées dans le même sens; leur résultante Rr sera donnée d'après le principe des moments, en multipliant chaque force par sa distance à l'axe; donc
$Rr \times Or = a \{ m \times Om \times Om + m' \times Om' \times Om' + m'' \times Om'' \times Om'' \ldots \}$.

Ou, pour écrire plus simplement,

$$Rr \times Or = a \{ m \times Om^2 + m' \times Om'^2 + m'' \times Om''^2 + ... \}$$

La force $Rr = F$ restant la même, plus la somme $m \times Om^2 + m' \times Om'^2 + ...$ augmente, et plus a diminue; au contraire, plus cette somme diminue, et plus la vitesse angulaire a augmente.

Par conséquent, cette somme représente la résistance qu'en vertu de l'inertie, le corps oppose au mouvement de rotation, quand ce corps est sollicité par une force donnée. Telle est la raison qui l'a fait appeler *moment d'inertie*. Donc, un point matériel a pour moment d'inertie sa masse m, multipliée par le quarré de sa distance à l'axe de rotation. Le moment d'inertie d'un corps quelconque égale la somme des moments d'inertie de chacune des parties infiniment petites qui le composent. Enfin, *la vitesse angulaire, autour d'un axe, prise par le corps, en vertu d'une force quelconque, égale le moment simple de cette force, divisé par le moment d'inertie du corps.* Telle est la vitesse que nous nous étions proposé d'évaluer.

Les moments d'inertie jouissent de propriétés générales extrêmement importantes pour la méchanique. Mais nous n'en pouvons donner qu'une idée, parce que cette matière suppose des connaissances trop relevées pour notre cours. Considérons seulement deux points matériels m, m', fig. 12, dont le centre de gravité soit en G, et faisons les tourner autour de l'axe XGY perpendiculaire à mGm': nous aurons pour somme des moments d'inertie de m et m', $m \times Gm^2 + Gm' \times m'^2$. Soit, à présent, l'axe xgy parallèle à XGY, le moment d'inertie, par rapport à ce nouvel axe, sera $m \times gm^2 + m' \times gm'^2$.

La différence de ces deux valeurs est $m \times Gg^2 + m' \times Gg^2$; c'est-à-dire, le quarré de la distance Gg, de l'axe au centre de gravité, multiplié par la somme des masses m et m.

Cette propriété n'est pas vraie seulement pour deux points matériels, mais pour un nombre quelconque de points formant un corps, dont la figure et la masse peuvent pareillement être quelconques. Ainsi, pour une direction donnée XGY de l'axe de rotation, le moment d'inertie est le plus petit possible, quand cet axe passe par le centre G de gravité du corps; et, lorsqu'il ne passe pas par le centre de gravité, le moment d'inertie s'accroît d'une quantité égale à la masse du corps multipliée par le quarré de la distance de l'axe au centre de gravité du corps. Représentons par MK^2 le moment d'inertie du corps, dont la masse est M; quand l'axe passe par le centre de gravité : K représentant alors une certaine longueur. Si l'on appelle D la distance du centre de gravité à un axe de rotation quelconque, on a, par conséquent, pour moment d'inertie, par rapport à cet axe, $M \times (D^2 + K^2)$; valeur qui sera facile à calculer, dès qu'on connaîtra le moment d'inertie pris par rapport à une ligne droite parallèle à l'axe et menée par le centre de gravité.

Tous les axes parallèles à une direction donnée, et qui seront à la même distance D du centre de gravité, auront évidemment le même moment d'inertie.

$$M \times (D^2 + K^2).$$

On peut comparer entr'eux les moments d'inertie d'un corps, pris par rapport aux divers axes qui passent par le centre de gravité. Parmi tous ces axes, il en est un pour lequel le moment d'inertie est plus petit que pour tous les autres. On pourrait l'appeler *l'axe de moindre inertie*. Perpendiculairement à cet axe, il en existe un second qui passe pareillement par le centre de gravité, et pour lequel le moment d'inertie est le plus grand possible : on pourrait l'appeler *l'axe de plus grande inertie*. Enfin, un troisième axe, perpendiculaire aux deux autres, et qu'on pourrait appeler *axe intermédiaire*, jouit de la propriété que, dans un sens, son moment d'inertie est le plus grand possible, et dans l'autre sens le moindre possible, par rapport aux axes menés : 1°. dans le plan de ce troisième axe et de celui de moindre inertie; 2°. dans le plan de ce troisième axe et de celui de plus grande inertie. Les trois axes très-remarquables que nous venons d'indiquer, sont ceux qu'on appelle les *axes principaux* des corps, et pour lesquels nous avons fait observer, p. 196, que, dans aucun sens, parallèle ou perpendiculaire à l'axe, les forces centrifuges n'agissaient pour changer la position de ces axes.

Il résulte de là qu'un corps, mis une fois en mouvement autour d'un de ses axes principaux de rotation, doit continuer éternellement à se mouvoir autour de cet axe, puisqu'aucune force centrifuge n'agit dans aucun sens pour dévier la position du corps par rapport à cet axe. De là, nous concluons que dans les machines de rotation, dont l'axe doit rester fixe, les parties tournantes doivent avoir pour axe de rotation l'un de leurs axes principaux d'inertie.

Lorsqu'un corps, dont la densité est la même dans toutes ses parties, est terminé par une surface de révolution, ce corps étant symétrique par rapport à l'axe de cette surface, il est facile de voir qu'en faisant tourner le corps autour de cet axe, les forces centrifuges ne peuvent agir pour changer la position de l'axe de rotation ; et cet axe est alors un des axes principaux du corps.

Quand nous expliquerons les machines de rotation, telles que la poulie, le treuil, le cabestan, etc., nous verrons qu'on a soin de donner aux parties mobiles, la figure d'une surface de révolution ayant pour axe l'axe même de rotation, afin d'éviter tout effet désavantageux des forces centrifuges.

Tous les corps qui possèdent un axe de symétrie ont leurs points disposés deux à deux à égale distance de l'axe, sur une perpendiculaire à cet axe. Si l'on fait tourner le corps autour de son axe de symétrie, ces deux points ainsi disposés sont animés chacun d'une force centrifuge égale et directement opposée. Ces forces se détruisent donc deux à deux et ne produisent aucun effet sur l'axe. Par conséquent, toutes les fois qu'on fait tourner un corps autour de son axe de symétrie, il doit continuer ce mouvement autour du même axe, lorsqu'on l'abandonne à lui-même.

Tel est l'effet du jeu des toupies et des totons, qui tournent autour de leur axe de symétrie placé dans une position verticale, et qui continuent de se mouvoir avec régularité, après qu'on leur a donné une première impulsion au moyen d'une corde, d'un fouet, ou simplement en faisant tourner la queue du toton entre le pouce et l'index, puis abandonnant ce toton à lui-même.

Nous avons déjà remarqué que les lustres sont symétriques par rapport à l'axe vertical qui passe par leur point de suspension. Voilà pourquoi les lustres peuvent tourner librement autour de cet axe sans s'incliner d'un côté plutôt que d'un autre : effet qu'on peut surtout remarquer dans les lustres suspendus à des voûtes fort-élevées.

Dans les machines de rotation, telles que les chevaux de bois, les chevaux et les fauteuils destinés pour les personnes qui veulent courir à la bague, sont disposés symétriquement autour de l'axe vertical de rotation. Par conséquent, lorsqu'on imprime un mouvement à ces machines, elles doivent continuer à se mouvoir sans que leur inertie exerce aucun effort, d'un côté ni de l'autre de l'axe.

Une force $M v$ transporte directement avec la vitesse v le corps M supposé libre. Si l'on applique la même force

Mv au corps M supposé retenu par un axe, et que l soit la distance de la force à cet axe, on a Mvl, moment de la force par rapport à l'axe, $= aM(D^2 + K^2) = a \times$ le moment d'inertie du corps, par rapport à l'axe.

Supposons que le corps soit tellement placé qu'il tourne sur son axe, sans le *presser* dans aucun sens; ce corps se meut comme s'il était libre, et son centre de gravité prend une vîtesse égale à v; mais sa vîtesse est Da; donc $v = Da$, et $Mvl = MDal = aM(D^2 + K^2)$; d'où
$$Dl = D^2 + K^2 \ldots\ l = D + \frac{K^2}{D}$$

On appelle *centre de rotation* le point qui, sur le prolongement de la plus courte distance de l'axe au centre de gravité, se trouve à $\frac{K^2}{D}$ du centre de gravité, et à $D + \frac{K^2}{D}$ de l'axe. Quand une force agit en ce point perpendiculairement à cette droite, elle fait tourner le corps sans pousser l'axe dans aucun sens. Donc, une force égale et directement opposée détruit toute la force de rotation produite par la première, sans causer non plus aucune pression sur l'axe. Telle est la propriété du centre de rotation: Soit $\frac{K^2}{D} = d$, nous aurons $D = \frac{K^2}{d}$ et $l = d + \frac{K^2}{d}$; ce qui nous montre que *nous pouvons transporter parallèlement l'axe, au centre de rotation, et qu'alors le centre de rotation se transporte à l'autre bout de l, sur l'ancien axe.* Cette réciprocité est importante.

Pendule.

Suspendons, avec un fil très-mince et très-léger, un corps offrant une grande masse sous un petit volume, par exemple, une balle de fer, de plomb ou de platine. Retenons par un point fixe l'autre bout du fil. Dans l'état de repos, la

SEPTIÈME LEÇON. 203

balle prend une position telle, que le fil devient vertical, et que son centre de gravité se trouve dans la direction verticale du fil : tel est le fil à plomb. *Voyez*, IVe. leçon, p. 102 et fig. 18 *bis*.

On fait, du fil à plomb mis en mouvement, un usage non moins important que celui du fil à plomb tenu en repos. Lorsqu'on écarte un fil à plomb, de la verticale, ce fil étant fixe en C et tendu, voici ce qu'on remarque, aussitôt qu'on l'abandonne à lui-même : en faisant abstraction de toute espèce de résistances.

Le plomb A, fig. 13, commence à descendre avec une vîtesse insensible. Cette vîtesse s'accroît de plus en plus, lorsque le plomb, passant par les points A′, A″, A‴... s'approche de la verticale CO ; arrivé là, il continue sa marche et s'élève en a''', a'', a', jusqu'en a, précisément à la même hauteur que le point A. Aussitôt après avoir atteint cette limite, il redescend en $a'a''a'''$,... comme il était descendu de A ; puis remonte en A‴A″A′A, comme il était monté en $a'''a''a'a$,..; puis s'arrête en A, pour redescendre comme la première fois ; et ainsi de suite, jusqu'à l'infini.

La méchanique peut démontrer les lois de ce mouvement alternatif, qu'on appelle *oscillation*. On donne le nom de *pendule* au fil à plomb, lorsqu'on l'emploie à faire des oscillations, au lieu de l'employer à marquer la verticale.

A chaque instant de la descente du pendule,

à partir de A jusqu'en O, l'attraction de la terre donne une nouvelle impulsion à ce pendule pour le rapprocher du centre de la terre; cette attraction se combine avec la force tangentielle acquise, et produit une accélération qui n'aurait point de limites, sans l'action du fil AC qui produit l'effet d'une force centrale.

Représentons par Ag, fig. 14, l'action de la pesanteur, et par AX, la force tangentielle acquise par le fil à plomb, lorsqu'il arrive en A; soit Ap, la force centrale :

1°. Nous avons $Ap = \frac{AX^2}{AC}$.

2°. Les deux forces Ag et Ap se combinent avec la force tangentielle A. En projetant Ag en Ag', sur la tangente du cercle au point A; puis, en ajoutant cette projection Ag' à AX si le pendule descend; mais, au contraire, en retranchant la même projection si le pendule remonte, on a la force tangentielle, au bout du temps que le pendule met à parcourir un arc égal à AX.

C'est pourquoi, quand le pendule remonte, à chaque même intervalle de temps, on retranche successivement les mêmes quantités qu'on avait ajoutées à la force centrifuge. Donc cette force est égale dans la descente et dans la montée, pour les points également éloignés de ce point le plus bas; par conséquent, lorsqu'elle est nulle d'un côté, elle l'est de l'autre, à la même hauteur.

Ainsi la théorie démontre ce que l'expérience avait indiqué, savoir : l'égalité et la symétrie de la montée et de la descente du pendule.

Une autre propriété fort-belle du pendule, c'est que la durée totale de deux *petites* oscillations reste *à très-peu près* la même, quoique l'arc parcouru dans une de ces oscillations, soit double, triple, quadruple, etc., de l'arc parcouru dans l'autre oscillation : en un mot, quel que soit le rapport des arcs parcourus.

Pour démontrer cette propriété, concevons deux pendules égaux CA, *ca*, fig. 15 et 16, différemment éloignés de la verticale, au commencement de l'oscillation. Soit, pour les deux figures, l'effet de la pesanteur représenté par AG $=$ *ag* qui agit seule au premier instant. Projetons AG en AG' sur l'arc AV, et *ag* en *ag'* sur l'arc *av*; nous aurons AG' et *ag'* pour forces tangentielles.

Menons deux horizontales AY et *ay*, jusqu'aux verticales CV, *cv*. Le triangle AGG' étant supposé infiniment petit, l'arc AG' peut être pris pour une ligne droite perpendiculaire à GG', ainsi qu'à CA; alors les deux triangles rectangles ACY, AGG', sont semblables, comme ayant leurs côtés correspondants perpendiculaires.

On démontrera de même, fig. 16, que les deux triangles rectangles *acy*, *agg'*, sont semblables. On a donc les proportions

$$AC : AG :: AY : AG'$$
$$ac : ag :: ay : ag'.$$

Or AC et ac sont égaux, AG et ag sont égaux; donc, $\quad AY : AG' :: ay : ag'$.

Maintenant, si vous supposez que l'oscillation soit fort-peu étendue, la différence entre AY et l'arc AV sera presque nulle; il en sera de même entre ay et l'arc av. Ainsi, l'espace parcouru dans le premier moment est à très-peu près proportionnel à l'étendue des arcs AV et av.

On démontrera de même, *par approximation*, qu'au bout du 2e., du 3e., du 4e., du 5e. instant, la vitesse tangentielle ajoutée et par conséquent l'espace parcouru, pendant chacun de ces instants, par le premier et le second pendule, est proportionnel aux arcs à parcourir. Ainsi, quand l'espace restant à parcourir par le premier pendule sera zéro, l'espace restant à parcourir par le deuxième sera pareillement zéro; et les deux pendules arriveront en même temps au terme de l'oscillation. Donc, en négligeant des différences très-petites, les oscillations seront de même durée.

Voici ce qui rend cette dernière propriété d'une grande utilité dans les arts, et dans les sciences d'observation. Lorsqu'on met en mouvement un pendule et qu'on l'abandonne à lui-même, la résistance de l'air s'opposant à tous ses mouvements, les ralentit de plus en plus; ce qui diminue l'amplitude des oscillations. Néanmoins ces oscillations conservent la même durée.

Quand on emploie un pendule très-pesant comme du plomb et surtout du platine, ce corps n'éprouve qu'une faible résistance qui n'altère que fort-peu la durée de ses oscillations : elles conservent donc sensiblement leur durée primitive, pendant un nombre considérable d'oscillations. Mais la répétition continuelle des oscillations, accumulant les petites résistances de l'air, diminue par degrés l'amplitude des oscillations. Malgré cela, les oscillations ne cessent pas d'être sensiblement égales entr'elles : il y a plus, la différence très-faible qui se trouve entre les durées successives, diminue, au fur et à mesure que ces oscillations diffèrent davantage de l'oscillation primitive.

Les corps tombent plus vite lorsqu'ils partent de points plus rapprochés du centre de la terre. On a reconnu que, *pendant un même temps, l'espace vertical parcouru librement par deux corps abandonnés à la pesanteur, est en raison inverse du quarré des distances du centre de la terre à ces mêmes corps.*

Ainsi, quand la longueur des pendules est en raison inverse du quarré de la distance du pendule au centre de la terre, les pendules exécutent dans le même temps leurs oscillations.

Les observations faites par les astronomes,

combinées avec la mesure immédiate de la terre, ont démontré géométriquement que notre globe est aplati vers les pôles ; de sorte que l'habitant de la terre, en s'approchant du pôle, s'approche aussi du centre de la terre. D'après cela, vous voyez que les pendules qui font leurs oscillations dans le même temps, doivent être plus longs quand on se place au pôle, que vers l'équateur. De telle sorte qu'en partant de l'équateur, il faut augmenter graduellement le pendule à mesure qu'on approche du pôle, afin de conserver aux oscillations la même durée. De plus, la longueur du pendule, en chaque lieu, fera connaître la distance du centre de la terre au point où l'on fait battre le pendule.

Par la rotation de la terre, une petite partie de la pesanteur des corps est absorbée, pour contrebalancer leur force centrifuge, et les retenir sur la surface du globe. Cette force, nulle au pôle, atteint son maximum à l'équateur.

En combinant ces deux causes de variation, on reconnaît l'accord de la théorie et de l'expérience. Grâces à l'appareil imaginé par Borda, géomètre ingénieux, on peut obtenir, avec le pendule le plus commode, une exactitude extrêmement remarquable. C'est avec ce pendule qu'on a mesuré les distances du centre de la terre aux points de la surface du globe qui forment le méridien dont la mesure sert de base à notre système métrique. L'accord admirable des résultats fournis, ici, par la géométrie et par la méchanique, est un des plus beaux exemples qu'on puisse offrir, du pouvoir qu'ont les sciences, non-seulement de se prêter un mutuel secours, mais d'ajouter aux probabilités d'exactitude attachées à chacune d'elles, tout ce que peut donner de certitude la concordance de moyens qui n'ont pour s'accorder qu'une seule chance contre une infinité d'autres : c'est d'être parfaitement exactes.

Au lieu de supposer que la pesanteur change, supposons seulement que la longueur du fil de suspension varie, et considérons deux pendules inégaux, fig 17 et 18, CA, ca, tels que

$$AC : ac :: m^2 : 1.$$

Soit de plus l'arc AV : l'arc av :: m^2 : 1. Les figures ACV, acv, seront semblables.

Soit ag l'espace que la pesanteur ferait parcourir dans un temps $t = 1$, au point matériel a, supposé libre; et soit AG $= m^2 \times ag$. Alors, AG représentera l'espace que l'action de la pesanteur ferait parcourir, en m instants, au corps A supposé libre.

Projetons AG en AG' et ag en ag'. Les triangles semblables AGG', agg', donneront

$$AC : ac :: AG : ag :: AG' : ag' :: AV : av.$$

Ainsi les espaces AG', ag', parcourus par les

pendules, en vertu de l'action répétée de la pesanteur, durant le temps m pour le premier, 1 pour le second, seront proportionnels aux arcs AV, av. Donc les pendules avanceront proportionnellement sur les arcs AV, av; les temps du premier étant m, quand les temps du second sont 1. Donc les temps totaux employés par les pendules pour arriver du point le plus élevé jusqu'à la verticale, sont entr'eux : : m : 1, lorsque les longueurs du pendule sont : : m^2 : 1. C'est-à-dire, pour un même lieu de la terre : *les longueurs des pendules inégaux, sont proportionnelles au quarré du temps que ces pendules mettent à faire leurs oscillations.*

Galilée, cet illustre géomètre auquel la méchanique des modernes doit les plus belles découvertes, a le premier connu cette loi du mouvement des pendules. Il en a fait la plus heureuse application pour mesurer la hauteur des voûtes et des dômes.

Dans les temples et les palais, on suspend ordinairement, au point le plus élevé des voûtes et des dômes, un lustre d'un grand poids par rapport à la corde ou à la chaîne qui le suspend. La moindre agitation de l'air suffit pour donner un mouvement d'oscillation à ces immenses pendules. Galilée observait la durée de ces oscillations. Il voyait, par exemple, que le pendule formé par un des lustres oscillait dix fois, tandis qu'un autre n'oscillait qu'une fois; dix fois dix ou le quarré de dix égale cent ; donc le premier pendule est cent fois aussi long que le deuxième. Si la longueur du plus petit est connue, en la centuplant on a de suite la longueur du grand ; par conséquent, alors, on connaît la hauteur qu'a la clef de la voûte ou du dôme au-dessus du lustre, lequel, se trouvant voisin du sol, est à une hauteur facilement mesurable. Ainsi, le pendule peut servir à mesurer le temps, par l'égale durée de ses petites oscillations; il peut servir à mesurer les hauteurs, par l'accroissement ou la diminution de la durée de ses oscillations.

On a déterminé très-exactement la longueur du pendule qui bat les secondes sexagésimales, à l'observatoire de Paris. Cette longueur égale $0^{\text{mèt.}},9938267$. Par conséquent, si jamais, par suite de révolutions que la prudence humaine ne saurait empêcher ni prévoir, les étalons de nos mesures se perdaient, nous retrouverions aussitôt la longueur du mètre, par la seule observation d'un pendule qui battrait les secondes à Paris.

Si les Romains et les Grecs avaient possédé ces moyens fournis par la science, nous pourrions aujourd'hui reproduire toutes leurs mesures ; et beaucoup de questions, essentielles pour les sciences, les lettres et les arts, ne resteraient pas à jamais indécises.

Pénétrons-nous donc de cette véritable importance des sciences qui parviennent à fixer les travaux de l'homme, malgré la mobilité du temps ; et qui, rapportant nos observations et nos œuvres fugitives, aux mouvements éternels et aux dimensions inaltérables de la terre, assurent aux résultats des entreprises humaines la seule immortalité qu'elles puissent atteindre.

Les horlogers ont fait une application très-ingénieuse du pendule, dans la construction des machines propres à marquer le temps : machines auxquelles on a donné le nom de *pendules*.

Imaginons un disque métallique, bombé vers le centre, ayant la forme d'un grain de lentille, et qu'on appelle pour cette raison une *lentille*. Suspendons ce disque par une tige, dont la direction passe par le centre même du disque. Si nous faisons osciller ce système autour de l'autre extrémité de la tige, nous aurons un pendule, tel que l'emploient les horlogers.

Chaque oscillation de ce pendule, qui doit s'exécuter en temps égaux, correspondant à une marche constante de la pendule ou de l'horloge, sert de conservateur de forces et de régulateur.

Un tel système serait parfait, si la matière dont il se compose ne changeait point de dimensions. Mais, par l'effet de la chaleur, la tige qui sert à la suspension du disque s'allonge, et, par l'effet du froid, elle se raccourcit. Les alternatives de la température tendent donc à faire varier sans cesse la durée des oscillations du pendule tel que nous venons de le décrire.

On a construit des *pendules de compensation*, c'est-à-dire, des pendules où les variations de longueur des diverses parties se compensent.

On a remarqué que les tiges de cuivre s'allongent, proportion gardée, beaucoup plus que les tiges de fer, quand la chaleur augmente; et se raccourcissent beaucoup plus, proportion gardée, quand la chaleur diminue. D'après cela, au lieu d'une simple tige de suspension, on a combiné un certain nombre de tiges, les unes en fer, les autres en cuivre.

Qu'on imagine une tige de fer AB, fig. 19, à l'extrémité inférieure de laquelle on fixe une traverse horizontale CD, qui porte deux tiges verticales en cuivre, CE et DF. Une seconde traverse horizontale, au milieu de laquelle est un collier pour le passage de la tige AB, réunit les deux tiges de cuivre CE, DF. Aux extrémités K, L, de cette traverse, deux tiges en fer, KM, LN, réunies par une traverse MN, sont fixées à la lentille O. Il est facile de voir, dans ce système, lorsque la chaleur augmente, que les tiges de fer AB, KM, présentant une hauteur effective AI, augmentent l'éloignement du point A de suspension, au centre de la lentille, proportionnellement à cette hauteur AI. Les tiges de cuivre EC, DF, lorsqu'elles s'allongent par l'effet de la chaleur, font monter la traverse KL, et par conséquent, en même temps, les tiges de fer KM, LN, ainsi que la lentille O, suspendue à ces tiges. La quantité dont la lentille monte par l'effet des tiges de cuivre, est proportionnelle à la longueur de EC ou de FD. Il résulte de là, que, si les longueurs AI, EC, sont proportionnelles à l'allongement du cuivre pour la première, et du fer pour la seconde, le centre de la lentille se trouve abaissé, par la dilatation du fer, de la même quantité dont il se trouve élevé par la dilatation du cuivre. Ce que nous venons de dire, en supposant que la chaleur augmente, se dirait également, en supposant que la chaleur diminue. Dans ce dernier cas, la quantité dont le centre de la lentille serait remonté, par le retrait des tiges en fer, serait égale à la quantité dont le centre de la lentille serait abaissé, par l'effet du retrait des tiges en cuivre.

Jusqu'ici nous avons supposé que le pendule fût réduit à un fil mathématique sans pesanteur, et qu'à l'extrémité de ce fil, on suspendît un point matériel d'un poids quelconque ; mais la nature ne nous offre pas de semblables pendules. Soit qu'on emploie un fil flexible ou bien une tige rigide, chacune de ses parties présente un certain poids, un certain volume ; le corps que nous avions regardé comme un point matériel, présente aussi des dimensions en trois sens, qui empêchent de le confondre avec le simple point mathématique. Il est intéressant de connaître quelles lois suivent les oscillations de ce pendule, qu'on appelle *pendule composé*.

Suspendons au même point d'un même axe, deux pendules d'égale masse, l'un simple CO, fig. 14, l'autre composé CDEF. Quand ces pendules seront en repos, la tige du pendule simple sera verticale, et cette verticale passera par le centre de gravité du pendule composé.

Poussons les deux pendules avec une force horizontale, agissant à la distance R de l'axe. Dans le premier moment, l'effet de la pesanteur étant détruit par l'axe, pour que les deux pendules prennent la même vitesse angulaire, il faudra que le centre de rotation du pendule composé soit éloigné de l'axe d'une quantité R, égale à la longueur du pendule simple. Ainsi $R = D + \dfrac{K^2}{D}$.

Voyons quel effet la pesanteur produira sur les deux pendules, lorsqu'ils s'écarteront de la verticale

Supposons que la pesanteur commence d'agir sur la tige GO, fig. 14, du pendule simple, qui jusqu'ici passe toujours par le centre G de gravité du pendule composé. Soit OL = GI la hauteur verticale qui mesure l'action de la pesanteur sur les deux pendules dans un temps t infiniment petit. Décomposons OL et GI en Ol et Gi, perpendiculairement à CGO.

L'action de la pesanteur sur le centre de gravité du pendule composé sera représentée par Gi; l'action de la pesanteur sur le pendule simple sera Ol = Gi. Mais le point O se trouvant au centre de rotation du pendule composé, la force GI, transportée en Ol, ferait tourner le pendule comme s'il était concentré en O, c'est-à-dire, comme si l'on substituait le pendule simple au pendule composé. Donc, la vîtesse angulaire imprimée par la pesanteur est la même pour le pendule simple et le pendule composé. Ainsi : 1°. les deux pendules simples, par les actions successives de la pesanteur, continueront d'osciller avec la même vîtesse; 2°. la longueur du pendule simple sera la distance de l'axe au centre de rotation, qu'on appelle alors *centre d'oscillation*. Donc, dans un pendule composé, quand on regarde l'axe de suspension comme un axe de rotation, le centre de rotation se confond avec le centre de suspension.

Nous avons vu, p. 202, que si l'on transporte parallèlement l'axe de rotation, de C en O, le centre de rotation se transporte de O en C, sur la droite CGO. Donc, si l'on transporte, de C en O, l'axe de suspension du pendule composé, le centre d'oscillation se transportera de O en C, et se trouvera sur l'ancien axe de suspension. On a fait usage de cette propriété pour déterminer et vérifier la longueur du pendule simple dont les oscillations se font dans le même temps que celles d'un pendule composé.

La considération des pendules composés et des positions respectives de leurs centres de gravité, de leurs axes de suspension, de leurs centres d'oscillation, est d'une très-grande importance, non-seulement pour l'horlogerie, mais pour les mouvements alternatifs d'un grand nombre de machines, et surtout pour les mouvements des navires, connus sous le nom de *roulis* et de *tangages*. Lorsque nous traiterons de la force de l'eau, IIIe. volume, nous présenterons des développements particuliers au sujet de cette dernière application.

Gouverneur des machines à vapeur. Dans la construction des machines de rotation dont la force varie d'intensité comme la vapeur, suivant les variations du feu qu'on emploie, on fait un usage ingénieux des pendules composés, pour ouvrir par degrés un passage à la vapeur, lorsqu'elle exerce une pression qui s'approche d'une limite dangereuse à dépasser. Deux globes de fer sont soudés à deux tiges de fer qui peuvent osciller sur un axe horizontal, lequel traverse un arbre vertical. Quand cet arbre tourne, il imprime une force centrifuge aux deux pendules composés qui tournent avec lui, en vertu de cette force. Chaque pendule s'élève jusqu'à ce que la résultante de ces deux forces passe par l'axe de suspension, et soit par conséquent détruite. Les deux globes étant d'égale masse et disposés symétriquement par rapport à l'axe, montent et descendent, à chaque instant, de la même quantité; un collier, qui tourne librement autour de l'arbre, est suspendu par deux tiges boulonnées à la tige même des deux pendules. Le collier est donc sollicité tantôt à monter, tantôt à descendre, suivant que les balles s'éloignent ou s'approchent de l'axe. Ce collier fait mouvoir un bras de levier qui ouvre ou ferme plus ou moins une ouverture pour laisser échapper la vapeur surabondante. Voyez, IIIe. volume, Forces motrices.

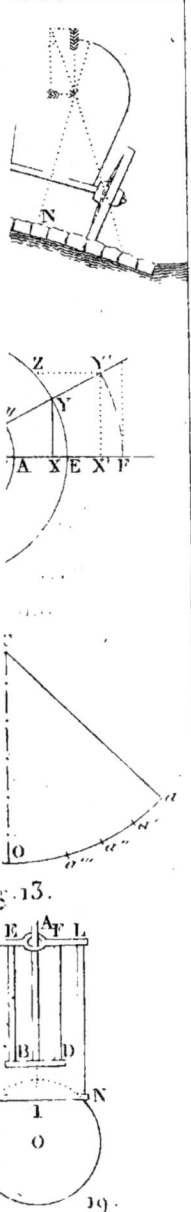

II. MÉCHANIQUE. ARTS ET MÉTIERS etc.

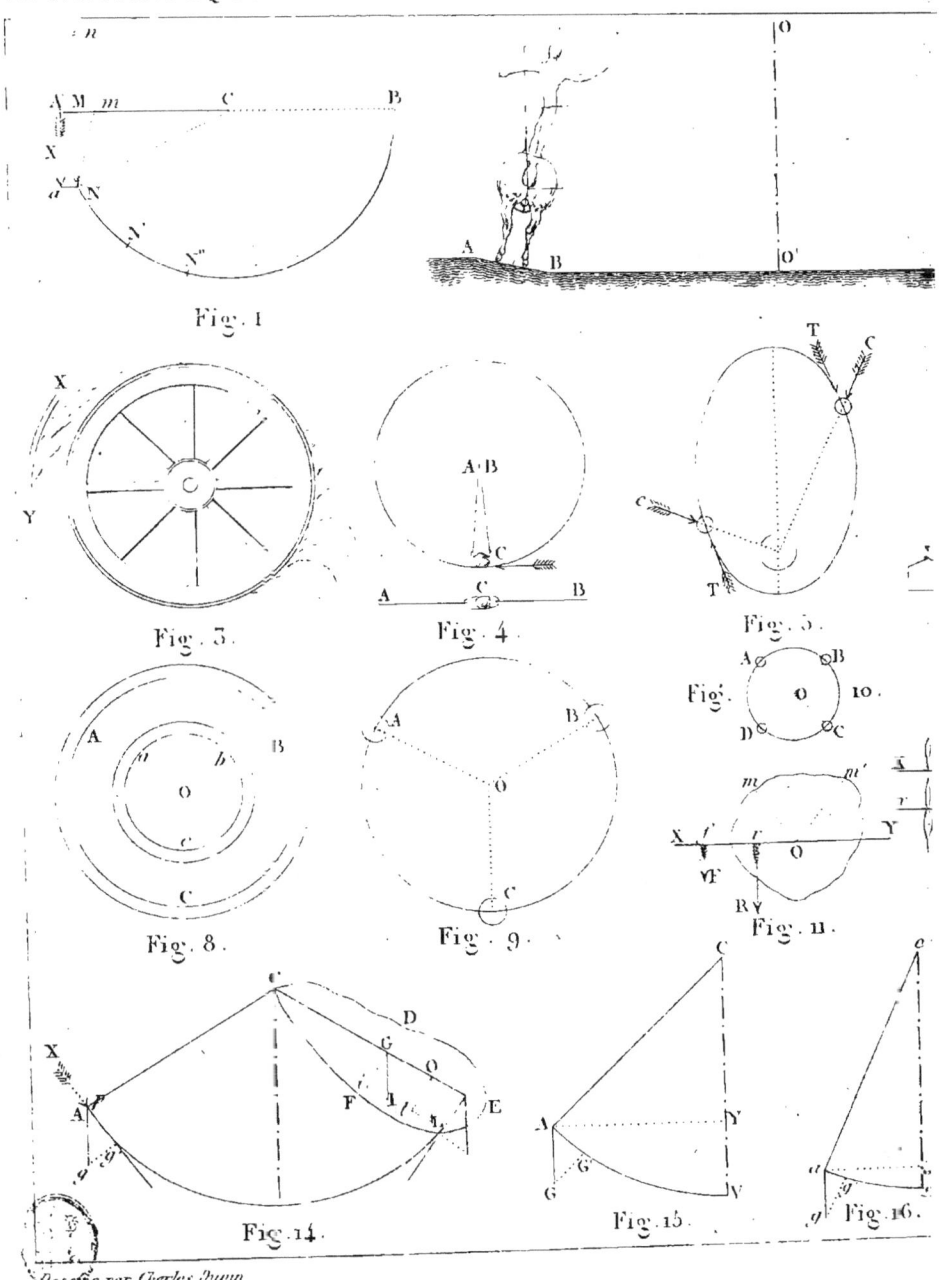

Dessiné par Charles Dupin

AUX-ARTS. VIIᵉᵐᴱ LEÇON.

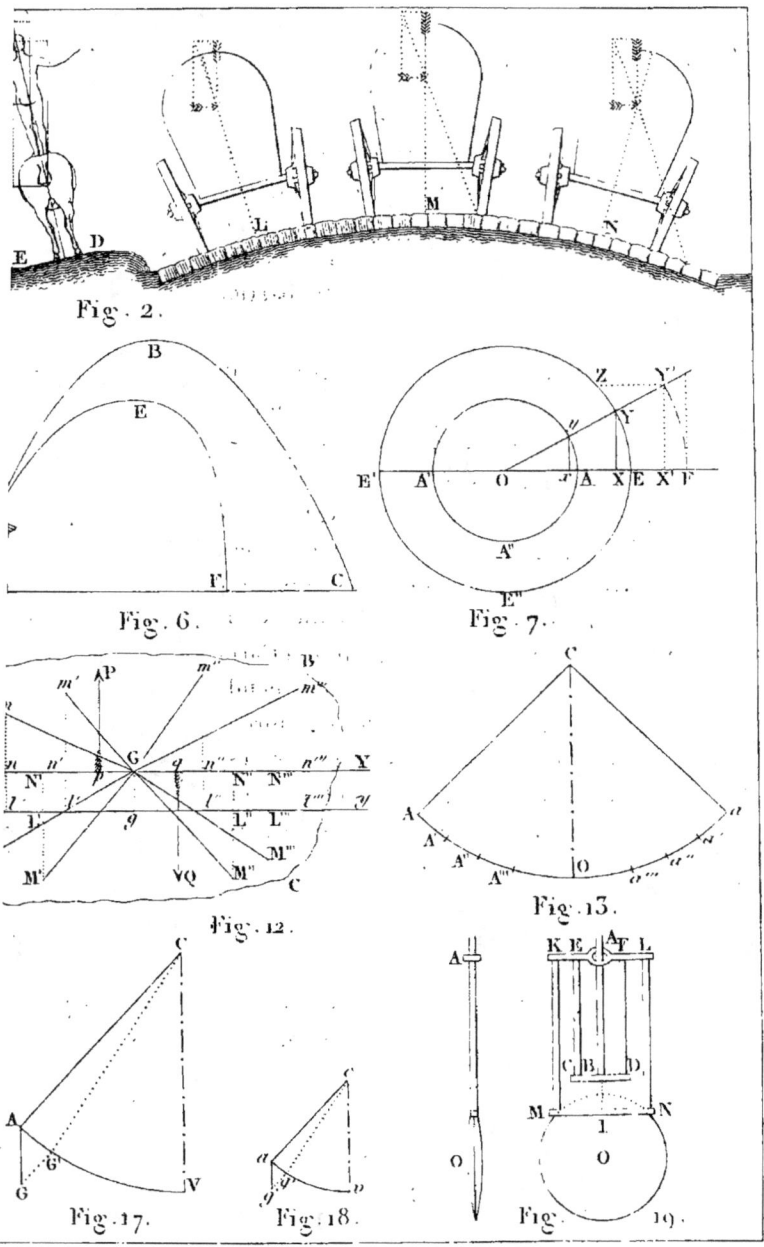

Gravé par Adam.

HUITIÈME LEÇON.

Du levier.

Nous venons d'examiner tout ce qui concerne la transmission immédiate des mouvements opérés au moyen de cordes parfaitement *flexibles*. Ces cordes ne peuvent servir qu'à *tirer*; mais avec des tiges *inflexibles*, on peut également *pousser et tirer*.

Plusieurs instruments n'ont d'autre objet que de servir d'intermédiaire entre la puissance et la résistance, dirigées suivant une ligne droite. Tels sont les manches d'écouvillon, fig. 2, et de tire-bourre, fig. 3, dans l'artillerie; les gaffes des marins et les tire-qui-pousse des conducteurs de trains, fig. 4; les tiges des pistons, etc.

Il n'est pas nécessaire qu'une tige inflexible AB, fig. 1, soit en ligne droite; il suffit que la courbe qu'elle présente soit invariable de forme. Si l'on applique en B une puissance qui tire ou pousse dans le sens BA ou AB, l'effet sera le même que si la tige était droite.

Le levier est une tige inflexible appuyée contre un point fixe appelé *point d'appui*, et recevant dans un second point l'action d'une puissance, pour vaincre une résistance placée en un troisième point. Il y a trois genres de levier.

Dans le *premier genre*, fig. 5, le point d'appui A est entre la puissance P et la résistance R.

Dans le *second genre*, fig. 6, la résistance R est entre la puissance P et le point d'appui A.

Dans le *troisième genre*, fig. 7, la puissance P est entre la résistance R et le point d'appui A.

Supposons que le levier, sans pesanteur, soit une tige droite BAC, fig. 5, BCA, fig. 6, et ABC, fig. 7, perpendiculaire à la direction de la puissance et de la résultante.

L'effort de la puissance P et de la résistance R ne peut être anéanti que par le point d'appui A, qui seul est fixe dans le système; donc la résultante de P et de R passe par le point A :

Donc.... $P \times AB = R \times AC$.

C'est-à-dire, que la *puissance, multipliée par sa distance au point d'appui, égale la résistance multipliée par sa distance au point d'appui.*

Si nous substituons au levier BAC, perpendiculaire à la direction des forces P et R, un levier oblique *bAc*, *courbe* ou *droit*, il faudra toujours que la résultante passe par le point A, et qu'on ait $P \times AB = R \times AC$,
AB, AC, n'étant plus que des droites idéales perpendiculaires à la direction des forces P, R.

Pour simplifier les opérations, nous pourrons

donc toujours supposer que chaque bras de levier est droit et perpendiculaire à la direction de la force appliquée au bout de ce bras.

Soient deux forces égales P, R, fig. 8, perpendiculaires aux bras égaux AB, AC, du levier coudé BAC. Ces deux forces sollicitant le levier, en sens contraires, à tourner autour du point d'appui, tout est égal de part et d'autre, et le système reste en équilibre : cet équilibre subsistant, quelle que soit la grandeur de l'angle BAC.

Soit à présent la force r égale et directement opposée à R; ces deux forces se font équilibre. Ainsi la force r produit le même effet contre la résistance R, que la puissance P. Donc les deux puissances égales P, r, appliquées au bout de bras de levier égaux AB, AC, ont la même énergie pour faire tourner le point fixe A.

Par exemple, si la droite AB représente le timon d'un manége, auquel on attèle un cheval qui tire ce timon suivant PB, l'action du cheval sur le point A sera la même pour tous les points du cercle que AB parcourra : tant que la distance de A à BP ne variera pas.

Supposons, à présent, que les deux forces quelconques P, R, fig. 9, soient appliquées au levier quelconque BAC; A étant le point d'appui, on fera tourner AB jusqu'en Ab, de manière que BP devienne bp parallèle à CR. La résultante des forces parallèles R, p, devant

toujours passer par le point fixe A, nous aurons
$$R \times AC = p \times Ab = P \times AB.$$

Ainsi, *quelles que soient la direction de la puissance et la direction de la résultante, il faut toujours que la puissance, multipliée par sa distance au point d'appui, égale la résistance multipliée par sa distance au point d'appui.*

Application à la transmission des mouvements. Lorsqu'on veut, au moyen des cordes, transmettre un mouvement suivant deux directions différentes BP, CR, on emploie un levier coudé tel que BAC, fig. 9 et 10, auquel on fixe deux cordes, chaînes, cordons ou fils métalliques BP, CR. Le sommet A de l'angle BAC est fixé sur un petit essieu autour duquel le levier tourne; c'est son point d'appui.

Quand on ne doit transmettre que de petits mouvements, si l'on tire le fil P, fig. 10, B venant en b, l'arc Bb différera extrêmement peu d'une portion de la droite BP; par conséquent le cordon BP n'aura, pour ainsi dire, pas changé de direction. Il en sera de même du cordon CR tiré par le second bras de levier, comme le premier bras de levier est tiré par le premier cordon.

Tel est le système qu'on emploie pour diriger les fils métalliques qui conduisent, d'une sonnette posée près des lieux où sont les domestiques, au cordon de sonnette suspendu dans l'endroit d'où l'on doit appeler. Dans les grandes machines, on emploie aussi le système des cordons et du levier coudé, pour transmettre des mouvements alternatifs.

Supposons qu'on veuille faire monter et descendre alternativement, dans un corps de pompe, le piston MM, fig. 12, au moyen d'une force horizontale qui tire suivant BP. Il est évident qu'au moyen du levier coudé d'équerre BAC, quand on tire le cordon BP dans le sens indiqué par la flèche, le bras de levier AC s'élève et fait monter le piston M. Si l'on veut que la tige CT du piston reste toujours sur la même verticale, il faut l'obliger à rester toujours tangente à un arc solide Cc, décrit de A comme centre.

Quand on lâche le cordon BP, le poids du piston ramène le levier à sa position naturelle, après quoi le cordon BP recommence d'agir pour soulever le piston. On appelle *mouvements alternatifs* ces mouvements qui se font alternativement dans un sens et dans l'autre. Les oscillations du pendule nous ont offert un premier exemple de semblables mouvements.

On applique avec succès le levier coudé à l'opération du *sciage de long* par la méchanique. La scie DS, fig. 13 bis, est boulonnée en D à la tige DC, boulonnée en C au bras CA du levier CAB; tandis que la puissance P agit sur une tige inflexible BP. Quand on tire BP, le bras de levier AC décrit un arc, et la scie est tirée vers le levier; quand on pousse BP, l'effet contraire est produit, et la scie est poussée par le levier. C'est ainsi que la méchanique imite le mouvement des scieurs, fig. 13, dont les membres CABPRS, *cabprs* sont des leviers coudés.

On peut, au moyen du levier, faire équilibre à une très-grande force, avec une très-petite. Si, par exemple, la résistance est cent fois plus près du point d'appui que la puissance, et parcourt en conséquence cent fois moins d'espace quand il y a du mouvement, il faudra par compensation que la résistance soit cent fois plus grande que la puissance (1).

Quelques personnes, qui comprennent mal les principes de la méchanique, frappées d'un tel résultat, s'imaginent qu'au moyen des machines il est possible de *créer* de la force. Selon elles, en effet, puisqu'une très-petite force peut faire équilibre à une très-grande, on peut, avec cette petite force, vaincre une résistance moyenne, et conserver encore un reste de force

---

(1) Si le produit de la résistance par son bras de levier est moindre que le produit de la puissance par son bras de levier, il y a mouvement dans le sens de la puissance, et la machine avance; mais elle n'avance qu'en vertu de la portion de la puissance qui n'est pas consommée pour faire équilibre à la résistance. Il faut donc toujours retrancher cette portion, lorsqu'on veut avoir la partie de la puissance qui doit produire le mouvement.

suffisant pour produire des effets considérables.

Afin d'apercevoir l'erreur d'un tel raisonnement, il suffit de considérer le mouvement du levier. Supposons que les forces P, R, fig. 10, soient en équilibre au moyen du levier BAC, et qu'on augmente un peu la puissance P. L'équilibre étant détruit, il y a mouvement; le bras de levier AB commence à tourner dans le sens BP de la puissance, tandis que le bras de levier AC tourne dans le sens RC, opposé à la résistance. Au bout d'un temps quelconque, les deux bras de levier ont parcouru un angle égal BAb, CAc; donc les arcs Bb et Cc, parcourus par les points B et C (1), sont proportionnels à la longueur des bras de levier AB et AC.

Mais on a $\qquad$ P : R : : AC : AB.
Donc $\qquad$ P : R : : arc Cc : arc Bb.

Ainsi, les forces P et R sont réciproquement proportionnelles aux arcs que leurs points d'application parcourent, lorsqu'on suppose l'équilibre dérangé.

On voit, par cette démonstration, que la puissance qui fait équilibre à la résistance est obligée de parcourir un arc d'autant plus grand qu'elle est moins considérable par rapport à la résistance; ainsi, la puissance doit perdre, en espace parcouru, ce qu'elle gagne en force absolue, pour faire équilibre à la résistance. La quantité de mouvement

---

(1) Nous supposons que AB et AC sont perpendiculaires à la direction des forces qui leur correspondent.

que mesure le produit de chaque force par l'espace parcouru, est donc la même du côté de la résistance, et cette quantité ne saurait être augmentée. Le principe que nous venons d'exposer est d'autant plus remarquable qu'il est général dans toutes les machines. Jamais on n'y peut augmenter la quantité de mouvement; ce qui montre l'impossibilité de *créer* de la force.

Si l'on prend pour unité la durée du mouvement exécuté par les points B, C, fig. 10, les vîtesses de ces mouvements seront représentées par les espaces parcourus Bb, Cc. On appelle *vîtesse virtuelle*, cette vîtesse que prendraient les points d'application B, C, de la puissance et de la résistance, si l'équilibre était tout à coup infiniment peu dérangé. L'égalité P $\times$ Bb = R $\times$ Cc se traduit en disant que, *dans le levier, la puissance multipliée par sa vîtesse virtuelle, égale la résistance multipliée par sa vîtesse virtuelle, toutes les fois qu'il y a équilibre.*

Supposons que le bras de levier AB, fig. 11, au lieu d'être perpendiculaire à la direction BP de la puissance, soit oblique. Faisons tourner infiniment peu le levier, d'un angle BAM = bAm. Soit Ab perpendiculaire à BP prolongé; les rayons étant proportionnels aux arcs, on aura

$$AB : Ab :: BM : bm.$$

Si, du point M, on mène MN perpendiculaire à BP prolongé, les triangles BMN, ABb, seront semblables, comme ayant leurs côtés perpendiculaires.

Donc $\qquad AB : Ab :: BM : BN.$

Ce qui exige qu'on ait BN = bm. Ainsi, quel que soit le point d'application B de la puissance P sur le bras AB, en dérangeant infiniment peu l'équilibre, et mesurant l'espace parcouru par le point d'application, suivant la direction BM de la puissance, on aura la même vîtesse virtuelle, estimée suivant la direction de cette force. Par conséquent, l'*équi-*

libre aura lieu quand la puissance, étant multipliée par sa vitesse virtuelle, ainsi mesurée, et la résistance également multipliée par sa vitesse virtuelle, mesurée de la même manière, donneront un même produit, quel que soit le point d'application de la puissance et de la résistance : en supposant toujours que ces deux forces tendent à faire tourner le levier en sens contraires.

Tel est le principe célèbre connu sous le nom de *principe des vitesses virtuelles*; principe qui s'applique non-seulement au levier, mais à toutes les autres machines et à toutes les combinaisons imaginables de forces. L'illustre Lagrange a fait de ce principe le fondement général de sa Méchanique Analytique, l'un des plus beaux ouvrages que la science ait produits.

La résultante des deux forces en équilibre sur un levier, étant détruite par le point d'appui, cette résultante égale la pression que le levier fait éprouver au point d'appui.

Donc : 1°. quand la puissance et la résistance sont parallèles et dirigées dans le même sens, la pression du levier sur le point d'appui est égale à la somme de la puissance et de la résistance.

2°. Quand les deux forces agissent en sens opposés, la pression du levier sur le point d'appui, est égale à la différence de ces deux forces et dirigée dans le sens de la plus considérable.

Ainsi, dans le levier du premier genre, fig. 5, la pression Z qu'éprouve le point d'appui, égale la somme de la puissance et de la résistance.

Dans le levier du second genre, fig. 6, cette

pression est égale à la résistance moins la puissance, et dirigée dans le sens de la résistance.

Dans le levier du troisième genre, fig. 7, la pression est égale à la puissance moins la résistance, et dirigée dans le sens de la puissance.

Quand les forces BP, CR, ne sont pas parallèles, il faut prolonger leurs directions jusqu'à ce qu'elles se rencontrent en D, fig. 14 ; ensuite, sur les droites DB, DC, construire le parallélogramme A*b*D*c*, des forces P, R. Alors....

1°. La diagonale passera par le point d'appui A ;

2°. Cette diagonale représentera, en grandeur ainsi qu'en direction, la pression éprouvée par le point d'appui (1).

Si l'on supposait qu'on eût un nombre quelconque de forces P, Q, R, S, T, fig. 15, appliquées sur un levier CBADEF, il suffirait de mener une perpendiculaire A*p*, A*q*, A*r*,... à la direction de chacune de ces forces. En-

___

(1) Soit A*b*D*c* le parallélogramme construit en menant A*b*, A*c*, parallèlement à CR et BP. Les droites AB, AC, étant perpendiculaires aux droites BP, CR, les triangles AB*b*, AC*c*, sont rectangles. De plus, l'angle *b* du premier, et l'angle *c* du second, sont égaux à l'angle BDC, et par conséquent égaux entr'eux. Donc les triangles AB*b*, AC*c*, sont semblables. Par conséquent :

AC : AB : : A*c* : A*b* ; mais A*c*=D*b*, A*b*=D*c*, et le parallélogramme des forces donne : P : R : : D*b* : D*c*

Donc P : R : : A*c* : A*b* : : AC : AB

et P$\times$AB=R$\times$AC.

Donc le point A, pris au point où la diagonale du parallélogramme des forces rencontre le levier BAC, est précisément le point d'appui. Ce qui devait être ; mais ce qui a l'avantage de nous montrer l'accord de deux marches très-opposées.

suite on prendrait : 1°. pour toutes les forces qui tendent à faire tourner le levier dans un sens, la somme des produits de chaque force par son bras de levier; 2°. la somme des produits correspondants, pour toutes les forces qui tendent à faire tourner le levier dans le sens contraire : l'équilibre aurait lieu si les deux sommes étaient égales. Ainsi, la condition d'équilibre serait donnée par l'égalité

$$P \times Ap + Q \times Aq \ldots = R \times Ar + S \times Ss \ldots$$

Après avoir exposé, dans toute son étendue, la théorie du levier, revenons aux principaux cas particuliers et aux applications qu'elle présente.

Levier du premier genre. Le plus simple et le plus régulier est celui dont les deux bras sont égaux, et dont l'équilibre exige que la puissance et la résistance soient pareillement égales. La balance est une machine de ce genre.

La balance, fig. 16, se compose d'un levier à bras égaux, AB, AC, appelé *le fléau*. Le point d'appui A se trouve porté par une espèce d'anse lmn, qui supporte un axe horizontal lAn, autour duquel peut tourner le fléau de la balance. A chaque extrémité du fléau se trouvent attachés, par des cordes ou des chaînes, des bassins ronds comme dans la fig. 16, ou des plateaux quarrés comme dans la fig. 17. Les plateaux ou les bassins doivent être de même poids. Ils sont généralement semblables, de mêmes dimensions, et suspendus par des cordes égales; ils ont un axe de symétrie, lequel passe par leur centre de gravité; leur position naturelle d'équilibre est celle où cet axe se trouve vertical. De sorte qu'en plaçant au centre de symétrie des plateaux ou des bassins, les objets qu'on veut peser, ces bassins et ces plateaux conservent leur situation naturelle, et n'exposent pas les objets qu'on pèse, à tomber par l'effet d'une inclinaison plus grande d'un côté que de l'autre.

On met dans un plateau le poids P qui représente la puissance P, et dans l'autre l'objet à peser, qui représente la résistance R. Quand ces deux forces sont égales, et que le fléau de la balance est horizontal, la condition de l'équilibre est $P \times AB = R \times AC$.

Si AB n'est pas égal à AC, et se trouve *plus petit*, alors il faut, pour que les produits restent égaux, que P soit plus grand que R. Ainsi quand les bras de la balance sont inégaux, et qu'on met le poids du côté du plus petit bras, il fait équilibre à un moindre poids de marchandises. Tel est le principe d'après lequel les vendeurs fripons font leurs pesées avec de *fausses balances*. On découvre la supercherie, en mettant le poids à la place des marchandises; la plus petite force étant alors au bout du plus petit bras de levier, il n'y a plus d'équilibre.

Dans un grand nombre d'arts et dans les expériences exécutées maintenant avec beaucoup de précision par les chimistes, les physiciens et les géomètres, on emploie un moyen qui ne dépend pas de l'exactitude plus ou moins grande de la balance. On met dans un plateau le corps R qu'il s'agit de peser, et dans l'autre les poids P, qui lui font équilibre; puis on retire ce corps R; on le remplace par de nouveaux poids qu'on accumule jusqu'à ce qu'ils fassent, comme le faisait le corps R, équilibre aux poids P. Il est évident que les nouveaux poids doivent représenter en somme le poids exact du corps R.

Pour examiner d'une manière complète ce qui concerne la balance, on doit faire entrer en considération le poids des bassins et du fléau. Il faut d'abord que l'équilibre existe avant qu'on mette aucun poids dans les bassins. Il faut que les deux bras soient d'égal poids, d'égale longueur, et que leurs centres de gravité se trouvent à la même distance de la verticale menée par le point d'appui ou par l'axe du fléau.

Si, AB, AC, fig. 16, sont les deux bras de la balance, en désignant par G, H, les centres de gravité des bras de droite et de gauche, il faudra que le poids X du bras AB, concentré en G, fasse équilibre au poids Y du bras AC, concentré en H. Donc, $X \times AG = Y \times AH$.

Si les deux centres G, H, et le point d'appui A, sont sur une même ligne droite, il y aura toujours équilibre, quelque inclinaison qu'on donne au levier. Donc, alors, la balance ne prendra, de préférence, aucune position, quand elle ne sera pas chargée de poids étrangers. De plus, la moindre différence de poids entraînant un des bras de la balance, rien ne limiterait l'étendue de ce mouvement.

On a soin que les deux centres G, H soient un peu plus bas que le point d'appui A, fig. 18, mais tous deux à la même hauteur, quand les bras AB, AC, sont horizontaux. Alors, si l'on dérange un peu l'équilibre, par exemple, en baissant AB, fig. 19, pour lever AC, la ligne droite AH se rapproche de l'horizontale, tandis que AG s'en écarte encore plus que dans la première position. Donc, si l'on mène les deux verticales XGg, YHh, par les centres G, H, puis l'horizontale gAh, on aura nécessairement Ah plus grand que Ag. Mais, dans cette position, X $\times$ Ag est le moment de X; Y $\times$ Ah est le moment de Y $=$ X; donc le moment de droite l'emporte; donc il tend à faire baisser le bras AC jusqu'à ce que la position du levier BAC redevienne horizontale. Comme le bras AC est descendu avec une certaine vitesse, à cause du mouvement acquis, quand il revient à la position horizontale, ce mouvement se continue; AC descend au-dessous de l'horizontale, tandis que AB monte au-dessus. Il se produit donc un mouvement d'oscillation qui serait un mouvement perpétuel, si l'on pouvait exécuter une balance où le frottement et la résistance de l'air ne présentassent aucun obstacle à cette perpétuité. Mais, par l'effet de ces résistances, les balances les plus parfaites s'arrêtent après un nombre d'oscillations plus ou moins long, et néanmoins toujours assez borné.

Soit O, fig. 18 et 19, le centre de gravité du fléau de la balance. Quand l'équilibre est très-peu dérangé, le poids X + Y tend à ramener O dans la verticale, avec une force $=(X + Y)$ multiplié par l'arc MO, que parcourt le centre O depuis la verticale AM : arc qui, pour un même angle, est proportionnel à la distance AO.

Afin de savoir, lorsque l'on construit une balance, si le centre de gravité du fléau n'est pas placé trop près ou trop loin du point A, il faut compter pendant un temps donné les oscillations de ce fléau. Si elles sont extrêmement lentes et difficiles à produire, le centre est trop près du point d'appui; si elles sont trop rapides, on doit, au contraire, rapprocher ce centre du point d'appui. On élèvera, on abaissera le centre de gravité du fléau, en ôtant ou en ajoutant de la matière à sa partie inférieure.

Le fléau de la balance est un pendule composé, et les calculs indiqués dans la leçon précédente donneront la vîtesse et la durée des oscillations des fléaux de la balance, aussitôt qu'on aura déterminé le moment d'inertie de la balance et la position du centre O.

Pour juger exactement de la position du fléau,

l'on se sert d'un moyen bien simple. L'on emploie une aiguille A*m* solidement fixée au fléau, fig. 16 et 17, et perpendiculaire à la ligne droite BAC. L'Anse *lmn*, tenue en *m*, se place dans une position verticale, lorsqu'on soulève la balance; mais, lorsque BAC est horizontale, l'aiguille perpendiculaire à BAC, est verticale. Il suffit donc d'observer si l'aiguille ne penche ni à droite, ni à gauche : 1°. quand les bassins sont vides; 2°. quand on a mis dans un bassin les poids-mesures, et dans l'autre le corps à peser.

Par les détails que je viens d'offrir, vous devez voir que les instruments les plus simples ne peuvent être exécutés avec perfection, si l'on ne détermine à quelles lois de méchanique les diverses parties de ces instruments doivent satisfaire pour réunir au plus haut degré tous les avantages qu'on doit en attendre.

Les *romaines* sont, comme les balances, un levier du premier genre, employé pour faire équilibre à un poids donné, avec une puissance moins considérable, appelée le *peson*.

Qu'on imagine un levier droit BAC, dont le petit bras AC soit pris pour unité de mesure, et dont le grand bras soit divisé en un certain nombre de fois cette unité. Suivant qu'on pose le peson P, aux points de division 1, 2, 3, 4,..., il fait équilibre à un autre poids R, égal à 1, 2, 3, 4.... fois le poids du peson.

En subdivisant en dixièmes, par exemple chaque partie du levier AB, déjà divisé en parties égales au bras du levier AC, chacune de ces parties représente, dans le produit AB $\times$ P, un dixième de AC $\times$ P, et par conséquent exige, pour l'état d'équilibre, une augmentation de poids en R, égale au dixième de P. Chaque subdivision, qui serait égale au centième de AC, représenterait de même, dans le produit P $\times$ AB $=$ AC $\times$ R, un centième de P $\times$ AC.

Par conséquent, si l'on divise avec précision le bras du levier AB, en unités, dizaines, centaines, etc., l'on pourra déterminer combien de fois un poids quelconque R contient non-seulement le poids P, mais les dixièmes, les centièmes, etc., de ce poids pris pour unité.

Une partie des observations que nous avons présentées sur l'oscillation des balances, s'applique à l'oscillation des romaines. Il faut de même : 1°. que les deux points B, C, d'application soient exactement en ligne droite avec le point d'appui A; 2°. que le centre de gravité de la romaine soit un peu au-dessous du point A, et sur la même verticale que ce point, quand la ligne AC est horizontale.

Lorsqu'il est nécessaire de faire des pesées fort-exactes en employant la romaine, on peut recourir avec beaucoup d'avantage, aux doubles pesées, c'est-à-dire, après avoir mis le corps en équilibre et fixé le point où il fait équilibre au peson, remplacer ce même corps par des poids-mesures. En effet, quelles que soient les inexactitudes de l'instrument qu'on emploie, les poids-mesures qu'on substitue au corps à peser, en représentent exactement le poids, quand, placés au même endroit, ils font équilibre au même peson. Vous reconnaîtrez, dans une foule de circonstances, combien il est avantageux d'employer ce moyen pour les opérations rigoureuses que vous aurez à faire relativement à des expériences, à des épreuves, à des vérifications, etc.

La romaine offre un exemple de leviers du premier genre, où l'on fait équilibre à une résistance donnée, avec une moindre puissance. Ces leviers ne servent pas seulement à produire des équilibres; on les emploie souvent à produire des mouvements.

Le gouvernail des navires et des bateaux est l'exemple le plus remarquable que nous puissions offrir. Qu'on imagine un levier CAB, fig. 21, fixé en A, contre la poupe d'un navire, le bras AB plonge dans l'eau, le bras AC est tenu en C, par le timonier ou par un appareil méchanique quelconque.

Quand le navire est en marche et que le gouvernail CAB se trouve dans la direction de la marche, il n'éprouve aucune résistance de la part de l'eau. Mais, quand le timonier pousse la barre ou timon AC, jusqu'en c par exemple, alors la partie Ab du gouvernail éprouve une résistance X qui augmente avec l'angle BAb. La force oblique X se décompose en deux : l'une y dans le sens de Ab, laquelle ne produit d'autre effet que de tirer le gouvernail dans le sens de sa longueur, pour l'arracher de ses gonds; l'autre x, perpendiculaire à Ab, pousse le gouvernail dans un sens différent de la marche. D'après ce que nous avons exposé, V^e. leçon, la force x agit pour faire tourner le navire avec une action dont le moment égale $x \times $Gg : en supposant que Gg soit la distance du centre de gravité G du navire à la direction de x. Appelons P la puissance des timoniers appliquée en C, et nommons D le centre d'application de x; nous aurons pour l'équilibre du gouvernail, P $\times$ AC $= x \times$ AD.

Leviers du second genre. Dans ces leviers, avons-nous dit, la résistance se trouve entre la puissance et le point d'appui. On ne les emploie que dans les cas où la puissance doit être moindre que la résistance.

Les avirons ou rames qui servent pour faire avancer les bateaux et les navires, sont des leviers du deuxième genre. La puissance est appliquée à la poignée N, fig. 21, de l'aviron NOM, et tire cette poignée de l'arrière à l'avant du navire. Le point d'appui M se trouve à l'autre extrémité de l'aviron, et la résistance est produite par le navire même, en un point O du bord de ce navire, soit au moyen d'une entaille faite dans ce bord, soit au moyen d'une cheville verticale qu'on appelle tolet. Il est évident que si l'on détermine le centre de résistance de la partie de l'aviron, plongée dans l'eau, ce centre étant regardé comme point d'appui, la puissance multipliée par la distance de ce centre à la poignée de l'aviron, est égale à la résistance multipliée par la distance du même centre au point où l'aviron est soutenu contre le bord du navire.

Afin de ne pas ajouter au travail du rameur, la fatigue de peser sur le petit bras du levier, pour faire équilibre au long bras, on leste le petit bras avec un poids tel que le levier se trouve à peu près en équilibre sur le point O où il est porté par le navire.

Dans le *troisième genre* de leviers, la puissance étant entre le point d'appui et la résistance, est nécessairement plus grande que la résistance. Ce genre de leviers ne peut donc être employé que dans le cas où l'on dispose d'une force supérieure à la résistance.

La plume, le pinceau, le porte-crayon, nous offrent des exemples remarquables de ce genre de levier. Il importe beaucoup d'imprimer des mouvements rapides à la pointe de la plume et du crayon; la résistance qu'ils éprouvent sur le papier est peu considérable. De là la position préférée pour la tenue de ces instruments.

La plume ABC, fig. 22, a son point d'appui A contre la première phalange de l'index. La résistance est en C, sur le papier où se trouve l'écriture à produire comme effet du levier. La puissance est partagée en *m*, *n*, *o*, entre le pouce et les deux premiers doigts. En renversant la main, fig. 23, pour regarder la plume par le bec, on voit les trois points d'application *m*, *n*, *o*, des trois doigts dont nous parlons. Suivant que nos muscles augmentent la force exercée en *m*, en *n* ou en *o*, pour la diminuer dans les deux autres points, la plume est poussée dans les sens variés qui peuvent convenir au tracé de toutes les espèces de lettres et de figures.

L'écriture offre un exemple remarquable de la complication réelle de machines simples en apparence. Les deux derniers doigts de la main droite servent d'appuis à la plume, l'avant-bras droit et le bras gauche servent d'appuis au corps entier, quand la main droite écrit. Chaque bras, avec sa main, se compose de vingt-deux leviers du premier genre, et chaque jambe, avec son pied, se compose de vingt-trois leviers.

Ainsi, les personnes qui écrivent pour bannir de nos arts l'usage des machines composées, afin de revenir, disent-elles, à la simplicité de la nature, emploient un levier artificiel, mû par trois puissances résultant d'un système de quatre-vingt-dix leviers que la nature a placés dans nos membres; et ces quatre-vingt dix leviers sont alternativement tirés et poussés par cent quatre-vingts groupes de cordes appelées muscles, qui sont attachées, les unes en deçà, les autres au delà de chaque point d'appui. Loin que cette multiplicité de cordes et de leviers produise aucun désordre, aucun embarras dans les opérations que l'homme peut exécuter avec ses membres, il est facile de prouver, au contraire, que nous devons à cette admirable combinaison, notre adresse et notre aptitude à faire une foule d'opérations délicates : opérations que ne peuvent exécuter les animaux, dont la structure plus simple, présente moins de cordes et de leviers.

Les arts emploient, à l'imitation de la nature, des combinaisons variées de leviers et de cordes. Ainsi les bras des télégraphes sont des leviers mus avec des cordes, comme nos bras se meuvent à l'aide de nos muscles.

S'il fallait, avec une très-petite puissance, faire équilibre à une très-grande résistance, on serait obligé, en faisant usage d'un levier unique, de placer le point d'appui extrêmement près du point d'application de la résistance ; ce qui, dans beaucoup de cas, présenterait des difficultés insurmontables, et ne permettrait pas d'obtenir, avec la précision nécessaire, le résultat qu'on désire. On obvie à cet inconvénient par l'emploi d'une combinaison de leviers, telle que celle de la fig. 24. La puissance P étant appliquée à l'extrémité du long bras du levier BAC; un second levier CDE a l'extrémité de son grand bras L', posée contre l'extrémité C du petit bras l du levier précédent; un troisième levier EGH présente une disposition pareille; et ainsi de suite.

Soit X, X', X″..., les résistances éprouvées aux points de contact C, E, H,... des leviers consécutifs; L, L', L″,..., étant les grands bras de leviers, et l, l', l'',..., les petits bras, on aura pour condition de l'équilibre :

Premier levier, $\quad P \times L = X \times l$,
Deuxième levier, $X \times L' = X' \times l'$,
Troisième levier, $X' \times L'' = X'' \times l''$,

. . . .

Multiplions ensemble : 1°. tous les premiers termes de ces égalités; 2°. tous les seconds termes. Otons des deux produits, les quantités communes X, X', X″, etc.; R étant la dernière de ces forces ou la résistance, on aura simplement pour condition de l'équilibre :

$$P \times L \times L' \times L''.... = R \times l \times l' \times l''....$$

C'est-à-dire, *la puissance, multipliée par tous les grands bras de levier, est égale à la résistance multipliée par tous les petits bras.*

Supposons, par exemple, que, pour tous les leviers,

le grand bras égale dix fois le petit ; nous verrons qu'en prenant successivement 1, 2, 3, 4.... leviers, la résistance est égale à la puissance multipliée par 10, 100, 1.000, 10.000..... Ainsi, quatre leviers, où le point d'appui se trouve seulement dix fois aussi près de la résistance que de la puissance, suffisent pour faire équilibre à une résistance *dix mille fois* aussi grande que la puissance.

Un système de leviers, tel que celui de la fig. 24, sert en Angleterre, à mesurer la force des câbles de fer.

On a fait un usage ingénieux de ce système de leviers, pour démontrer l'allongement que prennent des barres métalliques, lorsqu'on les expose à la chaleur. Cet allongement, trop peu considérable pour être sensible à la vue simple, se trouvant multiplié par dix mille, avec quatre leviers tels que ceux dont nous venons de parler, si le long bras du dernier levier est l'aiguille d'un cadran, cette aiguille s'avancera rapidement, et l'on pourra juger, par la division de l'arc qu'elle parcourt, de l'allongement pris par la tige métallique. Avec ce moyen l'on a pu déterminer très-exactement les rapports d'allongement du fer, de l'acier et du cuivre : rapports dont l'horloger a su tirer habilement parti.

Voyez VIIe. leçon, p. 215. *Pendules de compensation.*

LEÇON.

Z

A

R

c

F

T

C

R

X''

l''
G H

R

Gravé par Adam.

II. MÉCHANIQUE. ARTS ET MÉTIERS et BE

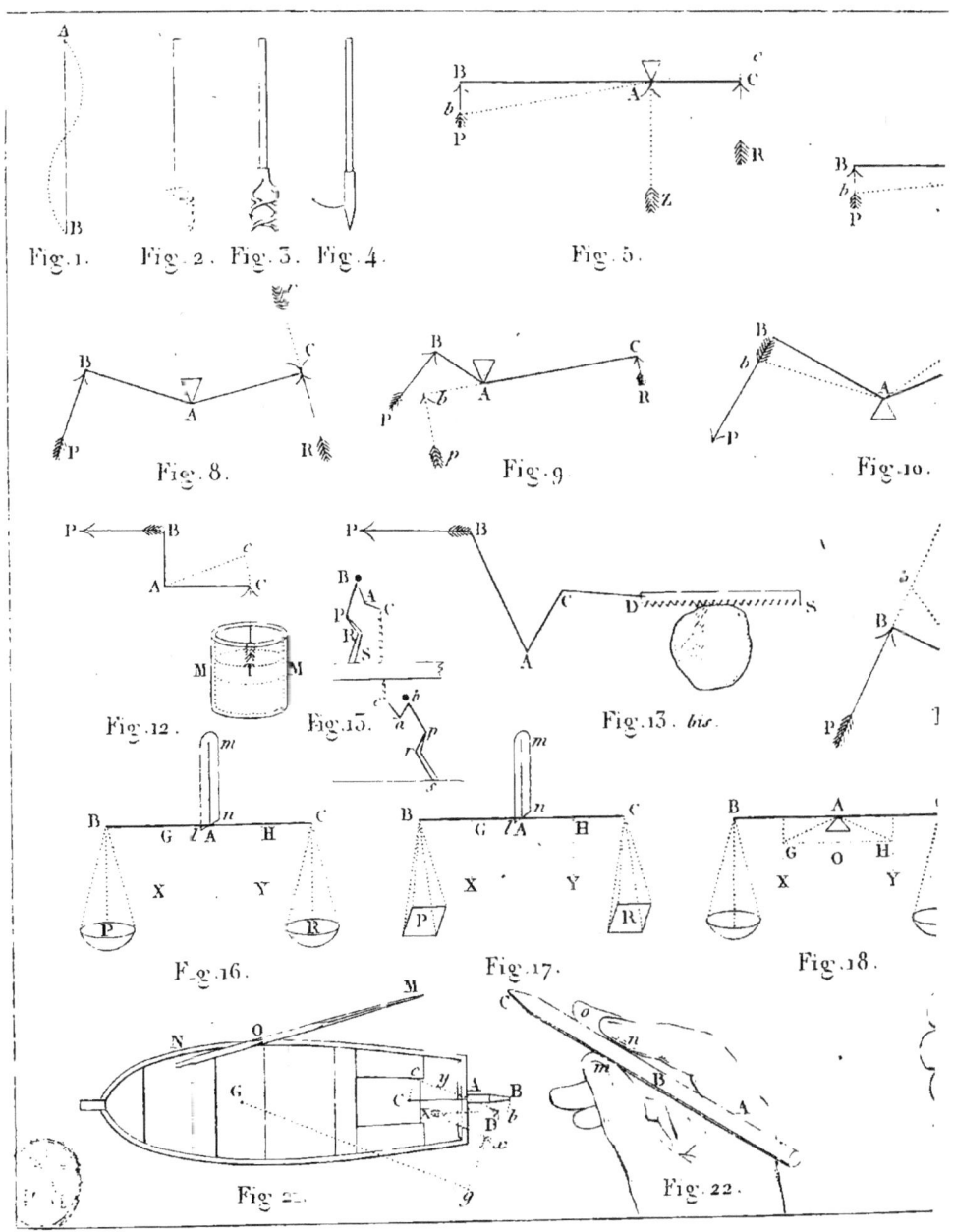

Dessiné par Charles Dupin.

X-ARTS. VIIIème LEÇON.

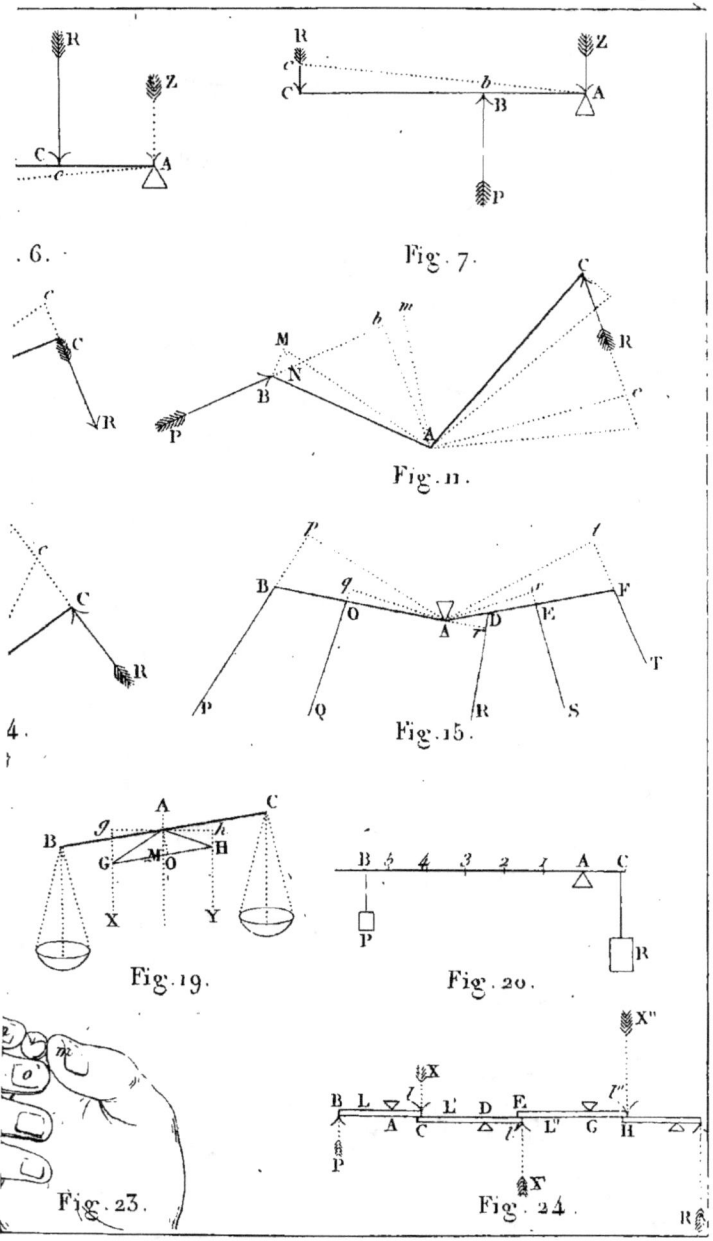

Gravé par Adam.

NEUVIÈME LEÇON.

Des poulies et des rouleaux.

Une poulie simple, fig. 1, se compose : 1°. d'un rouet circulaire, dont le contour offre une cavité partout également profonde, pour recevoir une corde ; 2°. d'un essieu sur lequel tourne le rouet ; 3°. d'une chape. La chape ABCD, est un solide percé d'une mortaise MN, dans laquelle tourne le rouet, et d'un trou rond, TT, perpendiculaire à cette mortaise, pour recevoir l'essieu.

Dans la poulie fixe, fig. 2, la chape reste immobile ; elle est attachée à quelque obstacle X, inébranlable, ou considéré comme tel. L'essieu reste pareillement immobile, ou du moins sa distance au point X est invariable. La puissance P agit sur un des bouts de la corde PAMBQ, et la résistance Q est fixée à l'autre bout de cette corde. Quand la puissance agit sur la résistance, elle tend la corde, de manière que cette corde présente deux parties rectilignes AP et BQ, l'une qui va de la poulie à la puissance, l'autre qui va de la poulie à la résistance ; elle offre de plus une partie de ligne courbe AMB, qui suit le contour de la gorge de la poulie, et qui est la ligne la plus courte qu'on puisse mener entre les points A et B, sur la surface de cette gorge : surface dont nous avons expliqué les propriétés, Géométrie, XV°. leçon.

Lorsque les deux forces P et Q se trouvent dans un plan vertical, ce plan doit être aussi celui de la courbe AMB; et les deux forces P, Q, ne peuvent être en équilibre, par rapport au point fixe X, que dans le cas où ce point se trouve également dans le plan vertical de la puissance et de la résistance.

La poulie fixe, telle qu'on l'emploie pour élever les seaux des puits, et les matériaux des mines et des carrières, nous offre ainsi la puissance, la résistance, et le point d'appui placés dans un même plan vertical. Le bout BQ de la corde, auquel est fixée la résistance, se trouve de même dirigé suivant la verticale : la résistance n'étant autre chose qu'un poids suspendu librement à la corde BQ, et qu'il s'agit d'élever.

Dans le cas même dont nous parlons, si la direction AP de la partie de corde à laquelle est fixée la puissance, n'est pas verticale, cette corde prend la figure d'une courbe que nous avons appelée chaînette, et dont nous avons expliqué les propriétés, VI°. leçon.

Dans tous les cas, la corde étant pliée librement sur la gorge de la poulie, les conditions d'équilibre de cette corde doivent être les mêmes que les conditions données dans la IV°. leçon, pour l'équilibre d'une corde pliée sur une surface, et tirée à ses deux extrémités par des forces. Ainsi, la tension qu'éprouve cette corde, dans tous ses points A, M, B, appliqués sur le contour de la poulie, doit être la même; donc, si la puissance était appliquée immédiatement au point A, et la résistance immédiatement au point B, ces deux forces devraient être égales : quelle que fût leur direction.

Si les forces ne sont pas appliquées immédiatement aux points A et B, mais à une certaine distance, et si l'on fait abstraction du poids de la corde, il faut encore que ces forces soient égales. Si l'on ne fait pas abstraction du poids de la corde, ce poids s'ajoute, d'une part, à la puissance, de l'autre, à la résistance; il faut que les deux sommes soient égales pour qu'il y ait équilibre autour de l'axe de la poulie.

Cette considération est d'une grande importance, lorsqu'il s'agit d'élever des fardeaux à des hauteurs considérables. Au fur et à mesure que la puissance agit, elle descend avec la corde qu'elle tire; elle acquiert une partie du poids de cette corde, précisément égale à la partie soustraite du côté de la résistance. Par conséquent, la puissance devenant de plus en plus prépondérante, imprime à la résistance un mouvement d'ascension qui devient de plus en plus considérable, et pourrait finir par être dangereux.

Pour qu'il y ait toujours une même différence entre la puissance et la résistance, on fait usage de *la chaîne de compensation* QNO, fixée sous le fardeau Q, qu'il s'agit d'élever verticalement. Supposons que, pour la même longueur, cette chaîne soit deux fois plus pesante que la corde à laquelle on a fixé la puissance et la résistance. Quand la puissance P tire la corde, de manière à se transporter en P', la partie AB se trouve augmentée de PP', et la partie BQ se trouve diminuée d'une quantité égale, QQ'. C'est, par conséquent, comme si la résistance Q n'avait rien perdu, et que la puissance P eût acquis deux fois le poids d'une partie de corde PP'. La résistance Q s'étant élevée de QQ'$=$PP', une partie NN' de la chaîne de compensation, qui se trouvait couchée sur une plate-forme horizontale, se soulève, devient verticale, et pèse du côté de la résistance. Mais NN', égale en longueur à PP' et à QQ', pèse deux fois autant que chacune de ces parties de corde. Donc, d'une part, la puissance P acquiert deux fois le poids PP'; de l'autre, la résistance Q acquiert deux fois le poids PP'. Par conséquent, il y a toujours la même différence entre la puissance et la résistance : résultat important dans beaucoup de cas.

Quand les cordons AP, BQ, fig. 2, sont parallèles, la résultante des deux forces égales, P et Q, est parallèle aux directions AP et BQ, et passe par l'axe du rouet. Lorsque P, Q, ne sont plus parallèles, fig. 4, il faut toujours que leur résultante passe par l'axe C du rouet, et par le point de suspension X. Mais les deux forces P et Q ne cessent pas d'être égales. Donc, en prolongeant les deux directions AP, BQ, jusqu'à leur point de rencontre D, il faut que les trois points C, X, D, soient en ligne droite, et que cette droite fasse le même angle avec les directions AP et BQ, de la puissance et de la résistance.

Si l'on veut connaître quelle est la pression produite sur l'axe C, du rouet, par les forces P et Q, on déterminera la résultante DH d'un parallélogramme DEHF, dont les côtés égaux DE, DF, représentent la puissance et la résistance; la diagonale DH sera la résultante des deux forces dirigées suivant DXC, c'est-à-dire, la pression qu'éprouve l'axe du rouet.

Cette pression, ajoutée au poids de la poulie, représente l'effort total que supporte le point d'appui X.

Dans la poulie fixe, la puissance étant toujours égale à la résistance, on ne peut employer cette machine que pour transmettre une force d'une direction dans une autre, sans rien changer à la valeur de cette force. Aussi, les poulies fixes, employées dans ce but, prennent-elles le nom très-convenable de *poulies de renvoi;* pour expliquer qu'elles n'ont d'autre but que de *renvoyer* la même force d'une direction dans une autre.

Si les deux forces P et Q n'étaient pas égales entr'elles, la plus petite détruirait une portion de la plus grande, égale à cette plus petite force; alors le rouet de la poulie se mouvrait dans le sens de la plus grande, comme s'il n'était sollicité au mouvement que par la différence des deux forces; mais la pression exercée par le rouet ou par l'axe, sur la chape, serait égale à la résultante des deux forces supposées égales à la moins grande. Ainsi le mouvement de la poulie pourrait devenir très-lent, quoique les pressions sur l'axe devinssent très-considérables; il suffirait, pour cela, que la puissance et la résistance fussent très-grandes, mais peu différentes l'une de l'autre. Tel est le principe de la machine imaginée par Atwood pour démontrer par l'expérience les lois de la chute des corps : lois que nous avons exposées dans la IIe. leçon.

Menons les rayons CA, CB, fig. 4, perpendiculaires aux directions AP, BQ; la droite AB sera perpendiculaire à CHD, qui divise l'angle ACB en deux parties égales. Donc, les triangles DEH et ACB auront leurs côtés correspondants perpendiculaires; ce qui donnera la proportion

$$P = Q : R :: DE = DF : DH :: AC = CB : AB.$$

Donc, *dans la poulie fixe, la puissance qui égale la résistance, est à la pression* R, *que supporte le point d'appui, comme le rayon du rouet est à la corde* AB *qui soustend l'arc* AB *embrassé par la portion de la corde courbée sur le rouet.*

Poulie mobile. Si, dans la poulie fixe, fig. 2 et 4, on remplace le point fixe par une force R, égale à l'effort même exercé sur ce point par l'effet de P et de Q, l'équilibre continuera de subsister entre les trois forces P, Q, R, et l'on aura changé la poulie fixe en poulie mobile, fig. 3 et 5. Donc, dans la poulie mobile, les forces P, Q, appliquées aux deux bouts de la corde qui passe sur le rouet, et la force R, appliquée à la chape, conservent les rapports

$$P = Q : R :: DE = DF : DH$$
$$P = Q : R :: CA = CB : AB.$$

Ordinairement, on remplace une des puissances $P = Q$, par un point fixe, tel que Q. Alors, la puissance P suffit pour faire équilibre à la résistance R; et l'on traduit en langage ordinaire la dernière proportion, en disant :

Dans la poulie mobile, la puissance est à la résistance comme le rayon du rouet est à la corde qui soustend l'arc AB, embrassé par la portion de la corde courbée sur le rouet.

Un tel rapport a cela d'avantageux qu'il dispense de construire le parallélogramme des forces; il se rapporte à des éléments très-familiers aux géomètres, et calculés à l'avance dans des tables imprimées qu'on appelle *tables de logarithmes et de sinus.*

Quand les deux forces P, Q, seront dirigées parallèlement, fig. 3, il faudra que la résistance R ait aussi la même direction; et, de plus, soit égale à leur somme P + Q. Ce sera le plus grand effet que ces deux forces puissent produire, à l'aide d'une poulie mobile, pour tirer la chape.

Plus l'angle formé par les directions AP, BQ, fig. 5, devient obtus, plus la diagonale DH diminue; plus il faut que la résistance R soit petite, si la puissance P = Q est limitée; plus il faut que P soit grande, si R est déterminée.

Nous avons dit qu'au lieu d'employer deux forces P, Q, pour faire équilibre à une troisième force, R, fig. 3 et 5, souvent on attache un des cordons AP ou BQ, à un point fixe. Ce point supporte tout l'effort qu'aurait supporté la force Q qu'on économise.

Par exemple, dans le cas où les cordons sont parallèles, fig. 3, les forces P et Q sont égales entr'elles; il suffit, pour faire équilibre à la force R = P + Q = 2P, d'employer la simple force P. Il y a donc alors une économie de moitié sur l'emploi de la force, pour produire l'équilibre. Je dis pour produire l'équilibre; car, pour produire le mouvement, il n'y a pas d'économie.

NEUVIÈME LEÇON.

Supposons qu'en effet, dans un temps donné, le point Q restant fixe, le point P se soit avancé de la quantité Pp; le rouet de la poulie passant de AMB en amb, et la corde ne changeant pas de longueur, il faudra qu'on ait QBMAP $=$ Q$bmap$. Retranchons des deux cordes les longueurs égales, AMB, amb, et les longueurs communes Qb, Pa; il reste

$$P p = A a + B b = 2 C c.$$

Or, Cc est égal à la quantité dont R s'avance vers c. Donc, quand la force P n'est que la moitié de R, P doit parcourir un espace double de celui que R parcourt. Donc, en multipliant chacune de ces forces par l'espace qu'elle parcourt dans un temps donné, le produit est le même,

$$\text{Force P} \times Pp = \text{force R} \times Rr.$$

De petits espaces Pp, Rr, représentent les *vitesses virtuelles* des forces P, R, et l'égalité que nous venons de donner renferme un cas du principe des vitesses virtuelles. C'est un principe que vous retrouverez dans toutes les machines, simples ou composées. Partout vous verrez que si l'on peut, avec le secours des points d'appui, faire équilibre aux plus grandes forces par l'action des plus petites, dès qu'il y a mouvement, la compensation entre les forces et les espaces parcourus s'établit, de manière que les quantités de mouvement ne sont jamais augmentées.

On combine souvent la poulie fixe avec la poulie mobile, ainsi qu'on le voit dans la fig. 6. C'est par ce moyen qu'on suspend les réverbères employés à l'éclairage des rues.

Le cordon PabP'ABQ passe autour de la poulie fixe abc, puis autour de la poulie mobile ABC, à laquelle est suspendu le poids R, et vient s'attacher au point fixe Q.

Soit P' la tension ou l'effort éprouvé par le cordon que tire la puissance P. Pour que l'équilibre de la poulie fixe subsiste, il faut que P' = P. Ensuite, pour que l'équilibre de la poulie mobile subsiste, il faut qu'en menant dans le rouet, la corde AB, par les points A, B, où le cordon cesse de toucher le rouet, on ait cette proportion

P = P' : R : : AC : AB. Condition simple.

Supposons qu'on ait, fig. 7, plusieurs poulies mobiles, ainsi combinées: 1°. Le cordon QABPC', de la première poulie, attaché en Q, point fixe, et en C', centre de la seconde poulie; 2°. Le cordon Q'A'B'P'C" attaché en Q' point fixe, et en C" centre de la troisième poulie; et ainsi de suite.

En nommant P, P', P',.... les tensions éprouvées par les cordons BP, B'P', B"P", etc., on a

$$\frac{R}{P} = \frac{AB}{AC}; \quad \frac{P}{P'} = \frac{A'B'}{A'C'}; \quad \frac{P'}{P''} = \frac{A''B''}{A''C''} \ldots,$$

Donc, $\quad \frac{R}{P} \times \frac{P}{P'} \times \frac{P'}{P''} \ldots = \frac{AB \times A'B' \times A''B'' \times \ldots}{AC \times A'C' \times A''C'' \times \ldots}$

Remarquons que diviser R par P, puis multiplier par P le quotient, c'est reproduire le même nombre R ; que diviser ce nombre par P′, P″,… et le multiplier par P′, P″…, c'est également le reproduire. Donc, il reste simplement la résistance R divisée par la dernière puissance P^m égale au produit de tous les rapports

$$\frac{AB}{AC} \times \frac{A'B'}{A'C'} \times \frac{A''B''}{A''C''} \cdots$$

Tous ces calculs sont, comme vous voyez, d'une extrême simplicité. Si la position des poulies était donnée, les rapports $\frac{AB}{AC}$, $\frac{A'B'}{A'C'}$, $\frac{A''B''}{A''C''}$, etc., seraient pareillement donnés. On pourrait donc, à volonté, déterminer quelle doit être la puissance pour faire équilibre à une résistance connue, et quelle doit être la résistance pour faire équilibre à une puissance déterminée.

Lorsque toutes les forces sont parallèles, fig. 8, les cordes AB, A′B′, A″B″,… deviennent les diamètres des rouets ABC, A′B′C′, A″B″C″,….; par conséquent, ces cordes sont alors doubles des rayons AC, A′C′, A″C″, etc.; donc $\frac{R}{P^m} = 2 \times 2 \times 2, \ldots$; de manière qu'il y ait autant de facteurs 2 qu'il y a de poulies mobiles.

Si nous cherchons, dans le cas du mouvement, le rapport des espaces parcourus par la puissance et par la résistance, nous verrons : 1°. que l'espace parcouru par R est la moitié de l'espace parcouru par P; celui-ci la moitié de l'espace parcouru par P'; celui-ci, la moitié de l'espace parcouru par P''; et ainsi de suite. On aura donc, pour rapport des espaces E, e, parcourus par la puissance P^m et par la résistance R

$$\frac{E}{e} = \frac{1}{2} \times \frac{1}{2} \times \frac{1}{2} \times \ldots$$

autant de fois qu'on avait

$$2 \times 2 \times 2 \times \ldots = \frac{R}{P^m}$$

rapport de la résistance à la puissance. Enfin, multipliant ces deux expressions l'une par l'autre, on aura $\frac{R \times E}{P^m \times e} = \frac{1}{2}$ fois $2 \times \frac{1}{2}$ fois $2 \times \frac{1}{2}$ fois 2.... autant de fois qu'il y a de poulies mobiles.

Or, $\frac{1}{2}$ fois $2 = 1$; on aura donc $\frac{R \times E}{P^m \times e} = 1$.

Ce qui exige que la résistance R, multipliée par l'espace E qu'elle peut parcourir en un instant, soit égale à la force P^m, multipliée par l'espace e qu'elle doit parcourir dans le même instant, si l'on trouble tout à coup l'équilibre, pour donner du mouvement à la machine (1).

On emploie souvent dans les arts un système de poulies à cordons presque parallèles : c'est celui de rouets fixes 1, 2, 3, etc., fig. 9 et 10, portés par la même chape fixe, et de rouets mobiles I, II, III, portés par la même chape mobile. On appelle *mouffles* ces chapes.

La corde passant tour à tour sur 1 et I,

---

(1) C'est encore un exemple du principe des vitesses virtuelles.

2 et II, 3 et III, si les cordons bB, Aa', b'B', A'a'', b''B'', etc., étaient parallèles, la tension supportée par chacun d'eux serait égale à la résistance divisée par leur nombre : en ayant soin, cependant, de ne pas compter le dernier retour de cordon aP, qui, n'agissant que sur une poulie fixe, ne change rien à l'équilibre. On pourrait, en effet, remplacer P par son égal P', dirigé dans le prolongement de Bb; alors le cordon aP disparaîtrait.

Par conséquent, il faut compter seulement les cordons qui partent immédiatement des poulies mobiles, c'est-à-dire, deux cordons par poulie mobile, lorsque, fig. 9, le cordon part de la chape fixe; et un cordon de plus lorsque, fig. 10, le cordon part de la chape mobile. Ces cordons, en général, seront à très-peu près parallèles; ils pourront, sans erreur sensible dans la pratique, être considérés comme tels. Si donc il y a m poulies mobiles, il y aura $2m$ cordons dans le premier cas, et $2m + 1$ dans le second. Ils contribueront également à supporter l'effort de la résultante R, et chacun supportera la $\frac{R}{2m}$ème ou $\frac{R}{2m+1}$e partie de cet effort. Mais P = P', tension de Bb. Donc la puissance P égale la résistance R, divisée par deux fois le nombre des poulies mobiles, fig. 9, et deux fois ce nombre plus un, fig. 10.

Il serait facile de prouver, dans ce cas comme

dans les précédents, que si l'on faisait un peu mouvoir la machine, les espaces parcourus par la puissance et par la résistance, durant le même temps, seraient entr'eux dans le rapport inverse de ces nombres.

En effet, quand CR descend d'une certaine quantité, il faut que chaque distance Bb, $B'b'$, $B''b''$..., Aa', $A'a''$,... soit augmentée de la même longueur. Donc la longueur totale des cordons, depuis a jusqu'en c''..., est augmentée d'autant de fois cette longueur qu'il y a de cordons. Il faut donc que le cordon libre aP ait fourni toute cette longueur, et par conséquent que P ait parcouru tout cet espace. Ainsi, $2m$, fig. 9, étant le nombre des cordons, l'espace Rr parcouru par R est à l'espace Pp parcouru par P :: 1 : $2m$.

Mais R : P :: $2m$: 1. On a donc, force R $\times$ espace parcouru par R $=$ force P $\times$ espace parcouru par P.... On démontrerait de même ce principe pour la fig. 10.

Il existe deux systèmes de poulies composées, ou, comme on les appelle ordinairement, de *mouffles*. Dans un de ces systèmes, fig. 9 et 10, plusieurs rouets de poulies sont portés chacun sur un essieu séparé, et tous ces essieux traversent une même chape. Dans l'autre système, fig. 11 et 12, tous les rouets de poulies sont portés par le même essieu dans la même chape, et séparés par des cloisons fixes qui font partie de la chape. Chacun de ces systèmes a ses avantages et ses inconvénients. Dans le premier système, tous les rouets de chaque mouffle se trouvent placés dans un même plan, ainsi que la corde qui passe successivement d'un mouffle à l'autre.

Dans le second système, pour passer d'un mouffle à l'autre, la corde est obligée de changer de plan; de sorte que toutes les parties de corde qui se trouvent d'un côté des deux mouffles, quoique parallèles entr'elles, ne sont plus parallèles aux parties de corde qui se trouvent de l'autre côté des deux mouffles. Ce défaut de parallélisme a l'inconvénient de tendre à incliner les rouets dans une position oblique par rapport à leur axe; ce qui déforme l'œil de ces rouets et tend à déformer aussi les essieux, en augmentant le frottement. Cet inconvénient n'est pas très-sensible, tant que les deux mouffles sont à une distance considérable par rapport à l'écartement des rouets sur un même essieu; mais lorsque les deux mouffles se rapprochent, le défaut de parallélisme augmente et produit des résistances défavorables.

Sous ce point de vue, les rouets placés sur le même essieu, sont moins avantageux que les rouets placés dans une même chape, sur des essieux différents.

Mais ce dernier système occupe beaucoup plus de place que le précédent. Lorsqu'il s'agit, par exemple, d'élever des fardeaux, il faut un appareil où le point de suspension des mouffles soit plus haut que l'endroit où l'on doit élever le fardeau, d'au moins la longueur totale des deux mouffles ; et cette longueur peut être considérable, si chacune des chapes contient trois et quatre rouets. Cet inconvénient devient grave surtout lorsqu'on arrive aux derniers étages d'une maison, et qu'il s'agit de monter les pierres des assises les plus élevées. C'est aux méchaniciens à juger, suivant les cas, quel système il leur conviendra de préférer.

Si les mouffles ont l'avantage de donner un moyen de vaincre une grande résistance avec une faible puissance, ils exigent, par compensation, une longueur de corde considérable ; par conséquent, la puissance doit parcourir un grand espace, pour faire avancer la résistance d'une quantité beaucoup moindre. C'est la compensation générale que nous remarquons comme un principe qui se reproduit dans le mouvement de toutes les machines.

De la pesanteur dans les poulies. En considérant les poulies comme des corps pesants, veut-on obtenir la valeur de l'effort supporté par le point fixe Q, fig. 5, auquel est pendue la poulie supposée libre dans l'espace ? il faut prendre la résultante générale de la puissance P, de la résistance R, du poids de la corde PABQ, et de la poulie entière.

Si m est le poids de la poulie entière, et n le poids de la corde, on aura les quatre forces m, n, P, Q, dont la résultante doit être égale et directement opposée à la résistance R, pour qu'il y ait équilibre.

Ensuite, en considérant ce qui se passe autour de l'essieu C de la poulie, on verra que cet essieu supporte : 1°. l'effort de P et de Q; 2°. le poids du rouet de la poulie; 3°. le poids des cordes PA, BQ, dans le cas où la puissance agirait de haut en bas, comme dans la fig. 4. Il faudra donc qu'en nommant m' le poids du rouet qui a évidemment son centre en C, les forces m', n, P et Q, aient une résultante unique qui passe par l'essieu C. Cette résultante égalera la pression exercée par le rouet sur l'essieu.

Il est facile de voir que le poids du rouet ne change en rien les rapports de P et de Q pour l'équilibre; mais plus il est considérable, plus il fatigue l'essieu, et plus il cause de *frottements*. Il faut donc que le poids du rouet soit aussi petit que possible, si l'on veut que la poulie produise le plus grand effet possible.

Quant à la corde, dans le cas, fig. 4, où son poids est porté par l'essieu, cet essieu sera d'autant moins chargé que la corde sera plus légère.

Ces considérations ont une grande importance dans l'emploi des cordes et des poulies, à bord des vaisseaux; indépendamment de l'économie très-considérable qu'on peut faire sur la quantité de matière employée aux rouets de poulie ainsi qu'aux cordages passant sur ces rouets, il faut, pour vaincre la même résistance, une force bien moins grande, quand les rouets et les cordages sont très-légers.

Lorsqu'on fabrique des rouets métalliques, afin de les rendre plus légers, on a grand soin de les évider entre la gorge et l'axe, soit au moyen de rais isolés comme les rais d'une roue de voiture, soit au moyen d'une cloison très-mince qui réunit la gorge au moyeu, comme on le voit dans la figure 13.

Lorsque la poulie, fig. 5, doit être mise en mouvement, une première partie de la puissance P fait équilibre à toutes les résistances. Une seconde partie P' donne à la corde, au rouet et à la résistance R, une quantité de mouvement dont l'effet représente tout ce que n'ont pas détruit les résistances de la machine.

Or cette quantité de mouvement se mesure : 1°. par l'espace que P' a parcouru ; 2°. par la somme des produits du poids de la corde, par l'espace que la corde a parcouru dans le sens de sa longueur ; 3°. par la somme des produits du poids de chaque élément du rouet par l'espace que cet élément parcourt. Il faut déterminer cette troisième partie.

Si nous divisons le rouet en rondelles ou zones d'égale largeur, nous verrons que le poids de ces rondelles sera précisément proportionnel à leur rayon. En coupant deux rouets de même épaisseur, et qui diffèrent de diamètre, leur volume est proportionnel au quarré de ces diamètres. Si l'on divise ces deux cercles en petites parties, dont le volume soit aussi dans ce même rapport, et semblablement placées dans les deux rouets, le quarré de la distance de l'axe aux parties correspondantes dans les deux rouets, sera proportionnel au quarré des rayons de ces rouets. Donc le produit du volume de chaque partie par la distance à l'axe, sera proportionnel au quarré du diamètre multiplié par le diamètre, c'est-à-dire, au cube du diamètre des rouets. Ainsi, pour une même vîtesse angulaire de deux rouets d'égale épaisseur, la quantité de mouvement que chacun reçoit est proportionnelle au cube de son diamètre. Ce rapport croissant beaucoup avec le diamètre des rouets, il importe, surtout pour les grandes poulies, de faire les rouets aussi peu volumineux qu'il est possible. C'est un avantage qu'on obtient, lorsqu'on emploie des cordages qui, pour une force donnée, n'ont qu'un diamètre peu considérable à cause de leur qualité supérieure. Il suffit, en effet, que le rouet ait pour largeur un peu plus du diamètre des cordes, afin qu'elles ne s'usent pas en frottant contre les parois de la mortaise où le rouet est logé, dans la caisse de la poulie.

Si l'on pouvait employer des cordes qui n'offrissent aucune résistance à la flexion, sur la gorge de la poulie, plus le diamètre du rouet serait petit, et moins il y aurait de force perdue pour vaincre l'inertie de ce rouet, lorsque la puissance imprime un mouvement à la résistance : mais la roideur des cordes est une résistance considérable, qu'il importe d'évaluer.

Coulomb, physicien célèbre, a déterminé comme on va le rapporter, la résistance que la roideur des cordes oppose au mouvement des poulies.

Une poutre AA', fig. 14, porte : 1°. le grand plateau PP', au moyen de la corde d'épreuve CC', qui, de droite et de gauche, fait un tour sur le rouleau mobile BB'; 2°. le petit plateau q, et la petite corde cc', faisant deux à trois tours sur le rouleau BB', en sens contraire de CC'. Afin de ne pas compliquer les effets, on empêchait avec soin que les cordes se touchassent.

Le rouleau BB' tend à descendre, par l'action : 1°. de son propre poids, avec un bras de levier égal au rayon du rouleau; 2°. du poids du plateau q, avec un bras de levier égal au diamètre du rouleau. Donc, on peut ajouter la moitié du poids du rouleau au poids de la charge q, pour avoir une force unique agissant avec un bras de levier égal au diamètre du rouleau. Quand le poids du rouleau était trop grand, on en diminuait l'effet par un contre-poids p attaché au bout du cordon cc', passé sur une poulie de renvoi r. Chaque unité de poids p faisait équilibre à deux unités de poids du rouleau.

Avant de mettre en expérience la corde CC′, dont on voulait mesurer la roideur, on la *détirait*, afin de la mettre à peu près dans un état pareil à celui des cordes qui servent habituellement aux machines. On passait la corde CC′ sur la gorge d'une poulie; on attachait un poids suffisant à l'un des bouts de la corde; ensuite, des hommes, tirant sur l'autre bout, faisaient monter et descendre le poids. Par cette manœuvre, on évitait les irrégularités qu'on remarque toujours dans la roideur des cordages neufs, et qui n'eussent pas permis d'obtenir des résultats généraux satisfaisants.

Ces précautions prises, on a vu quel devait être le poids q pour commencer à faire descendre le rouleau BB′, et par conséquent à vaincre la résistance de la corde CC′. On a trouvé qu'*avec de grandes tensions* (1), *la force nécessaire pour plier les cordes autour de cylindres qui diffèrent de diamètre, est à peu près*: 1°. *en raison directe des tensions des cordes et inverse du diamètre des rouleaux*; 2°. *en raison directe du quarré du diamètre des cordes.* Ce dernier rap-

---

(1) La résistance qui naît de la roideur des cordes se compose de deux parties, l'une constante, et l'autre qui croît proportionnellement à la charge. La quantité constante ne peut être attribuée qu'aux différents degrés de tension et de torsion que les cordes éprouvent dans leur confection. Chaque fil de caret s'y trouve tendu par une certaine force ; il conserve son degré de

port approche d'autant plus de l'exactitude que les cordes sont plus grosses.

En comparant les résistances d'un câble avec celles des petits cordages, on la trouve un peu moindre que ne l'indique le rapport des quarrés. C'est que, dans les gros cordages, la mèche qu'on place au centre augmente le diamètre, sans augmenter dans le même rapport la résistance à la flexion. D'ailleurs, dans les gros câbles, il n'est pas possible que tous les fils soient tendus avec autant d'égalité que dans les menus cordages; les plus tendus sont les seuls qui résistent beaucoup, et les autres cèdent sans effort quand on plie le cordage.

Il était très-intéressant de déterminer quel effet est produit sur la roideur des cordes,

---

tension lorsque la corde est ourdie, parce que les fils de carret, serrés et engagés les uns dans les autres, sont retenus par le frottement. Ainsi, dans une corde qui soutient un poids, chaque fil est tendu, non-seulement en raison du poids qu'il soutient, mais encore suivant le degré de torsion qu'il conserve d'après l'ourdissage de la corde : or, si les forces nécessaires pour plier une corde sont proportionnelles aux tensions, il en résulte qu'elles seront proportionnelles à une quantité constante, plus au poids dont la corde est chargée. Cette quantité constante doit varier avec le degré de tension et de torsion que l'on fait éprouver aux cordes dans leur fabrique: pour des cordes neuves à trois torons, elle suit assez exactement le rapport du quarré des diamètres des cordes. Lorsque les cordes servent depuis long-temps, les fils de carret se détendent, et la quantité constante qui représente leur tension primitive diminue.

lorsqu'elles s'imprègnent d'humidité. Durant une foule de travaux, particulièrement ceux qui s'exécutent en plein air, comme dans la manœuvre des vaisseaux, la pluie, les coups de mer et beaucoup d'autres causes, mouillent les cordages, et les placent dans des circonstances physiques tout-à-fait différentes de celles où ils se trouvent quand ils sont secs.

La simple observation avait appris que la roideur des cordes, et surtout des grosses cordes, est sensiblement augmentée lorsqu'elles sont imprégnées d'eau. L'appareil de la fig. 14, a prouvé que cette augmentation est mesurée par une quantité constante, quelle que soit la charge que les cordes aient à supporter.

Les premières expériences de Coulomb étaient faites sur des *cordages blancs*; les suivantes ont été faites sur des *cordages goudronnés*. Pour cette dernière espèce de cordages, comme pour la première, il faut ajouter une quantité constante, quelle que soit la tension, aux efforts qui seraient nécessaires pour plier le cordage supposé blanc et sec. Cependant la différence n'est pas aussi grande qu'on pourrait le penser : la roideur des cordages goudronnés ne surpasse pas d'un 6e. la roideur des cordages supposés blancs.

Une telle différence est encore fort-importante; elle est bien connue dans la pratique. Aussi l'on emploie généralement des cordages blancs, lorsqu'ils doivent jouer sur des poulies et des tambours, même quand ces cordages sont exposés aux intempéries de l'air. On trouve qu'alors l'économie de main-d'œuvre, qu'ils produisent dans les forces motrices, fait bien plus que compenser la dépense provenant d'un usé plus rapide.

L'expérience a montré que le vieux cordage goudronné conserve à peu près la même roideur que le cordage goudronné neuf. Sans doute, par l'usé, les fibres du chanvre deviennent moins tendues; mais l'exposition à l'air et à la pluie durcit le goudron, et les effets se compensent.

Coulomb présente des règles arithmétiques fort-simples pour appliquer les résultats auxquels il est parvenu, à l'évaluation de la résistance à la flexion de divers cordages, sur des cylindres ou poulies de diamètres donnés, avec des tensions connues. On peut voir ces applications dans l'ouvrage de ce savant.

Les expériences relatives aux cordes goudronnées ont été faites, en hyver, lorsque le thermomètre de Réaumur s'élevait de 5 ou 6 degrés au-dessus de la congélation. Il paraît que la gelée augmente la roideur de ces cordages, surtout quand ils ont un fort-diamètre. Une corde goudronnée, de 15 fils de carret, éprouvée lorsque le thermomètre était de 4 degrés au-dessous de la congélation, demandait une force plus grande (à peu près d'un sixième) que quand le thermomètre était de 6 degrés au-dessus de la congélation. Mais cette augmentation ne suit pas le rapport des charges ; c'est encore ici la partie constante de la résistance, qui paraît augmenter le plus sensiblement.

Une observation s'étend à toutes les expériences que nous venons de rapporter : si, les cordes étant chargées, l'on relève le rouleau BB', fig. 14, en le tournant à force de bras ; puis, qu'on le laisse tomber à l'instant, la roideur de la corde sera souvent d'un tiers plus petite que dans les expériences déjà citées. Ce résultat a lieu avec les cordes blanches comme avec les cordes goudronnées, avec les vieilles comme avec les neuves. Il est seulement plus sensible avec les grosses cordes et avec les neuves, qu'avec les cordes usées et petites ; avec les petits rouleaux qu'avec les gros. Mais, qu'on laisse le système quelque temps en repos, et qu'on monte le rouleau sans le faire redescendre, on trouvera la roideur de la corde sensiblement augmentée. Elle ne parvient à sa limite, telle que Coulomb l'a fixée dans ses expériences, qu'après un repos de 5 à 6 minutes. Ainsi, dans un mouvement alternatif, où les forces seraient employées à faire monter et descendre un poids, comme dans l'action des sonnettes employées pour élever le mouton qui sert à battre les pilotis, la roideur de la corde serait un peu moindre que dans les expériences. Il en serait de même d'une corde qui passerait sur deux poulies très-voisines l'une de l'autre : pour peu que le mouvement fût rapide, la force qu'il faudrait employer pour vaincre la roideur de la corde en la pliant sur la deuxième poulie, serait moindre, quoique sous le même degré de tension, que la force employée à la plier sur la première poulie.

Il paraît résulter de cette observation, que les parties pliées se redressent avec lenteur, et que la roideur plus ou moins grande dépend du redressement de ces parties.

Au surplus, cette observation doit rarement influer sur le calcul des machines destinées à la marine. Dans ces machines, les mouvements sont assez lents, et les poulies presque toujours assez espacées, pour que chaque portion de la corde, en passant d'une poulie à l'autre, ait le temps de reprendre toute sa roideur. D'ailleurs, il est presque toujours nécessaire, dans l'évaluation des machines, de calculer les résistances relativement au cas le plus désavantageux pour les forces motrices.

Les résultats obtenus avec l'appareil, fig. 14, ont été confirmés par ceux de l'appareil, fig. 15.

On établit deux tréteaux TT, TT, portant deux planches DD, DD, et deux madriers *mm*, *mm*, en chêne, posés de champ, avec leur dessus bien horizontal et bien poli. Entre ces deux madriers est une ouverture longitudinale.

On a posé successivement divers rouleaux sur les deux règles de chêne, de manière que l'axe des rouleaux se trouvât ainsi qu'on le voit, fig. 15, perpendiculaire à l'alignement des règles dont on avait arrondi les arêtes. Les deux règles étaient parfaitement de niveau : l'on suspendait, des deux côtés du rouleau, des poids de 25 kilogr., avec des ficelles flexibles, ayant 4 millim. et demi de tour, et dont la roideur n'était pas le trentième de celle d'une corde de 6 fils de carret. Au moyen de plusieurs ficelles distribuées sur les rouleaux et chargées chacune de 25 kilogr. de chaque côté, l'on produisait sur les règles une pression déterminée. Avec un petit contrepoids alternativement suspendu des deux côtés du rouleau, l'on cherchait ensuite quelle était la force nécessaire pour donner à ce rouleau un mouvement continu insensible, ou pour vaincre : 1°. la roideur de la corde CC'; 2°. le frottement du cylindre.

La roideur de la corde est toujours en raison inverse du diamètre du cylindre.

Le frottement du cylindre BB, *qui frotte sur un plan horizontal, est en raison directe des pressions et inverse du diamètre. Ainsi, pour des cylindres de même poids, plus est grand le diamètre du cylindre et moins est grande la résistance du frottement.*

Ce résultat trouve souvent son application. Dans les travaux de l'agriculture, on emploie fréquemment des cylindres qu'on fait passer sur les terres labourées, pour en briser les mottes, ou sur les tapis de verdure, pour en fouler l'herbe qui devient par là plus fine et plus égale. Il importe de diminuer autant que possible la résistance du frottement, puisqu'alors un cheval pourra traîner, sans plus de peine, un cylindre plus long ou plus pesant. C'est ce qu'on fait en Angleterre en se servant de cylindres creux de fer coulé, qui sont à la fois solides, légers et d'un grand diamètre. Ajoutons qu'à masses égales, le moment d'inertie du cylindre creux étant plus considérable que celui du cylindre plein, la force acquise par le cylindre est altérée dans un moindre rapport par les obstacles que le cylindre doit vaincre. Ces considérations s'appliquent à l'emploi des roues dans toute espèce de transports.

Après avoir examiné les cas principaux de l'équilibre des poulies employées isolément, ou combinées suivant divers systèmes, il convient de nous arrêter sur les moyens de confectionner ces machines. La fabrication des poulies est une branche importante d'industrie, surtout pour la marine. Elle constitue une profession *spéciale*, et l'on nomme *poulieurs* les artistes chargés de confectionner ce genre de machines.

Nous ne parlons pas ici des poulies métalliques, dont les pièces principales sont fabriquées, en employant des moules dessinés avec soin, exécutés comme des ouvrages précis de menuiserie; coulées ensuite, en fer ou en cuivre; puis travaillées selon les règles de l'ajustage.

Nous nous arrêterons plus particulièrement sur la fabrication des poulies de bois.

On peut fabriquer des poulies de bois, en exécutant le rouet au moyen de la scie et du tour, et la caisse avec des instruments à trancher, comparables à ceux du menuisier et du sabotier. Cette dernière partie du travail est susceptible d'une exécution très-avantageuse, par le moyen des machines. La caisse de la poulie est composée de quatre faces qui, deux à deux, sont parallèles à deux plans de symétrie, l'un parallèle et l'autre perpendiculaire aux plans des rouets.

En exécutant ces quatre faces comme des portions de cylindre circulaire, voici le système ingénieux, imaginé par M. Brunel, méchanicien français. Sur la circonférence d'une grande roue à jour, on fixe des blocs de bois, équarris d'avance, et présentant la longueur, la largeur et l'épaisseur qui conviennent aux caisses des poulies qu'on veut fabriquer. Après avoir fixé d'une manière inébranlable ces blocs de bois sur la circonférence de la roue, on la fait tourner d'un mouvement uniforme; alors, par le moyen d'un outil tranchant, l'on taille, dans chaque bloc de bois, la face qui se présente extérieurement. On taille ainsi chacune de ces faces suivant un arc de cylindre droit circulaire, qui aurait pour axe l'axe même de la roue. Cela fait, on tourne, de deux angles droits, chacun des blocs; de manière que leurs faces extérieures deviennent intérieures, par rapport au cercle qui les porte. On fait mouvoir la grande roue, et l'on taille toutes les faces des blocs de bois, devenues extérieures. En prenant ces blocs, pour les placer sur une nouvelle roue d'un diamètre convenable, on taille les deux faces, encore brutes, de chaque caisse de poulie, suivant deux arcs de cylindre circulaire, d'un rayon différent, et qui convienne à la forme de la caisse.

Dans le système de M. Brunel, la force motrice est fournie par une machine à vapeur; elle pourrait l'être par un manége, ou par la force de l'eau, ou par la force des hommes. La seule chose à considérer ici, c'est le système de la roue et son mouvement circulaire.

Un autre travail essentiel est celui des mortaises à faces planes, dans chacune desquelles doit se loger un rouet de la poulie. Le travail de ces mortaises est lent et pénible lorsqu'on l'exécute, suivant la manière ordinaire, avec le maillet et le ciseau. Il est plus simple de commencer, au moyen d'une machine, à percer, vers un bout des rouets, un trou cylindrique dans le sens même de la mortaise, et dont le diamètre soit égal à la largeur de cette mortaise; puis, avec une scie très-mince, introduite dans ce trou, de détacher, à droite et à gauche, la partie de bois qu'il s'agit d'enlever pour pratiquer la mortaise.

On peut encore employer un ciseau auquel on imprime, par une force continue, un mouvement de va et vient. Ce moyen est celui qu'a préféré M. Hubert, savant ingénieur de la marine.

Lorsque les poulies doivent supporter de grandes pressions, leur essieu se trouvant fortement pressé par le rouet de la poulie, il en résulte, d'une part, que cet essieu s'use en se déformant; de l'autre, que le trou percé dans le rouet de la poulie pour le passage de l'essieu, s'élargit pareillement; et s'élargit d'une manière inégale, si la force de la matière du rouet n'est pas la même dans tous les sens. Cet inconvénient est surtout sensible dans les poulies, où les essieux et les rouets sont en bois, quoiqu'on ait soin de choisir pour les essieux un bois très-dur, comme le bois vert, et pour les rouets un autre bois également résistant, tel que le gayac.

Il vaut beaucoup mieux employer des substances métalliques pour fabriquer les essieux et les rouets. On a fait des rouets en fer coulé remarquables par leur légèreté, et continus dans toutes leurs parties. On préfère habituellement employer des essieux en fer, et des rouets en bois, ayant leur centre garni d'une espèce d'anneau de cuivre, qui présente une ouverture circulaire dont le diamètre s'adapte parfaitement avec le diamètre de l'essieu.

L'art d'entailler les rouets en bois, pour y enchâsser les dez en cuivre, est un travail délicat, qui peut s'opérer d'une manière beaucoup plus parfaite, par les moyens réguliers de la méchanique, que par les à peu près du travail manuel. On remarque, dans le système de machines inventé par M. Brunel, pour confectionner les poulies, des moyens ingénieux pour fabriquer les dez et pour tailler dans les rouets l'emplacement destiné à les recevoir.

Les dez de poulie doivent être ajustés avec une extrême précision dans l'entaille préparée pour les recevoir, puis boulonnés avec soin : la forme même des dez n'est pas indifférente. Cette forme doit différer beaucoup de celle d'un cercle unique, afin d'offrir la plus grande résistance possible à tourner dans le rouet; car si le dez tournait ainsi, ce mouvement, ce jeu qu'il prendrait, détruirait bientôt la solidité de l'ajustage. Il y a des dez quarrés et des dez triangulaires. Les dez de M. Brunel sont formés comme une fleur de trèfle, avec trois cercles, dont les centres sont à égale distance.

LEÇON.

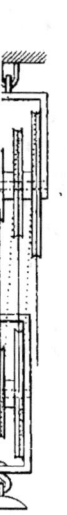

Fig. 15.

Gravé par Adam.

II. MÉCHANIQUE.   ARTS ET MÉTIERS et

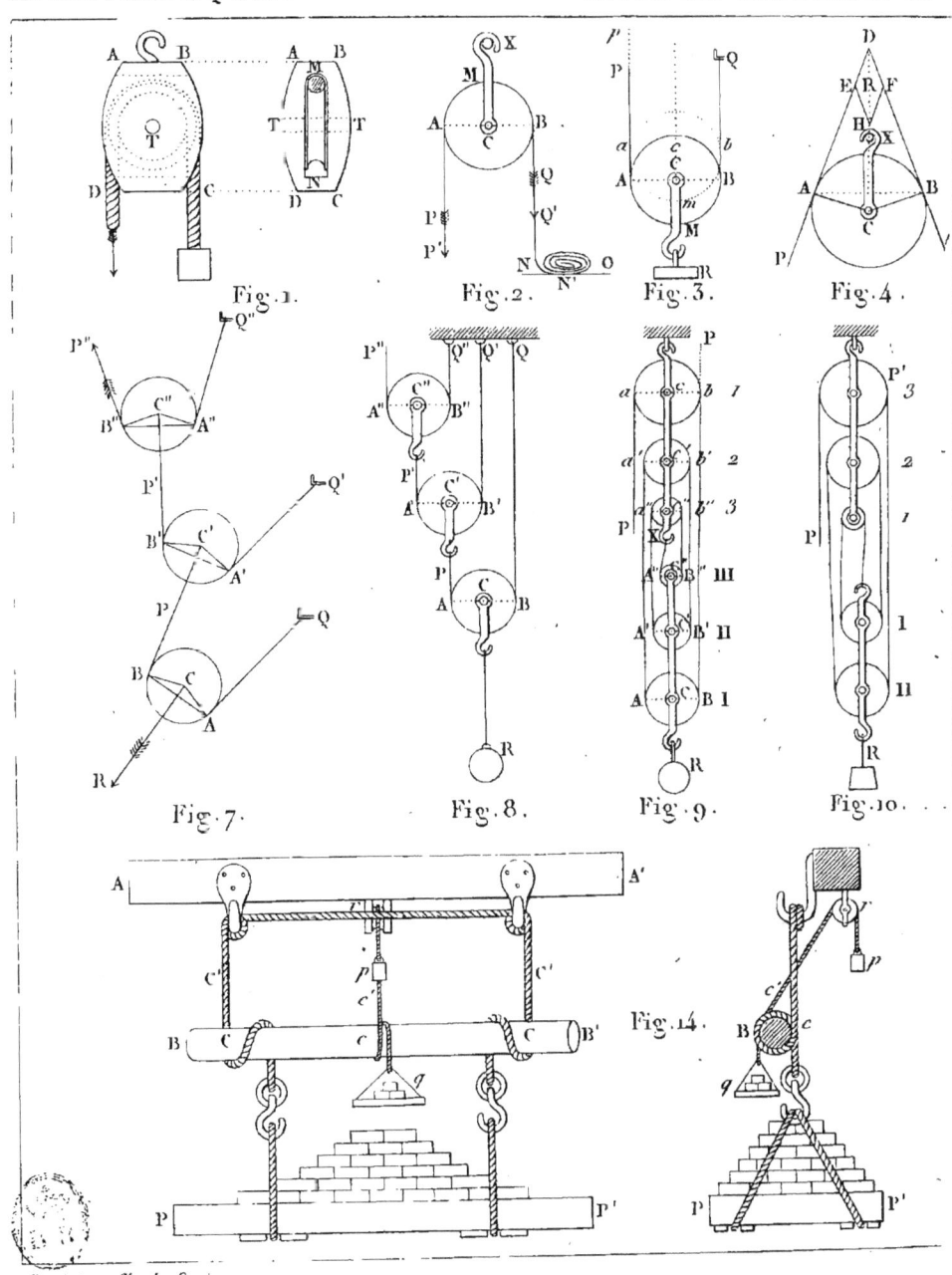

Fig. 1.   Fig. 2.   Fig. 3.   Fig. 4.

Fig. 7.   Fig. 8.   Fig. 9.   Fig. 10.

Fig. 14.

Dessiné par Charles Dupin.

AUX-ARTS. IX.ᵉᵐᵉ LEÇON.

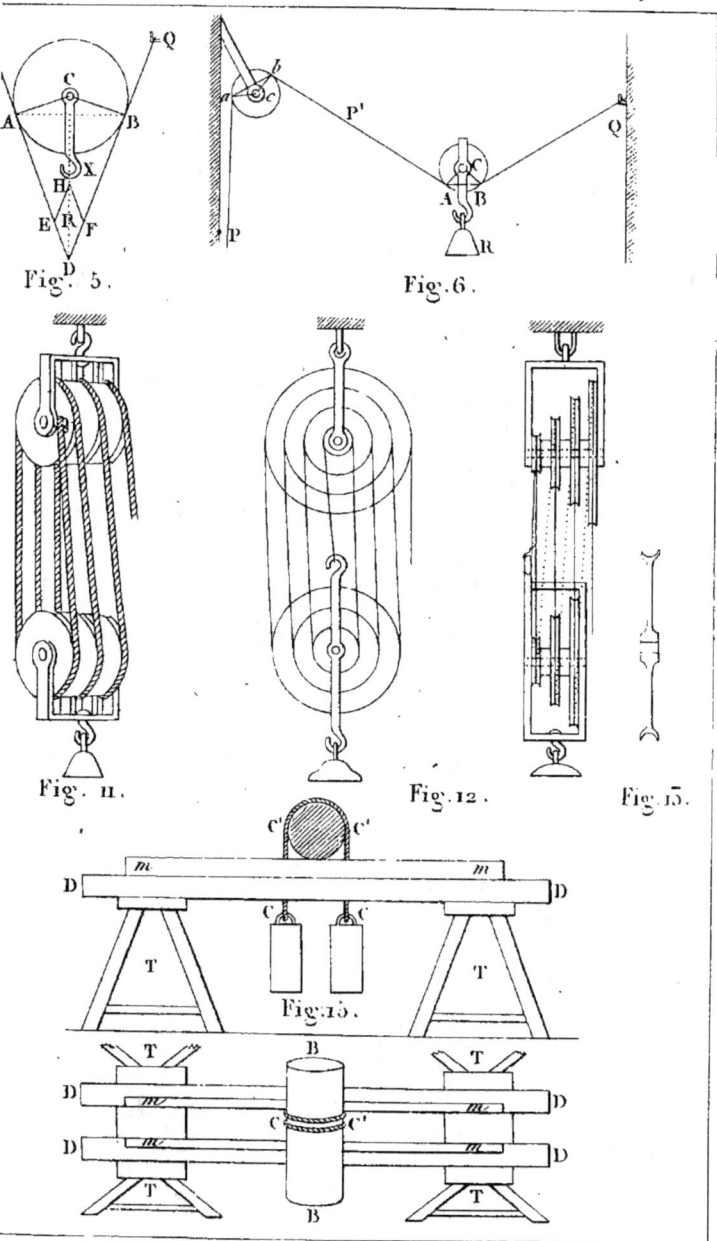

Gravé par Adam.

DIXIÈME LEÇON.

Du treuil et des roues dentées.

Le treuil, fig. 1, est composé d'un cylindre ABCD, et d'une roue circulaire EF, ayant le même axe, et fixés ensemble de manière à ce que la roue ne puisse pas tourner sans entraîner le cylindre dans son mouvement. Ce cylindre est porté par deux bouts d'essieu, M, N, qui tournent dans des trous circulaires sur des appuis immuables. Une corde est, par un bout, fixée et enroulée sur le cylindre; à l'autre bout, libre, de cette corde, on attache la résistance R; enfin la puissance P est appliquée à la circonférence de la roue.

Dans cette machine, il est facile de connaître le rapport de la puissance à la résistance. En effet, le moment de la résistance R, pour faire tourner le cylindre sur son axe, égale cette résistance multipliée par le rayon du cylindre.

Le moment de la force P, pour faire tourner la roue, égale la puissance P multipliée par le rayon de cette roue.

Pour qu'il y ait équilibre, il faut, 1º. que ces deux moments agissent en sens contraires; 2º. qu'ils soient égaux.

Voilà pourquoi l'on a toujours soin de faire tourner la roue EF, dans un sens opposé à la direction de la résistance R que l'on veut vaincre.

Supposons, maintenant, qu'on nous demande de déterminer les pressions supportées en M et N par les deux bouts d'essieu, ou, comme on les appelle, les *tourillons* du cylindre.

Si la puissance P passait par l'axe du cylindre, les points M, N, se trouvant dans le plan de cette force, on pourrait immédiatement décomposer P en deux autres qui lui seraient parallèles et qui passeraient respectivement en M et N.

La puissance P ne passant pas par l'axe de la roue, on peut la concevoir décomposée comme nous l'avons fait, V^e. leçon, fig. 16, pour une force AX qui ne passe pas par le centre de gravité du corps qu'elle doit mettre en mouvement.

On concevra donc, au lieu de la puissance P : 1°. une force P égale et parallèle à P, passant par le centre O de la roue; 2°. deux forces égales à $\frac{1}{2}$ P, dirigées de manière à faire tourner la roue dans le même sens, et agissant aux deux extrémités d'un diamètre de la roue. Ces deux forces n'agissant que pour faire tourner la roue sur son centre, sans pousser ce centre dans aucun sens, ne pousseront par conséquent les appuis M et N dans aucun sens.

Les pressions P', P'', exercées sur les appuis M, N, résultent donc d'une force P égale et pa-

rallèle à P, qui agit sur le centre O de la roue, en ligne droite avec ces appuis. Donc....
$P = P' + P''$ et $P' \times OM = P'' \times ON$, ou $P' \times MN = P \times OM$; $P'' \times MN = P \times ON$.

On prouvera de même que la résistance R exerce sur les appuis M, N, deux pressions R', R'', telles que

$R = R' + R''$ et $R' \times IM = R'' \times IN$, ou $R' \times MN = R \times IM$, $R'' \times MN = R \times IN$: I étant le point où la direction de la résistance R se projette à angle droit sur l'axe du cylindre.

Des égalités que nous venons de trouver, on conclut immédiatement

$P' = \dfrac{P \times OM}{MN}$; $P'' = \dfrac{P \times ON}{MN}$; $R' = \dfrac{R \times IM}{MN}$; $R'' = \dfrac{R \times IN}{MN}$;

valeurs simples et faciles à calculer.

Les deux forces P' et R', passant par un même point M, et les forces P'' et R'', passant par un même point N, il est aisé d'avoir leur résultante : c'est la pression totale exercée sur les appuis M, N, par la puissance et par la résistance.

Dans le cas le plus simple et le plus commun, la puissance P est parallèle à la résistance R. Alors P' et R', P'' et R'', sont aussi parallèles. La résultante de P' et de R' est $P' + R'$; la résultante de P'' et de R'' est $P'' + R''$. C'est le cas où les appuis éprouvent la plus grande pression possible, pour une valeur donnée de la puissance et de la résistance.

Quand la puissance et la résistance ne seront pas parallèles, P' et R', P" et R" ne seront pas non plus parallèles; on aura la résultante MX' de P' et R', et la résultante NX" de P" et R", au moyen du parallélogramme des forces représentées par les côtés MP', MR'; NP", NR".

La puissance étant toujours appliquée dans le plan de la roue, la pression qu'elle fait éprouver aux appuis ne change pas. Mais quand la résistance est exercée au bout d'une corde qui s'enroule ou se déroule par degrés, en formant une spirale sur le cylindre du treuil, la résistance est portée tantôt vers un appui, tantôt vers l'autre : ce qui augmente la pression sur le premier appui, pour diminuer la pression exercée sur le second, d'après les rapports que nous avons indiqués. Ainsi, quand la résistance est très-voisine d'un des appuis, elle exerce sur cet appui une pression presque égale à sa force totale, tandis que la pression exercée sur l'autre appui devient presque nulle. Les deux pressions deviennent égales, quand la résistance se trouve à égale distance des deux appuis; etc.

Il faut évidemment construire le treuil avec une solidité suffisante pour que ses appuis résistent à la plus grande pression possible.

Pour le treuil, comme pour les machines dont

nous avons précédemment examiné l'effet, nous faisons d'abord abstraction du poids de la machine.

Nous avons pareillement fait abstraction du diamètre de la corde, que nous avons supposé infiniment petit. Lorsqu'il n'est pas tel, il faut, par la pensée, considérer la puissance P et la résistance R comme appliquées suivant la direction de l'axe de la corde; et, par conséquent, ajouter au diamètre du cylindre et au diamètre de la roue, le rayon de la corde qu'on emploie.

En effet, lorsque la puissance P, fig. 2, agit sur une corde ABP d'une grosseur déterminée, dont elle tire également toutes les parties, cette corde étant ronde, la résultante de tous les efforts exercés dans chaque partie, sur chaque fil de la corde, doit passer par le centre de la corde. On peut donc substituer à la force P, décomposée pour agir sur tous les fils de la corde, la même force accumulée sur l'axe de cette corde. Alors le moment de cette force égale $(CA + Aa) \times P$, c'est-à-dire, le rayon de la roue plus le rayon de la corde, multiplié par la puissance.

Si je considère, à présent, l'effet de la corde IR tirée d'un bout par une résistance R, et de l'autre bout enroulée sur le cylindre C, on verra, par les mêmes raisons, que l'effet de la force R, sur ce cylindre, est représenté par le moment $(CI + Ii) \times R$, c'est-à-dire, le rayon du cylindre plus celui de la corde, multiplié par la résistance agissant sur cette corde.

Enfin, dans le cas de l'équilibre d'un treuil ayant CA pour rayon de la roue, CI pour rayon du cylindre, Aa pour rayon de la corde tirée par la puissance P qui agit sur la roue, Ii pour rayon de la corde tirée par la puissance R qui agit sur le cylindre, la condition de l'équilibre sera : *Le produit de la puissance par la somme des rayons de la roue et de la corde tirée par cette puissance, doit égaler le produit de la résistance, par la somme des rayons du cylindre et de la corde qui tire cette résistance.*

Lorsqu'il s'agit de faire parcourir de grands espaces à la puissance ou à la résistance, il ne suffit pas de former sur la roue un seul rang de tours de cordes ; il y en a souvent deux et trois rangées. On conçoit qu'à chaque rangée nouvelle, la puissance est successivement écartée de l'axe d'une distance égale, pour chaque tour, au diamètre de la corde : ce qui augmente d'autant la distance du centre à la direction de la force. Il faut avoir soin d'effectuer un tel correctif, lorsqu'on évalue d'une manière rigoureuse le rapport de la résistance à la puissance, dans le calcul de l'équilibre du treuil simple ou d'un système quelconque de treuils.

La grosseur des cordes ne changeant rien à la position du centre de la roue, pour la puissance, et du point de l'axe où l'on peut concevoir la résultante projetée, pour agir sur les appuis, la pression exercée sur les appuis n'est en rien changée par la grosseur des cordes.

Mais, lorsque le treuil doit être mis en mouvement, la grosseur des cordes ajoute sa résistance particulière à toutes les autres résistances : elle est, comme on l'a vu, p. 261, en raison directe des simples tensions et du quarré du diamètre des cordes, et en raison inverse du diamètre ou du rayon tant du cylindre que de la roue du treuil. On voit par là combien il importe, dans l'usage du treuil, qu'on puisse fabriquer des cordages dont la force soit la plus grande possible, pour un diamètre donné.

Observons un effet très-remarquable de la puissance et de la résistance sur l'arbre du treuil. Par l'action de la puissance P, le cylindre, ou, comme on dit, *l'arbre* du treuil est sollicité à tourner en O, fig. 1, dans le sens pp' de cette puissance. Par l'action de la résistance R, l'arbre est sollicité à tourner en I, dans le sens rr' de cette résistance, opposé au sens de la puissance. Si l'arbre n'est pas composé d'une matière inaltérable, il cède plus ou moins à ces deux effets contraires; *il se tord*, et la torsion qu'il éprouve est proportionnelle aux moments de la puissance et de la résistance.

Dans la leçon spécialement consacrée à la *vis*, nous offrirons de plus grands détails sur l'effet de la force de torsion et sur la figure spirale qu'elle tend à faire prendre aux fibres rectilignes des arbres employés dans les machines : c'est une considération de la plus haute importance pour la solidité et la durée des constructions.

Effets de la pesanteur sur le treuil. Tout ce que nous avons dit des effets de la pesanteur sur les poulies, s'applique aisément aux mêmes effets, sur le treuil et les roues dentées.

Il faut compter d'abord, parmi les forces perdues, celles qui sont employées à vaincre l'inertie du cylindre et de la roue.

Il faut, ensuite, ajouter aux pressions supportées par chaque axe et par chaque point d'appui, la pression verticale exercée par le poids de la roue du cylindre et des cordes.

Quant à la corde qui s'enroule d'un bout sur le cylindre du treuil ou du cabestan, et qui de l'autre est attachée à la résistance, lorsqu'elle s'enroule sur le cylindre, son poids cesse, par degrés, de faire partie de la résistance proprement dite, et fait partie de la résistance qu'oppose le cylindre : ce qui, dans beaucoup de cas, tend à diminuer la valeur totale de la résistance.

Afin de maintenir cette valeur totale toujours

la même, on emploie souvent un contre-poids qui pend au bout de la corde, opposé à celui qui tire la résistance. Alors il se déroule constamment autant de corde du côté du contre-poids, qu'il y en a d'enroulée du côté de la résistance, et réciproquement ; enfin, la même quantité de corde se trouve constamment enroulée sur le cylindre. Par conséquent, le rapport de la puissance à la résistance reste toujours le même, dès que la vitesse des mouvements est rendue uniforme.

La pression exercée sur les axes et les points d'appui est d'autant plus grande, que les cylindres et les roues qui composent les machines que nous considérons sont elles-mêmes plus pesantes. Donc, il faut que leur poids soit le plus petit possible, pour diminuer autant que possible les résistances qui naissent des machines. Nous développerons beaucoup plus ces conséquences, quand nous traiterons des frottements.

Souvent on remplace la roue du treuil par un simple bras de levier auquel on applique la puissance. Quand ce bras de levier est droit, on l'appelle une *barre*. *La manivelle* est un levier ordinairement coudé, qui présente une poignée où la main de l'homme s'applique comme puissance, fig. 3.

Au lieu d'employer un rouet de poulie pour

mettre en mouvement l'arbre d'un treuil, on emploie souvent des roues à chevilles et des roues à tambour. Pour les roues à chevilles, fig. 5, les hommes montent sur les chevilles plantées à droite et à gauche du contour de la roue, comme sur les bâtons d'une échelle. Il y a mouvement, si l'effort de leur poids, multiplié par la distance du centre de la roue à la verticale menée par leur centre de gravité, l'emporte sur le poids de la résistance, multiplié par la distance de l'axe de la roue et du cylindre à la verticale menée par le centre de gravité de la résistance.

L'avantage de cette machine consiste en ce que les hommes qui montent aux chevilles sont le plus loin possible de la verticale menée par le centre de la roue; leur effet est, par conséquent, le plus grand possible avec une roue donnée.

D'autres roues sont larges, creuses et présentent un chemin intérieur sur lequel marchent les ouvriers chargés de faire aller la machine. L'on mesure ici, comme dans le cas précédent, le rapport de la puissance à la résistance. Cette manière d'appliquer la force des hommes, sera beaucoup mieux comprise après la lecture de la XI°. leçon relative aux plans inclinés.

On a fait, en Angleterre, un grand usage de tambours où la puissance humaine est appliquée différemment. Imaginons un tambour ou cylindre d'un grand diamètre, sur la circonférence duquel de petites marches saillantes sont clouées à égale distance, et de manière à ce qu'un homme, dont les mains sont appliquées sur une barre horizontale, puisse aisément, par des pas successifs, monter sur ces diverses marches, sans avoir besoin de former d'enjambées trop grandes. On place les hommes ou les femmes, destinés à faire mouvoir le tambour, à côté les uns des autres, et se tenant tous à la même barre horizontale, avec leurs mains; tandis que leurs pieds, mus en cadence, se posent alternativement sur les marches paires et sur les marches impaires, pour faire tourner le cylindre. Ce moyen de travail, imaginé pour exercer la force des prisonniers, est regardé comme un châtiment très-efficace. On conçoit que la force des hommes, ainsi mise en action, peut être employée à produire toute espèce d'effets utiles. Si la résistance est appliquée sur la circonférence de l'arbre du tambour, la résistance est à la puissance, comme la distance de l'axe du tambour à la verticale menée par le centre de gravité des travailleurs, est au rayon de l'arbre du tambour.

Le *virevau* est une machine, représentée, fig. 4, qui se compose d'un arbre horizontal, comme celui du treuil, et de barres ou leviers qu'on enfonce d'un bout dans des mortaises pratiquées vers les deux extrémités et sur le contour de l'arbre; tandis que des hommes font effort avec leurs mains à l'autre bout de ces barres. Ici, la puissance est à la résistance, comme le rayon de l'arbre plus le rayon de la corde à laquelle est attachée la résistance, est à la distance de l'axe au point où sont appliquées les mains des manouvriers.

On fait usage du virevau à bord des navires; on s'en sert aussi sur des voitures de charge, étroites et longues, appelées *camions*. Dans ces voitures, l'arbre du virevau se trouve placé en avant des roues. Deux cordes enroulées sur l'arbre et retenues d'un bout à l'extrémité postérieure de la voiture, sont posées par-dessus les marchandises. Lorsqu'on fait effort avec les barres de ce virevau, pour enrouler de plus en plus les cordes, on les contraint d'embrasser un moindre espace, et de serrer les marchandises de manière à ce qu'elles ne puissent s'échapper et tomber par l'effet des secousses du roulage.

Le treuil et le virevau sont fréquemment employés dans beaucoup d'usages de l'industrie. En Angleterre, les grands magasins du commerce présentent sur leur façade des files verticales de portes-fenêtres; au-dessus du sommier de la fenêtre la plus élevée, se trouve une poulie absolument fixe, ou du moins fixée au bout d'une potence qu'on peut à volonté rendre saillante, ou rabattre contre le mur. Quand on veut monter ou descendre des marchandises, on les attache au bout d'une corde qui passe sur la poulie fixe et vient dans le magasin s'enrouler sur l'arbre d'un treuil. Ce treuil même est mis en mouvement tantôt par des manivelles, tantôt par des roues, etc. Il serait important que le commerce de France fît un plus fréquent usage des machines simples, et surtout du treuil.

La grue, fig. 6, est une application du treuil, par laquelle on remplit un double objet : celui de monter ou de descendre un fardeau, et celui de poser ce fardeau dans un endroit qui n'est pas sur la verticale correspondante à sa position primitive. On construit une potence qui tourne sur un arbre vertical. Le bout supérieur de cette potence porte le rouet d'une poulie fixe; le bout inférieur porte l'arbre d'un treuil ou virevau, qu'on met en mouvement par l'un des moyens que nous avons précédemment décrits, c'est-à-dire, avec des barres, ou des tambours, etc.

S'agit-il, par exemple, de décharger des navires, et de mettre à quai les marchandises qui composent leur cargaison? Des grues sont établies sur le bord des quais, près desquels accostent les navires; on fait tourner la potence de la grue jusqu'au point où le rouet fixé au bras supérieur de la potence, se trouve à l'aplomb du pont du navire qu'on veut décharger. On attache la marchandise au bout d'une corde qui passe sur la poulie fixe et vient s'enrouler sur le cylindre du treuil. Ensuite, on fait agir la puissance destinée à mouvoir ce treuil dans le sens nécessaire pour élever le fardeau. Quand le fardeau se trouve effectivement élevé à la hauteur nécessaire, on cesse de faire tourner le treuil; on fait, au contraire, tourner la potence sur son arbre, jusqu'au point où le fardeau que suspend cette potence arrive à l'aplomb du quai. Alors, on fait céder la puissance à la résistance, et le fardeau descend par l'effet de son poids, jusqu'à ce qu'il vienne se poser immédiatement sur le quai, ou sur un charriot qu'on a fait avancer à l'aplomb du fardeau. La plupart des grues sont mises en mouvement par la force des hommes; quelques-unes le sont par la force de la vapeur. Nous avons décrit plusieurs des machines de ce genre les plus remarquables, dans la troisième partie de nos Voyages dans la Grande-Bretagne. (*Force commerciale intérieure.*) Nous avons aussi donné beaucoup d'explications avec des dessins géométriques de diverses grues, dont toutes les parties sont en fer; ce qui les rend moins volumineuses et plus durables.

La parfaite construction des grues exige la réunion de connaissances fort-étendues en géométrie et en méchanique, afin de donner aux diverses parties qui composent ces machines, les formes et les proportions les plus avantageuses à la précision, à la douceur des mouvements. Il est indispensable que les parties mobiles de la grue soient aussi légères que possible avec la solidité qui leur est nécessaire : parce que la force d'inertie de ces parties, toujours trop pesantes, exige, en pure perte, un effort qu'il est très-utile d'économiser. Les principes que nous avons exposés déjà, et ceux que nous présenterons dans la suite de ce volume, trouveront les plus utiles applications dans la construction des grues, et généralement de toutes les machines qui se rapportent au treuil.

La chèvre est encore une machine qu'il faut rapporter au treuil. Elle se compose, en effet, d'un arbre horizontal, établi près de la base d'un triangle formé par une traverse horizontale et par deux montants obliques. Une poulie est fixée au sommet où se joignent deux montants. Enfin, le triangle que nous venons de décrire, et qui pose à terre par sa base, est retenu, à son sommet, par une troisième jambe, inclinée en sens opposé aux deux premières. Lorsqu'il s'agit d'élever un fardeau, on pose la chèvre de manière que ce fardeau se trouve entre les trois jambes de la machine. Un cordage passé dans le rouet fixe, sert d'un bout à saisir le fardeau ; l'autre bout vient s'enrouler sur l'arbre du treuil que l'on met en mouvement par le moyen de barres ou leviers. La chèvre est surtout employée fréquemment dans les manœuvres de force de l'artillerie. On peut en voir le dessin dans la fig. 7, GÉOMÉTRIE, IVe. leçon.

Le cabestan, fig. 8, est un treuil dont l'axe est vertical. La barre ou les barres qu'on emploie pour le mettre en mouvement, sont horizontales.

L'équilibre subsiste, dans la chèvre, le virevau et le cabestan, lorsque la puissance multipliée par la longueur du bras de levier, au bout duquel elle est appliquée, égale la résistance multipliée par le rayon du cylindre, plus le rayon de la corde à laquelle cette résistance est attachée.

S'il y a plusieurs barres et plusieurs puissances appliquées à chaque barre, il faut multiplier chaque puissance par la longueur de son bras de levier, et prendre la somme de tous ces produits. Cette somme doit être égale au moment de la résistance.

L'effet de la pesanteur de la machine sur les points d'appui n'est pas le même dans le treuil et dans le cabestan. Dans le cabestan, l'arbre, qui porte le nom de *cloche*, est vertical; la puissance et la résistance sont dirigées horizontalement : leur effet sur les points d'appui est de produire une pression horizontale. La pesanteur de l'arbre et des barres du cabestan produit une pression verticale, non plus sur le contour circulaire destiné à recevoir les tourillons de l'arbre, mais sur une base placée au-dessous de l'arbre et dans la direction de l'axe. Cette base, qui est ordinairement creuse comme une calotte de sphère, porte le nom de *saucier*.

Dans le cabestan, comme on voit, la pression horizontale, supportée par les deux appuis, ne peut provenir que des effets de la puissance et de la résistance; le poids de la machine n'y entre pour rien.

On emploie souvent le cabestan dans les travaux civils, pour traîner horizontalement des fardeaux. On fait glisser ces fardeaux sur des rouleaux cylindriques en bois ou en fer, quelquefois sur des roulettes, ou même sur des sphères qui courent dans des rainures creuses. On a pratiqué ce dernier moyen pour transporter l'énorme bloc de granit sur lequel est érigée la statue de Pierre premier, à Saint-Pétersbourg.

Les arts militaires, et particulièrement l'artillerie, se servent aussi du cabestan pour exécuter des manœuvres de force, dans les arsenaux, ainsi qu'en campagne, et dans les siéges.

C'est surtout à bord des vaisseaux qu'on en fait un usage important pour les manœuvres.

Le grand cabestan des vaisseaux, fig. 7, présente un arbre vertical qui traverse deux ponts, et qui repose sur un saucier établi dans le faux pont. Cet arbre est garni, dans un des entre-ponts, d'une cloche dont la forme, au lieu d'être cylindrique, est conique. Sur le contour de cette cloche, on fait faire un certain nombre de tours au cordage qui sert à tirer la résistance. Il est nécessaire d'expliquer ici l'effet de cette forme conique.

Nous avons dit que les lignes spirales tracées sur la surface d'un cylindre sont les lignes les plus courtes qu'on puisse tracer, d'un point à un autre, sur de telles surfaces. Par conséquent, des forces appliquées aux deux extrémités d'une corde pliée en hélice autour d'un cylindre, suivant la direction de cette hélice, tendront nécessairement la corde suivant la direction même de cette hélice. Dans cette position, les deux forces devant agir tangentiellement à l'hélice, sont obliques par rapport aux arêtes du cylindre, ou par rapport à l'axe. Mais, dans la définition du treuil et du cabestan, telle que nous l'avons donnée, la direction de la puissance et de la résistance est perpendiculaire à la direction des arêtes et de l'axe de l'arbre. Par conséquent, la résistance, appliquée au bout libre d'une corde pliée en spirale sur l'arbre du treuil ou du cabestan, n'agit point suivant la direction même de la spirale. Donc, l'effet de cette force est de déranger la corde pour lui faire quitter la direction de spirale qu'elle suit. L'effet de la résultante est de presser fortement la partie du cordage, déjà pliée en spirale sur le contour de l'arbre, de manière que si cette partie de cordage était compressible, l'hélice se resserrât de plus en plus, jusqu'à ce que la tangente à cette hélice fût dans la direction de la résultante qui serait elle-même dérangée.

Dans la manœuvre du cabestan, comme il s'agit, au moyen de cette machine, de faire parcourir un très-grand espace à la résistance, un espace égal, par exemple, à la longueur d'un câble de plusieurs centaines de mètres, on conçoit que, si le câble s'enroulait immédiatement sur la cloche du cabestan, il faudrait qu'il fît un nombre de tours considérable sur lui-même; ce qui augmenterait beaucoup le diamètre de la cloche, et diminuerait d'autant l'efficacité de la puissance.

On remédie à cet inconvénient au moyen d'une corde sans fin qu'on appelle *tourne-vire*. Cette corde présente, d'espace en espace, des nœuds ou *pommes* qui servent de points d'arrêt pour attacher le câble qu'on veut tirer, à la corde du tourne-vire. Cette corde fait cinq ou six tours en spirale sur la cloche du cabestan. A mesure qu'on vire au cabestan, le tourne-vire s'enroule sur la cloche par sa partie inférieure et se déroule par sa partie supérieure. Si la cloche était cylindrique, ce mouvement se continuant de la sorte, la corde du tourne-vire arriverait bientôt au bas de la cloche, et alors il s'engagerait entre la cloche et la surface du pont du navire, ou serait obligé de s'enrouler en sens contraire pour former un second rang de cordage appliqué sur le premier. Mais rappelons-nous que la cloche du cabestan est de forme conique, évasée par le bas. Or, ainsi que nous le verrons en traitant du plan incliné, la décomposition des forces produit cet effet que, plus la tension de la corde du tourne-vire, par l'action de la résistance, est considérable, plus est grande la pression de cette corde pour soulever la partie du tournevire, déjà pliée en hélice. Cette pression devient suffisante pour que, de temps à autre, la totalité des tours de spirale soit soulevée et repoussée vers le haut.

Ce dernier effet est produit aussi, parce que la cloche du cabestan, au lieu d'être strictement un cône, ce qui ne donnerait pas plus de facilité, dans un moment que dans l'autre, pour ce relèvement de la corde, est une surface de révolution, concave dans sa partie intermédiaire comme la surface d'une cloche, d'où la cloche du cabestan a tiré sa dénomination. A mesure que la corde s'enroule sur cette cloche et descend plus bas, elle se trouve sur une portion conique plus évasée; et, comme nous le verrons, en traitant des plans inclinés, cette obliquité donne d'autant plus d'énergie à la tension de la corde, pour soulever tous les tours de spirale formés sur la cloche et les transporter vers la partie supérieure du cabestan. Par cette disposition ingénieuse, on évite l'inconvénient que nous avons signalé.

Enfin, dans le cas où, malgré la forme de la cloche, la corde du tourne-vire s'enroulerait en descendant jusqu'au bas de cette cloche, elle rencontrerait des roulettes saillantes, r, r, dont l'essieu se trouve établi sur la circonférence même de la base des cloches; ces roulettes portent un plan incliné I, I, qui pousse le tournevire, et l'oblige à remonter.

Supposons, maintenant, qu'on ait une suite de treuils ou de cabestans, ABC, A'B'C', A"B"C", etc., fig. 9 et 11, tellement disposés que P étant la puissance qui agit sur la corde du premier treuil, la corde BA' s'enroule d'un bout sur le cylindre du premier treuil, de l'autre sur la roue du second; que, de même, la corde B'A" s'enroule sur le cylindre du deuxième treuil et sur la roue du troisième, et ainsi de suite; enfin, soient R, R', R'',.... les tensions éprouvées par ces divers cordons. R, R', R'',.... devront être considérés successivement comme puissances du deuxième, du troisième, du quatrième... treuil.

On aura donc les proportions suivantes, qui exprimeront l'état d'équilibre,

$$P : R :: CB : CA ; \quad \frac{P}{R} = \frac{CB}{CA}$$

$$R : R' :: C'B : C'A' ; \quad \frac{R}{R'} = \frac{C'B'}{C'A'}$$

$$R' : R'' :: C''B'' : C''A'' ; \quad \frac{R'}{R''} = \frac{C''B''}{C''A''}$$

En multipliant ensemble tous les premiers membres de ces égalités d'une part, et tous les seconds membres de l'autre, on aura donc :

$$\frac{P.R.R'....}{R.R'.R''....} = \frac{CB.C'B'.C''B''....}{CA.C'A'.C''A''....}$$

Effaçant les termes qui se détruisent, on aura

$$\frac{P}{R} = \frac{CB.C'B'.C''B''....}{CA.C'A'.C''A''....}$$

Ainsi, *dans un système de treuils ou de cabestans, la puissance est à la résistance, comme le produit des rayons de tous les arbres, est au produit des rayons de toutes les roues.*

Si l'on veut faire entrer, dans cette évaluation, le diamètre des cordes, il faudra dire que l'équilibre existe lorsque le produit de la puissance par les rayons de toutes les roues, augmentés chacun du rayon de la corde enroulée sur la roue correspondante, est égal au produit de la résistance par les rayons de tous les cylindres, augmentés chacun du rayon de la corde enroulée sur le cylindre correspondant.

DIXIÈME LEÇON.

On emploie souvent le système suivant pour transmettre un mouvement de rotation, d'un axe donné à un axe parallèle. On fixe sur chaque axe, C, *c*, fig. 10, un rouet CA, *ca*. On les enveloppe d'une corde sans fin A*ab*B, qui ait de petits arrêts très-rapprochés pour s'accrocher à des cavités préparées sur le contour des rouets et l'empêcher de glisser. Appelant P la puissance qui met en mouvement la grande roue et qui agit au bout du bras de levier CD, alors CD $\times$ P sera le moment de la puissance. Si nous représentons par T la tension des cordons, il faudra qu'on ait, pour la roue CAB,

$$P \times CD = T \times CA. \text{ Donc } T = P. \frac{CD}{CA}$$

Représentant ensuite par R la résistance qui agit au bout d'un bras *cd*, nous aurons immédiatement pour condition d'équilibre,

$$R \times cd = T \times ca; \text{ donc } T = R. \frac{cd}{ca}$$

Mais la tension de T exercée par la puissance est la même que la tension T exercée par la résistance. Par conséquent $P. \frac{CD}{CA} = R. \frac{cd}{ca}$

Si l'on supposait CD $=cd$, on aurait de suite P. $ca =$ R. CA; condition d'équilibre extrêmement simple.

Dans le cas du mouvement, supposons que le bras CD, où est appliquée la puissance P, mette un temps t à faire un tour, voyons combien le bras cd, où est appliquée la résistance R fera de tours durant ce temps.

Pendant un tour de CD, le rouet AB fait un tour complet; et chaque point A, sur la corde sans fin, s'avance d'une longueur égale à la circonférence de cette roue. Mais chaque point de la petite roue se meut aussi vîte que la corde sans fin; puisque la corde est supposée ne jamais glisser le long des roues. Donc le point a, pendant le temps t, parcourt, sur la roue abe, une longueur égale à la circonférence ABE. De plus, la longueur des circonférences étant proportionnelle à la longueur des rayons, la petite circonférence abe sera contenue dans la grande, autant de fois que le petit rayon l'est dans le grand. Par conséquent, le point a, pour parcourir sur la petite roue un espace égal à la circonférence de la grande roue, devra faire autant de tours que ca est contenu de fois dans CA.

Si l'on multiplie ce nombre par le moment de la résistance $= R \times cd$, on a

$$R \times cd . \frac{CA}{ca} \times \text{circonférence EAB}.$$

Quantité précisément égale à $P \times CD \times $ cir. EAB; puisque
$$P \times \frac{CD}{CA} = R \times \frac{cd}{ca}$$
donne
$$P \times CD = R \times \frac{CA}{ca} . cd$$

Et par conséquent

$$P \times CD \times \text{circ. } EAB = R \times cd \, \frac{CA}{ca} \times \text{circ. } EAB.$$

Ici vous retrouvez encore l'égalité qui doit toujours subsister entre les quantités de mouvement de la puissance et de la résistance, dans le mouvement continu des machines.

La machine que je viens de décrire est fréquemment employée dans l'art du tourneur; elle est encore employée par le gagne-petit, pour repasser les couteaux, et par la fileuse, pour le rouet avec lequel elle forme son fil.

Dans le rouet de la fileuse, la puissance P est le pied qui agit au bout d'une manivelle, par le moyen d'une pédale, sur laquelle elle pèse une fois à chaque révolution du tour.

Dans les ateliers où de grands efforts doivent être produits, on emploie souvent de larges lanières, au lieu de la corde sans fin qui fait le tour des deux roues. D'autres fois, au lieu de cordes, on emploie des chaînes.

On fait quelquefois usage de *chaînes dentées*. Les maillons de ces chaînes sont réunis par des axes ou boulons saillants de côté et d'autre. Ces boulons s'engagent dans des coches pratiquées sur les deux rebords du rouet qui, par conséquent, ne peut plus se mouvoir indépendamment de la chaîne.

On peut, au moyen des roues dentées, fig 12,

supprimer tout-à-fait ces cordes, ces lanières et ces chaînes; et transmettre, sans intermédiaire, le mouvement d'une roue à l'autre; en effet, comparons les deux roues ABE, *abe*, quand elles sont mises en mouvement par la corde A*ab*B, fig. 10, ou quand elles ont des dents qui s'engrenent immédiatement, fig. 12.

Dans l'un et l'autre cas, les points de ABE, *abe* se mouvront avec la même vîtesse; mais ABE, fig. 12, tournera de gauche à droite, quand *abe* tournera de droite à gauche; tandis que les roues isolées, fig. 10, tournent dans le même sens.

Les vîtesses des points A et *a*, fig. 10, étant les mêmes, A fera sur ABE un tour complet, quand *a* fera sur *abe* autant de tours que le rayon AC contient de fois le rayon *ac*. La vîtesse angulaire de *aeb* sera donc à celle de AEB, comme le rayon CA est au rayon *ca*.

Si la corde sans fin, au lieu de suivre la direction A*ab*B, fig. 10, suivait la direction A*ba*B, les rapports des forces ne cesseraient pas d'être les mêmes entre la puissance et la résistance qu'elle contre-balance lorsqu'il y a équilibre. Il y aurait seulement cette différence dans l'état de mouvement : suivant le premier mode, les deux roues ABE, *abe*, tournent dans le même sens; tandis que suivant le second, elles tournent en sens contraires.

Nous pouvons, avec cette combinaison, produire un système composé parfaitement analogue au système de treuils, fig. 13. En fixant, sur le même axe, de grandes roues dentées et de petites roues qu'on appelle *pignons* CA et ca, $C'A'$ et $c'a'$, $C''A''$ et $c''a''$,...., on trouvera, pour égalité des moments de la puissance P, et de la résistance, R, en appelant R', R'', les efforts supportés aux divers points d'engrenage,

$$P . CA = R' . ca$$
$$R' . C'A' = R'' . c'a'$$
$$R'' . C''A'' = R''' . c''a''....$$

P. R'. R''.... CA. C'A'. C''A''... = R'. R''. R'''... ca. c'a'. c''a''...,

D'où effaçant les multiplicateurs qui se détruisent, P. CA. C'A'. C''A''..... = R. ca. c'a'. c''a''..... Donc *la puissance est à la résistance comme le produit des rayons de toutes les petites roues est au produit des rayons de toutes les grandes roues.*

Si l'on appliquait au point d'engrenage de deux roues, fig. 14, une force M dirigée dans le sens du mouvement de CAE, et une force N dirigée dans le sens de la résistance éprouvée par la seconde roue cae, alors, pour qu'il y eût équilibre, il faudrait évidemment que ces deux forces fussent égales.

Soit donc la puissance P agissant sur AE, au bout du bras de levier CD, et R agissant sur ae, au bout du bras de levier cd; on aura

$$P \times CD = M \times CO$$
$$R \times cd = M \times cO$$

Donc $\quad P \times \dfrac{CD}{CO} = R \times \dfrac{cd}{cO}$

D'après cela, nous voyons : 1°. que CD et cd étant donnés, plus cO est petit,

plus est grand.... $\quad \dfrac{P}{R} = \dfrac{cO}{CD} \times \dfrac{CA}{cO}.$

2°. que CD et cd restant les mêmes, P et R sont en raison inverse du rapport des rayons CA et ca des roues dentées. Ainsi, quand la première est double, triple, quadruple de la seconde, la résistance R, contre-balancée par la puissance P, est pareillement double, triple, quadruple de cette puissance P.

Une machine qu'on peut rapporter à la roue dentée : c'est *la roue des voitures*.

Tous les corps de la nature sont terminés, non point par des surfaces parfaitement unies, mais par des surfaces parsemées d'aspérités plus ou moins nombreuses et plus ou moins saillantes. Les corps mêmes qui nous paraissent d'un poli parfait, regardés avec un microscope, nous semblent hérissés de pointes. C'est l'effet de ces pointes qui détermine le mouvement des roues d'une voiture.

En effet, si la roue était d'un poli mathématique, ainsi que le terrain horizontal, une force horizontale tirant la roue, celle-ci toucherait toujours le terrain, sans en éprouver aucune résistance. Mais, la pesanteur faisant engrener les aspérités ou dents de la roue entre les aspérités ou dents du terrain qui reste immobile, la roue est forcée de tourner. A chaque instant, une nouvelle résistance fait perdre à la roue une partie de sa vîtesse; et bientôt cette roue s'arrête, si l'on ne renouvelle pas la force perdue.

J'ai remarqué, dans plusieurs établissements d'Angleterre, des routes en fer, dentées, sur lesquelles roulaient des chariots à roues dentées. Ces routes et ces roues dentées sont une image sensible de ce qui se passe entre les aspérités presqu'invisibles des surfaces plus ou moins unies des routes plates et des roues ordinaires.

Que les roues dentées soient cylindriques ou coniques, et, par conséquent, que leurs axes soient parallèles ou divergents, le rapport de la puissance à la résistance n'en est pas moins toujours celui des distances du point où s'opère le contact des dents aux arbres respectifs qui communiquent avec la puissance et la résistance.

La fabrication des roues dentées est un travail d'art fort-délicat, qui demande l'emploi de méthodes géométriques rigoureuses, lesquelles se rapportent à la division du cercle, GÉOMÉTRIE, IIIe. leçon, aux propriétés des cylindres, VIIIe. leçon, et des cônes, IXe. leçon.

Lorsqu'il est question de construire des roues d'un diamètre considérable, la figure des dents devient un objet essentiel, qu'on doit soumettre à des méthodes géométriques. On s'impose la condition que les roues tournent de manière que les points de deux dents en contact ne puissent que s'appliquer l'une contre l'autre, comme une roue de voiture s'applique sur le terrain, sans que l'une *glisse*, *frotte* sur l'autre, pour avancer plus vîte ni moins vîte.

Il y a des ouvrages de méchanique qui contiennent des solutions fort-complètes de ces questions, et nous y renvoyons. Voyez le très-utile *Traité des machines*, par M. Hachette.

Au lieu d'employer un petit nombre de dents grosses, saillantes, et courtes, comme on le faisait autrefois, il vaut mieux multiplier le nombre des dents, et les rendre moins saillantes, moins larges et plus longues, afin de leur conserver une solidité suffisante. Alors la figure des dents devient beaucoup plus simple à tracer. Il suffit de donner à leur profil la figure d'un rectangle, dont les angles saillants soient rendus un peu obtus par un léger arrondi des deux faces perpendiculaires au contour de la roue. La machine elle-même, par son jeu, usant d'abord les parties plus saillantes que la théorie ne l'indique, elle s'améliore par l'usage même.

C'est ainsi qu'opèrent la plupart des constructeurs de machines, et même les horlogers, pour leurs roues dentées ordinaires; seulement, dans ces roues ordinaires, l'arrondi est complet.

Les horlogers emploient des roues dont les dents ont des figures variées et fort-différentes. Il y en a qui sont taillées sur le contour d'un cylindre, fig. 17. Les roues d'encliquetage ou d'arrêt, fig. 16, ont des dents pointues et toutes inclinées vers le cliquet ou bras de levier, qui empêche la roue de rétrograder.

Toutes les fois qu'il y aurait inconvénient grave ou danger à la rétrogradation, dans un mouvement circulaire, il faut recourir à l'*encliquetage*; à moins de faire usage du frein, dont nous parlerons au sujet du frottement, XIIIe. leçon.

On emploie souvent la combinaison suivante : on remplace une des roues dentées par un cylindre denté à jour, qu'on appelle *lanterne*, fig. 15. Il se compose d'une suite de bâtons tournés circulairement; les axes de ces bâtons sont également espacés sur un contour circulaire. Deux plateaux, taillés en cercle, reçoivent dans des mortaises quarrées, le bout de ces bâtons équarri en tenon. La lanterne n'étant qu'une roue dentée, le rapport de la puissance avec la résistance, s'estimera suivant la règle générale que nous avons démontrée.

Le *cric*, fig. 18, est une machine où l'axe de la

roue dentée AB est fixe, tandis qu'une tige droite et dentée EF, est mise en mouvement par la roue.

Dans le cric simple, une manivelle CBB' fait mouvoir la roue dentée A, engrenée sur la barre dentée EF. Dans cette machine, on a pour rapport de la puissance à la résistance, $\frac{P}{R} = \frac{CB'}{CA}$: égalité dans laquelle $\frac{CB'}{CA}$ est le rapport des espaces parcourus, dans un même temps, par la puissance et par la résistance.

Dans le cric composé, fig. 19, la manivelle agit sur un premier pignon, lequel s'engrène avec une roue. L'axe de cette roue porte un second pignon qui s'engrène directement avec la barre du cric.

En appelant D, D', les rayons de la manivelle et de la roue, d, d', les rayons des deux pignons, on a pour condition d'équilibre, dans ce nouveau cas, $P \times D \times D' = R \times d \times d'$.

Ainsi, par exemple, si D est triple de d et D' triple de d', on aura 3 fois 3 fois P = 1 fois 1 fois R, ou 9 P = R : donc une force P fait alors équilibre à une force 9 fois aussi grande. Tandis que, avec les mêmes dimensions, si la barre dentée eût été immédiatement appliquée au premier pignon, la puissance P n'aurait pu faire équilibre qu'à une force 3 fois aussi grande. Mais il faut que la puissance P parcoure 9 fois autant d'espace que la résistance, lorsqu'on veut qu'il y ait mouvement.

MÉCHANIQUE. ARTS ET MÉTIERS et BEA

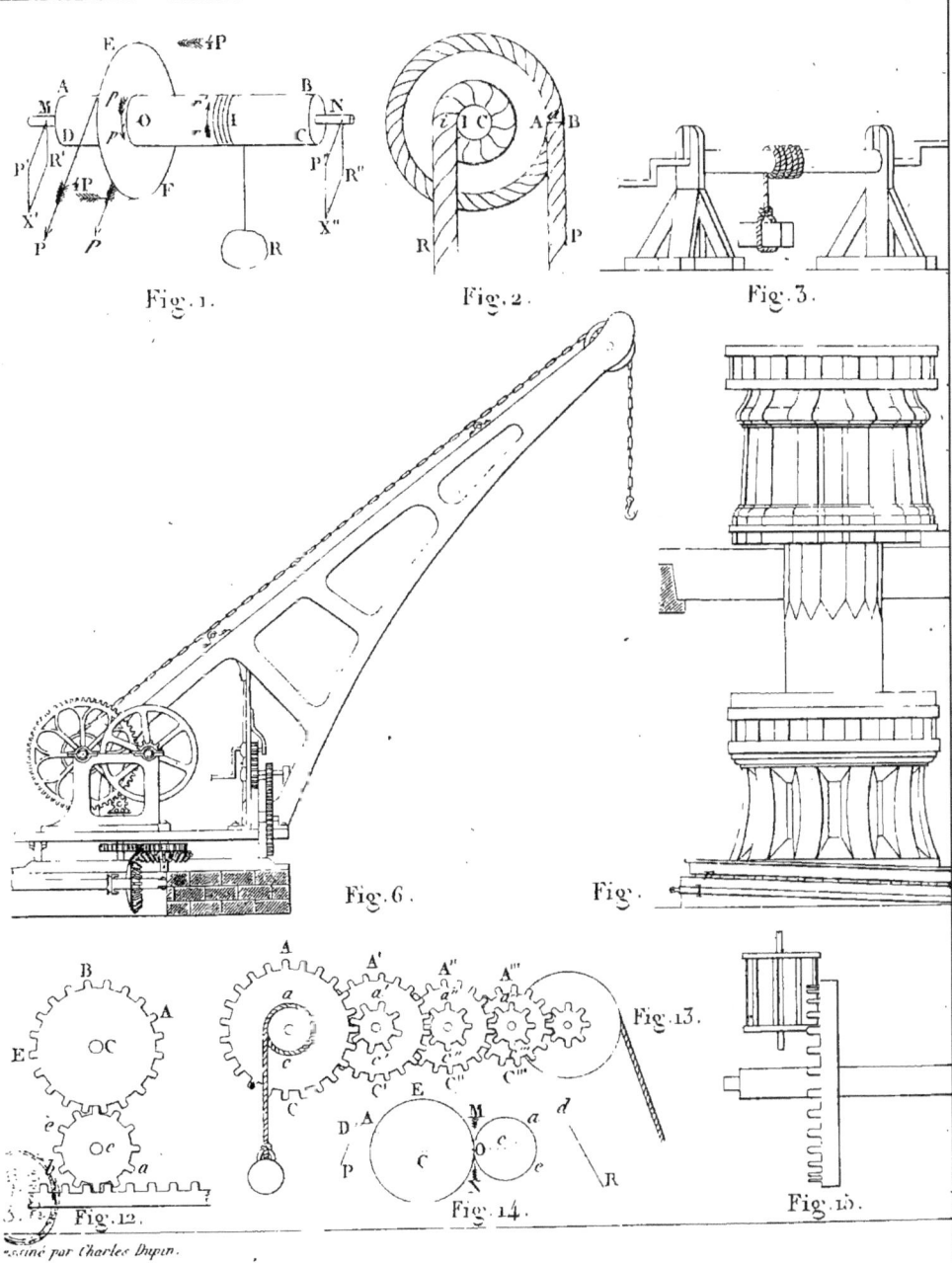

Fig. 1. Fig. 2. Fig. 3. Fig. 6. Fig. Fig. 12. Fig. 13. Fig. 14. Fig. 15.

Dessiné par Charles Dupin.

ARTS. X.ᵉᴹᴱ LEÇON.

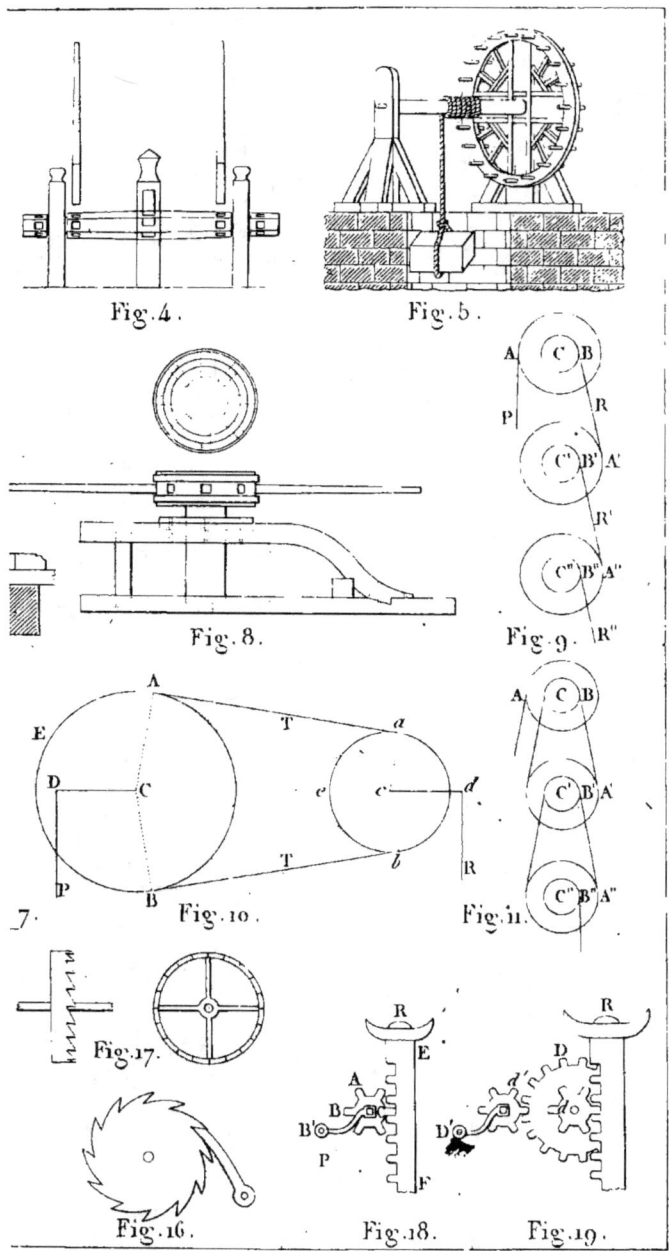

Gravé par Adam.

ONZIÈME LEÇON.

Équilibre sur des plans fixes ; plans inclinés ; routes en fer, avec leurs plans inclinés.

Dans l'équilibre du levier, nous avons fait entrer la considération d'un point fixe. Dans l'équilibre du rouet de poulie, du treuil, etc., nous avons fait entrer la considération d'une ligne droite ou axe fixe. A présent, nous allons examiner quel peut être l'équilibre de forces agissantes sur un plan fixe. Nous supposerons d'ailleurs ce plan d'un poli parfait.

Pour qu'une force PC, fig. 1, poussant le point matériel C, contre un plan fixe AB, ne produise aucun mouvement, cette force doit être perpendiculaire au plan.

Lorsqu'en effet la force est perpendiculaire au plan fixe, comme tout est symétrique dans la direction de la force, et dans la figure du plan, considérée sous tous les sens possibles, le point n'est sollicité à se mouvoir dans aucun sens plus que dans le sens opposé. Par conséquent, il doit rester en repos.

Si la force PC est oblique, fig. 2, on peut la décomposer en deux ; l'une CQ dirigée suivant le plan même, l'autre CP′ perpendiculaire à ce plan ;

or cette dernière force a son effet détruit par le plan ; donc il reste seulement la force CQ, laquelle agissant dans le sens CA, n'éprouve aucune résistance. Par conséquent, alors, il ne peut pas y avoir équilibre.

Soit un nombre quelconque de forces CP, CQ, CR,..., fig. 3, poussant toutes le même point matériel C, contre le plan ACB. Il faudra transporter ces forces au bout l'une de l'autre, sans changer leur direction, puis fermer par une dernière ligne droite, le polygone des forces : cette droite représentera la résultante, en grandeur ainsi qu'en direction. Il y aura équilibre dans le cas seulement, fig. 3, où la résultante CR′ de toutes les forces, sera perpendiculaire au plan fixe. S'il n'y avait pas équilibre, le point matériel C, fig. 4, se mouvrait le long du plan fixe ; comme s'il était animé par la force unique Cr, égale à la projection de la résultante CR sur le plan fixe.

Au lieu d'un point matériel, considérons un corps CEF, fig. 5, poussé contre le plan fixe, par une force P. Il faudra que la direction de P passe par le point C, si ce point est seul commun entre le plan et le corps.

Supposons, en effet, que la force P passe par un autre point C′ du plan fixe. En appliquant cette force au point D du corps, le plus voisin du plan fixe, sur P′C′, rien n'empêcherait la force P de pousser le point D jusqu'à toucher le plan, et

ONZIÈME LEÇON. 307

d'entraîner ainsi tout le corps CEF : donc il n'y aurait pas équilibre.

Il faut aussi que la force PC ne cesse pas d'être perpendiculaire au plan fixe, afin de n'être pas décomposée en deux autres : la première, perpendiculaire et détruite par le plan; la seconde, dirigée dans le sens même du plan et que rien ne contrarierait.

Si plusieurs forces agissaient sur le corps, il faudrait que leur résultante passât par le point C, et fût toujours perpendiculaire au plan fixe, pour que le corps restât en équilibre.

A présent, supposons que le corps touche le plan fixe, en deux points A, B, fig. 6. Il faudra que la résultante unique de toutes les forces qui sollicitent le corps, puisse être décomposée en deux autres qui passent par ces deux points.

En effet, soit, en projection verticale, Rr, fig. 6, la résultante de toutes les forces; soit, en projection horizontale, A$_h$, B$_h$, r_h, la position des deux points fixes A, B et du point r, où la résultante rencontre le plan fixe.

On pourrait d'abord mener par B$_h$ et r_h une droite B$_h$ r_h C$_h$, et décomposer la force Rr en deux forces parallèles à Rr : l'une P appliquée en B, l'autre Q appliquée en un point quelconque C de BrC. La force P étant perpendiculaire au plan fixe, et passant par un point B où le corps touche le plan, ne peut rien changer à l'équilibre du plan. Il resterait donc la force Q, qui ferait nécessairement tourner le corps, si le point C n'était pas commun à ce corps et au plan fixe : à moins que C ne se trouvât *entre* A et B. En effet, si le point C se trouvait au-delà de A ou de B, il tendrait à renverser le corps de ce côté.

Soit un corps appuyé par trois points A, B, C, fig. 7, sur un plan fixe. Joignons les points A, B, C, par les lignes droites AB, BC, CA. Pour que le corps, sollicité par une force quelconque PG, soit en équilibre, il faudra : 1°. que cette force soit perpendiculaire au plan fixe; 2°. que le point où elle rencontre le plan fixe, ne soit pas en dehors du triangle ABC. Sans cela, rien n'empêcherait cette force de faire tomber le corps du côté où elle se trouverait.

Si, au lieu de trois points d'appui, le corps posé sur un plan fixe en avait un nombre quelconque, il faudrait joindre ces points deux à deux par des droites; de manière à former un polygone fermé complètement et n'ayant pas d'angle rentrant. Alors les conditions d'équilibre de ce corps, poussé par une force quelconque, seraient : 1°. que cette force fût perpendiculaire au plan fixe; 2°. que sa direction prolongée jusqu'au plan fixe, ne tombât pas en dehors du polygone que nous venons de former.

Ces divers cas d'équilibre trouvent des applications importantes et nombreuses, lorsqu'on fait entrer la pesanteur des corps dans la comparaison et le calcul des éléments des machines.

Tout ce que nous venons de dire des corps posés sur des plans, s'applique à des corps placés sur des surfaces de figure quelconque, et composés de parties droites ou courbes. Il faut toujours que la résultante des forces qui agissent sur le corps, puisse être décomposée en forces qui passent par les points d'appui et soient perpendiculaires à la surface fixe; il faut, en outre, que cette résultante ne passe pas en dehors du polygone formé, sans angles rentrants, par les lignes droites menées de chaque point d'appui aux autres points d'appui.

Vous pouvez observer, dans les arts, de fréquentes applications de ces principes. Pour tenir en équilibre un poinçon, quand on le pousse avec la main contre une surface quelconque, il faut le diriger perpendiculairement à cette surface, afin qu'il ne glisse pas; il faut, en outre, que la force pousse le poinçon dans la direction de sa tête à sa pointe; car sans cela il tomberait ou glisserait.

Lorsqu'un corps est poussé contre un plan fixe, et porte contre ce plan par plus de trois points, on doit recourir à des considérations qui dépendent de la nature même des corps, pour connaître suivant quelles lois s'opère la répartition des pressions exercées par le corps en chacun des points de contact avec le plan fixe.

Il est un cas remarquable où l'on trouve immédiatement la valeur de cette pression ; c'est le cas où les points de contact formant sur le plan fixe une figure régulière, la puissance qui pousse le corps contre le plan fixe est dirigée de manière à passer par le centre de cette figure. En supposant aussi que le corps soit symétrique par rapport à des plans qui passent respectivement par les axes de symétrie du polygone, ou de la figure régulière que nous venons de former avec les points de contact, chacun de ces points supporte une égale pression. Par conséquent, la pression supportée par chaque élément de la surface de contact, est égale à la puissance qui pousse le corps contre le plan fixe, divisée par le nombre de ces points.

Dans les arts, on fait usage d'un grand nombre de corps, posés contre des plans fixes, en des points disposés suivant les règles de symétrie que nous venons d'indiquer.

L'homme, et tous les animaux qui marchent, appuient le poids de leur corps sur des pieds symétriques, ayant pour plan de symétrie celui du corps même. Par conséquent, les pressions exercées sur chaque pied sont égales. Dans l'industrie, on procure trois ou quatre points de support à la plupart des objets usuels. Par analogie, on appelle *pieds* les parties du corps qui touchent immédiatement contre la terre, et souvent on leur donne la figure d'un pied d'homme ou d'animal.

Le *trépied*, comme son nom l'indique, est un corps soutenu par trois pieds. Quand la figure satisfait aux conditions de symétrie que nous avons données, la pression supportée par chaque pied contre le plan fixe, est égale au tiers de la puissance qui pousse le trépied perpendiculairement contre le plan fixe. Les tables, les commodes, les lits, une foule de meubles, sont supportés par quatre pieds, qui satisfont aux conditions de symétrie que nous avons données. Par conséquent, chaque pied de ces produits d'industrie supporte le quart de la pression exercée perpendiculairement contre le plan fixe, par une puissance quelconque.

Il y a des objets qui portent sur des plans fixes suivant des lignes continues et régulières. Dans le cas où le corps satisfait aux conditions de symétrie que nous avons indiquées, tous les points de ces lignes supportent une même pression; la pression supportée par chaque élément de ces lignes est, par conséquent, en raison inverse de leur longueur totale.

On fait souvent usage, dans les arts, de surfaces de révolution qui posent contre un plan fixe, MN, fig. 8, en touchant ce plan suivant un cercle parallèle ABC. Si la puissance qui presse la surface contre le plan, la presse suivant l'axe même de la surface, il est évident que tous les points du cercle de contact supportent la même pression. Nous ne pousserons pas plus loin l'indication de ces applications à l'industrie.

Considérons un corps BCF, fig. 9, posé sur deux plans fixes, (1) et (2), qu'il touche en B et C. Pour que ce corps, sollicité par la force AP, soit en équilibre, il faut évidemment : 1°. que cette force puisse se décomposer en deux, dirigées suivant les droites PM, PN, passant par les deux points d'appui B, C ; 2°. que PM soit perpendiculaire au plan (1), et PN au plan (2).

Quand ces conditions seront remplies, la force PM se trouvant détruite par le plan fixe (1), et la force PN par le plan fixe (2), il y aura équilibre.

Dans tout autre cas, l'équilibre ne peut avoir lieu. En effet, la seule résistance que chaque plan produise est dirigée suivant la perpendiculaire menée par les deux points d'appui du corps sur ce plan. Donc il faut que les deux résistances, ainsi dirigées, fassent équilibre à la puissance. Mais, pour que trois forces soient en équilibre, il faut d'abord qu'elles concourent en un point. Donc, dans tous les cas d'un corps poussé par une force contre deux plans, dont chacun le touche en un point, il faut que la droite suivant laquelle agit cette force et les perpendiculaires élevées de chaque point de contact, passent par un même point. Alors un parallélogramme construit sur ces trois lignes, en prenant sur la première une diagonale égale à la puissance, fera connaître les pressions éprouvées par chaque plan.

Dans le cas d'un corps touchant trois plans, en un point, il faut toujours que la puissance fasse équilibre à des forces appliquées à ces points suivant des lignes perpendiculaires à ces plans et représentant les résistances éprouvées par les plans. Mais il n'est plus nécessaire que toutes les directions des résistances concourent en un même point.

Considérons le corps MN, fig. 10, sollicité par les forces P, Q, qui concourent en A et se tiennent en équilibre autour du point d'appui C, contre le plan fixe XY. Supposons que, sans changer ce point d'appui, l'on dérange infiniment peu la position de CA, c'est-à-dire, que l'on fasse tourner CA autour de C. En menant les perpendiculaires CD, CE, sur AP, AQ, nous pourrons regarder DCE comme un levier coudé. D'après ce que nous avons démontré pour le levier, nous verrons immédiatement que l'espace Dd parcouru par le point d, et l'espace Ee parcouru par le point E, quand le corps se dérange infiniment peu, sont réciproquement proportionnels aux forces P et Q qui leur correspondent, c'est-à-dire, qu'on a

$P : Q :: Ee : Dd$. D'où....$P \times Dd = Q \times Ee$.

Ainsi, *le principe des vitesses virtuelles* trouve encore ici son application.

Tous les corps étant animés à chaque instant

T. II. — MÉCHAN.

par la force de la pesanteur, on voit que les corps, posés sur des plans, ont besoin, pour y rester en équilibre, de satisfaire aux conditions que nous venons de démontrer. En supposant qu'aucune autre force ne sollicite ou ne retienne un corps posé sur un plan fixe, pour qu'il y reste en équilibre, il faut, par conséquent, que ce plan soit perpendiculaire à la direction de la pesanteur, c'est à-dire, à la verticale.

Ainsi, le plan fixe doit être *horizontal* pour qu'un corps y reste en équilibre, lorsque ce corps n'est sollicité ni retenu par aucune autre force.

Tel est le motif pour lequel on fait, dans les arts, un si grand usage des plans fixes et horizontaux. Les parquets de nos appartements sont horizontaux, afin que les meubles qu'on y pose restent en équilibre; afin que nous-mêmes, nous ne tendions pas à glisser et à tomber d'un côté plutôt que de l'autre. Pour un motif analogue, les tables, les étagères, etc., présentent aussi des plans horizontaux.

La résultante du poids d'un corps, passant toujours par son centre de gravité, cette résultante doit satisfaire à toutes les conditions d'équilibre que nous avons données, pour qu'un corps abandonné à sa pesanteur et posé sur un plan horizontal, y reste en équilibre. Ainsi :

1°. Quand un corps, posé sur un plan, ne le touche que par un point, il faut que la verticale, menée par ce point, passe par le centre de gravité du corps.

2°. Quand le corps pesant touche en deux points le plan fixe, il faut que la verticale, menée par le centre de gravité de ce corps, passe par la ligne droite qui joint les deux points de contact du corps et du plan fixe.

3°. Quand le corps pesant touche en plus de deux points le plan fixe, il faut que la verticale menée par le centre de gravité de ce corps ne rencontre pas le plan fixe en un point qui soit hors du polygone formé sans angles rentrants, par des lignes droites qui joignent deux à deux les points de contact du corps et du plan fixe.

Revenons au cas d'un corps soutenu par un seul point et en équilibre. Il est facile de voir que tout corps sphérique ABC, fig. 11, et d'une matière homogène, jouit de cette propriété, qu'en le posant sur un plan horizontal, il s'y trouve nécessairement en équilibre. En effet, le centre de gravité de ce corps se confond avec son centre de figure. Tout rayon GPC est perpendiculaire au plan horizontal MN qui touche la sphère en ce même point C. Donc la droite GPC, perpendiculaire au plan horizontal MN, est verticale. Donc, la force GP, équivalente à l'effet du poids de ce corps sur MN, remplit toutes les conditions nécessaires à l'équilibre.

Prenons un corps ABC, fig. 12, ayant la forme d'une molette, et formé en faisant tourner une ellipse autour de son grand axe. Si l'on pose ce corps sur un plan horizontal, de manière que le grand axe AB soit horizontal, il y aura équilibre. En effet, le centre de gravité G de ce corps, supposé homogène, se confond ici, comme dans la sphère, avec le centre de figure; et la verticale PGC, menée par le centre, passe par le point C où le corps touche le plan horizontal.

Il y aurait encore équilibre si je posais le corps ABC, de manière que le grand axe AGB, fig. 13, fût vertical; puisque la résultante du poids de ce corps passant par le centre G, passerait également par le point A.

Mais il existe, entre ces deux états d'équilibre, une différence bien remarquable. Si je change un peu la position de ce corps, fig. 12, il va sur-le-champ se mettre en mouvement pour revenir à cette position d'équilibre; si je change un peu la position, fig. 13, le corps va s'en écarter de plus en plus, et tomber.

Le premier équilibre est *stable*, le deuxième est *instable* (1). On appelle *stabilité* et *instabilité*

---

(1) Les résultats précédemment exposés, nous permettent de résoudre le problème suivant :

Deux corps ABC, *abc*, fig. 16, posés sur le plan MN, de manière que AG, *ag*, fussent verticales, n'y auraient qu'un équili-

la force avec laquelle les corps tendent à se rapprocher ou à s'éloigner de leur position d'équilibre, aussitôt qu'ils l'ont perdue.

Essayons de mesurer la force qui ramène ainsi bre instable : on demande quelles conditions doivent être satisfaites pour que ABC, abc, dérangés de leur position d'équilibre, mais appuyés l'un sur l'autre en un point D, soient en équilibre. Supposons, pour plus de simplicité, que les deux corps sont exactement égaux et également inclinés; soit P leur poids.

Chacun touchera l'autre suivant un plan vertical, et ils exerceront l'un sur l'autre une même pression $X = x$. Soit maintenant GE, ge, les verticales abaissées des centres de gravité G, g, de ces corps. Soient C, c, les points de contact de ces corps avec le plan MN. Le moment des poids P sera, pour le corps BCD, $P \times CE$, et pour le corps bcd, $P \times ce$. Ces deux moments seront égaux. Mais X, x, représentant la pression mutuelle des deux corps, en élevant des deux points d'appui C, c, les perpendiculaires CX', cx', sur ces corps, on aura $X \times CX' = x \times cx'$ pour le moment résultant de cette pression.

Il faut donc, dans le cas de l'équilibre, qu'on ait
$$P \times CE = X \times CX' = P \times ce = x \times cx'.$$

S'il y avait trois corps au lieu de deux, on résoudrait le problème de la même manière. En mettant en équilibre les moments $P \times CE$ de chaque corps, avec la pression exercée sur ce corps par les trois autres.

Les soldats résolvent ce problème d'une manière pratique, lorsqu'ils placent trois fusils en faisceau. Chacun de ces fusils, s'il était posé en équilibre sur l'angle c de la crosse, n'y aurait pas de stabilité ; mais, en croisant les bayonnettes de manière à ce que le bout de chaque arme exerce une pression contre les deux autres armes, l'équilibre stable s'établit. Rien ne serait plus facile que de calculer les pressions exercées sur chaque fusil par les deux autres, pour qu'il y eût équilibre dans cette position.

dans son état d'équilibre, ou qui l'en écarte, le corps que nous considérons.

Commençons par la première position. Supposons qu'on incline un peu le grand axe AB, fig. 14, de manière que ce ne soit plus le point C, mais le point D qui touche le plan horizontal. Alors ce n'est plus PGC qui représente la direction de la résultante du poids du corps, mais P'Gd.

Maintenant, la force P' = P agit pour faire tourner le corps AB, autour du point d'appui D, avec un bras de levier égal à Dd; donc, le moment avec lequel le poids du corps tend à faire descendre la partie GAC et remonter la partie BCG, est égal à P $\times$ Dd. Mais le poids P du corps restant le même, plus ce corps est écarté de la position primitive, plus dD est grand, plus est grand le moment P $\times$ dD; plus, par conséquent, le corps tend avec énergie à revenir vers sa position primitive; en l'abandonnant à lui-même, il reviendra donc naturellement vers sa position d'équilibre. *Cet équilibre est stable.*

Élevons la verticale DgO jusqu'à la droite CGP, qui est verticale dans la position d'équilibre; menons ensuite l'horizontale Gg. Nous aurons Dd = Gg; par conséquent, P $\times$ Gg égale le moment avec lequel le corps tend à reprendre sa position primitive. En supposant que l'angle GOg soit infiniment petit, on pourra regarder Gg comme égal à l'arc décrit entre OGC, OgD, du point O comme centre, et avec OG pour rayon.

Le point O est ce que les géomètres appellent le *métacentre* du corps ACB. Par conséquent, lorsque l'équilibre est stable, le métacentre est toujours au-dessus du centre de gravité. Pour un degré constant d'inclinaison de la nouvelle verticale OD sur la primitive OC, l'arc Gg est proportionnel au rayon; donc le moment $P \times Gg$ est aussi proportionnel au rayon GO, égal à la distance du centre de gravité et du métacentre. Ainsi, cette distance est propre à donner la mesure de la stabilité des corps.

Revenons au second cas. Supposons qu'après avoir posé le corps ACB sur le bout A de son grand axe, on l'ait un peu dérangé de son état d'équilibre, comme on le voit dans la figure 15, où D est le nouveau point de contact du corps avec le plan horizontal. En menant la verticale Gd, elle tombe en dehors des points A et D; et l'on a, pour mesure de la force avec laquelle le poids P tend à tirer le corps afin de le faire tomber, $P \times Dd = P \times Gg$.

Ici, comme dans le cas précédent, si l'angle GOg est infiniment petit, on peut regarder Gg comme un arc ayant O pour centre. Alors, pour une inclinaison donnée de AB, par rapport à la verticale, le rayon OG est proportionnel à la distance $Gg = Dd$.

Le point O est encore ce que nous avons

appelé le *métacentre*. Mais ce métacentre, au lieu d'être au-dessus, se trouve au-dessous du centre de gravité. Du reste, sa distance au centre de gravité, est aussi propre à servir de mesure à l'*instabilité*, que, dans le cas de la fig. 14, elle était propre à donner la mesure de la *stabilité* du corps ACB, posé sur le plan MN.

Si le métacentre O et le centre de gravité G se confondaient, il faudrait que les verticales OD et Gd se confondissent. Mais, alors, la verticale qui passe par le centre de gravité G, passant aussi par le point d'appui D, la distance Dd serait nulle; ainsi le moment P $\times$ Dd = 0. Donc il n'y aurait plus d'effort pour faire mouvoir le corps, qui resterait en équilibre.

En résumé : Quand le métacentre se confond avec le centre de gravité, l'équilibre subsiste après le dérangement du corps, comme auparavant : l'équilibre est ce qu'on appelle *indifférent*. Quand le métacentre est au-dessus du centre de gravité, le corps, s'il est dérangé de son état d'équilibre, tend à reprendre sa première position; alors, l'équilibre est *stable*. Quand le métacentre est au-dessous du centre de gravité, le corps, s'il est une fois dérangé de son état d'équilibre, tend à s'en écarter de plus en plus; alors, l'équilibre est *instable*.

Enfin, dans tous ces cas, la mesure de la stabilité ou de l'instabilité est donnée par le produit du poids du corps par la distance du centre de gravité au métacentre, lequel est ici le *centre de courbure* de l'arc AD tracé sur le corps, entre A et D.

Par là, les propriétés de la stabilité des corps oscillant sur des plans fixes, se rattachent à celles de la courbure des surfaces. (Voyez Géométrie, XVe. leçon.) De même qu'à partir d'un point fixe, la courbure d'un corps est symétrique par rapport à deux directions placées à angle droit, de même la stabilité d'un corps sur un plan horizontal est symétrique par rapport à deux directions placées à angle droit. Une de ces directions appartient à la plus grande, et l'autre à la moindre stabilité. Les stabilités intermédiaires sont égales quand elles sont prises par rapport à deux axes horizontaux, faisant un même angle avec la direction de plus grande stabilité; et par conséquent, aussi, faisant un même angle avec la direction de moindre stabilité, etc.

La théorie de la stabilité des corps qu'on dérange un peu de leur position d'équilibre, présente des applications d'une extrême importance pour la richesse et la vie des citoyens, pour l'honneur et la force de l'état. Quand les vaisseaux gardent sur la mer un équilibre stable, ils naviguent avec sureté pour l'industrie publique ou pour la défense du pays. Au contraire, dès l'instant où cet équilibre devient instable, le vaisseau tend à se renverser, à chavirer, à engloutir avec lui tous les matelots et les soldats qui le montent. La théorie de la stabilité des vaisseaux a des relations intimes avec les principes que nous venons d'exposer (1). Mais, pour être complète, elle a besoin d'autres principes fondés sur la force des fluides. Voyez IIIe. vol., Forces motrices.

Après avoir considéré l'équilibre d'un corps sur un plan horizontal, il faut considérer l'état de ce corps sur un *plan incliné*. On nomme ainsi tout plan qui n'est ni horizontal ni vertical.

On mesure son inclinaison par l'angle qu'il fait avec un plan horizontal, et la géométrie, viie. leçon, ramène facilement la mesure de cet angle de deux plans à la mesure de l'angle formé par deux lignes droites. La 1re. droite est sur le plan horizontal, la 2e. sur le plan incliné; et toutes deux sont menées, d'un même point, perpendiculairement à l'intersection des deux plans.

---

(1) Depuis 1820, j'expose chaque année ces principes dans mon cours, et je montre comment on peut y ramener la recherche des conditions d'équilibre des corps flottants. Je place ici cette remarque, parce que l'estimable auteur des Annales de Mathématiques, auquel ce fait n'était pas connu, a présenté, comme une simplification qui m'avait échappé, un semblable rapprochement, que je n'ai pas inséré dans mon mémoire sur la stabilité des corps flottants. *Applications de Géométrie*. In-4°., imprimées à Paris, chez Bachelier.

ONZIÈME LEÇON. 323

Représentons le plan horizontal par une horizontale MN, fig. 17, et le plan incliné par la ligne droite AC, qui fait avec MN le même angle que le plan incliné avec le plan horizontal.

Posons un corps quelconque X, sur CA. Si ce corps n'est retenu par aucune force étrangère, on pourra décomposer son poids GP en deux forces Gq, Gp, l'une parallèle, l'autre perpendiculaire au plan incliné. L'effet de celle-ci sera détruit si la perpendiculaire Gp ne tombe pas en dehors du polygone qu'on forme en joignant les points de contact par des lignes droites. Ainsi nous pourrons appliquer à la force Gp toutes les considérations que nous avons présentées sur l'équilibre stable, instable et indifférent, des corps appuyés sur des plans horizontaux.

Quant à la force Gq, comme elle agit parallèlement au plan CA, elle n'éprouve aucune résistance de la part de ce plan; si donc elle n'est combattue par aucune force étrangère, elle fera glisser le corps le long du plan incliné.

L'espace que parcourra ce corps sur le plan, est à l'espace qu'il parcourrait dans le même temps, s'il tombait librement suivant GP, comme la force Gq qui le tire parallèlement à AC est à la force GP qui le tire verticalement.

Que le corps se meuve en vertu de la force Gq, ou bien soit retenu par une force Gq', égale et tirant en sens contraire, il faut toujours, si l'on veut que l'équilibre ait lieu, que la perpendiculaire Gp tombe sur le point où le corps touche le plan incliné AC, s'il n'y a qu'un seul point de contact. S'il y a plusieurs points de contact, il faut que la perpendiculaire Gp tombe dans le polygone formé, sans angles rentrants, en joignant deux à deux les points où le corps touche le plan incliné. Cette théorie trouve une application très-utile dans la stabilité des voitures en repos ou en mouvement.

Quand un corps G, fig. 18, est tenu en équilibre sur un plan incliné AC, par une seule force GQ parallèle à ce plan, il faut, en décomposant GP poids du corps, en Gp et Gq :

1°. Que la force Gp, supposée agir seule perpendiculairement à AC, y tienne en équilibre le corps G, supposé sans pesanteur; 2°. Que Gq passant par le centre de gravité G, on ait

Force Q : force P : : Gq : GP.

Si nous menons NO perpendiculaire au plan horizontal MN, les triangles ANO, et PGq seront semblables; et l'on aura AO : NO : : GP : Gq = GQ; c'est-à-dire, *le poids du corps est à la force* GQ *qui lui fait équilibre, comme la longueur* AO *du plan incliné est à sa hauteur* NO.

Si la force GQ, fig. 19, était horizontale, il faudrait que la résultante Gp de GQ et de GP passât par le point p de contact du corps et du plan; ce qui donnerait la proportion GP : GQ = Pp

:: MN : NO, c'est-à-dire, *le poids du corps est à la puissance qui lui fait équilibre, comme la base du plan incliné est à sa hauteur*. Ces théorêmes, d'une expression très-simple, sont d'un usage continuel dans la méchanique.

Nous terminerons cette leçon par un extrait de nos *Voyages dans la Grande-Bretagne*, Force commerciale, *voies publiques*, en présentant ce que nous avons dit de plus essentiel sur les *routes à ornières en fer et sur les plans inclinés*, tels qu'on les emploie dans la Grande-Bretagne. Ces routes et ces plans inclinés peuvent être du plus grand avantage pour les établissements d'industrie, en France.

Le tracé des routes-ornières, en fer, se présente sous deux points de vue très-distincts : 1°. quand les transports s'opèrent tous suivant une seule direction ; 2°. quand ils s'opèrent également suivant les deux directions opposées.

Dans le premier cas, ce qu'on trouve de plus simple, est de monter verticalement avec des machines, tous les fardeaux à transporter, jusqu'au sommet de la route inclinée ; sommet d'où les chariots n'ont plus ensuite qu'à descendre.

Lorsqu'il s'agit seulement de descendre pour conduire des chargements jusqu'aux rivières, aux canaux, ou bien aux grandes routes, quelle que soit la distance, il est facile, par des routes-ornières bien ménagées, de rendre le transport avantageux. Voilà ce que nous pourrions faire avec un grand succès, en exploitant les bois nécessaires à la marine ainsi qu'aux constructions civiles, dans les lieux élevés et trop éloignés de toute rivière, pour qu'on puisse, au moyen de routes ordinaires, arriver sans trop de frais aux cours d'eau qui permettent le flottage C'est un objet de la plus haute importance pour notre force navale, pour notre commerce maritime, et pour une foule d'autres branches de notre industrie.

Quelle est la pente la plus avantageuse qui convient aux routes-ornières? C'est celle qui permet aux chariots chargés, de prendre un mouvement uniforme, par le seul effet de leur poids. En la suivant, un cheval qui conduit une file de chariots, n'a besoin d'exercer que la force nécessaire pour vaincre l'inertie des masses qu'il transporte, et les petits arrêts que des inégalités légères pourraient présenter sur la route.

Le nombre des chariots chargés qu'un cheval doit traîner, est égal au plus grand nombre des chariots vides que ce cheval peut remonter sur la même route. Ainsi, plus l'inclinaison de la route est considérable, moins le cheval descend de chariots, à chaque voyage. On voit par-là qu'il existe une certaine pente plus avantageuse que toutes les autres; c'est celle qui, sans aucune perte, emploie toute la force du cheval, pour aller vers le haut et vers le bas. Plus un chariot chargé est pesant, moins est grande l'inclinaison suivant laquelle il commence à descendre de lui-même, plus est grand aussi le nombre des chariots vides que le cheval peut remonter suivant cette inclinaison. Sous ce point de vue, il y a donc plus d'avantage à se servir de grands chariots. On doit préférer ceux qu'on emploie aux environs de Newcastle, lesquels portent 2,500 kilogrammes et pèsent 1,500 kilogrammes, à ceux qu'on emploie aux environs de Glasgow, lesquels ne portent que 600 kilogrammes et pèsent 300 kilogrammes.

La caisse de ces chariots est un tronc de pyramide quadrangulaire évasée et découverte par le haut. La largeur et la longueur du fond sont respectivement, $1^{\text{mèt.}},5$ et 2 mètres; la longueur de la base supérieure est de $2^{\text{mèt.}},8$ à 3 mètres. Enfin les côtés, inclinés à l'horizon d'un peu plus de 45°, ont 1^{mèt},6 de largeur. Le fond du chariot est garni d'un sabord de déchargement, placé vers l'extrémité qui regarde les navires en chargement. Le sabord est fermé par deux pattes de fer qui tournent à charnière et se rabattent sur la face inclinée antérieure du chariot ; là, elles emboitent l'œil du piton. Une même goupille traverse les deux yeux de ces pitons, lorsqu'on veut fermer le sabord. En retirant la clavette et dégageant les deux pattes de fer, le sabord s'ouvre par l'effet de la charge qu'il supporte, et cette charge descend entre les quatre roues.

Il y a des crochets à l'avant et à l'arrière du chariot, pour y fixer à volonté la corde de traction. Les roues, en fer coulé, ont 6 à 7 décimètres de diamètre; leur largeur horizontale est de 15 à 16 centimètres; elles présentent un rebord qui reste en dedans de la route en fer : enfin la largeur de la voie est de 14 à 15 décimètres.

Je vais maintenant décrire plusieurs particularités d'une route ornière très-remarquable, qui vient aboutir sur les bords du Wear, près de Sunderland.

La mine de charbon d'où part cette route est éloignée d'environ 10 kilomètres du point d'embarquement. Dans toute cette longueur, le terrain qu'on avait à parcourir n'offrait pas de très-fortes pentes ; néanmoins, lorsqu'on a rencontré des monticules un peu trop accidentés, on a fait une coupée pour les traverser. La route aboutit sur la côte escarpée qui borde le Wear, par une levée horizontale qui se rend au premier étage d'un vaste magasin bâti sur la crête de cette côte. Ce magasin, long d'environ 50 mètres, sur 25 à 30 de large, est élevé au moins de 40 mètres au-dessus du niveau moyen des eaux du fleuve; il est composé de trois parties longitudinales, séparées par deux rangs de piliers. Les trois planchers du premier étage sont garnis chacun d'une route en fer, allant d'un bout à l'autre du magasin. Des écoutilles équidistantes, sont ouvertes entre les supports en fer de cette route. Les chariots, arrivant chargés de la mine, entrent donc au premier étage. Ils parviennent à des plateaux circulaires et tournants qui, respectivement, ont leur centre sur chacune des trois routes en fer. Les chariots font un quart de conversion sur ces plateaux circulaires; puis on les conduit à la main sur les routes longitudinales de cet étage, jusqu'à l'aplomb d'une des écoutilles, pour faire tomber le charbon dans tel endroit du rez-de-chaussée qu'on le désire. Chacune des trois parties longitudinales de ce rez-de-chaussée, contient une nouvelle route en fer, qui sort du magasin et descend jusqu'au Wear. Deux des trois routes sortant du magasin, se réunissent en une, qui plus bas se réunit à la troisième; puis elles se divisent en deux, et se réunissent encore avant d'arriver à leur terme. Les chariots chargés et conduits jusqu'au commencement de la descente, passent d'abord sur un pont de cent mètres d'ouverture, jeté sur un profond ravin; ensuite ils traversent un rocher, dans une étendue de près de quarante mètres.

Dans toute cette partie, la route en fer est composée de plates-bandes simplement clouées sur des longrines en bois, ayant vingt mètres de longueur.

Le pont en charpente établi sur le ravin réunit la hardiesse et la légèreté. C'est un système très-simple de matériaux plantés verticalement, avec des traverses et des soutiens obliques pour les consolider. La plate-forme du pont est composée de pièces longitudinales recouvertes par des bordages de navires démolis.

Quand un chariot descend, l'autre monte; ils se rencontreraient à moitié chemin, s'il n'y avait qu'une route; mais il y en a deux en cet endroit; ainsi les deux chariots pour se croiser, suivent une route différente, puis chacun prend celle que l'autre vient de quitter.

ONZIÈME LEÇON.

L'intervalle entre les deux routes présente, de distance en distance, de gros rouleaux dont l'axe, horizontal, est perpendiculaire à la direction de la route. Ils supportent la corde qui sert à retenir les chariots dans la descente, et à les tirer dans la montée.

Au bas de la route, les chariots arrivent sur une plateforme au-dessus de l'endroit où se placent les navires qu'on veut charger de charbon. Au milieu de la voie de la route en fer, il y a sur cette plate-forme trois ouvertures : ce sont les bouches d'autant d'entonnoirs en fer, inclinées d'à peu près 45°.

La partie inférieure de l'entonnoir est mobile autour d'une charnière horizontale qui l'unit au fond de la partie supérieure. Les rebords de la partie mobile emboitent ceux de la partie fixe; on empêche ainsi le charbon de se perdre, soit vers la droite, soit vers la gauche. Une vanne verticale qu'on élève et qu'on abaisse à volonté, par l'effet d'un levier, sert à fermer la partie fixe de l'entonnoir. Deux palans, un de chaque bord de l'entonnoir, sont frappés en haut d'un balcon en bois qui s'avance jusqu'à l'aplomb de la vanne. La corde qui sert de garant à chaque palan vient s'enrouler sur le cylindre d'un treuil établi sur le balcon; avec ce treuil l'on hausse ou l'on baisse la partie mobile de l'entonnoir. Par ce moyen l'on place toujours l'extrémité inférieure de la partie mobile, à distance convenable de l'écoutille par où l'on charge le navire, quoique ce navire s'élève avec le flux et s'abaisse avec le reflux.

Plans inclinés. On appelle ainsi les parties de route dont la pente très-forte, exige le secours de machines, pour monter ou descendre les chariots. La structure de ces plans est semblable à celle des autres parties des routes-ornières.

Voici par quel méchanisme j'ai vu monter les chariots sur les plans inclinés des environs de Newcastle, en Angleterre.

Tom. II. — Méchan.

Au haut de la rampe ou plan incliné, est un petit édifice composé de deux murs placés l'un à droite et l'autre à gauche de la route, et couverts par un même toit. Sous ce toit est établie, sur des poutres transversales, une grande roue horizontale en bois. Cette roue présente une gorge sur laquelle se plie une corde un peu plus longue que la descente à faire parcourir au chariot chargé. Au-dessous de cette corde et sur le contour de la roue, l'on fixe un frein semblable à celui des moulins hollandais : un seul homme le fait agir avec un levier. Ce frein est tenu à hauteur convenable, par des chaînes verticales qui pendent des poutres du petit édifice. Lorsqu'un chariot chargé parvient au commencement de la descente, l'homme qui le conduit trouve un autre chariot vide récemment ramené. Il décroche le bout de la corde de traction qui avait servi pour remonter ce dernier ; il passe le crochet qui termine ce bout dans la main de fer fixée à l'arrière du chariot chargé qu'il s'agit de faire descendre.

Avant que ces opérations soient achevées, un chariot vide est revenu de l'embarcadère au pied de la descente ; là, son conducteur trouvant un chariot chargé, l'a décroché pour y atteler son cheval, puis a fixé la corde de traction au chariot vide, et est parti.

Ces préparatifs étant finis à la fois, le conducteur du chariot chargé, qui doit descendre, lance avec la main son chariot sur la descente, et monte lestement sur le côté de ce chariot, en saisissant le levier qui sert de frein à l'une des roues. Ce levier porte à son petit bout un arc de cercle en bois, et de même rayon que la roue contre laquelle il doit frotter quand on veut ralentir la vitesse du chariot. Lorsque le conducteur parvient au bas de la descente, il crie fortement d'arrêter ; aussitôt le surveillant du grand frein, sous le petit édifice, fait agir ce frein. Ensuite, on répète la même suite d'opérations pour deux nouveaux chariots, l'un vide et l'autre chargé.

D'après les principes que nous venons d'exposer, un cheval employé sur une route en fer, doit mettre toute sa force pour remonter un nombre de chariots qui ne saurait être fractionnaire. Si la figure du terrain oblige à varier les pentes, il faut donc le faire de manière que chaque pente soit celle qui convienne à un tel nombre. Ainsi les routes-ornières doivent se composer de lignes droites, formant un polygone rectiligne, ou du moins de lignes courbes dont chacune ait la même pente dans toute sa longueur. C'est d'ailleurs par des expériences bien faites, qu'on peut déterminer les divers degrés d'inclinaison suivant lesquels on doit cheminer.

Afin de ne pas perdre de temps pour atteler et dételer inutilement, il suffit qu'on donne à chaque partie de route ayant une pente constante, assez de longueur pour former un relai. Le nombre de chevaux qui serviront au transport, doit être en raison inverse du nombre des chariots vides qu'ils peuvent remonter et du temps qu'ils mettent à parcourir ce relai, soit pour aller, soit pour revenir. Par ce moyen, le même nombre de chariots parcourra dans le même espace de temps, toutes les parties du chemin : et nulle part les chevaux ni les conducteurs ne seront obligés d'attendre ceux qui les suivent ou les précèdent.

Il importe surtout de tracer la route avec une telle habileté, qu'on ne monte jamais pour redescendre : à moins que les localités ne rendent ces alternatives indispensables. On évite parfois ces descentes et ces montées, en érigeant à travers des vallées étroites et profondes, des bâtis de charpente, hardis et légers, qu'on doit regarder comme de véritables ponts. Ces bâtis portent une plate-forme horizontale sur laquelle passe la route-ornière.

Il serait facile de continuer les routes-ornières sur des ponts suspendus par des chaînes de fer (1).

Dans les endroits où le terrain ne présente que des ondulations peu prononcées, on pourra, suivant les cas, former des routes horizontales, ou des relais à pentes constantes : 1°. par des déblais et des remblais bien étudiés, afin d'abréger la longueur du chemin ; 2°. par des détours et des déviations générales qui satisfassent à la condition de la moindre dépense dans la construction de la route, afin d'obtenir, quant aux transports, des avantages déterminés d'avance. A cet égard, les principes sont les mêmes relativement à toutes les espèces de routes.

Un caractère particulier des routes-ornières destinées à conduire des chargements suivant une direction qui reste toujours la même, c'est qu'on peut, au moyen d'un plan incliné, s'élever subitement à toute la hauteur nécessaire pour n'avoir plus qu'à descendre jusqu'au point d'arrivée, en suivant la pente la plus économique.

Si la quantité totale des transports est la même, dans l'allée et le retour, il ne faut pas combiner les pentes aux dépens d'un sens, afin de favoriser le sens opposé. La seule condition qu'on doive chercher à remplir, est d'abaisser les points culminants et d'adoucir toutes les rampes, sans pour cela rendre la route trop longue, ni trop dispendieuse. Ordinairement, on établit côte à côte deux routes-ornières ; l'une pour aller, l'autre pour revenir.

Passons à la structure des routes-ornières en fer. Elles

---

(1) M. Stevenson propose de faire franchir les ravins étroits et profonds qui croisent la direction des routes en fer qu'il a projetées, par un châssis de suspension sur lequel on placerait les chariots. Le châssis avancerait, avec le secours des poulies, le long d'un plan incliné composé de chaînes ou de barres en fer, tendues depuis un bord du ravin jusqu'à l'autre bord.

sont distinguées en deux espèces, d'après la figure de l'ornière. Les *tram-ways* ou *plates-ways*, *ornières-plates* sont composées de plates-bandes en fer coulé. Un rebord saille en dessus, le long du dehors de l'ornière ; en dessous, une nervure donne à la plate-bande assez de force pour supporter sans se rompre, le poids de la roue des chariots : cette roue cylindrique porte à plat sur l'ornière. Les *edge-ways*, *ornières en relief*, sont formées d'une plate-bande posée de champ, grossie et arrondie en dessus : la roue du chariot présente une gorge comme celle d'une poulie, pour emboiter l'arrondi du barreau. Les ornières plates ont ce grand désavantage, que le frottement est beaucoup augmenté par la terre, la poussière, le sable ou les cailloux qui tombent et s'arrêtent sur le plat de l'ornière. Les ornières en relief sont exemptes de ce grave inconvénient. Toutes choses égales d'ailleurs, elles sont susceptibles de porter les poids les plus considérables ; aussi les emploie-t-on de préférence, pour les grandes exploitations. Elles sont surtout adoptées dans le pays de Galles. Aux environs de Newcastle on se sert encore généralement des ornières plates.

Les barreaux qui composent les ornières en relief sont en fer forgé, larges d'environ 4 centimètres ; l'épaisseur verticale, toujours plus grande que la largeur, est proportionnée aux charges à supporter. Non-seulement l'ornière en relief occasionne moins de frottement ; mais, poids pour poids, elle résiste à de plus fortes charges, que ne fait l'ornière plate, soit à raison de sa figure, soit parcequ'elle est formée d'une matière moins fragile.

M. Stevenson recommande une route-ornière en relief qui puisse porter deux tonneaux, y compris le chariot ; le fer de cette route peserait soixante kilogrammes par mètre courant de double ornière finie. De moindres dimensions seraient à la rigueur suffisantes; mais, pour une route publique, les ornières doivent être plus solides qu'il n'est strictement nécessaire. On évite par-là de fréquentes réparations, sans accroître la main-d'œuvre de première pose.

D'après les renseignements qu'a recueillis M. Gallois, il suffit de donner à chaque barreau d'une ornière plate, $1^{mèt}$,20 de longueur (1). Deux barreaux et leurs supports pèsent de 40 à 50 kilogrammes pour les routes-ornières en relief destinées aux grands chariots; 25 kilogrammes pour des ornières plates destinées au transport fait par des chevaux avec de petits chariots; et 18 kilogrammes seulement, si le transport n'a lieu qu'avec des chariots traînés par des hommes.

La pose et la consolidation des ornières mêmes, sont un objet essentiel dans la construction des routes ornières. Concevons, en effet, qu'à cause de mauvaises dispositions, ou d'un défaut des localités, quelques supports s'enfoncent de 2 centimètres seulement, par l'effort que feront sur eux les roues des chariots chargés. Dans ces parties, un barreau d'ornière pourra facilement prendre *un soixantième* de pente. Alors, pour traîner les chariots, il faudra plus *du double* de la force employée quand la route était horizontale.

---

(1) Cette dimension et toutes les autres varient suivant la nature des lieux et le genre des transports : en voici que je dois encore à M. Gallois, auteur d'un Mémoire plein d'intérêt, sur les chemins de fer. — Les barreaux placés de champ pour les routes en relief, ont 89 centimètres de longueur, et 33 millimètres de largeur : ils passent sur des traverses en bois ou en fonte, callées ou portées elles-mêmes par des dez en maçonnerie. Les barreaux des routes plates ont $1^{mèt}$,2 de long et $0^{mèt}$,8 de largeur, pour la partie sur laquelle court la roue; l'épaisseur de cette partie $= 0^{mèt}$,015. Le rebord a $0^{mèt}$,054 de haut et $0^{mèt}$,01 d'épaisseur moyenne.

Dans les premiers temps, le système des routes-ornières en fer, malgré tous les avantages dont il est susceptible, resta sans fruit réel, parce qu'on ne sut pas surmonter les difficultés de ce genre (1). On perdit des sommes considérables, pour avoir fait servir comme supports, des pierres tendres et friables qui, placées au raz du sol, étaient sujettes à toutes les variations de température et d'hygrométrie de l'atmosphère.

Afin d'obvier à cet inconvénient, on a pris le parti de soutenir les ornières par des madriers transversaux en fer coulé; les abouts des pièces d'ornière sont chevillés sur les extrémités de ces madriers.

Il paraît que, pour les routes, l'emploi du fer forgé présente beaucoup plus d'avantages que l'emploi du fer coulé. Les ornières en fer forgé ne sont pas, comme celles en fer coulé, sujettes à se casser par les ressauts des chariots, lorsqu'une pierre ou quelque petit caillou se trouve jeté sur l'ornière. Depuis plus de huit ans, une route en fer forgé sert aux travaux de Tindall Fell en Cumberland, où l'on voit aussi deux routes en fer coulé. Or la première est en tout d'un meilleur usage; on l'a trouvée à la fois plus économique dans sa construction et dans son entretien. Des expériences comparatives faites au même sujet, en Écosse, ont conduit à la même conclusion.

Voici comment M. Stevenson, dans un de ses projets, calcule la largeur d'une double route-ornière.

Deux entre-ornières de $1^{met.},3$ . . . . $2^{met.},6$
Distance entre les deux routes. . . . . $2^{met.},4$
Débord de chaque côté, pour le sentier de conduite, les ruisseaux, les garde-fous, etc.,

―――――
(1) Il faut avouer aussi que la nature et la ténacité du sol ont une grande influence sur la solidité de la route.

$1^{\text{mèt.}},15$ . . . . , ... $2^{\text{mèt.}},3$
TOTAL. . . . . $6^{\text{mèt.}},1$

On peut former par empierrement à petits fragments recouverts de gravier, l'entre-deux de chaque paire d'ornières. Quant au sentier destiné pour les conducteurs, on le consolide, suivant les localités, avec du gravier, ou des scories, ou du charbon fossile, etc.

Il existe une troisième espèce de routes dont les ornières en fer sont tout-à-fait plates, sans aucun rebord, sans nervures, et simplement incrustées au milieu d'une route ordinaire ou d'un pavé, au raz de cette route ou de ce pavé. Un tel système convient particulièrement à la circulation dans les rues et sur les places d'une ville, où des voitures de toutes les formes et de toutes les grandeurs croisent à chaque instant la voie publique, sous les directions les plus variées. On a fait usage de ces routes-ornières dans la ville de Glasgow, pour la grande rampe qui conduit au bassin du canal de Forth-et-Clyde, sur le port Dundas. En montant cette rampe, un bon cheval peut traîner jusqu'à trois tonneaux, et travailler journellement avec un tonneau et demi de charge.

On a proposé d'employer les ornières plates dont nous parlons, sur les grandes routes ; particulièrement dans les rampes fort inclinées. Ce moyen dispenserait de prendre des chevaux de renfort en arrivant à ces rampes, ou d'être obligé de décharger en partie les voitures, pour franchir les montées suivant lesquelles le roulage serait aussi facile que sur une route horizontale ordinaire.

La fig. 20, (a), (b), (c), représente, dans ses détails, le tourniquet placé vis-à-vis les rebords d'une ornière en fer. La fig. 21 représente une double route-ornière avec les roues et les essieux de deux charriots. La fig. 22 représente une double route-ornière croisée par une autre route.

ÇON.

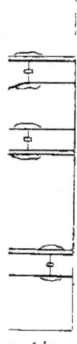

r Adam.

II. MÉCHANIQUE. ARTS ET MÉTIERS et BE

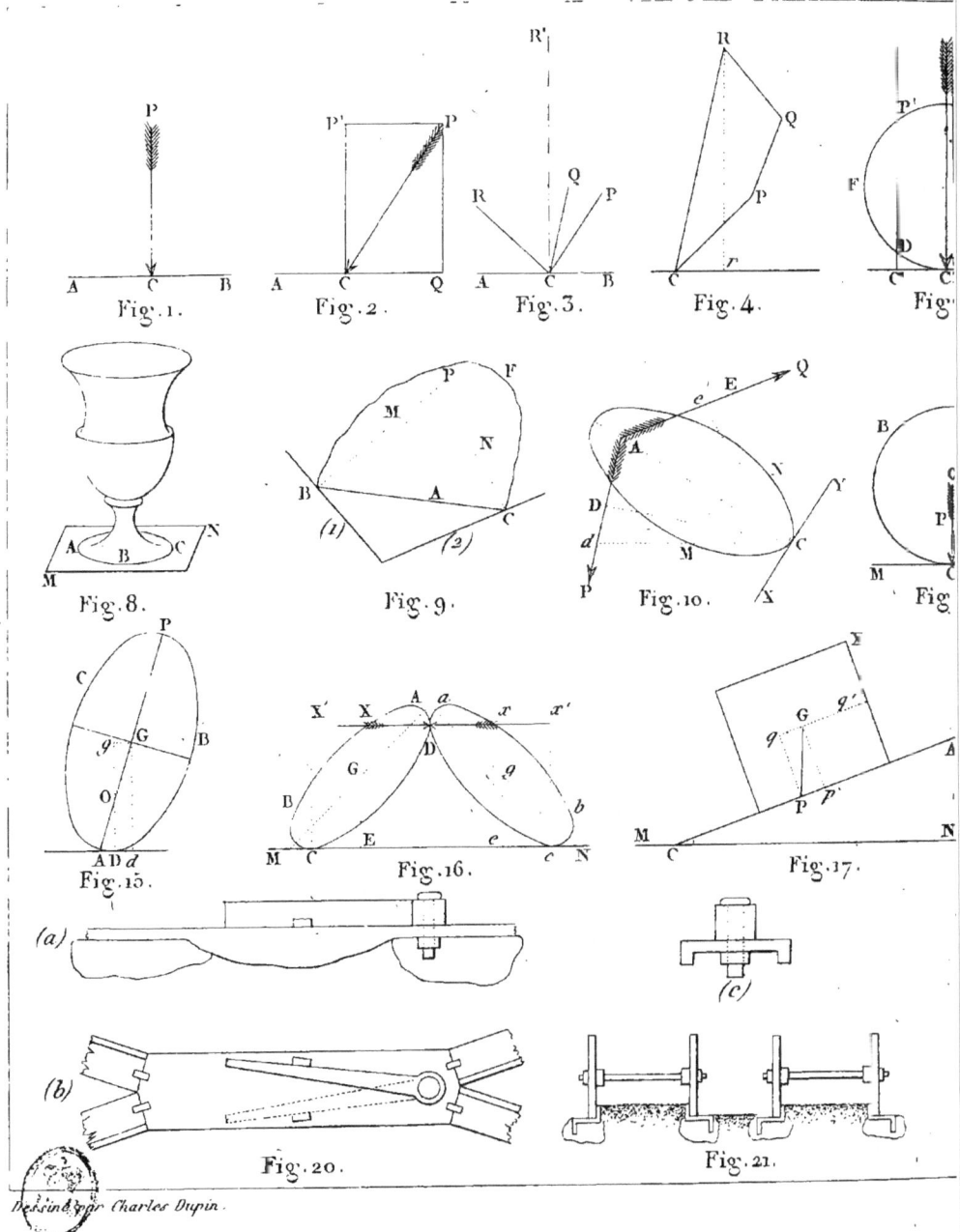

Dessiné par Charles Dupin.

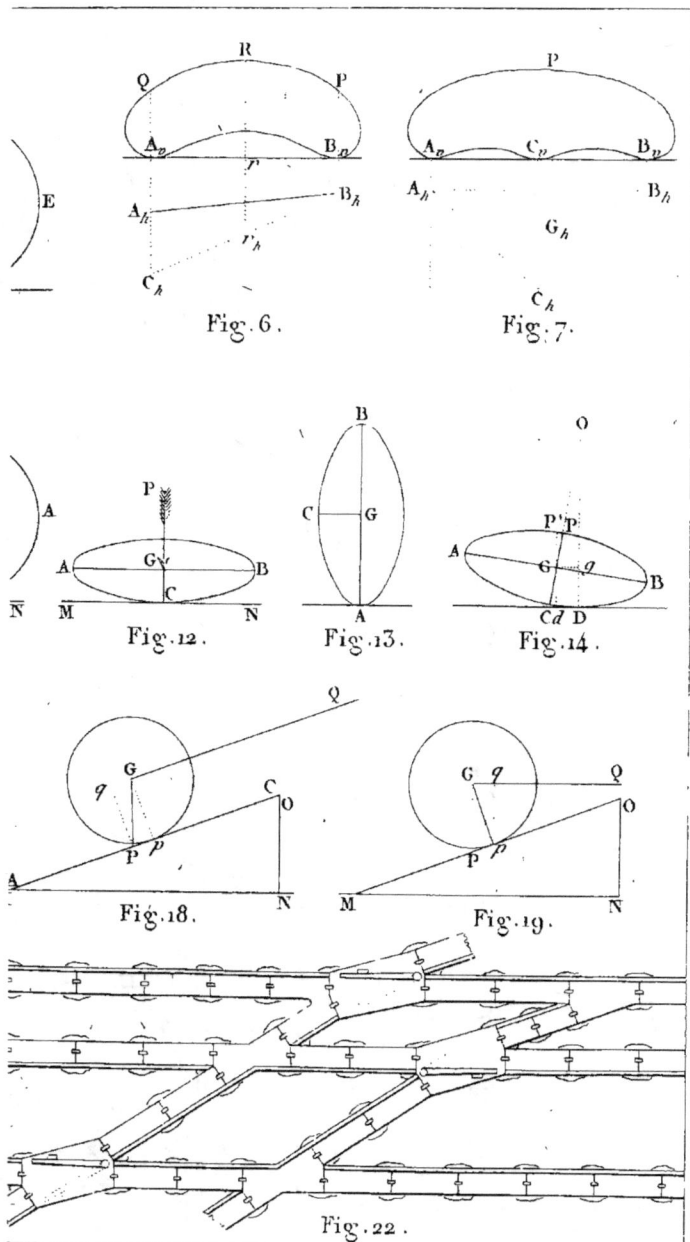

Gravé par Adam.

DOUZIÈME LEÇON.

De la vis, des torsions, des cordages; du coin et des outils qui s'y rapportent.

Pour comprendre cette leçon, il faut revoir avec attention la leçon XIIe., Géométrie, qui traite *des lignes et des surfaces spirales*.

Rappelons en peu de mots les propriétés géométriques de ces lignes et de ces surfaces. L'hélice ou spirale cylindrique est une ligne courbe, tracée sur le contour d'un cylindre, de manière à faire partout le même angle avec les arêtes de ce cylindre. Quand le cylindre est tellement posé que ses arêtes sont verticales, l'hélice fait partout le même angle avec la verticale : sa pente est constante.

Si l'on suppose qu'une ligne droite dont l'inclinaison soit aussi constante, se meuve le long de l'hélice, en faisant toujours le même angle avec cette courbe, elle va former une surface spirale. Le plan tangent à cette surface spirale est également incliné par rapport à la verticale, pour tous les points de l'hélice.

Si l'on veut qu'un corps descende ou monte le long de l'hélice, en s'appuyant sur la surface spirale, il se mouvra comme il le ferait le long d'un plan incliné, sur une ligne droite ayant pour pente celle de l'hélice : ce plan même ayant pour pente celle de tous les plans tangents à la surface spirale.

Soit AMob, fig. 1, le développement du cylindre sur lequel on a taillé la vis à filet triangulaire, fig. 2, ou la vis à filet quadrangulaire, fig. 3. Chaque tour de filet se développe, fig. 1, suivant une ligne droite dont la longueur est constante, $bB = cC = dD = \ldots\ldots$

Un corps pesant qui serait assujetti à descendre ou à monter sur une de ces droites, sur mM, par exemple, s'il était retenu en équibre par une puissance P horizontale, offrirait cette proportion : *La puissance* P *est au poids du corps, comme la hauteur mo du pas de la vis est à* oM *qui égale la circonférence du cylindre sur lequel est tracé le filet.*

Ces préliminaires exposés, examinons l'usage que l'on fait de la vis. On la combine avec l'écrou, qui présente en creux le même cylindre et le même filet que la vis. Tantôt on fixe à cet écrou une roue à chevilles, pour la tourner, comme on tourne la roue du treuil; tantôt on fixe à l'écrou un ou plusieurs leviers comparables aux barres du treuil et du cabestan.

D'autres fois on se contente de laisser à la tête de l'écrou sa forme quarrée; puis, avec une clef présentant un quarré creux de même dimension, on emboîte l'écrou pour le faire tourner, soit dans un sens, soit dans un autre.

Ainsi que nous l'avons fait observer, Géométrie, XIIe. leçon, il y a des vis et des écrous tournés à droite, fig. 2 et 3, qui sont le plus employés; il y en a d'autres tournés à gauche. Une vis tournée dans un sens ne peut pas emboîter dans un écrou tourné en sens contraire.

On forme deux systèmes de vis et d'écrous.

I. *Système à écrou stationnaire.* Dans ce système on fait tantôt avancer, tantôt reculer la vis, en tournant dans un écrou qui n'avance ni ne recule. Alors la puissance est fixée à l'une des extrémités de la vis. Cette extrémité, qui d'ordinaire est quarrée, reçoit le nom de *tête de la vis*.

II. *Système à vis stationnaire.* Dans ce système, la vis est obligée de tourner sans avancer ni reculer; c'est l'écrou qui devient mobile le long de la vis.

Pour ces deux cas comme pour l'équilibre du plan incliné, auquel nous avons ramené l'équilibre de la vis, *la puissance et la résistance à laquelle elle peut faire équilibre, sont dans un rapport inverse des espaces parcourus, durant un même temps, par ces deux forces.*

Mais, quand la puissance fait un tour complet autour de l'axe, elle parcourt une circonférence ayant pour rayon la distance de l'axe à cette puissance; et, durant le même temps, la résistance agissant parallèlement à l'axe, parcourt un pas de la vis. Donc, *la puissance multipliée par la circonférence qu'elle parcourt autour de l'axe de la vis, égale la résistance multipliée par le pas de la vis.*

Ainsi, plus le pas de la vis est petit et plus est long le bras de levier au bout duquel agit la puissance, plus, avec une puissance donnée, on peut faire équilibre à une grande résistance.

Quand les vis et les écrous ne sont pas exécutés avec une extrême précision, dans certaines parties il y a du vide entre la vis et l'écrou; dans d'autres parties il faut que les filets en relief se compriment, ou que les filets en creux s'élargissent, pour que le mouvement puisse avoir lieu. Aussi les instruments qu'on emploie pour tailler les vis demandent-ils une rare exactitude de formes et de mouvements.

Il y a deux genres d'actions exercées sur la vis et sur son écrou, quand on les soumet à l'effort d'une puissance, pour vaincre une résistance.

Un premier genre d'action tend à rompre le filet de la vis, par une force de pression exercée parallèlement à l'axe : force égale à la résistance même que la vis produit, soit en poussant, soit en tirant. Cette force se décompose en autant de parties qu'on peut concevoir de points de contact entre la vis et l'écrou. La partie de la résistance transmise en chacun de ces points est en raison inverse de la surface des filets, estimée perpendiculairement à l'axe : surface proportionnelle à la saillie des filets, pour une même longueur de filets. Mais, il est une saillie qu'on ne peut guère dépasser sans s'exposer à voir les filets brisés au moindre choc. Lorsque le profil de ces filets est un triangle, on préfère ordinairement le triangle dont les trois côtés sont égaux. Quand le profil du filet est un rectangle, on lui donne autant de largeur que d'épaisseur, c'est-à-dire qu'on en fait un quarré. On distingue les deux vis ainsi formées, en disant que la première est une *vis à filet triangulaire*, fig. 2, et la seconde une *vis à filet quarré*, fig. 3.

Lorsque les vis n'ont que des efforts médiocres à supporter et des résistances médiocres à vaincre, on les fait en bois. Il faut choisir une espèce de bois telle que le buis, le hêtre, le poirier, dont les différentes parties aient entr'elles une liaison suffisante dans le sens longitudinal. Néanmoins, ces vis sont exposées à ce que leurs filets s'ébrèchent facilement; c'est un grave inconvénient auquel ne sont pas sujettes les vis exécutées avec des métaux.

Les vis métalliques ont d'ailleurs le grand avantage de pouvoir supporter une résistance donnée, sous un volume beaucoup moins considérable.

Il serait difficile d'énumérer en détail toutes les applications qu'on fait de la vis, dans l'emploi des machines. Elles servent particulièrement pour exercer de fortes pressions. Telle est la vis appliquée à la presse du relieur, pour comprimer les feuillets des livres.

Les *verrins* ont aussi pour objet d'exercer de grandes pressions. Dans ces machines, l'écrou est fixe et se prolonge comme un tronc de pyramide quarrée, dont la base pose sur le terrain. La vis est mise en mouvement par un ou deux bras de levier. (Voyez la fig. 4.)

Toutes les fois qu'on a besoin de tenir fortement comprimés l'un contre l'autre deux corps solides, on les fait traverser par une cheville ou boulon, fig. 5, qui, d'un côté, présente une tête saillante servant de retenue; et, de l'autre côté, un certain nombre de tours de filet de vis. Quand on a fait entrer dans le trou, préparé d'avance, la cheville ou le boulon qui doit traverser les deux corps qu'on veut unir, on engage un écrou autour de la vis; on serre cet écrou avec une clef quarrée, semblable à celle dont nous avons parlé, page 338. Par un tel moyen, dans la charpente civile et dans la charpente navale, on joint ensemble un grand nombre de pièces importantes.

Il y a des vis formées de filets élastiques et isolés, tels que certains ressorts de voitures, qu'on appelle *ressorts à boudin*. Voyez XIVe. et XVe. leçons.

La vis peut être considérée comme un cylindre denté. Aussi fait-on usage de ce cylindre, pour communiquer du mouvement à des roues dentées. Tel est le système de *la vis sans fin*.

On fait usage de la vis sans fin, dans un grand nombre de machines ; par exemple, dans le tourne-broche. On peut combiner la vis sans fin avec le treuil ou le cabestan, etc.

On combine la vis avec la roue dentée par engrenage, ainsi qu'on le voit représenté, fig. 6. Par ce moyen l'on transmet le mouvement d'un axe bc, parallèle au plan de projection, à un autre axe représenté par le point o, et perpendiculaire à ce plan.

Soit F la force appliquée à la manivelle cpp', au bout du bras de levier cp; soit f la force transmise en m, par la vis sans fin, à la roue dentée dont le rayon égale mo. Enfin, soit R la résistance agissant au bout du bras de levier no. Nous aurons

$$1°. f = \frac{\text{Circonf. décr. par la maniv.}}{\text{Pas de vis.}} \times F; \quad 2°. R = \frac{mo}{no} f.$$

$$\text{Donc } R = \frac{mo}{no} \times \frac{\text{Circonf. décrite par la manivelle}}{\text{Pas de vis}} \times F,$$

égalité qui donne le rapport de la puissance à la résistance.

Un second genre d'action exercée sur la vis et sur son écrou par la puissance et la résistance, tend à produire *la torsion de la vis et la torsion de l'écrou*. Pour nous former une idée juste de ce genre d'action, considérons un faisceau de prismes égaux entr'eux, tels que des fibres végétales, formant un arbre par leur réunion. Supposons qu'on veuille tordre cet arbre, en appliquant à ses extrémités deux forces F, *f*, fig. 7, qui soient perpendiculaires à la direction des fibres, et qui tendent à tourner en sens contraires. Si l'arbre cylindrique n'est point parfaitement rigide, et l'on n'en connaît aucun qui possède une rigidité parfaite, il va céder à l'action des deux forces. Une de ses bases va tourner dans le sens de droite à gauche, tandis que l'autre base tournera dans le sens de gauche à droite. Supposons que, dans toute sa longueur, cet arbre ne présente qu'un même degré de résistance. Supposons, de plus, tracées différentes sections faites par des plans parallèles aux bases, et à égale distance; la première aura tourné par rapport à la deuxième, du même angle que la deuxième par rapport à la troisième, que la troisième par rapport à la quatrième, et ainsi de suite. Donc les points qui sur chaque base formaient d'abord une fibre rectiligne, forment une spirale par l'effet des deux forces agissant en sens contraires, en des points différents de la longueur de l'arbre. On appelle *torsion* cette déformation.

Si les fibres, au lieu d'être adhérentes, sont libres de glisser l'une contre l'autre, ou du moins, ne sont retenues que par le frottement, alors la torsion d'un cylindre ou faisceau, formé par la réunion de ces fibres, est celle qu'on produit par la fabrication des cordages.

On peut demander quelle est la résistance qu'opposent à la torsion, des arbres qui diffèrent de diamètre, mais qui sont de même substance. Pour résoudre aisément cette question, il faut concevoir deux cylindres infiniment minces et d'égale minceur, ou, pour mieux dire, dont l'épaisseur infiniment petite soit égale, qui diffèrent de diamètre, et qui, d'ailleurs, aient la même longueur. Appliquons tangentiellement à ces cylindres et dans le plan de leurs bases, des forces qui tendent à les faire tourner en sens contraires, et par conséquent à les tordre. Pour un même angle de torsion des fibres dirigées suivant les arêtes de ces cylindres, il faudra la même force afin de tordre des fibres de même volume. Mais le nombre de ces fibres est proportionnel à la circonférence des bases. Donc : 1°. pour tordre les deux cylindres creux infiniment minces, de manière à ce que leurs fibres fassent le même angle avec leur direction primitive, il faut employer des forces qui soient proportionnelles aux circonférences des bases, et par conséquent aux rayons des cylindres.

Supposons qu'on ait un arbre plein et cylindrique, divisé par la pensée en cylindres creux d'égale épaisseur, et tous concentriques; supposons, de plus, qu'on imprime une même torsion à tous ces cylindres, de manière que chacun de leurs points situés dans une section perpendiculaire à l'axe, conserve sa position relative. Il est facile de voir qu'après la torsion, l'angle formé par les fibres, avec leur direction primitive, sera proportionnel à la distance de ces fibres à l'axe. Par la torsion, chaque fibre exerce pour se détordre un effort proportionnel au rayon du cylindre où elle se trouve, et l'exerce par rapport à l'axe, avec un bras de levier égal à ce même rayon. Par conséquent, la force qu'il faut employer pour la torsion de chaque fibre est proportionnelle au quarré de sa distance à l'axe. Il suit de là que la force totale nécessaire pour donner aux cylindres un degré de torsion, pris pour unité, est proportionnelle à la somme des moments d'inertie de leur base, par rapport à l'axe; c'est-à-dire, proportionnelle à la surface de la base du cylindre, multipliée par le quarré du rayon. Donc, si les rayons sont :

$$1, 2, 3, 4, 5, 6, 7, 8, 9, 10, \ldots$$

Les nomb. $1, 16, 81, 256, 625, 1296, 2401, 4096, 6563, 10{,}000, \ldots$

indiqueront le rapport des forces qui peuvent

produire un même degré de torsion, pour les divers cylindres ayant une longueur *donnée* entre les forces qui les sollicitent à la torsion.

Soient deux cylindres, de différent rayon r, R, fig. 8 et 9, sollicités à la torsion, le premier par les forces égales f, f', le second par les forces égales F, F'. Les distances mq, MQ, de ces forces étant égales, quand on aura

$$f : F :: \text{Surf. } mns \times r^2 : \text{Surf. MNS} \times R^2,$$

les angles de torsion mon, MON, seront égaux : o, O, sont les centres des bases ; donc

$$mn : MN :: r : R.$$

Si l'on voulait prendre MN′ = mn, et tordre le gros cylindre de manière à faire arriver en QN′ la fibre QM, elle formerait avec sa direction primitive MQ, le même angle que la fibre qn avec la direction primitive mq. Soit F la force nécessaire pour tordre le grand cylindre suivant la direction QN′; on aura

$$F : F : MN : MN' :: R : r, \text{ d'où } F = F . \frac{r}{R};$$

mais $F = f . \frac{\text{Surf. MNS}}{\text{Surf. } mns} \times \frac{R^2}{r^2}$,

donc $F = f \times \frac{\text{Surf. MNS}}{\text{Surf. } mns} \times \frac{R}{r}.$

Si l'inclinaison qn est suffisante pour produire l'arrachement ou la disjonction des fibres du petit cylindre, la même inclinaison QN′ donnée par la force F, produira le même effet sur le cylindre : donc *les forces f*, F, *qui pro-*

duisent la rupture des cylindres de différent diamètre, sont proportionnelles à la surface des bases, multipliée par le rayon de ces bases : Résultat d'une simplicité remarquable.

Au moyen des rapports que nous venons d'indiquer, il sera toujours facile, quand on connaîtra la résistance dont un arbre est susceptible, pour une dimension déterminée, de calculer la résistance dont est susceptible un arbre de même nature ayant d'autres dimensions. On conçoit combien de pareils résultats ont d'importance pour fixer les dimensions que doivent avoir les arbres des machines ; par exemple, les arbres du treuil et du cabestan, les arbres de couche employés à transmettre la force des machines hydrauliques, des machines à vapeur, etc.

La force de torsion des bois varie suivant l'état de l'atmosphère, et suivant la nature de chaque espèce d'arbres. Lorsque le temps devient plus humide, les bois résistent davantage à la torsion, et lorsque le temps devient plus sec, ils cèdent, au contraire, avec plus de facilité, aux forces qui les sollicitent à la torsion. Ce résultat, qui semble contrarier les idées communément reçues, est démontré par de nombreuses expériences que j'ai faites sur la torsion des bois, et que je ne puis reproduire ici.

Torsion des cordages. Nous pouvons maintenant donner une des applications les plus importantes qu'offrent les propriétés des spirales.

D'après ce que nous avons exposé dans la XIIe. leçon, Géométrie, on a vu que chacun des fils dont se compose un cordage, se plie, par la torsion, suivant une spirale; et que toutes ces spirales ont pour axe commun l'axe même du cordage, c'est-à-dire, la ligne qui se trouve, en tous points, également éloignée de la circonférence du cordage supposé droit. Tous les fils qui se trouvent également éloignés de l'axe ont une même longueur, entre deux sections faites perpendiculairement à l'axe. Mais les fils placés à diverses distances de l'axe n'ont plus la même longueur, et cette longueur croît à mesure que la distance à l'axe augmente. Pour se former une idée juste à cet égard, soient ABCD, ABC'D', ABC''D'', etc., fig. 10, des rectangles tels que, pour une hauteur AB égale à la hauteur du pas commun des autres spirales formées par les fils, les longueurs AD, AD', AD'',..... représentent la longueur des circonférences des diverses couches des fils qui forment le cordage. Si, du point B, l'on mène les obliques BD, BD', BD'',... ces obliques représenteront la longueur des parties du fil formant un tour complet de spirale, sur les circonférences qui appartiennent aux joints D, D', D'', etc. Toutes ces obliques sont inégales, et d'autant plus longues qu'elles s'écartent davantage de la ligne AB, perpendiculaire à AD.

Si l'on avait pris d'abord un faisceau de fils parallèles et si l'on avait, suivant l'ancienne méthode, tordu tous ces fils ensemble, sans leur permettre de glisser les uns contre les autres, il aurait fallu que le fil du centre, représenté par AB, se fût comprimé, et que le fil de la circonférence extérieure, représenté par BD, se fût étendu : de manière qu'entre les deux sections AD et BC, les deux parties de fil, qui primitivement étaient de même longueur, se trouvassent réduits à AB et BD. Pour que les fils qui composent un cordage fabriqué suivant l'ancienne méthode, se tiennent en équilibre, et que le cordage conserve sa forme, il faut donc : 1°. qu'une portion des fils intérieurs soient comprimés ; 2°. que tous les fils extérieurs et ceux qui les avoisinent soient allongés ; 3°. que la résistance à l'extension soit en équilibre avec la résistance à la compression.

Supposons qu'on tire un cordage, ainsi fabriqué, par des forces appliquées à ses deux extrémités ; l'effet de ces forces sera d'agir pour allonger le cordage. Les fibres du centre se trouvant comprimées, les forces que l'on emploie maintenant tendront à leur faire reprendre leur état primitif, et loin d'éprouver de la résistance de la part de ces fils, elles seront, au contraire, favorisées par la compression existante déjà. Il ne restera donc plus, pour s'opposer à l'extension du cordage, que les fibres extérieures et celles qui les avoisinent.

Ainsi, dans la manière ancienne de fabriquer les cordages, il n'y a jamais qu'une partie des fils de chaque corde, qui s'opposent à l'extension et à la rupture : ces fils s'y opposent inégalement. Si donc ils ne sont susceptibles que d'un certain degré d'allongement, quand, par l'effet des nouvelles forces, les fils qui se trouvent à l'extérieur du cordage atteignent ce degré d'allongement, ils rompent sans que les fils intérieurs aient encore atteint le point de leur plus grande résistance. Les premiers fils extérieurs rompus, la couche qui se trouve ensuite la plus éloignée du centre doit rompre; et ainsi de suite, jusqu'au centre du cordage.

En se rendant compte de ces résistances successives, on a reconnu tout l'avantage qu'il y aurait à ce que les fils qui composent un cordage se trouvassent également tendus lors de la fabrication de ce cordage. Par ce moyen, tous les fils résisteraient à la fois à l'allongement. On conçoit qu'un tel effet aurait d'autant plus d'efficacité que le cordage serait plus gros, puisqu'alors la différence entre l'allongement des fils extérieurs et des fils intérieurs serait d'autant plus grande.

Tel est le principe d'après lequel les Anglais

ont imaginé leurs nouvelles machines pour fabriquer les cordages; machines que j'ai le premier fait connaître en France, et qu'ensuite nos plus habiles ingénieurs ont reproduites avec des modifications qui leur appartiennent, et qui ont donné des résultats d'une grande importance pour la marine française.

Avec les machines que M. le baron Lair et M. Hubert ont fait exécuter dans les ports de Brest et de Rochefort, on fabrique des cordages qui ont beaucoup plus de force que les anciens; ce qui rend le gréement des vaisseaux plus léger. En conservant la même force aux cordages, on peut diminuer leur diamètre et par conséquent, aussi, les dimensions des poulies employées à manœuvrer ces cordages; ce qui soulage beaucoup la mâture des vaisseaux.

Il est à désirer que nos ports de commerce adoptent ces principes nouveaux, pour fabriquer des cordages : ils y trouveront, à la fois, les avantages de l'économie et ceux de la force.

Du coin. On appelle coin un prisme triangulaire dont on fait agir une arête coupante, EF, fig. 11, pour séparer deux corps ou deux parties du même corps. Cette arête est ce qu'on appelle le *tranchant* du coin; la face ABCD, opposée au tranchant, est appelée *la tête* du coin; on donne le nom de *côtés* aux deux faces ADEF, BCEF, à droite et à gauche du tranchant.

On se sert du coin dans une foule d'arts, pour couper les corps ou pour les fendre; nos couteaux, nos ciseaux, nos sabres, nos haches, sont autant de coins employés dans les usages de la paix et de la guerre. On doit pareillement regarder comme des coins, les rabots, les tranchets, les bêches, les pelles, les pioches, etc. Le coin est donc une des machines les plus importantes dont nous puissions nous occuper.

Soit un coin ABC, fig. 12, qui tende à repousser, avec la force P, le point E retenu par une seule force G, et le point F retenu par une seule force K. Demandons-nous les conditions d'équilibre de ce système.

D'abord, quelle que soit la force P, si les forces G, K, ne sont pas respectivement perpendiculaires aux côtés du coin AC, BC, les points E, F, glisseront le long des côtés AC, BC; par conséquent l'état d'équilibre sera rompu. Donc : 1°. G est perpendiculaire à AC et K à BC; 2°. pour que les trois forces P, G, K, agissant sur un coin ABC, puissent se faire équilibre, il faut que ces trois forces concourent en un même point O, et que l'une d'elles puisse être considérée comme la résultante des deux autres.

Construisant sur OG, OK et OP prolongé, le parallélogramme Onpq, il faudra qu'on ait Force P : force G : force K :: Op : On : O$q = np$.

Telle est la condition de l'équilibre du coin.

Les trois côtés du triangle O*np* sont respectivement perpendiculaires aux trois côtés du triangle ABC; donc on a,

Force P : force G : force K :: AB : AC : BC.

Quand les deux côtés AC, BC, du coin sont égaux, fig. 13, il faut donc que les résistances G et K, proportionnelles à ces côtés, soient pareillement égales entr'elles. Un tel cas se présente fort-souvent dans la pratique. Ainsi les deux côtés des couteaux, des haches et des sabres sont en général symétriques. Alors la puissance est à la résistance éprouvée pour repousser chaque côté, comme la largeur de la tête du coin est à la longueur du côté.

Plus les coins sont aigus, plus leurs côtés sont longs, quand la tête reste la même; plus la tête est étroite, quand les côtés restent les mêmes. Voilà pourquoi l'on fait, avec une puissance donnée, équilibre à une résistance d'autant plus grande que le coin est plus aigu : et pour détruire une résistance donnée, il suffit d'une puissance d'autant plus petite que le coin est plus aigu.

Au lieu d'une seule force EG ou FK, appliquée à chaque point E ou F, si l'on en avait deux, c'est la résultante de ces forces qui devrait être perpendiculaire à la face AC ou BC correspondante; rien ne serait plus facile que de résoudre ce nouveau problème.

Joignons les points d'application E et F, fig. 13, des résistances EG, FK, par une ligne droite gEFk; projetons, ensuite, EG, FK, sur la ligne gEFk, par les perpendiculaires Gg, Kk. Alors, Eg et Fk représenteront les forces qui tendent à écarter les points E, F, l'un de l'autre.

Quand les côtés AC, BC, sont égaux, fig. 13, les résistances EG, FK, sont égales, la ligne EF fait le même angle avec les directions EG et FK; donc alors Eg et Fk, résistances latérales, sont égales entr'elles.

Supposons qu'outre la force P, fig. 11, perpendiculaire au tranchant EF, le coin soit poussé par une force Q parallèle à ce tranchant. Le coin s'enfoncera comme s'il n'éprouvait que l'action de la force P; il se mouvra dans le sens du tranchant, comme s'il n'éprouvait que l'action de Q.

Voilà ce qu'indique la théorie, pour des corps dont les diverses parties auraient une continuité parfaite; mais, dans la nature, les corps n'ont pas cette continuité. Il faut considérer leurs aspérités extrêmement petites et souvent imperceptibles à la vue simple, comme de petits coins saillants implantés à la surface.

Lorsqu'on presse le coin sur un corps plus ou moins compressible, ce corps cède à la pression; et la résistance augmente d'autant, parce qu'elle multiplie les points de contact entre le coin et ce corps.

Lorsqu'on fait glisser le coin sur le corps, chacune des aspérités de sa surface devient, comme nous l'avons dit, un coin particulier qui tend à s'introduire dans ce corps avec tout l'avantage de la puissance sur la résistance, qui peut être donné par la forme plus ou moins aiguë de ces aspérités. La puissance est donc employée d'une manière beaucoup plus avantageuse dans ce système, qu'en faisant pousser le coin par une force perpendiculaire à la direction de son tranchant. L'expérience montre l'effet de ce grand avantage, dans une foule de travaux des arts.

Nous pouvons rendre sensible notre explication en citant une machine où les aspérités sont façonnées exprès par l'industrie. La machine dont nous voulons parler est la *scie*. Imaginons une plaque métallique ABCD, fig. 16, dont le côté CD soit taillé de manière à présenter une suite d'angles égaux a, a, a, etc. Employons alternativement deux forces égales Q, R, pour tirer et pousser la scie sur un corps MN, tandis qu'une troisième force P, laquelle, souvent n'est autre chose que le poids de la scie, agit dans une direction perpendiculaire. Nous aurons l'idée du *coin composé*, dont on fait usage pour scier les bois, les métaux et un grand nombre d'autres substances.

Si l'on voulait diviser ces bois ou ces métaux avec une lame ABCD, fig. 16, immobile, et sur laquelle on ferait agir un poids extrêmement considérable, il serait généralement impossible de diviser le corps. Mais, avec une somme d'efforts très-modérée, on parvient à le diviser par un mouvement de va et vient, semblable à celui de la scie.

La figure des angles saillants a, a, a, qu'on appelle *les dents de la scie*, n'est point indifférente; elle varie suivant la nature et la dureté des substances qu'on emploie.

Lorsqu'il s'agit de scier des corps très-durs, on a soin de faire les dents petites, et par conséquent rapprochées : chacune d'elles étant destinée à enlever, à chaque mouvement de la scie, une portion peu considérable du corps très-dur. Lorsqu'il est question au contraire de scier des corps peu résistants, on agrandit les dimensions des dents, et souvent, au lieu de leur donner la figure d'un triangle rectiligne, on leur donne une figure courbée telle qu'on la voit représentée dans la fig. 17.

La scie employée à diviser la pierre et le marbre, fig. 15, ne présente pas de dents artificiellement préparées. C'est une simple lame d'acier qu'on tire et pousse sur le bloc qu'il faut refendre. On supplée aux dents de la scie par du sable siliceux, dont les arêtes aiguës font l'office de coins; pour scier le granit, on remplace le sable par de l'émeri. La lame de la scie n'a pas besoin d'être très-dure, et pourrait être en fer. On pourrait, de plus, introduire moins maladroitement qu'on ne fait, le sable ou l'émeri jusqu'au tranchant de la scie.

Non-seulement on forme des coins dentés à tranchant rectiligne, on en forme dont le tranchant est circulaire, et d'autres dont le tranchant présente des courbes très-variées.

Les scies circulaires, fig. 18, ont leur contour hérissé de dents semblables : 1°. à celles de la fig. 16, pour scier des corps très-durs; 2°. à celles de la fig. 17, pour scier des corps peu résistants. La fabrication des scies circulaires exige beaucoup d'habileté dans la trempe des métaux qu'on emploie; mais ce n'est pas ici le lieu de décrire ce travail. On fait ordinairement les petites scies circulaires avec une seule feuille d'acier que l'on monte sur un essieu en fer.

La scie de long a l'inconvénient de toutes les machines dont les mouvements sont alternatifs. Chaque fois qu'elle rétrograde, le temps employé à cette rétrogradation est perdu pour le sciage. Mais nul instant n'est perdu dans le mouvement de la scie circulaire, laquelle opère avec continuité et toujours dans le même sens.

Pour que les scies circulaires produisent un effet très-avantageux, il faut qu'elles soient animées d'une vitesse extrêmement considérable. On observe, alors, qu'il suffit de presser fort-peu contre la scie le corps qu'on doit scier, pour voir ce corps divisé avec une rapidité et une facilité singulières. Les scies circulaires qu'on emploie ont leur essieu établi parallèlement à la surface horizontale d'un établi et encastré dans cet établi ; de manière que le plan de la scie soit perpendiculaire au plan de l'établi. Lorsqu'on veut travailler des tringles ou prismes dont toutes les faces sont d'équerre, on présente les pièces de bois que l'on veut débiter, de manière qu'une de leurs faces, déjà dressée, se meuve sur le plan de l'établi, tandis qu'une seconde face se meut tangentiellement à un guide fixé parallèlement au plan de la roue, et à la distance convenable. En faisant avancer la pièce de bois qu'on veut débiter, il est évident que le plan de la scie y trace une section parallèle à la face plane qui s'appuie contre le guide. Cette face taillée, on l'applique elle-même contre le guide, et elle sert à tailler une nouvelle face dans la pièce qu'on veut débiter. C'est ainsi qu'on parvient à former des tringles quarrées ou rectangulaires, dont les épaisseurs sont données. Ce travail s'exécute avec beaucoup d'avantage, lorsqu'on doit débiter un grand nombre de tringles ayant même équarrissage.

Les arsenaux de la marine et de l'artillerie, et tous les grands ateliers de constructions, peuvent faire le plus utile usage des scies circulaires, qui commencent à s'établir en France, où je les ai le premier apportées d'Angleterre.

Nous dirons un mot des grandes scies circulaires employées pour débiter les bois de placage, tels que l'acajou. Qu'on imagine une roue ayant à peu près six mètres de diamètre, formée par des rayons très-minces dans le sens perpendiculaire au plan de l'axe, très-larges dans le sens même de l'axe, à partir de cet axe, et diminuant de plus en plus de largeur, suivant qu'on s'approche de la circonférence de la roue. Cette circonférence est garnie d'une suite d'arcs qui sont des plaques d'acier dentées, et qui, par leur continuité, forment la scie circulaire. Cette grande roue est mise en mouvement par le moyen d'une machine à vapeur. Le bloc d'acajou qu'il faut débiter est fixé sur un chariot dont la vitesse progressive est proportionnelle à la vitesse de la roue. Au fur et à mesure que cette roue tourne, elle pénètre dans le bloc de bois, dont elle détache une feuille ayant environ deux millimètres d'épaisseur. Cette feuille, en se détachant, se plie un peu pour suivre la forme concave présentée par une surface de révolution composée de feuilles métalliques ou de planches légères fixées sur les rayons de la roue. C'est ainsi qu'on débite des feuilles de placage dont la largeur a souvent près d'un mètre et demi. La plus belle scie de ce genre qu'on ait encore établie, est due à M. Brunel, qui l'a construite dans ses ateliers de Battersea, près de Londres. Voyez, au sujet des scies d'Angleterre, nos *Voyages dans la Grande-Bretagne*.

Il existe un grand nombre d'instruments qui sont de véritables scies; par exemple, les faucilles, les faulx, les limes. Pour aiguiser les faucilles et les faulx, fig. 19 et 20, on entaille leur contour ABC par une suite d'incisions qui présentent des coins très-rapprochés, et dont le tranchant forme partout le même angle avec le contour de la faucille ou de la faulx. Chaque brin de paille ou de foin qui se trouve en contact avec l'instrument est successivement entaillé à une très-petite profondeur par chacune des dents ainsi formées. Lorsque le mouvement a beaucoup de rapidité, la résistance est diminuée de telle sorte que les tiges végétales B sont taillées sans être brisées; tandis qu'il aurait fallu beaucoup plus de force pour les couper d'un mouvement perpendiculaire à leur axe. Ici, l'analogie est évidente entre l'action de la faulx, de la faucille et de la scie circulaire.

On a fait des sabres dont le tranchant est denté. Cette arme cruelle, qui ne convient qu'à des peuples barbares, peut produire un grand effet.

Le cimeterre des peuples de l'Orient est mis en action suivant le système de la scie circulaire. Au lieu de frapper perpendiculairement au tranchant, l'Asiatique tient son sabre allongé dans la direction même que sa main doit parcourir pour atteindre l'objet qu'il veut tailler. Chacun des points du tranchant avance et passe successivement dans la blessure. Par conséquent, les aspérités insensibles du tranchant agissent ici comme les dents d'une scie. Aussi remarque-t-on que les blessures du cimeterre sont beaucoup plus profondes et plus larges que l'on ne pourrait les faire en frappant d'un seul coup, si l'on faisait avancer le tranchant de l'arme perpendiculairement à la surface qu'il s'agit de tailler.

Les limes et les râpes, fig. 21 et 22, sont des surfaces hérissées de petits coins égaux, ordinairement placés en quinconce, c'est-à-dire, taillés suivant des inclinaisons qui forment un angle de 45 degrés avec l'axe de la lime ou de la râpe. Lorsqu'on fait avancer et reculer cette lime sur une surface quelconque, chacun des coins trace un sillon sur la surface du corps à polir; la multiplicité de ces sillons égaux finit bientôt par présenter l'aspect de continuité qui convient au poli. L'on a soin, d'ailleurs, d'employer successivement des limes dont les dents soient de plus en plus petites et de plus en plus multipliées. Voilà comment l'on diminue par degrés, la largeur et la profondeur des sillons tracés sur la surface du corps à polir; l'on finit par rendre ces sillons si multipliés et si peu profonds que leurs cavités échappent à la vue ; alors la surface limée se présente à nous comme ayant un poli parfait.

Il faut observer, d'ailleurs, qu'on ne fait point toujours agir la lime dans le même sens. On repasse par degrés sur la surface du corps à polir dans différentes directions ; ce qui croise les sillons et détruit leurs aspérités.

Des limes et des râpes dont les dents ne seraient pas également espacées et d'égales dimensions, ne pourraient pas polir également en toutes ses parties la surface d'un corps donné. Il faut donc procurer une régularité géométrique à la confection des limes et des râpes, si l'on veut obtenir, par leur moyen, un poli parfait.

Les cardes doivent être considérées comme des espèces de limes ou de râpes, formées par des coins isolés, très-longs et parallèles. Ces coins sont, comme les dents des limes, disposés en quinconce; mais ils n'ont pas pour objet de détruire les aspérités que présente la surface d'un corps. Ils servent à entraîner des filaments suivant des directions déterminées, à pénétrer dans le tissu irrégulier que présentent ces filaments, à les diviser en fils plus minces, enfin, à les entraîner par l'effet d'une simple pression.

Les chardons qu'on emploie pour étirer la laine, dans les étoffes, agissent également à la manière du coin. Il en est de même des étrilles que l'on emploie pour les chevaux, et qui sont composées d'une suite de lames dentées, dirigées parallèlement et mises en mouvement par une force commune. Il faut rapporter au même genre d'action les peignes employés pour notre chevelure. Les rapes à sucre, fig. 23, les brosses, les balais, agissent d'une manière analogue à la scie, comme les linges qu'on emploie pour frotter les meubles et pour achever de lustrer ou de polir les surfaces.

La herse, le râteau, agissent aussi d'une manière analogue, pour régaler la surface des terrains. Je ne pousserai pas plus loin l'énumération des instruments de ce genre.

On emploie pour polir les produits d'industrie, des corps dont les molécules présentent naturellement des coins aigus et très-durs. C'est ainsi qu'on fait servir la pierre ponce et le grès pour polir des surfaces. Le grès sert particulièrement pour aiguiser les outils; et les coins innombrables qui hérissent sa surface cristallisée servent à travailler les grandes surfaces continues des outils tranchants. Il y a des meules dont la surface travaillante est plane; il y en a d'autres dont la surface travaillante est circulaire.

Les meules des moulins servent, non pas pour écraser, mais pour ouvrir les grains et les réduire en mouture, par une action analogue à celle du coin; grâces aux rainures pratiquées sur la surface plane des meules.

Après avoir considéré les coins dont la forme est prismatique, il faut considérer ceux dont la forme est conique ou pyramidale : tels sont les poinçons, les clous, un grand nombre d'armes et d'instruments employés dans les arts militaires et civils. Veut-on enfoncer un poinçon ou un clou de forme conique ou pyramidale, fig. 24 et 25, dans un corps qui résiste à cet enfoncement? Si la résistance est proportionnelle au reculement de chaque partie du corps pénétré et à la quantité de points que l'on oblige de la sorte à s'éloigner, on peut démontrer que l'effort nécessaire pour enfoncer le clou et le poinçon, est proportionnel au moment d'inertie de la portion de poinçon ou de clou qu'on suppose enfoncée : ce moment étant pris par rapport à l'axe du clou ou du poinçon considéré comme une pyramide ou comme un coin.

Une foule d'instruments, employés par l'industrie, se rapporte au coin pyramidal ou conique; la broche, l'épée, la baïonnette, les aiguilles, les épingles, les outils du graveur, du sculpteur, etc. La nature a pourvu les animaux, de coins variés dans leur forme et destinés pour l'attaque ainsi que pour la défense; tels sont les dents, les cornes, les ongles, les griffes, etc. Nous ne pouvons qu'indiquer ces innombrables applications.

On a fait des combinaisons ingénieuses des diverses espèces de vis et de coins. Ces deux machines permettent chacune de faire équilibre à une grande résistance avec une faible puissance; on peut, en les combinant, obtenir l'équilibre avec une puissance encore bien moindre relativement à la résistance.

De ces machines composées, les unes ont pour objet de pénétrer dans les corps à la manière du poinçon et du clou, et les autres de tailler les corps. Concevons un coin conique très-allongé, et plions en spirale l'axe de ce coin ; nous allons former la machine connue sous le nom de *tire-bouchon* ou de *tire-bourre*, suivant qu'elle a pour objet de pénétrer dans un bouchon ou dans la bourre d'une arme à feu.

Pour avoir le rapport de la puissance à la résistance, dans cette espèce de machine, il faut observer, d'abord, qu'en la considérant comme une vis, la puissance est à la résistance comme la circonférence décrite par cette puissance est au pas de la vis. En considérant ensuite la pointe du tire-bouchon ou du tire-bourre comme un poinçon ; la puissance est à la résistance, comme la longueur de ce coin, supposé rectifié, est à la surface de sa base multipliée par le quarré du rayon de cette base. Le produit des deux rapports que nous venons de trouver est celui de la puissance à la résistance. Mais il faut observer qu'une grande partie de la puissance est absorbée par le frottement. Néanmoins, la puissance, malgré cette diminution, reste encore beaucoup plus considérable que la résistance.

La seconde espèce de combinaison de la vis et du coin est plus importante et d'un usage beaucoup plus étendu que la première combinaison ; elle comprend les tarrières, les vrilles, etc., fig. 26 et 27. Supposons que l'on fixe un coin le long de l'arête d'un cylindre, et que l'on imprime à ce cylindre un mouvement circulaire. A chaque instant, on pourra regarder ce coin comme animé par une force appliquée à son tranchant : force dont l'effet sera d'autant plus considérable que le coin se présentera sous un angle plus aigu par rapport au corps qu'il s'agit de tailler.

Supposons, maintenant, qu'au lieu d'une arête rectiligne, on ait une arête contournée en spirale. Alors le tranchant du coin, au lieu de tailler, perpendiculairement au mouvement qui lui est imprimé, le corps sur lequel il doit agir, le taille obliquement ; il produit l'effet d'un coin rectiligne que l'on dirige obliquement, à la manière des cimeterres. On voit qu'ici, la puissance est d'autant plus augmentée, par rapport à la résistance, que la spirale de son tranchant forme un plus grand angle avec l'arête du cylindre sur lequel cette spirale est contournée. Aussi, lorsqu'on veut fabriquer des tarrières très-puissantes, on a soin de rendre leur tranchant à la fois très-aigu et formant un grand angle avec l'arête du cylindre qui sert d'axe à l'outil.

Les tarrières et les vrilles offrent des vides considérables dans l'intervalle de chaque pas de vis que présente leur filet tranchant. A mesure que l'outil taille le corps qu'il s'agit de forer, il se détache des copeaux qui prennent une figure spirale et qui s'avancent dans le vide pratiqué entre les retours du filet. Cependant, il faut observer que les copeaux n'occupent qu'une portion du cylindre total taillé par la tarrière ou la vrille; il faut que ces copeaux aient été comprimés d'autant, ou qu'ils s'allongent à mesure qu'on les taille. Cette compression nuit à l'effet de l'outil. Afin d'empêcher qu'elle ne devienne trop considérable, de temps à autre, on retire la vrille ou la tarrière, pour dégager les copeaux et recommencer le forage avec plus de facilité.

M. Stephen Price a fait une application ingénieuse de la vis et du coin, dans la machine appelée *tondeuse*, parce qu'elle sert à tondre les draps. Cette machine, importée en France par MM. Poupard, doit des améliorations remarquables à M. John Collier. Qu'on imagine un tranchant tel qu'un rasoir contourné en spirale très-allongée sur le contour d'un cylindre à jour. Tangentiellement au cylindre que parcourt le tranchant des lames spirales on établit une lame fixe, droite et parallèle à l'axe de ce cylindre. Au-dessous de cette lame, assez près pour laisser seulement le passage de l'étoffe à tondre, est un support aussi parallèle à la lame fixe et à l'axe du cylindre. Le drap, bien tendu, est tiré d'un bout et enroulé sur une ensouple; tandis qu'il se déroule, à son autre extrémité, de dessus un cylindre particulier. A mesure que le drap passe entre le support et la lame fixe, il rencontre une lame spirale qui s'avançant suivant son obliquité le long de la lame fixe, coupe tous les poils saillants de l'étoffe. Quand une spirale est près d'avoir parcouru la largeur du drap, une autre spirale commence à tondre ce drap, dont le mouvement doit être beaucoup moins rapide que celui des lames spirales.

ON.

Adam

II. MÉCHANIQUE. ARTS ET MÉTIERS et BEAUX

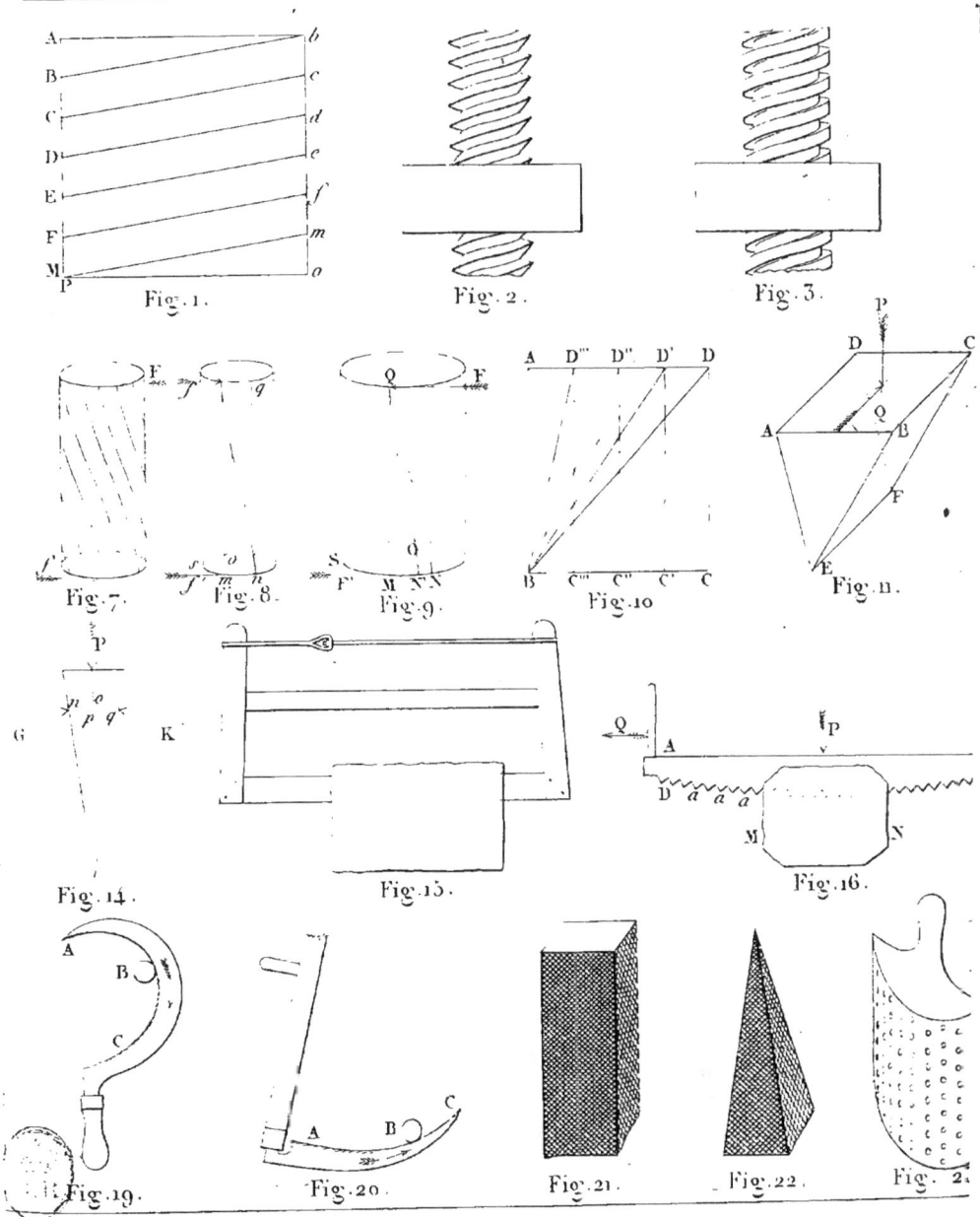

XII.ᵉᵐᵉ LEÇON.

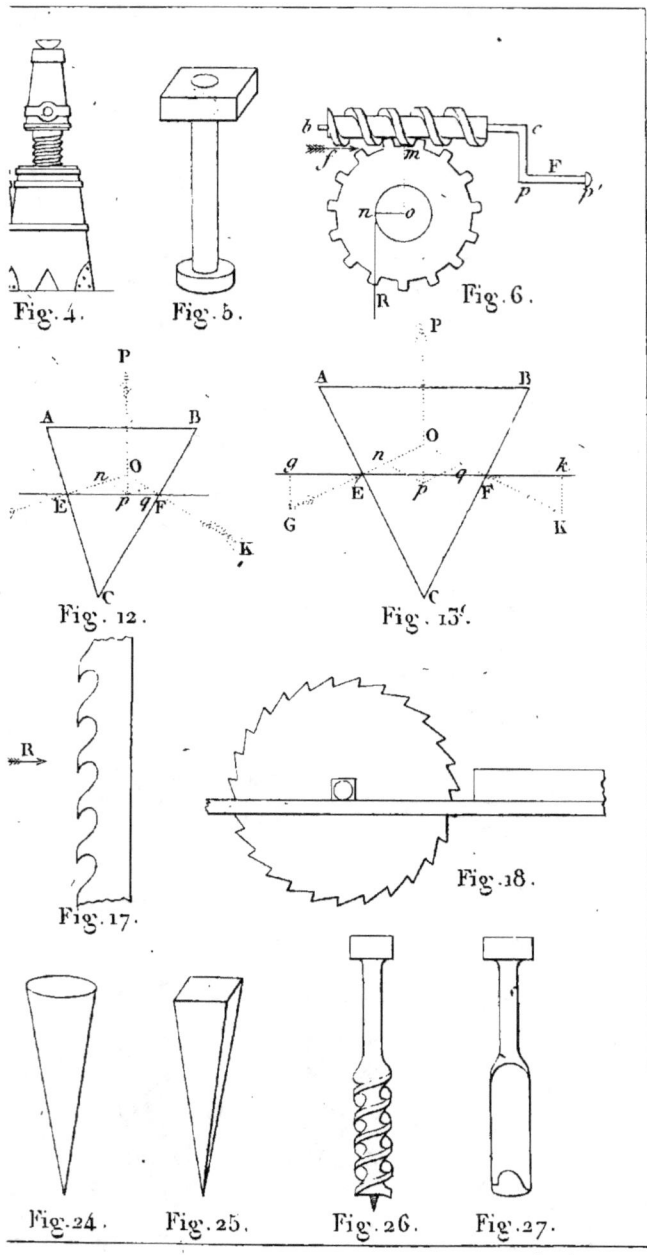

Gravé par Adam.

TREIZIÈME LEÇON.

Du frottement dans les machines.

Si les corps étaient d'un poli parfait, ils pourraient glisser les uns sur les autres, sans éprouver la moindre résistance par l'effet de leur contact. Alors tous les rapports si simples et si faciles, qui subsistent entre les puissances et les résistances, auraient lieu, sans aucune altération, pour chaque espèce de machines dont nous avons donné la description. Mais la surface des corps est loin de présenter ce poli parfait dont nous nous faisons une idée, et qui permettrait aux corps de se mouvoir les uns sur les autres, sans que les aspérités de leur superficie résistassent pour ralentir ce mouvement. On appelle *frottement* cette espèce de résistance.

Si donc on veut avoir la valeur réelle de l'effet des puissances appliquées à des machines, il faut savoir évaluer la grandeur des frottements, et joindre cette nouvelle résistance à toutes celles dont la théorie fait connaître la valeur relative.

Des physiciens et des géomètres ont tour à tour recherché les lois du frottement par la théorie et par la pratique; Amontons, Muschembroek, Camus et Bossut, ont successivement abordé cette question. Mais il était réservé au célèbre Coulomb, de compléter les recherches qu'on pouvait faire à ce sujet, par des expériences très-ingénieuses et par des déductions tirées avec toute la sagacité qu'on pouvait attendre d'un esprit supérieur.

On doit engager les personnes qui se proposent de perfectionner les arts industriels à prendre pour modèle le travail de Coulomb sur la théorie des machines simples, en ayant égard au frottement des parties solides et à la roideur des cordes. Elles y verront combien, au moyen d'une bonne direction donnée à la série d'expériences qu'on entreprend de faire, on peut établir des bases qui rendent ensuite faciles et simples des calculs qu'une théorie générale n'aurait jamais donnés sans le secours de ces expériences.

Avant d'examiner l'effet de deux surfaces qui glissent l'une sur l'autre, considérons un corps placé sur un plan assez peu incliné. Suivant la théorie du plan incliné le corps devrait, par l'effet de la pesanteur, descendre avec une vîtesse accélérée qui serait à la vîtesse accélérée du même corps tombant librement, suivant la verticale, comme la hauteur du plan incliné est à sa longueur. Cependant il arrive que ce corps reste en repos. Vous voyez tous les jours du papier, des livres, des plumes, une écritoire, posés sur un pupitre incliné, sans que ces objets descendent le long de ce plan. Il est évident qu'alors la résistance du frottement l'emporte sur la puissance de la pesanteur. Si l'on inclinait de plus en plus le plan sur lequel les corps sont tenus en repos par le frottement, on atteindrait la position pour laquelle les corps commenceraient à se mouvoir : position où la pesanteur du corps commencerait à l'emporter sur la résistance due au frottement.

On pourrait donc employer ce moyen pour juger du degré de frottement que les diverses espèces de corps présentent, lorsqu'on les fait mouvoir les uns contre les autres. On en déduirait plusieurs conséquences importantes.

Par exemple, il faut incliner davantage le plan incliné, lorsque les corps y sont posés depuis quelque temps, que quand on les pose immédiatement sur un plan ayant une inclinaison donnée, pour qu'ils commencent à se mouvoir sur ce plan. Par conséquent, lorsque les corps restent pendant un certain temps sur un plan matériel, ils y acquièrent une adhérence qui présente un surcroît d'obstacles à vaincre.

Nous préférons à cette marche celle que Coulomb a suivie. Voici quel est son appareil.

Sur un établi solide, fig. 1, sont fixés deux madriers MM, MM, parallèles et fort-voisins. Ces madriers dépassent, par les deux bouts, la longueur de l'établi. Entre les extrémités saillantes d'un bout, est un rouet de poulie R, dont l'essieu porte sur les madriers. Les extrémités saillantes de l'autre bout portent un treuil horizontal TT.

Les deux madriers MM portent une forte et large planche PP, parfaitement polie, qu'ils dépassent d'environ $1\frac{1}{2}$ mètre. C'est sur la planche PP que glissent les corps dont on veut connaître la résistance au mouvement, causée par le frottement. Ces corps sont des plateaux en bois, fig. 3, présentant, à leurs bouts opposés, deux crochets C, C, dont l'un sert à tenir le bout d'une corde qui s'enroule sur l'arbre du treuil, fig. 1 : c'est le côté d'action de la puissance. L'autre sert à tenir le bout d'une corde qui passe dans la gorge du rouet de poulie. Cette corde porte tantôt un plateau de balance B, fig. 1, qu'on charge de poids à volonté, pour faire varier la puissance; tantôt un levier L, fig. 2, agissant sur cette corde, au moyen d'un poids : comme un bras de romaine.

Pour procéder avec méthode, Coulomb commence par poser sur le madrier d'épreuve, le traîneau, fig. 3, ou 4, ou 5, ou 6, qui doit glisser sur ce madrier, et le laisse en repos durant un certain temps.

Le traîneau, fig. 3, et le madrier qu'on a premièrement employés, étaient l'un et l'autre en bois de chêne. Avec cette espèce de bois, lorsqu'on laisse le traîneau en repos sur le madrier d'épreuve; pendant une seconde, ou deux secondes, ou trois secondes, etc., jusque même à 10 secondes, on trouve qu'il faut une force toujours plus grande pour mettre en mouvement le traîneau. Mais la force qu'on doit employer au bout d'une minute, pour commencer à mouvoir le traîneau, c'est-à-dire, la force de pression est à la force de résistance du frottement, dans un rapport qui varie seulement entre 221 : 100 et 246 : 100, quoique les pressions varient depuis 37 kilogrammes jusqu'à 1230 kilogrammes.

Afin d'avoir l'effet qui peut résulter d'une surface frottante plus ou moins étendue, on a cloué sous le traîneau deux tringles de chêne T, T, fig. 4. Ces tringles étant arrondies en cylindre dans la partie qui touche le madrier d'épreuve, réduisaient la surface frottante à n'avoir plus qu'une très-petite largeur. La direction des tringles était d'ailleurs parallèle à celle du mouvement imprimé au traîneau. Ici, l'on n'a pu trouver aucune différence entre les résistances du frottement, quand le traîneau était mis en mouvement aussitôt après avoir été posé sur le madrier d'épreuve ou lorsqu'un certain temps s'était écoulé.

Avec des pressions qui variaient de 400 à 1,300 kilogrammes par mètre quarré, le rapport de la pression à la force nécessaire pour vaincre le frottement, n'a varié qu'entre 236 : 100 et

240 : 100. On peut regarder un tel rapport comme à peu près constant. Observons d'ailleurs qu'il était sensiblement égal à la limite supérieure du rapport des pressions aux frottements, quand le traîneau frottait de toute la superficie de la base contre le madrier d'épreuve. Si l'on prend, dans l'un et l'autre cas, les valeurs moyennes des diverses expériences, on ne trouve pas un vingt-troisième de différence.

Quand les pressions sont très-petites, il y a des irrégularités assez grandes ; mais, quand les charges sont considérables, les anomalies disparaissent et le rapport des pressions à la résistance du frottement devient à peu près constant, quelle que soit l'étendue de la surface en contact.

Après avoir examiné le frottement du chêne sur le chêne, on a fait frotter du sapin sur du chêne, en remplaçant par des tringles de sapin les tringles de chêne placées sous le traîneau.

Lorsqu'on fait mouvoir le traîneau, très-peu de temps après qu'on l'a posé sur le madrier d'épreuve, la résistance du frottement est la plus petite possible ; mais au bout de dix secondes seulement, la résistance est aussi grande qu'au bout d'une heure.

Quand la résistance du frottement est parvenue à sa limite relative, par l'effet d'une très-grande charge, le rapport de la pression à cette résistance devient celui de 150 : 100.

On a fixé sur le madrier d'épreuve deux règles de sapin, sur lesquelles on a fait glisser le traîneau employé dans la série d'expériences que nous venons de décrire. En faisant ainsi frotter du sapin contre du sapin, on trouve toujours que la moindre résistance opposée par le frottement a lieu quand on fait mouvoir le traîneau aussitôt après qu'il est posé sur le madrier d'épreuve; mais au bout de 10 secondes, la résistance est aussi forte qu'au bout d'une heure. Ici le rapport des pressions aux résistances varie de 185 : 100 pour une petite pression, à 177 : 100 pour une grande pression.

Enfin on a fait frotter de l'orme sur de l'orme toujours avec des tringles clouées sous le traîneau. Le bois d'orme qui, au toucher, dit Coulomb, paraît doux et velouté, s'engrène beaucoup plus lentement que les autres bois. L'augmentation du frottement est sensible pendant plusieurs secondes, et ne parvient à son *maximum*, sous une pression de 22 kilogrammes, qu'après un repos de plus d'une minute. Sous une pression que le physicien a fait varier depuis 22 kilogrammes jusqu'à 830 kilogrammes, il a trouvé pour rapports de la pression à la résistance de frottement, 214 : 100 et 218 : 100, rapports dont la différence est si faible, qu'on peut les regarder comme identiques dans tous les résultats de pure pratique.

Présentons maintenant sous un même point de vue les rapports moyens déduits des expériences précédentes, entre le poids du traîneau et de sa charge, et la résistance du frottement qui résulte de ce poids. Quand on fait frotter

    le chêne contre le chêne   234 : 100
    le chêne contre le sapin   150 : 100
    le sapin contre le sapin   178 : 100
    l'orme contre l'orme   218 : 100

Dans toutes les expériences dont nous venons de rapporter les résultats, les bois qui glissaient les uns sur les autres, glissaient dans la direction même du fil du bois. Dans les expériences subséquentes, on a dirigé le fil des tringles TT, clouées sous les traîneaux, perpendiculairement au fil du bois du madrier d'épreuve, fig. 5. Alors on a reconnu qu'il fallait plus de temps de repos pour que la résistance du frottement atteignît son maximum. Du reste, on a trouvé que pour les pressions depuis 25 kilog. seulement jusqu'à 825 kilog., cette pression ne cessait pas d'être dans un rapport presque constant avec la résistance du frottement, quand on fait frotter le chêne contre le chêne, en mettant en travers les fils des bois en contact, ce rapport est

    385 : 100 pour les petites pressions,
    367 : 100 pour les grandes pressions.

Toutes choses égales d'ailleurs, il est donc beaucoup plus avantageux de faire frotter les bois en dirigeant à angle droit les fils des pièces en contact, qu'en les faisant glisser suivant le fil des deux pièces en contact.

Quand on fait frotter des métaux sur du bois, fig. 6, il est nécessaire que les deux corps soient plus long-temps en contact, pour que la résistance du frottement atteigne son maximum. Il faut au moins quatre à cinq heures de temps, au lieu d'une minute, qui suffisait quand on faisait frotter bois contre bois, pour que la résistance ne paraisse plus augmenter d'instants en instants. Il faut beaucoup plus de temps pour qu'une résistance pareille cesse tout-à-fait d'augmenter.

Après quatre jours de repos, pour des pressions qui varient de 26 à 825 kilogrammes ; le rapport des pressions à la résistance du frottement, varie de 530 : 100 à 486 : 100.

Le cuivre donne des résultats analogues, et pour le temps au bout duquel la résistance du frottement atteint son *maximum*, et pour le rapport de la pression à cette résistance, rapport qui est de 500 : 100.

Après avoir fait glisser des métaux sur du bois, on a cloué sur le madrier d'épreuve, fig. 7, des règles de fer dressées et polies avec le plus grand soin : c'était sur ces règles que glissaient d'autres règles de fer fixées sous le traîneau.

Ici le frottement présente, dès le premier instant, toute la résistance dont il est susceptible.

Fer contre fer

Pour une pression de	la pression : la résistance due au frottement...
25 kilog. : : 340	: 100
225 kilog. : : 363	: 100

Ainsi l'on peut encore ici regarder les résistances dues au frottement comme à peu de chose près proportionnelles aux pressions.

De même, pour le fer qui frotte contre le cuivre jaune : *Le rapport des pressions à la résistance du frottement, pour une pression*.....

Fer contre cuivre jaune.
- *de* 25 kilog. *est de* 360 : 100
- *de* 225 kilog. 400 : 100

Si l'on fait frotter le fer contre le cuivre jaune, en réduisant les surfaces de contact aux plus petites dimensions possibles, par exemple, en faisant porter sur les règles de fer du traîneau quatre clous de cuivre à tête arrondie, fixés sous le traîneau, on a pour rapport, sous une

	Pression	: Résist. frottem.
pression de 43 kilog.	590	: 100
425	600	: 100

Cette expérience est devenue l'objet d'une remarque importante. Les premières fois qu'on faisait mouvoir sur des règles de fer le traîneau garni de clous de cuivre, le rapport était celui de 500 : 100. Mais, au bout d'un certain nombre de fois, le fer et le cuivre s'étant polis davantage par leur frottement mutuel, ce rapport est devenu celui de 600 : 100. Par conséquent, la résistance du frottement a diminué. Ainsi les pierres, les poudres et tous les instruments qu'on emploie pour donner le poli, ne plient et ne rompent qu'imparfaitement les aspérités dont les surfaces des corps sont hérissées; mais ces aspérités disparaissent par l'usé, sous les grandes pressions, et lors du mouvement rapide des machines.

Dans une foule d'arts, pour diminuer la résistance du frottement des deux surfaces qui doivent glisser l'une contre l'autre, on place entre ces surfaces des corps gras qu'on appelle enduits. L'huile, le suif, le vieux oing, les graisses de toute espèce, sont les substances qu'on emploie le plus communément à cet usage : il importait de connaître à quel point ces enduits diminuent les résistances. Coulomb s'est d'abord servi d'un enduit de suif très-pur.

Avec cette espèce d'enduit, la résistance n'atteint son *maximum* qu'après un temps fort-long. Au bout de cinq à six jours, cette résistance devient peut-être jusqu'à 14 fois plus grande qu'au premier moment, si la surface du contact est considérable par rapport à la pression; mais, quand cette surface a peu d'étendue, le rapport des pressions aux résistances atteint promptement son *maximum*.

Dans les expériences précédentes, l'enduit était fraîchement posé; dans les suivantes, il avait servi depuis huit jours. Il se trouvait très-poli, mais moins onctueux qu'au commencement. On a trouvé que la durée du repos ne cesse pas d'avoir la plus grande influence sur la résistance du frottement. On a de plus observé qu'à repos égal, cet enduit présente moins de résistance que l'enduit fraîchement appliqué.

Coulomb fit ensuite frotter des règles de cuivre fixées au traîneau, sur des règles de fer fixées au madrier d'épreuve, et d'ailleurs enduites d'une couche de suif neuf, épaisse de 2 millimètres. Alors il y eut accroissement de résistance du frottement pendant les premiers instants de repos; mais, au bout d'un temps très-court, la résistance du frottement atteignit son *maximum*.

Si l'on fait abstraction de la cohésion des deux surfaces en contact, cohésion qui est une quantité constante, on trouve qu'en faisant mouvoir immédiatement le traîneau, la résistance due au frottement est proportionnelle aux pressions, dans le rapport de 100 : 1,110. L'effet de la cohésion devenant négligeable pour ces fortes charges, on voit qu'alors l'enduit procure un grand avantage; car, sans enduit, une simple pression de 600 kil. fait naître 100 kilog. de résistance; tandis qu'avec l'enduit de suif, il faut 1,110 kilog. de pression pour produire 100 kil. de résistance due au frottement. Enfin, quand les surfaces sont enduites de suif, le rapport des pressions aux résistances du frottement ne varie pas, quelle que soit l'étendue des surfaces en contact, pourvu qu'elles ne soient pas d'une grandeur trop disproportionnée à la pression. Du reste, cette pression peut être aussi petite qu'on le veut, sans que le rapport change.

Si l'on ne fait mouvoir le traîneau qu'à l'intant où la résistance du frottement est arrivée à son *maximum*, l'on trouve pour rapport, en déduisant l'effet de la cohésion,

910 : 100 pour de petites pressions,

990 : 100 pour de grandes pressions.

Quand on substitue comme enduit l'huile d'olive au suif, la résistance du frottement atteint presque son *maximum* dès le premier instant ; elle égale $\frac{1}{6}$ de la pression. Cette résistance va du 6e. au 7e., lorsqu'on emploie du vieux-oing.

Le suif neuf est donc l'enduit le plus avantageux à mettre entre le cuivre et le fer.

Il ne suffit pas de connaître la force nécessaire pour vaincre la résistance au mouvement d'un corps en repos sur une surface. Il faut savoir comment varie cette résistance suivant qu'on donne au corps une vîtesse plus grande : c'est toujours le même appareil qu'on emploie. Seulement on substitue à la romaine, fig. 2, qui servait pour donner au corps un premier degré de mouvement, la corde et le plateau, fig. 1, chargé de poids à l'aide desquels on peut communiquer au corps une vîtesse plus rapide. Le frottement se produit à sec et sans enduit. On fait mouvoir le traîneau sur le madrier d'épreuve, en chargeant par degrés ce traîneau avec des poids propres à lui communiquer une vîtesse de plus en plus grande.

Lorsque le traîneau était placé sur le madrier d'épreuve et chargé du poids dont on voulait connaître l'effet, on chargeait successivement le plateau avec différents poids ; on ébranlait le traîneau tantôt à petits coups de marteau, tantôt en le poussant par derrière, au moyen d'un levier. Un des bords longitudinaux du madrier présentait une graduation très-soignée; de sorte que l'extrémité du traîneau, en parcourant cette graduation, indiquait les espaces parcourus. Enfin la durée des mouvements était estimée par un moyen dont je vous ai conseillé l'usage pour toutes les expériences un peu précises que vous aurez à faire. C'est par le moyen d'un pendule, dont chaque oscillation durait une demi-seconde.

On observait la force nécessaire pour commencer le mouvement du traîneau ; ensuite, on employait une force moyenne ; et finalement une grande. On observait le temps nécessaire pour faire parcourir au traîneau deux espaces de 66 centimètres.

On a généralement trouvé que le temps employé par le traîneau, pour parcourir le premier espace, était un peu plus que double du temps employé pour parcourir le second. Mais un corps mis en mouvement par une force accélératrice constante, et parcourant deux espaces consécutifs égaux, emploie pour cela des temps qui sont entre eux :: $\sqrt{10.000}$: $\sqrt{20.000}$ :: 100 : 142. Le traîneau met donc 100 unités de temps à parcourir la première partie de l'espace, et 142 unités de temps à parcourir cette première partie, plus la seconde, laquelle par conséquent n'exige que 42 unités de temps.

Ainsi, le mouvement du traîneau sollicité par une force accélératrice constante, celle de la pesanteur des poids, est uniformément accéléré; ce qui exige que les résistances du frottement ne détruisent, à chaque instant, qu'une quantité proportionnelle de la force ajoutée par la pesanteur. Donc *la résistance due au frottement est une quantité constante, quelle que soit la vitesse des corps en contact.*

Cependant, lorsque les surfaces en contact sont très-étendues, le frottement augmente sensiblement avec les vitesses. Au contraire, quand les surfaces en contact sont très-petites, le frottement diminue un peu avec les vitesses. Mais ces petites irrégularités des cas extrêmes, n'ôtent rien à la bonté du résultat que nous venons de présenter, pour la plupart des cas qui s'offrent dans la pratique.

Par des calculs assez simples, mais qu'il serait trop long de refaire ici, Coulomb détermine ainsi le rapport des pressions aux frottements qui en résultent, dans six expériences où les vitesses variaient de manière à surpasser les plus grandes pressions produites dans la pratique.

Frottement d'une surface de 1055 centimètres quarrés, chargée ainsi:

Essais.	Pression.	Rapport.
1er.	25 kilog.	5,7
2e.	188	9,4
3e.	291	9,5
4e.	825	9,4
5e.	1788	9,2
6e.	6588	10,4

Dans ces expériences, le fil du bois de chêne du traîneau avait la même direction que le fil du bois du madrier d'épreuve. Ensuite on a dirigé le fil du bois du traîneau perpendiculairement à celui du bois du madrier. Alors on a trouvé que le rapport de la pression au frottement ne variait presque plus, soit que les surfaces en contact fussent considérables, soit qu'elles fussent réduites à des bandes très-étroites, comme des tranchants de couteaux émoussés. Coulomb offre de cette différence une explication fort-ingénieuse. La voici:

« Lorsque les règles taillées en coin et fixées sous le traîneau glissent selon le fil du bois, chaque point du madrier d'épreuve, atteint par l'extrémité des règles, reste ensuite comprimé durant le temps que le traîneau emploie à parcourir sa longueur : comme le traîneau a 4 décimètres de longueur, si le mouvemement est, par exemple, de 4 décimètres par seconde, chaque point du madrier sera comprimé pendant 4 secondes. Ainsi, quoique les inégalités des surfaces, à cause de leur cohérence mutuelle, opposent une certaine résistance au changement de figure que leur fait prendre la compression, ce temps de 4 secondes est suffisant pour dénaturer et condenser en partie ces surfaces. Par conséquent, lorsque le traîneau, soutenu sur des angles arrondis, glissera selon le fil du bois, le frottement sera proportionnellement moindre sous les grandes que sous les petites pressions. Mais, lorsque les règles taillées en coin sont posées par le travers du traîneau, quand on fait mouvoir ce traîneau, chaque point du madrier dormant ne reste comprimé qu'un instant, qui est celui du passage de l'angle. Cet instant n'est pas assez long pour que les inégalités des surfaces fléchissent sensiblement ; donc le frottement doit ici se trouver le même que dans le cas où les surfaces ont une étendue finie. En effet, dans l'un et l'autre cas, les inégalités ne changeant de figure que d'une quantité insensible, elles doivent se pénétrer librement. »

Tous les résultats que nous venons d'offrir appartiennent au frottement du chêne contre le chêne. En faisant frotter du sapin contre du sapin, et de l'orme contre de l'orme, on trouve pour rapport de la pression au frottement :

Sapin contre sapin   6 : 1.
Orme contre orme   10 : 1.

Les bois mis en contact avec les métaux, se comportent d'une manière tout-à-fait différente des bois mis en contact avec les bois :

On a fixé d'abord sous le traîneau, des règles de fer, destinées à frotter sur le madrier d'épreuve, en chêne. Pour des vîtesses insensibles, on a vu, quelle que soit la pression, que le frottement est à peu près le tiers de cette pression. On a trouvé que la pression du traîneau est à la force qui fait parcourir un pied par seconde au traîneau, comme 6 est à 1.

Cette grande différence de rapport, quand les vîtesses augmentent, n'a lieu, quant aux petites surfaces de contact comprimées par des poids considérables, que pour des bois sortant des mains de l'ouvrier. Après un frottement de plusieurs heures, la vîtesse cesse presqu'entièrement d'influer sur le frottement.

Dans la série d'expériences dont nous allons parler, les corps en contact sont revêtus d'un enduit. Les seuls enduits qui puissent convenir pour diminuer le frottement des bois, sont le suif et le vieux oing; l'huile ne peut être employée que sur les métaux. Les enduits étant des corps mous, s'ils adoucissent le frottement des surfaces, c'est qu'ils en remplissent les cavités, c'est qu'interposés entre les surfaces, ils les maintiennent à une certaine distance l'une de l'autre. Voilà pourquoi, sous les grandes pressions, les enduits les plus mous sont toujours les plus mauvais. Lorsque les surfaces de contact sont réduites à des angles arrondis, les enduits diminuent très-peu le frottement du traîneau. Quand le traîneau, ayant une grande surface de contact, a passé deux ou trois fois sur le même suif, on remarque encore que le suif s'applique sur le madrier, pénètre dans les pores du bois, et ne s'oppose plus qu'imparfaitement à l'engrenage des parties. Aussi, dans plusieurs essais répétés sans renouveler les enduits, a-t-on trouvé une augmentation de frottement très-considérable. Avant de rapporter les expériences faites en enduisant les bois à chaque essai, nous devons parler d'une cause qui souvent jette la plus grande incertitude dans les résultats.

Lorsque le madrier et le traîneau sortent des mains de l'ouvrier, malgré tout le soin qu'on a pris pour bien unir les surfaces en les polissant soit avec la varlope, soit avec une peau de chien de mer, ou même en les faisant glisser plusieurs fois à sec l'une sur l'autre, on trouve qu'en enduisant les surfaces elles donnent d'abord de grandes inégalités dans les frottements. Ces inégalités sont d'autant plus remarquables, que les surfaces sont plus étendues et la pression moindre : elles augmentent très-sensiblement les frottements, à proportion que les vîtesses croissent. Ces variétés suivent des lois incertaines, et dont aucune théorie ne peut rendre raison. Mais lorsqu'à l'aide d'un enduit de suif ou de vieux oing, l'on fait glisser le traîneau pendant plusieurs jours consécutifs, sous de fortes charges, l'on trouve ensuite que le frottement est presque toujours proportionnel à la pression : l'augmentation des vîtesses n'augmente plus le rapport que d'une manière insensible.

Pour déterminer les effets d'un enduit de suif renouvelé, à chaque essai, sur du chêne frottant contre du chêne, on s'est servi d'un traîneau qu'on employait depuis huit jours aux expériences sur le frottement. On avait fait avec des enduits de suif souvent renouvelés, plus de deux cents expériences, sous des pressions de plusieurs quintaux par décimètre quarré.

Les 50 premières expériences avaient offert beaucoup d'irrégularités, mais les autres étaient moins incertaines, et le traîneau ainsi que le

TREIZIÈME LEÇON.   389

madrier d'épreuve paraissaient avoir pris tout le poli dont le bois de chêne peut être susceptible. Voici le résultat de six expériences faites sur une surface de contact ayant 13 décimètres quarrés :

1re. expérience. $\dfrac{\text{Pression.}}{\text{Frottement.}} = \dfrac{3250}{115} = 27{,}6$

2e. $= \dfrac{1650}{64} = 25{,}8$

3e. $= \dfrac{850}{36} = 23{,}6$

4e. $= \dfrac{450}{21} = 21{,}5$

5e. $= \dfrac{250}{13{,}5} = 18{,}5$

6e. $= \dfrac{50}{6{,}5} = 7{,}7$

Ici le résultat se complique de deux causes ; une résistance constante due à la cohésion des parties de suif et à l'étendue des surfaces ; l'autre due seulement au frottement. Si l'on retranche cette quantité constante, l'on trouve :

1re. expérience. $\dfrac{\text{Pression.}}{\text{Frottement.}} = \dfrac{3250}{113} = 28{,}7$

2e. $= \dfrac{1650}{59} = 27{,}9$

3e. $= \dfrac{850}{31} = 27{,}4$

4e. $= \dfrac{450}{16} = 28{,}1$

5e. $= \dfrac{250}{8{,}5} = 29{,}4$

6e. $= \dfrac{50}{1{,}75} = 28{,}6$

Les détails où nous venons d'entrer suffisent pour vous montrer l'esprit des expériences de Coulomb : expériences qu'il a successivement étendues au frottement des diverses espèces de bois contre bois, puis des bois contre des métaux, et enfin des métaux contre des métaux garnis d'un enduit. Il se résume ainsi :

1°. Le frottement des bois glissant à sec sur les bois, oppose, après un temps suffisant de repos, une résistance proportionnelle aux pressions : cette résistance augmente sensiblement dans les premiers instants de repos; mais d'ordinaire, après quelques minutes, elle parvient à son *maximum* ou à sa limite.

2°. Lorsque les bois glissent à sec sur les bois, avec une vitesse quelconque, le frottement est encore proportionnel aux pressions; mais son intensité est beaucoup moindre que la résistance éprouvée lorsqu'on fait effort pour détacher les surfaces après quelques minutes de repos. On trouve, par exemple, que la force nécessaire pour détacher et faire glisser deux surfaces de chêne, après quelques minutes de repos, est à la force nécessaire pour vaincre le simple frottement, lorsque les surfaces ont acquis un degré de vitesse quelconque, comme 95 : 22,2 ; ou 100 : 23.

3°. Le frottement des métaux glissant sur les métaux sans enduit, est également proportionnel aux pressions mais son intensité est la même, soit qu'on veuille détacher les surfaces après un temps quelconque de repos, soit qu'on veuille entretenir une vitesse uniforme quelconque.

4°. Les surfaces hétérogènes, telles que les bois et les métaux, glissant l'une sur l'autre sans enduit, donnent pour leurs frottements des résultats très-différents de ceux qui précèdent; car l'intensité de leur frottement, eu égard au temps de repos, croît avec lenteur, et ne parvient à sa limite qu'après quatre ou cinq jours et quelquefois davantage. Mais, dans les métaux elle y parvient en un instant, et, dans les bois, en quelques minutes. Cet accroissement est même si lent que la résistance du frottement, dans les vitesses insensibles, est presqu'égale à celle que l'on surmonte, en ébranlant ou détachant les surfaces, après trois ou quatre secondes de repos. Ce n'est pas tout : dans les bois glissant sans enduit sur les bois, et dans les métaux glissant sur les métaux, la vitesse n'influe que très-peu sur les frottements. Mais ici le frottement croît très-sensiblement, à mesure que l'on augmente les vitesses. En sorte que le frottement croît à peu près suivant une progression arithmétique, lorsque les vitesses croissent suivant une progression géométrique. Voici maintenant la théorie de Coulomb.

Le frottement ne peut provenir que de l'engrenage des aspérités des surfaces. La cohérence ne doit y influer que très-peu : puisque nous trouvons que le frottement est, dans tous les cas, à peu près proportionnel aux pressions, et indépendant de l'étendue des surfaces : or la cohérence agirait nécessairement suivant le nombre des points de contact, ou suivant l'étendue des surfaces. Nous trouvons cependant que cette cohérence n'est pas précisément nulle, et nous avons eu soin de la déterminer dans les différents genres d'expériences qui ont précédé. Nous l'avons trouvée d'environ 8 kilogrammes par mètre quarré, pour les surfaces de chêne non enduites; mais, dans la pratique, la résistance qui provient de cette cohérence peut être négligée, toutes les fois que chaque mètre quarré est chargé de plusieurs milliers de kilogrammes.

Dans les faits que nous venons de rapporter, les surfaces ne sont dénaturées par aucun enduit; ainsi, la variété des phénomènes ne peut tenir qu'à quelque différence essentielle dans la nature des parties constituantes des bois et des métaux : les bois sont composés de fibres allongées, de parties flexibles et élastiques ; les métaux, au contraire, sont composés de parties angulaires, globuleuses, dures et inflexibles; ensorte qu'aucun degré de pression ni de traction ne peut changer la figure des parties qui tapissent la surface des métaux; tandis que les fibres ou les espèces de poils dont les bois sont formés peuvent se plier plus aisément dans tous les sens.

Ainsi, pour nous servir d'une comparaison simple, nous concevons que les fibres dont la surface des bois est couverte, entrent les uns dans les autres, comme le pourraient faire les crins de deux brosses. Si l'on voulait avoir le degré de traction nécessaire pour faire glisser l'une des brosses sur l'autre, il faudrait examiner, et la position des crins dans le moment où, après un certain temps de repos, l'on ferait un effort pour détacher les brosses, et la position différente où les crins se trouveraient, lorsqu'en glissant l'une sur l'autre, les brosses auraient un mouvement respectif quelconque.

Nous supposons donc, lorsqu'on pose une planche bien polie sur une autre, que les fibres, dont les surfaces sont hérissées, entrent librement les unes dans les autres,

Si l'on veut à présent faire glisser la planche supérieure sur l'inférieure, les fibres des deux surfaces se plieront mutuellement, jusqu'à ce qu'elles se touchent, sans cependant se désengrener; arrivées à cette position, les fibres se touchant mutuellement ne peuvent se coucher davantage, et l'angle de leur inclinaison dépendant de la grosseur des fibres, sera le même sous tous les degrés de pression. Par conséquent il faudra, sous tous les degrés de pression, une force proportionnelle à la pression même, pour que les fibres, glissant suivant cette inclinaison, puissent se désengrener.

Mais, si l'on détache le traîneau et que l'on continue à le faire glisser, toutes les fibres se désengrèneront, et en se désengrenant, il restera un vide entre les fibres voisines d'une même surface; donc elles se coucheront les unes sur les autres jusqu'à ce qu'elles se touchent, et elles prendront conséquemment encore une inclinaison plus grande que la précédente, mais qui ne cessera pas d'être la même pour tous les degrés de pression. Ainsi dans les surfaces en mouvement, le frottement doit encore être proportionnel aux pressions : l'on ne trouvera de variétés, relativement à cette théorie, que lorsque les surfaces de contact seront réduites à leurs plus petites dimensions; parce que, pour lors, les parties intérieures des surfaces, venant à céder sous les pressions énormes qu'elles éprouvent, les fibres pourront encore s'incliner : c'est effectivement ce que nous avons trouvé, en faisant glisser suivant le fil du bois, le traîneau porté sur deux angles de chêne arrondis.

L'on explique avec facilité, par cette théorie, une observation que nous avons faite; quand les règles de chêne qui portent le traîneau, glissent dans le sens de leur longueur, les points du madrier dormant placés sous ces règles, se trouvant comprimés tout le temps que le traîneau emploie à parcourir sa longueur, ce temps est assez long pour que les surfaces fléchissent, et que les fibres s'inclinent plus que si leurs extrémités seulement se touchaient. Mais, lorsque les angles qui portent le traîneau sont placés à l'extrémité et en travers du traîneau ; pour lors les points de contact avec le madrier dormant n'étant soumis qu'un instant à la compression, n'ont pas le temps de fléchir d'une manière sensible, et le rapport de la pression au frottement reste le même pour les grandes et les petites pressions.

Les métaux n'étant point composés de fibres ni de parties flexibles, la situation des cavités de leur figure ne variera dans aucune circonstance : conséquemment, que le traîneau soit en mouvement, ou qu'il soit en repos, l'intensité du frottement sera toujours la même ; parce qu'elle dépend de la figure des molécules élémentaires qui constituent les surfaces, et de l'inclinaison du plan tangentiel, dans les points de contact.

Lorsque les bois glissent sur les métaux, ce sont pour lors les fibres élastiques du bois qui, en se pliant le long des parois des cavités, pénètrent dans ces cavités : or comme ces fibres sont flexibles et élastiques, elles ne s'enfoncent que peu à peu dans ces mêmes cavités; ainsi la résistance due au frottement augmentera à mesure que le temps de repos qui précédera l'effort pour faire glisser les surfaces sera plus long. Mais si nous supposons le traîneau en mouvement, les fibres dont les surfaces du bois sont couvertes, rencontrant les inégalités du métal, seront fléchies pour franchir le sommet de ces inégalités. Cette flexion sera nécessairement telle que la réaction de l'élasticité des fibres soit proportionnelle à la pression : ainsi, dans les vîtesses insensibles, le frottement se trouvera encore proportionnel à la pression, comme on l'a prouvé par l'expérience ; lorsque le traîneau sera mû avec une vîtesse quelconque, comme les cavités de la surface du métal ont de l'étendue, relativement à la grosseur des fibres du bois, les fibres après avoir passé sur les sommités des inégalités des surfaces métalliques, se relèveront en partie, comme des faisceaux de ressorts. Il faudra donc les plier de nouveau pour leur faire franchir l'inégalité suivante. Plus la vîtesse sera grande, plus il faudra plier de fois les fibres : ainsi le frottement doit croître suivant une loi de la vîtesse ; mais cependant on les pliera sous un moindre angle, à mesure que la vîtesse augmentera, parce qu'en passant d'une sommité à l'autre, les fibres n'ont pas le temps de se redresser en entier.

Dans le frottement des bois et des métaux enduits de suif, les surfaces de contact étant réduites à des angles arrondis, nous avons trouvé que, les règles marchant par le travers du fil du bois, la vîtesse cessait d'influer dans le frottement. Il paraît que dans ce genre de frottement, le suif colle les fibres du bois les unes contre les autres, et leur fait perdre en partie leur élasticité : voici à ce sujet une observation intéressante. En faisant tourner une poulie de gaïac sur un axe de fer, sans y avoir mis aucun enduit, Coulomb a trouvé que pendant les 20 premières minutes, la poulie étant neuve, le frottement augmentait avec la vîtesse, suivant des lois analogues à celles que nous trouvons pour le bois et le fer, dans le mouvement du traîneau. Cependant, après deux heures d'un frottement continu, sous une rotation rapide, les fibres du bois avaient perdu la plus grande partie de leur élasticité, et l'accroissement de la vîtesse n'augmentait presque plus le frottement. Cet effet est produit avec bien plus de promptitude en enduisant l'axe avec du suif ; car, après une minute de mouvement de rotation sous une pression de 600 livres, une poulie de gaïac, montée sur un axe de fer enduit de suif, a toujours eu le même frottement, avec un degré quelconque de vîtesse.

Si l'on compare la résistance du frottement d'un corps ayant un poids donné, qui s'avance en appuyant sur un autre corps, et sans tourner, avec la résistance que présente le premier qui tourne sur le second, on verra que, dans le second cas, la résistance est de beaucoup moins considérable que dans le premier. Par exemple, en faisant rouler du bois sur du bois, la résistance est à la pression pour un petit rouleau comme 1,000 est à 16 ou 18, et pour un gros comme 1,000 est à 6. En faisant glisser, sans rouler, du bois sur du bois, ce rapport serait de 1,000 à 200 ou de 1,000 à 300, suivant la nature du bois. Donc, en faisant rouler un corps rond sur un autre corps plan, au lieu de le faire traîner sans tourner, il y a 12 à 20 fois plus d'avantage.

Voilà ce qui rend l'emploi du roulage si précieux pour les travaux de l'industrie. Supposons qu'une voiture du poids de 1,000 kilogrammes soit portée sur des roues; si ces roues étaient fixées à l'essieu et devaient frotter contre le terrain, en supposant même qu'elles dussent porter sur des ornières en bois et qu'elles n'eussent pas de bandes métalliques, la résistance du frottement serait de 200 kilogrammes. Si la roue a la faculté de tourner;

cette résistance sera réduite sur-le-champ à 6 kilogrammes au plus. Supposons maintenant que l'essieu ait un diamètre qui soit le cinquantième du diamètre de la roue; lorsque la roue fait un tour complet, chacun des points de son moyeu qui se trouve en contact avec l'essieu, parcourt une surface cinquante fois moins longue que la circonférence même de la roue. Par conséquent, la vîtesse du moyeu, en frottant contre la surface de l'essieu, sera le cinquantième de la vîtesse de la roue, pour les points qui portent sur le terrain. Toutes choses égales d'ailleurs, le frottement éprouvé par la roue contre l'essieu sera donc le cinquantième de ce qu'on trouverait si la voiture était tout à coup transformée en traîneau et glissait sur du fer. On peut voir par-là combien le roulage diminue la résistance due au frottement, surtout lorsqu'on encastre, dans le moyeu, des boîtes en cuivre, pour rendre plus doux leur frottement contre le fer de l'essieu. Alors il ne reste plus guère à vaincre de résistance notable, que celle des inégalités du terrain et de sa cohésion avec la circonférence de la roue; résistance qu'on diminue considérablement par l'emploi des routes en fer.

Lorsque les hommes ont à transporter des fardeaux trop lourds pour les charger sur des voitures, ils les font glisser sur des rouleaux, sur des molettes, ou sur des sphères, fig. 8.

En Écosse, j'ai vu remonter des navires de la mer sur un plan incliné, en les plaçant sur des espèces de chariots à petites roulettes qui couraient sur une route en fer. Très-peu d'hommes suffisaient pour remonter ainsi les bâtiments du plus grand poids.

Nous venons de voir par quels moyens l'industrie parvient à diminuer les résistances dues au frottement. Il est d'autres cas où l'on doit, au contraire, augmenter le plus possible la résistance qui provient du frottement ; par exemple, lorsque des voitures passent d'une route horizontale à une route descendante très-inclinée, il importe de les empêcher d'acquérir une accélération qui finirait par devenir dangereuse. On peut, pour cela, s'y prendre de deux manières ; d'abord en empêchant les roues de tourner et en les laissant frotter contre le terrain. Mais la résistance du frottement qu'elles éprouvent alors, use rapidement les bandes de la roue, et la mettrait bientôt hors de service. On remédie à cet inconvénient au moyen d'un sabot métallique S, fig. 9, qui emboîte le contour de la roue et vient se placer entr'elle et le terrain : le sabot est retenu par une chaîne fixée à l'avant de la voiture. Ce système offre encore un inconvénient. Lorsque le terrain présente quelques fortes irrégularités, un trou ou une pierre d'une dimension considérable, il est possible que la roue se dégage du sabot; alors, tout le danger se reproduit.

Il est plus simple d'avoir un arc de cercle en bois ou en métal, placé derrière une des grandes roues, fig. 10 : de manière à pouvoir l'approcher de cette roue au moyen d'une vis de pression. Quand cette pression augmente, elle crée une résistance de frottement proportionnelle, et bientôt la roue perd à peu de chose près, tout son mouvement. Ce moyen d'engrenage que l'on peut modérer ou augmenter à volonté, est à beaucoup d'égards, préférable; il se trouve maintenant adopté, presque généralement, par les diligences et par les voitures de roulage.

Dans les grandes machines, et surtout dans les moulins à vent, il est très-important de pouvoir arrêter subitement ou du moins modérer à volonté la marche de la machine. C'est ce qu'on fait au moyen d'un *frein* ABC, fig. 11. On appelle ainsi un grand arc de cercle, en bois, extérieurement garni d'une bande de fer. Une extrémité de cet arc est fixe et l'autre boutonnée avec un petit bras de levier. Lorsqu'on fait force sur le grand bras de ce levier, on oblige le frein à se rapprocher d'une grande roue qui participe au mouvement général de la machine. On exerce contre cette roue une pression très-considérable, et la résistance due à cette pression suffit pour produire l'effet désiré. Les expériences de Coulomb mettront à même dans tous les cas, de connaître, pour une pression donnée, les résistances dues au frottement des freins dont on voudra faire usage.

La grue est une machine à laquelle il importe d'adapter le frein. Car si les ouvriers ne pouvaient plus exercer assez d'efforts pour l'emporter sur le fardeau qu'ils doivent élever, cette machine prendrait un mouvement rétrograde accéléré, qui produirait de très-graves accidents. On adapte encore ici le frein à une grande roue circulaire, comme nous venons de l'expliquer pour les moulins; et l'effet produit par ce frein a toute l'efficacité qu'on peut désirer.

Dans les superbes magasins des *Docks* de Londres, les treuils employés pour emmagasiner ou sortir les marchandises, sont garnis d'un pareil frein. Lorsqu'on veut descendre ces marchandises, on lâche tout à coup les manivelles du treuil, et le fardeau descend avec toute la vîtesse qu'il peut acquérir en vertu de sa pesanteur. Un ouvrier attentif tient d'une main le long bras du levier qui doit agir sur le frein. Il regarde le fardeau qui descend, et lorsqu'il le voit arriver à moins d'un mètre, soit du terrain, soit de la voiture sur laquelle ce fardeau doit être déposé, il pèse tout à coup sur le levier; alors le fardeau s'arrête instantanément.

II. MÉCHANIQUE.   ARTS ET MÉTIERS et BE

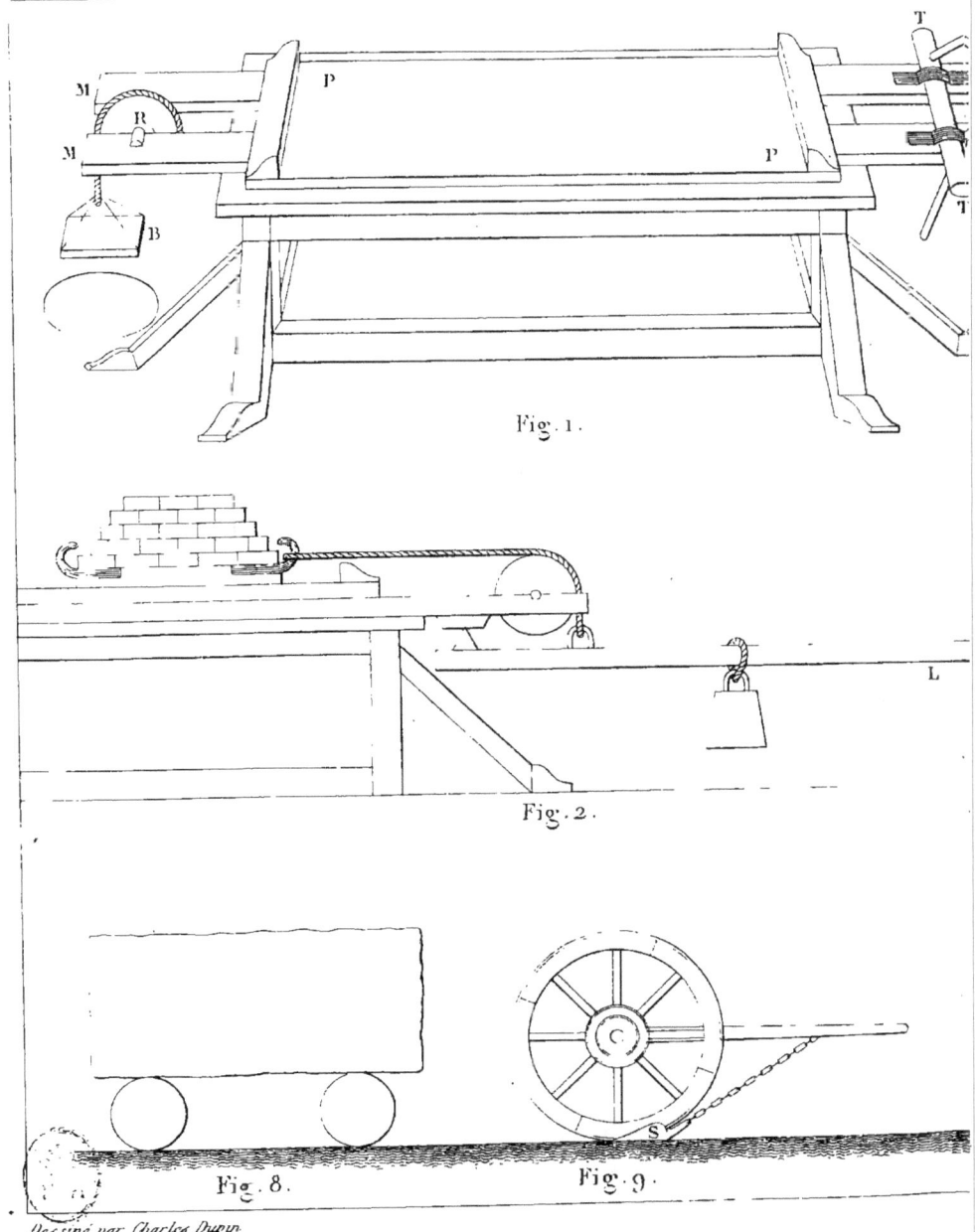

Fig. 1.

Fig. 2.

Fig. 8.   Fig. 9.

Dessiné par Charles Dupin.

JX-ARTS. XIII.ème LEÇON.

Fig. 3.

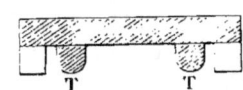

Fig. 5.

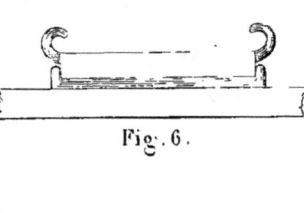

Fig. 6.

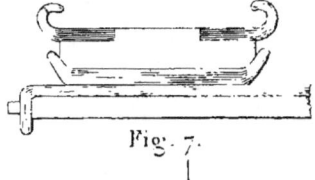

Fig. 7.

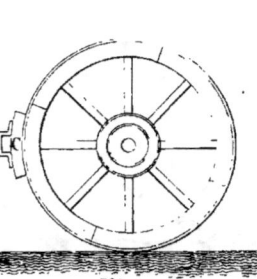

Fig. 10.

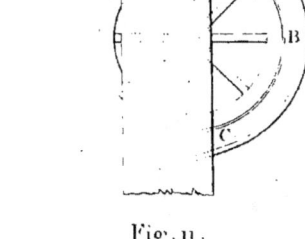

Fig. 11.

Gravé par Adam

QUATORZIÈME LEÇON.

Des pressions, des tensions et de l'élasticité en général.

Jusqu'ici nous avons examiné l'action des forces, soit pour comprimer, soit pour étendre les corps, en supposant que les corps conservassent toujours les mêmes dimensions : cette hypothèse est loin de la réalité des choses. La plupart des corps, soumis à des forces qui les compriment, diminuent de dimension dans le sens où la compression s'exerce.

A cet égard, on observe des différences très-grandes entre les diverses substances.

Certains corps semblent céder sans résistance à la moindre compression, et, lorsqu'une fois ils ont été comprimés, conservent les dimensions auxquelles la compression les a réduits : tels sont les *corps mous*.

D'autres corps cèdent avec facilité à la compression ; mais, aussitôt que la force comprimante cesse d'agir, les dimensions qui avaient diminué par l'effet de cette force, augmentent et se rapprochent plus ou moins des dimensions primitives. On appelle *corps élastiques* ceux qui possèdent cette propriété.

Les corps seraient parfaitement élastiques, s'ils reprenaient exactement leurs dimensions primitives, avec la même vîtesse qu'ils les ont perdues. Mais la nature ne nous offre pas de corps qui soient parfaitement élastiques.

Après avoir fait subir à un corps une première compression, laissons-le reprendre tout ce qu'il peut de ses dimensions primitives, en supprimant la force comprimante. Faisons agir de nouveau cette force; le corps se comprimera de rechef, et, pour l'ordinaire, il se comprimera plus que la première fois. Pour l'ordinaire, aussi, il reprendra moins ses premières dimensions qu'il ne l'avait fait, après qu'on a supprimé pour la première fois, la force comprimante. Ainsi, l'action répétée des forces comprimantes diminue de plus en plus l'élasticité des corps. Cependant, beaucoup de corps ne perdent, à chaque fois, qu'une partie insensible de leur élasticité ; ils sont susceptibles de rendre long-temps les mêmes services, malgré l'action intermittente et très-multipliée des forces comprimantes.

Les corps élastiques par compression rendent à l'industrie de nombreux services, pour répartir également des pressions communiquées par une force qui n'agit que suivant la direction d'une ligne droite. S'agit-il, par exemple, de transporter sur une feuille de papier ou d'étoffe, une empreinte déjà gravée sur une feuille métallique? L'on place sous la feuille de papier ou d'étoffe, un corps élastique par compression ; on en place un autre sur la feuille métallique, et l'on met par-dessus, un corps dur et plan, qui reçoit l'action de la force par un ou plusieurs points. Cette force, transmise à travers le corps dur, comprime successivement les parties saillantes des deux corps élastiques. Au fur et à mesure qu'elle comprime les parties les plus saillantes, elle se met en contact avec un plus grand nombre de parties ; elle finit par en presser un si grand nombre, que, dans tous les points de la surface en contact avec la feuille métallique d'une part, avec la feuille de papier ou d'étoffe de l'autre, se trouve appliquée une portion de la force comprimante, assez considérable pour que l'étoffe ou le papier, qui sont eux-mêmes des corps compressibles, pénètrent dans les cavités de la planche qui doit produire l'impression.

On pourrait citer, dans un grand nombre d'arts, des usages analogues de corps élastiques ou mous employés pour répartir uniformément des pressions, lesquelles, exercées sur un seul point, briseraient ou déformeraient le corps qu'il s'agit de comprimer.

Lorsqu'on veut polir ou tailler des corps métalliques dont la surface a besoin d'être fort soignée, on place entre cette surface et les mâchoires de l'étau qu'on emploie, un corps mou, tel que le bois, le plomb, le cuivre, etc., qui répartit la pression sur un nombre considérable de points de la surface du corps que l'on travaille, et par ce moyen, ne l'endommage pas.

Dans les emballages, lorsqu'on veut envelopper ensemble des objets dont la surface craint d'être gâtée, il faut les envelopper avec des corps élastiques. L'on peut ensuite serrer fortement l'emballage, avec des cordes; parce que la pression de ces cordes se répartit à travers les entourages compressibles qu'on emploie, et n'arrive que très-divisée aux différents points des corps emballés.

Dans la leçon qui concerne les chocs, nous examinerons des effets d'un genre analogue, au sujet des corps élastiques destinés à transmettre ou plutôt à amortir les mouvements brusques.

Si l'on suppose que des forces agissent en sens contraires pour écarter l'une de l'autre diverses parties d'un même corps, elles étendent, elles augmentent plus ou moins la dimension de ce corps dans le sens de la ligne droite qui joint les points d'application des forces dirigées en sens contraires. Certains corps cèdent presque sans effort à l'action des puissances extensives, et, s'étant une fois allongés, ne reprennent plus leurs dimensions primitives : telle est la propriété des *corps mous*. Il est d'autres corps dont les dimensions retournent peu à peu vers leur état primitif, lorsqu'on cesse de faire agir les forces extensives : tels sont les *corps élastiques*. Il est encore d'autres corps qui jouissent, à un haut degré, de la propriété de reprendre leurs dimensions primitives, soit qu'on les comprime, soit qu'on les étende. Enfin, il en est qui reviennent beaucoup plus complètement vers leurs premières dimensions, lorsqu'on les comprime que lorsqu'on les étend, d'autres, lorsqu'on les étend que lorsqu'on les comprime.

Dans chaque branche d'industrie, c'est une étude importante, quant aux matières premières et aux matières ouvrées, que celle des propriétés relatives à l'élasticité; afin de choisir toujours l'espèce de matière la plus propre à chaque genre de travail. On peut ramener cette étude à des expériences précises qu'on n'a faites jusqu'ici que pour un trop petit nombre de substances et dans un nombre de cas peu considérable.

Les cordes de chanvre, de soie, de coton, etc., et les fils métalliques, sont fort-peu susceptibles de résister au refoulement; ce qui résulte de la petitesse de leur diamètre comparativement à leur longueur. Ils sont plus propres à résister à la tension, chacun suivant le degré de sa force et de son élasticité. Cette élasticité les rend précieux pour les travaux de l'industrie.

Par exemple, lorsqu'il s'agit de transmettre un mouvement de rotation, d'un rouet à un autre, ou d'un tambour à un autre, on fait passer, sur la gorge des rouets, sur le contour des tambours, soit une corde, soit une courroie, à laquelle on donne un certain degré de tension. Cette tension se répartit uniformément sur tous les points de la corde ou de la courroie, qui, dans chacun de ces points, agit pour reprendre sa dimension primitive; chose qu'elle ne peut faire qu'en pressant le contour du rouet ou du tambour. Lorsqu'ensuite, on met en mouvement l'un des rouets ou l'un des tambours, la résistance due au frottement entraîne la corde ou la courroie sur la circonférence de ce premier rouet ou de ce premier tambour, et la pression exercée par la corde ou par la courroie sur le second rouet ou sur le second tambour, produit un frottement qui transmet le mouvement à ce second rouet ou à ce second tambour. L'élasticité qui s'oppose aux tensions diminue par degrés avec l'usage. C'est pourquoi, les cordes et les courroies qu'on emploie, bien que résistantes, à chaque instant, en vertu de leur élasticité, résistent de moins en moins et s'allongent par degrés : ce qui oblige de chercher les moyens d'obvier à cet allongement. Voyez GÉOMÉTRIE, *leçon* III*e*.

Lorsque des cordes sont fortement tendues et qu'on les pince entre leurs points extrêmes, puis qu'on les abandonne à elles-mêmes, elles prennent un mouvement de va et vient, plus ou moins rapide, connu sous le nom de *vibration*. Dans ce mouvement, elles agitent vivement l'air qui les entoure, et cette agitation produit le son. On a remarqué qu'en augmentant par degrés la tension d'une même corde, les sons rendus lorsqu'on fait vibrer cette corde, deviennent de plus en plus élevés, et passent, ainsi, par degrés, du grave à l'aigu. Parmi l'infinie variété des sons qu'il est possible de produire de la sorte, il en est un certain nombre qui plaisent à notre oreille et qui sont susceptibles de faire partie d'un système musical. On a déterminé, par l'expérience, quels doivent être les rapports entre les tensions d'une même corde, c'est-à-dire, quels poids doivent être employés pour produire cette tension qui donne les sons musicaux. Ainsi, la détermination des sons, dans la musique, est le résultat d'une expérience de méchanique.

Lorsqu'on emploie la même substance, on a remarqué que, pour une longueur donnée, les sons deviennent d'autant plus graves que le diamètre de la corde est plus considérable. On a déterminé les rapports entre l'élévation des sons et le diamètre des cordes de diverses substances. Les instruments à cordes sont composés d'un certain nombre de cordes, ou métalliques ou formées avec des boyaux d'animal, dont les dimensions et les longueurs sont combinées de manière à produire la succession des sons musicaux, entre des limites données. Nous ne pouvons qu'indiquer ces usages.

La même corde conservant une tension constante, si l'on diminue sa longueur, les sons qu'elle peut rendre deviennent plus aigus ; ils deviennent, au contraire, plus graves, lorsqu'on augmente cette longueur.

Les pédales des instruments à cordes sont des leviers qui ont pour objet de faire presser un point fixe en certaines parties intermédiaires des cordes, afin d'en diminuer la longueur. L'on fait, ainsi, rendre successivement à la même corde, des sons plus ou moins élevés, et l'on augmente beaucoup la richesse de chaque instrument.

Après avoir considéré l'élasticité des fils isolés, il faut s'occuper de l'élasticité des fils combinés. Les fils qu'on emploie pour fabriquer les étoffes, sont plus ou moins élastiques. Cette élasticité même ajoute beaucoup à la facilité de la fabrication. On conçoit, en effet, que les fils de la chaîne, s'ils étaient tous également tendus, dans un premier moment, et s'ils ne pouvaient changer de dimensions sans casser, casseraient à chaque légère inégalité causée par les dimensions ou par les mouvements du métier qu'on emploie pour fabriquer les étoffes. Au contraire, des fils pouvant céder aux forces qui les tendent subitement, et reprendre ensuite leurs dimensions primitives, ne cassent que par des accidents extraordinaires.

Les étoffes que nous employons pour nos vêtements, si elles n'étaient pas composées de fils élastiques, ne pourraient que former des surfaces développables, en les supposant inextensibles, ou des surfaces qui ne reviendraient jamais à leur figure première, en les supposant tout-à-fait molles. Mais, par l'élasticité, certaines parties des étoffes peuvent prendre deux courbures, tantôt dans le même sens, tantôt dans le sens opposé ; elles peuvent suivre, de la sorte, les inflexions de la surface du corps humain, dans les divers mouvements de nos membres. Le volume de ces membres et leur courbure, surtout vers les articulations, varient subitement; il faut que les étoffes puissent se prêter à ces mouvements et reprendre ensuite leur forme primitive. C'est ce qu'elles font en vertu de leur élasticité.

Il est certaines parties de nos vêtements qui ont besoin d'être soutenues ou serrées avec une force qui ne passe jamais certaines limites. Si nous faisions usage de tissus inextensibles pour exercer de telles compressions, ils nous feraient souffrir dans les mouvements de notre corps, qui tendent à augmenter les dimensions du contour dont il s'agit. Voilà pourquoi les ceintures, les jarretières, les gants, les bas, les souliers, et en général, toutes les parties de nos vêtements, collantes sur la peau, sont formées de matières élastiques. On peut juger, par la souffrance que font éprouver des souliers qui n'ont pas une élasticité suffisante, de l'utilité qu'a pour nous, cette propriété de la matière.

Au lieu d'employer des fils droits et parallèles pour former des surfaces élastiques, surfaces qui n'ont, par conséquent, que l'extensibilité dont peut jouir chaque fil; formons des tissus où les fils suivent une direction sinueuse. Ils pourront avoir une longueur beaucoup plus grande que la distance rectiligne qui sépare leurs extrémités. Le tissu formé de la sorte sera susceptible d'être étendu beaucoup plus que le tissu ordinaire, par une même force. Si l'on fait cesser l'action de cette force, le tissu se retire sur lui-même, de manière que ses points extrêmes parcourent un grand espace. C'est ainsi qu'on a fabriqué des tissus tricotés que, cette facilité d'extension et de compression, rend éminemment propres à couvrir exactement ceux de nos membres dont la forme et les dimensions varient beaucoup lors de nos mouvements. Un effet analogue au tricot est produit en contournant des fils métalliques en spirale. De telles spirales offrent un développement beaucoup plus considérable entre leurs extrémités que la distance rectiligne de ces extrémités ; donc une même force employée, soit pour comprimer, soit pour étendre un fil ainsi contourné, doit produire un allongement ou un raccourcissement beaucoup plus considérable, qu'en agissant sur le fil supposé tendu. De là l'usage des fils métalliques, pliés en spirale, pour les élastiques des bretelles, pour des ressorts de voitures, et pour des usages analogues, dans un grand nombre de machines.

Les cordages étant formés de fils pliés en spirale, ils jouissent, pour cette raison, d'un degré d'élasticité différent du degré dont jouissent les mêmes fils supposés tendus en ligne droite ; élasticité précieuse dans les machines, et surtout pour le gréement des vaisseaux.

Dans les églises de campagne, on figure de grands cierges avec de très-longs cylindres de tôle peinte en blanc. Dans ces cylindres on met des bougies communes sous lesquelles est une longue spirale en fil de fer ou de laiton ; cette spirale est très-comprimée quand la bougie est entière. Lorsque la bougie brûle, la spirale la pousse et l'élève de manière à ce que la mèche enflammée soit toujours au même point sur la base supérieure du long cylindre qui figure un grand cierge.

Jusqu'ici, l'on a cherché surtout à déterminer la résistance dont les bois sont susceptibles avant leur rupture, soit par une action perpendiculaire à leurs fibres, soit par la pression de poids qui agissent dans le sens même de ces fibres.

Sans doute, il est nécessaire de connaître ce point extrême, cette limite de la force des bois, afin d'employer constamment des matériaux doués d'une force plus grande que les efforts auxquels ils devront résister, dans les constructions et dans les machines où ils entreront comme éléments. Mais il faut toujours se tenir assez loin de cette limite; et, lorsqu'on veut faire des travaux durables, il faut s'en tenir bien plus loin encore. En effet, le temps diminue sans cesse la force des bois, et mille causes concourent à détériorer leurs qualités primitives.

Il est un autre genre de recherches non moins utile, plus utile peut-être, et qui cependant me semble avoir été le moins suivi; c'est de déterminer les résistances comparées des bois, lorsqu'on les soumet à des forces capables d'altérer très-peu leur figure, et d'éprouver, si je puis m'exprimer ainsi, *leur résistance virtuelle*.

Lorsque nous construisons nos édifices, nos machines, nos vaisseaux, nous supposons que les pièces d'une dimension considérable, et d'ailleurs peu chargées, conservent la figure qu'un dessin rigoureux leur a donnée : il n'en est rien. Dans la nature, les moindres forces ont leurs effets certains, quoique parfois trop petits pour tomber sous nos sens; et souvent ces effets, insensibles individuellement, s'accumulent au point de produire les résultats les plus marqués et les plus graves : nous n'en citerons qu'un seul exemple.

Le plus grand édifice que nous puissions construire en charpente, est sans contredit un vaisseau, tel qu'il le faut aujourd'hui pour entrer en ligne dans nos escadres. Lorsqu'un vaisseau du premier rang est établi sur des chantiers, ses dernières allonges s'élèvent jusqu'au faîte des plus hautes maisons. Il doit loger mille hommes et au delà, renfermer leurs vivres pour six mois, et toute l'artillerie d'une place forte imposante. Aussi la solidité de sa construction répond-elle à l'immensité des objets qu'il doit contenir. Nous avons nommé *murailles* ses parois en charpente; et leur épaisseur est en effet au moins égale à celle des murs extérieurs de nos maisons ordinaires. Les liaisons, les supports de tout genre y sont combinés avec intelligence; le cuivre, le fer y sont prodigués pour maintenir l'ensemble de toutes les parties. Qui douterait qu'avec des moyens si puissants et si bien disposés, la forme du vaisseau ne se trouvât assurée d'une manière invariable? cependant cela n'est pas. A peine est-il lancé sur la mer, que l'inégalité d'action produite dans un sens par les poids accumulés vers les extrémités, et la répulsion de l'eau, concentrée vers le milieu du navire, courbent à la fois, dans toute sa longueur, cette grande machine, et font prendre à la quille un arc qui, sur une corde de 60 mètres, a présenté quelquefois un demi-mètre de flèche, et même davantage.

Une telle déformation est énorme sans doute; elle change puissamment la stabilité du vaisseau; elle influe sur toutes ses autres qualités. Cependant, si nous voulions savoir quelle serait la flèche d'un arc ayant deux mètres de corde avec la courbure que nous venons d'indiquer, nous trouverions que le nouvel arc devrait avoir pour flèche moins de *deux dixièmes de millimètre*, c'est-à-dire, une grandeur presque insensible, sur une longueur au moins égale à notre plus haute stature.

C'est donc cette altération à peine sensible des bois, que je me suis premièrement proposé d'apprécier. J'ai voulu d'abord évaluer leur résistance à tout changement d'état, au moment où cette résistance commence à faire sentir ses effets, c'est-à-dire, au moment où les corps altèrent infiniment peu leur forme, en vertu des poids qu'ils supportent. On verra, sans doute, avec quelque intérêt que les lois et les anomalies observées dans les expériences faites en grand sur la rupture des bois, c'est-à-dire, au point où leur déformation est la plus grande possible, ne sont que la conséquence nécessaire des variations extrêmement petites que leurs moindres flexions offrent à l'observateur.

Je vais présenter ici le résumé des recherches que j'ai faites *sur la flexibilité, la force et l'élasticité des bois*, au moyen des expériences exécutées, en 1811, dans l'arsenal de Corcyre; expériences que j'ai reprises et faites plus en grand, en 1813, dans l'arsenal de Toulon; puis en 1816 et 1817, dans l'arsenal de Dunkerque. Le mémoire relatif aux expériences faites à Corcyre, est publié dans *le Journal de l'École polytechnique*, tome X. La fig. 9 représente l'appareil employé pour les expériences de Toulon, la fig. 2 représente l'appareil employé pour les expériences de Corcyre.

Sur un grand établi, fig. 2, j'ai fait fixer deux supports horizontaux et de niveau, distants entr'eux de deux mètres; j'ai fait donner la forme d'un parallélipipède à des morceaux de chêne, de cyprès, de hêtre et de sapin ou de pin.

Ces parallélipipèdes, longs d'un peu plus de deux mètres, étaient posés tour à tour sur des supports S, S, dont ils mesuraient la plus courte distance, en dépassant très-peu de chaque côté; assez seulement pour que la pièce, en prenant de la courbure, ne se raccourcît pas au point de tomber entre les appuis.

J'ai chargé ces parallélipipèdes, que j'appellerai simplement des tringles, par des poids placés à égale distance entre les deux supports; alors chaque tringle a pris une certaine courbure.

Il est évident que chaque arête ABC, DEF, de la tringle, s'est pliée, fig. 2, suivant une courbe située dans un plan vertical, et symétrique par rapport au plan vertical EB, mené par le point milieu où la charge est appliquée, et perpendiculairement au plan même de la flexion.

Telle est la courbe dont il fallait déterminer les éléments; j'ai toujours considéré la face concave de la tringle pliée.

Or, dans les nombreuses expériences que j'ai faites, j'ai constamment observé que, quand les poids sont peu considérables, les flèches GB des arcs ABC formés par la règle pliée, sont proportionnelles à ces poids mêmes.

Mais, quand les flèches sont très-petites, par rapport à la corde constante de plusieurs arcs, la courbure de ces arcs est directement proportionnelle aux flèches correspondantes. J'en ai conclu ce premier théorème, auquel avait déjà conduit la théorie :

La flexion des bois produite par des poids très-petits est proportionnelle à ces poids ; en mesu-

rant cette flexion par la flèche GB *de leur arc* ABC, *c'est-à-dire, par l'abaissement ou la descension du point milieu de la règle.*

Donc, aussi, lorsqu'une même pièce de bois est chargée entre les mêmes appuis par des poids différents, ces poids sont réciproquement proportionnels au rayon de courbure de la règle à son point milieu, et la courbure même est proportionnelle à ces poids très-petits.

Après avoir ainsi déterminé le rapport de la force virtuelle de la flexion avec le poids qui produit cette flexion, il convenait de voir si la même loi se conserve, en chargeant le corps par des poids plus considérables; ou, si elle ne se conserve pas, quelle est l'altération que cette loi suppose.

J'ai pris les quatre espèces de bois les plus généralement employées dans les arts : ce sont celles que j'ai déjà nommées. Le chêne et le sapin étaient coupés depuis peut-être vingt-cinq ans; puisqu'ils provenaient du vaisseau russe *le Michaël*, que j'ai démoli en 1810, et qui pouvait alors avoir vingt ans de construction.

Aussi ces bois n'avaient-ils pas conservé toute leur force primitive. Mais, comme il s'agissait de déterminer les lois qui régissent la force et l'élasticité des bois, par des rapports généraux, indépendants de la vigueur absolue des fibres ligneuses, et même indépendants du genre et de l'espèce des arbres, ces bois étaient aussi propres à remplir notre objet que s'ils eussent été de fraîche coupe. Au reste, le cyprès et le hêtre n'avaient guère plus d'un an d'abattage, et leur élasticité nous a présenté les mêmes propriétés que les bois que nous venons de dire avoir vingt-cinq ans de coupe : ce qui démontre notre assertion jusqu'à l'évidence.

On a travaillé quatre tringles ou parallélipipèdes ayant, comme nous l'avons dit, quelque chose de plus que deux mètres de longueur ; on leur a donné trois centimètres d'équarrissage. On a placé successivement chaque tringle sur les appuis, puis on l'a chargée, sur son milieu, par 4 kilogrammes, et ensuite par 8, 12, 16....., jusqu'à 28 kilogrammes. A notre mémoire sont joints des tableaux qui font connaître : 1°. les flèches de l'arc pris par les règles ; 2°. les différences premières de ces flèches.

En jetant les yeux sur ces tableaux, on observe d'abord que 8 kilogrammes font plier la tringle, du double seulement de la flexion produite par 4 kilogrammes : proportionnalité qui doit en effet subsister pour les petites pressions.

Dans les tableaux relatifs à tous les bois, au chêne, au cyprès, au hêtre, au sapin, je remarque ensuite que les différences premières des flèches vont toujours en augmentant.

Elles offrent, il est vrai, quelques légères anomalies ; mais immédiatement après une différence trop faible, s'en présente une en sens contraire, qui la surpasse d'autant plus. Comme les erreurs ne portent que sur des *dixièmes de millimètre*, si l'on employait des bois travaillés avec la dernière perfection, et si l'on recourait à des moyens d'observer que je n'avais point à ma disposition, l'on obtiendrait des résultats tels que les différences *secondes* (1) seraient constantes, ou du moins n'éprouveraient que des variations tout-à-fait insensibles.

Ainsi, nous pouvons regarder les différences secondes des dimensions comme constantes, lorsque les poids qui chargent une même pièce croissent par différences premières constantes. Cette loi très-simple est pourtant à tel point d'accord avec l'expérience, que, si nous formons, pour le chêne, par exemple, le développement régulier des termes qu'elle exprime, les résultats ne différeront jamais avec les observations, de 4 dixièmes de millimètre. La flexion totale que nous avons produite égale cependant 406 de ces dixièmes. Il est d'ailleurs facile d'expliquer cette légère anomalie.

La tringle, en se courbant, forme un arc plus

---

(1) On appelle ainsi les différences des simples différences ou différences premières d'une suite de nombres.

long que sa corde; il faut donc, lorsqu'elle se plie, qu'elle glisse plus ou moins sur les appuis. Ces appuis étaient de simples arêtes en bois, le long desquelles les fibres extérieures de la tringle ont glissé, non d'une manière continue, mais par petits ressauts plus ou moins sensibles. Rappelons toujours que nous étions dans un pays où tout manquait, jusqu'à des balances assez précises pour pousser l'exactitude au-delà des dix-millièmes, si même elles y arrivaient, et l'on verra qu'aucune des petites différences de l'observation et du calcul ne dépasse la limite assignable à la justesse des opérations.

Nous avons voulu voir ensuite le résultat des mêmes formules pour la charge, très considérable, de 80 kilogrammes. En comparant nos résultats avec ceux qu'on obtient pour une charge de 4 kilogrammes seulement, nous avons reconnu que, proportion gardée, le cyprès a le moins de flèche sous la grande charge, ensuite le chêne, puis le sapin, enfin le hêtre.

De là nous tirons cette conséquence remarquable: *Quand même la résistance virtuelle d'une espèce de bois serait très-forte, si les différences secondes étaient considérables pour cette espèce, avec une charge assez grande, ce bois finirait par plier plus que celui d'une autre espèce, dont la résistance virtuelle à la flexion serait cependant plus petite.*

On sait que le hêtre est éminemment élastique ; le tourneur en fait l'arc qui sert de régulateur à son tour. Dans la marine, les meilleurs avirons, ceux qui supportent sans se rompre les efforts les plus grands, les chocs les plus brusques, sont les avirons de hêtre. C'est que les différences secondes pour le hêtre étant considérables, cette grande flexion dont le hêtre est susceptible, avec des charges données, lui permet de céder sans peine à des chocs brusques, et le rend peu cassant.

Remarquons, au contraire, que le cyprès, peu flexible et très-cassant, a ses différences secondes presque insensibles : elles ne sont pas le tiers de celles du hêtre.

J'ai déterminé les pesanteurs spécifiques des quatre espèces de bois soumises aux expériences précédentes ; l'ordre de ces pesanteurs est aussi celui des résistances à la flexion. De là résulte pour les bois, une conséquence importante : *De deux vaisseaux dont la charpente aura même volume, celui qui sera construit avec le bois le plus pesant prendra moins d'arc ou de courbure que celui qui sera construit avec le bois le plus léger.* Car, toutes choses égales d'ailleurs, l'arc des vaisseaux est proportionnel à la flexibilité virtuelle.

Donc, les vaisseaux de la Baltique et de la Hollande doivent prendre plus d'arc que ceux de la Méditerranée. C'est aussi ce que confirme l'expérience.

Mais, d'après les mêmes calculs, *de deux vaisseaux dont la charpente a le même poids, et qui sont construits en bois différents, le vaisseau construit avec le bois le plus léger sera celui dont l'arc aura le moins de courbure, et qui conséquemment présentera la plus grande solidité.*

Le célèbre Don G. Juan paraît avoir entrevu cette vérité, puisqu'il voudrait que l'on construisît les vaisseaux avec les plus légers des bois, les bois résineux, et non plus avec le chêne.

Au reste, toutes les expériences précédentes, en offrant les éléments de la résistance virtuelle, donneront les moyens de calculer et par-là d'obtenir des résultats comparables, sans en venir aux expériences coûteuses de la rupture des pièces. Par ce moyen, on connaîtra mieux les qualités des bois qui conviennent aux divers travaux des arts en général, et surtout des constructions navales; et, pour chaque navire, on pourra fixer les dimensions des pièces d'une manière moins arbitraire. Ces opérations, plus éclairées, conduiront à des résultats avantageux.

Après avoir multiplié les expériences sur les pièces d'une seule et même forme, nous en avons considéré qui avaient des épaisseurs et des largeurs différentes, et nous sommes parvenus à ce résultat constant:

La résistance à la flexion est proportionnelle au cube des épaisseurs. Nous avons démontré par la théorie cette vérité d'expérience.

Lorsqu'on plie un parallélipipède de bois, les fibres intérieures sont comprimées, et les fibres extérieures sont allongées, de manière qu'il se trouve une fibre intermédiaire d'une longueur invariable. Cette fibre reste la même, quelque courbure qu'on donne au parallélipipède.

Pour démontrer l'effet de l'allongement ou du raccourcissement des fibres, Duhamel imagina l'expérience la plus ingénieuse. Il scia par le milieu, perpendiculairement à la direction des fibres, les trois quarts de l'épaisseur de la pièce; puis il enfonça dans le trait de scie un coin fort-mince, et d'un bois encore plus dur que le chêne. La pièce étant ensuite soutenue par les deux bouts, et la face où était le trait de scie étant en déssus, on chargea cette pièce par des poids; or, quoiqu'elle fût sciée aux trois quarts, un quart seul des fibres put résister par son extension; de manière que la pièce avait conservé toute sa force. Lorsque le trait de scie était moins avancé, la force était plus grande; elle était plus petite dans le cas contraire. Quand on aura déterminé par l'expérience la position précise de la fibre invariable, il sera très-facile d'en conclure le rapport des forces nécessaires pour produire un allongement ou un raccourcissement donnés, dans les fibres d'une même pièce de bois. Les expériences que nous avons faites à Toulon et à Dunkerque, avaient en grande partie pour objet des recherches de ce genre : nous les publierons quelque jour.

Après avoir chargé les pièces par des poids uniques, nous les avons chargées par des poids uniformément répartis sur toute leur longueur. Nous avons trouvé que, pour le même poids accumulé au milieu d'une pièce, ou réparti uniformément sur toute son étendue, les flèches ou descensions sont entr'elles comme *dix-neuf* est à *trente*, ou simplement et rigoureusement comme *cinq est à huit* : ce rapport reste le même, soit pour les bois d'une espèce différente, soit pour les bois de différentes dimensions.

Si donc on prend pour unité le poids d'une pièce prismatique, en doublant les cinq huitièmes de la flèche qu'elle acquiert, lorsqu'on la soutient horizontalement par les deux bouts, on a la flèche qu'elle acquerra lorsqu'on la chargera d'un poids égal au sien, mais accumulé au milieu. Ce principe donne un moyen simple de peser, sans balances, les bois très-lourds et très-longs, pourvu que leur épaisseur soit constante.

D'après ce que nous venons d'exposer, rien ne sera plus facile que de considérer un poids unique chargeant une pièce par son milieu, comme un poids uniformément réparti le long de cette pièce, et réciproquement : considération d'une fréquente utilité dans les arts.

J'ai déterminé la flexion des pièces en ayant égard à la distance des appuis; ce qui m'a conduit à ce résultat : *Deux pièces d'égal équarrissage se plient suivant des arcs dont les flèches sont proportionnelles aux cubes des distances des appuis.* Rappelons-nous d'ailleurs qu'entre les mêmes appuis, les flèches sont réciproquement comme les cubes des épaisseurs.

En combinant ces deux principes avec cet autre que, pour des flexions peu considérables, les flèches sont directement proportionnelles aux charges, on arrive à ce résultat singulier:

Soient deux pièces de bois semblables, c'est-à-dire, ayant leurs dimensions homologues proportionnelles, et de plus, supposées de la même espèce. Soutenons-les par leurs extrémités. Les flèches des arcs qu'elles prendront, en vertu de leur propre poids, seront directement proportionnelles aux quarrés des longueurs des pièces. Par conséquent, *quelle que soit la grandeur absolue de ces pièces, elles auront toutes un seul et même rayon de courbure, à leur milieu.* Ce résultat subsisterait encore, si l'on chargeait les pièces par des poids accumulés ou répartis, mais proportionnels au poids même de ces pièces.

T. II. — Méchan.

Un tel résultat est propre à s'appliquer souvent aux travaux des arts; car les édifices, les machines de même genre ont d'ordinaire tous leurs éléments proportionnels. Si nous voulons comparer deux vaisseaux construits, avec les mêmes matériaux, et dont les dimensions partielles soient ainsi proportionnelles à celles même de ces vaisseaux, nous conclurons de là que *l'arc des vaisseaux, toutes choses égales d'ailleurs, doit avoir, au point où la flexion est la plus grande, un rayon de courbure constant, quelle que soit la grandeur absolue des vaisseaux.*

On doit voir, à présent, pourquoi les grands navires, abstraction faite de toute autre cause, ont proportion gardée, beaucoup plus d'arc que les petits : c'est que la flèche de l'arc augmente comme le quarré des dimensions principales du navire. Ainsi, dans le cas que nous avons déjà cité, d'un bâtiment long de soixante mètres, qui prendrait un demi-mètre d'arc, un petit navire long d'un mètre, et semblable au premier, ne prendrait pour flèche de son arc qu'un trois mille six centième de demi-mètre, au lieu d'un soixantième : simple rapport des longueurs.

Je passe à l'explication de la *rupture des bois.*

Les bois ne sont susceptibles que d'une compression et d'une extension déterminées, au delà desquelles ils s'écrasent ou se déchirent.

Les forces qu'il faut employer pour amener les bois à ce point de rupture, n'ont aucune relation nécessaire avec les forces qui produisent la flexion. Ainsi, quelques espèces végétales opposent très-peu de résistance à la flexion et beaucoup à la rupture : tels sont le chanvre parmi les simples plantes, et parmi les arbres, le hêtre, l'orme, le noyer, le sapin, etc. Quelques espèces, au contraire, opposent beaucoup de résistance à la flexion, et proportionnellement beaucoup moins à la rupture : tels sont le cyprès, l'acajou, etc., ce qui forme une seconde classe de bois. D'autres, enfin, présentent à la fois beaucoup de résistance à la flexion et à la rupture : tels sont le pin de Corse, et le chêne, le plus rigide et le plus fort des grands végétaux de nos contrées.

Ces considérations physiques sont d'une grande importance dans les arts : elles déterminent l'usage et l'emploi des divers genres de végétaux, suivant les conditions qu'on veut remplir. Ainsi les édifices durables et dont les matériaux devront rester immuables, les parties des machines destinées à supporter de grands efforts, n'admettront que des végétaux forts et rigides. Le chêne y sera consacré de préférence; puis les arbres qui opposent le plus de résistance à la flexion, tels que ceux de la seconde classe. Mais ces derniers seront plutôt consacrés aux ouvrages légers dont le but principal est l'agrément, et qui, réservés pour les plaisirs du luxe, n'auront pas d'efforts considérables à soutenir.

Enfin, ceux de la première classe seront spécialement réservés pour les travaux où l'élasticité des bois est la qualité principale; pour les chars, les voitures de tous les genres, les instruments aratoires, la mâture des vaisseaux, les rames des bâtiments légers, etc.

En soumettant à l'expérience et au calcul ces deux genres de forces qu'ont les grands végétaux pour s'opposer soit à la flexion soit à la rupture, les propriétés des bois seront enfin parfaitement connues. Alors on pourra, dans chaque circonstance, décider avec certitude quelle est l'espèce qu'il convient le mieux d'employer. Or, un tel choix, pour être fondé, n'est pas aussi facile à faire qu'on le pense, lorsqu'on n'emploie pour le fixer que les secours imparfaits et peu certains de la routine.

Voyons quelle est la force des bois pour résister à la rupture. Lorsqu'on prend une pièce de bois ACDF, fig. 1, pour la plier en ABCDEF, fig. 2, la fibre extérieure ABC s'allonge et la fibre intérieure DEF se raccourcit. Si l'on a tracé un certain nombre de lignes droites 11, 22, 33, d'équerre sur la face ACDF, fig. 1, quelle que soit la flexion qu'on fasse éprouver à la pièce de bois, les lignes 11, 22, 33,..... ne cessent pas d'être droites et d'équerre avec les contours ABC, DEF, fig. 2. Donc, les fibres du bois, en se pliant, n'ont pas glissé les unes le long des autres; par exemple, toute la partie des fibres du bois comprise dans l'espace 1221, fig. 1, est aussi comprise dans l'espace 1221, fig. 2.

Les fibres extérieures, qui s'allongent, et les fibres intérieures, qui se raccourcissent, sont séparées par une fibre MNO, qui n'éprouve ni allongement ni raccourcissement : nous l'avons appelée *la fibre invariable*.

L'allongement des fibres, en dehors de la fibre invariable MNO, est proportionnel à leur distance de cette fibre. Le raccourcissement des fibres, en dedans de la fibre invariable MNO, est proportionnel à leur distance de cette fibre.

Dans le mémoire que nous avons cité, page 415, nous avons déduit de ces principes, les propriétés mathématiques de la résistance des bois, soit à la flexion, soit à la rupture.

Des bois de même nature et de même force, pliés suivant une courbe quelconque, rompent quand leur fibre extérieure atteint un certain allongement dont le rapport, avec la longueur de cette fibre, est constant.

Supposons qu'une pièce de bois pliée sur un contour quelconque augmente ou diminue d'épaisseur sans cesser d'avoir ce contour pour direction de sa fibre extérieure. Quand l'épaisseur de la pièce de bois doublera, triplera, quadruplera, etc., l'allongement de la fibre extérieure doublera, triplera, quadruplera, etc. Donc, si la courbure du contour ABC diminue dans le même rapport que l'épaisseur de la pièce de bois augmente, le degré d'allongement de la fibre extérieure restera toujours le même.

Quand on plie une pièce de bois ABC, fig. 3, soutenue par deux appuis A, C, et sollicitée par une force F, également éloignée de A et de C, nous avons fait voir que le rayon de courbure de ABC, en B, milieu de ce contour, est proportionnel au cube de la distance AC des deux appuis A, C : toutes choses égales d'ailleurs.

Pour des flexions extrêmement petites, le rayon de courbure R, de ABC, est proportionnel à $\frac{AC^2}{GB}$, GB étant la flèche de ABC. Ainsi $R = \frac{AC^2}{GB}$, et $GB = \frac{AC^2}{R}$.

D'ailleurs la force F est proportionnelle à GB. Donc F est proportionnelle à $\frac{AC^2}{R}$.

Mais la force nécessaire pour la flexion est en raison directe de la flèche GB, et inverse du cube de AC, distance des appuis. Donc, n étant un nombre constant,
$$F = n . \frac{GB}{AC^3}, \text{ et } F \times AC = n . \frac{GB}{AC^2}.$$

Pour une autre pièce de bois abc, fig. 4, de même épaisseur que ABC, fig. 3, on aura pareillement $r = \frac{ac^2}{gb}$, et $f \times ac = n . \frac{gb}{ac^2}$.

R devant être égal à r, au point de rupture, il faut que $\frac{AC^2}{GB} = \frac{ac^2}{gb}$, et par conséquent que $n \times \frac{GB}{AC^2} = n \times \frac{gb}{ac^2}$; donc $F \times AC = f \times ac$. C'est-à-dire, *qu'en pliant une pièce de bois entre des appuis dont la distance varie, la rupture a lieu par l'effet d'une force qui augmente, comme la distance des appuis diminue, et réciproquement.*

En ayant à la fois égard à l'épaisseur BE, ainsi qu'à la distance AC, m étant un nombre constant, on trouve pour la force F qui produit la flexion,
$$F = m . GB . \frac{BE^3}{AC^3} = m . \frac{GB}{AC^2} . \frac{BE^3}{AC}.$$

Quand des bois d'épaisseurs différentes atteignent le point qui produit la rupture, le rayon R est en raison directe de l'épaisseur des pièces. Ainsi p étant un nombre constant
$$R = p \times BE. \text{ Donc } F = \frac{m}{p} . \frac{BE^2}{AC}.$$

Donc, *quand* AC, *distance des appuis, reste la même,*

la force F *qui produit la rupture est en raison du quarré des épaisseurs.*

Ces propriétés sont générales pour les parallélipipèdes élastiques qui rompent sous de très-petites flexions, bois, fers, cuivres, pierres, etc. On en a tiré des conséquences importantes pour l'industrie.

Au lieu d'employer comme autrefois des solives, des poutres, des chevrons quarrés, on a vu qu'il y a beaucoup d'avantage à les faire minces horizontalement, et très-larges verticalement.

Comparons, par exemple, deux poutres de même longueur entre les appuis, ayant pour largeur et pour épaisseur l'une 1 et 9, fig. 5, l'autre 3 et 3, fig. 6.

La résistance de la dernière sera proportionnelle à sa largeur 3 multipliée par 9 quarré de cette largeur. Ainsi $3 \times 9 = 27$, représentera la résistance que cette poutre quarrée oppose à la rupture. La résistance que la poutre mince et d'égal volume, oppose à la rupture, sera représentée par $1 \times 9 \times 9 = 81$. Donc la poutre mince est trois fois aussi forte que la poutre quarrée.

Toutes les fois que des pièces isolées en bois, en fer, etc., d'un édifice ou d'une machine, devront résister à la flexion, et par suite à la rupture dans un sens déterminé, il faudra donc leur donner le plus d'épaisseur possible dans ce sens, aux dépens de la largeur dans le sens perpendiculaire.

C'est d'après ce système qu'on a construit les charpentes à la Philibert Delorme, ingénieur célèbre qui le premier les a mises en usage. On pose côte à côte des files de planches dont les abouts sont croisés; avec des chevilles à écroux; on unit ces files, pour composer des fermes très-légères et néanmoins très-fortes, afin de supporter les voûtes, les toits, etc.

Quand il faut résister, soit à la flexion, soit à la rupture, dans deux sens perpendiculaires l'un à l'autre, on concilie la force avec l'économie, par l'usage de pièces dont le profil a la forme d'une croix grecque, fig. 7, ou d'un I, fig. 8, dont les extrémités présentent des rebords saillants fort-prononcés. Ces principes trouvent une foule d'applications dans la construction des machines, soit avec du bois, soit avec des métaux.

Supposons, à présent, qu'on emploie des pièces arrondies. La résistance à la rupture étant proportionnelle aux simples largeurs et au quarré des épaisseurs, sera proportionnelle au diamètre multiplié par le quarré du diamètre, c'est-à-dire, au cube du diamètre des cylindres *pleins* circulaires, qu'on soumet à la flexion et par suite à la rupture.

Les cylindres creux offrent de grands avantages pour résister à la rupture, par l'heureuse disposition de leur forme. Aussi la nature nous offre-t-elle de nombreux exemples de pareils cylindres, employés partout où elle a besoin d'exercer de grandes résistances, en y consacrant le moins de matière possible. Les plumes des oiseaux sont des cylindres creux dans la partie qui doit supporter, comme petit bras de levier, toute la résistance des muscles très-énergiques destinés à mettre les ailes en mouvement; et la légèreté des plumes, comparée à leur force, est si grande qu'elle est devenue proverbiale.

L'industrie s'est emparée de cette propriété. On a fait des colonnes creuses, en fer coulé; ces colonnes, outre l'avantage de résister également dans tous les sens, ont celui de réunir la force à la légèreté, beaucoup plus que si leur poids restant le même on les avait rendues massives.

On a fait des montures de lits militaires d'une extrême légèreté, et néanmoins très-solides en employant des cylindres creux en cuivre pour montants, pour traverses, etc., etc.

LEÇON.

Gravé par Adam.

II. MÉCHANIQUE — ARTS ET MÉTIERS et B[

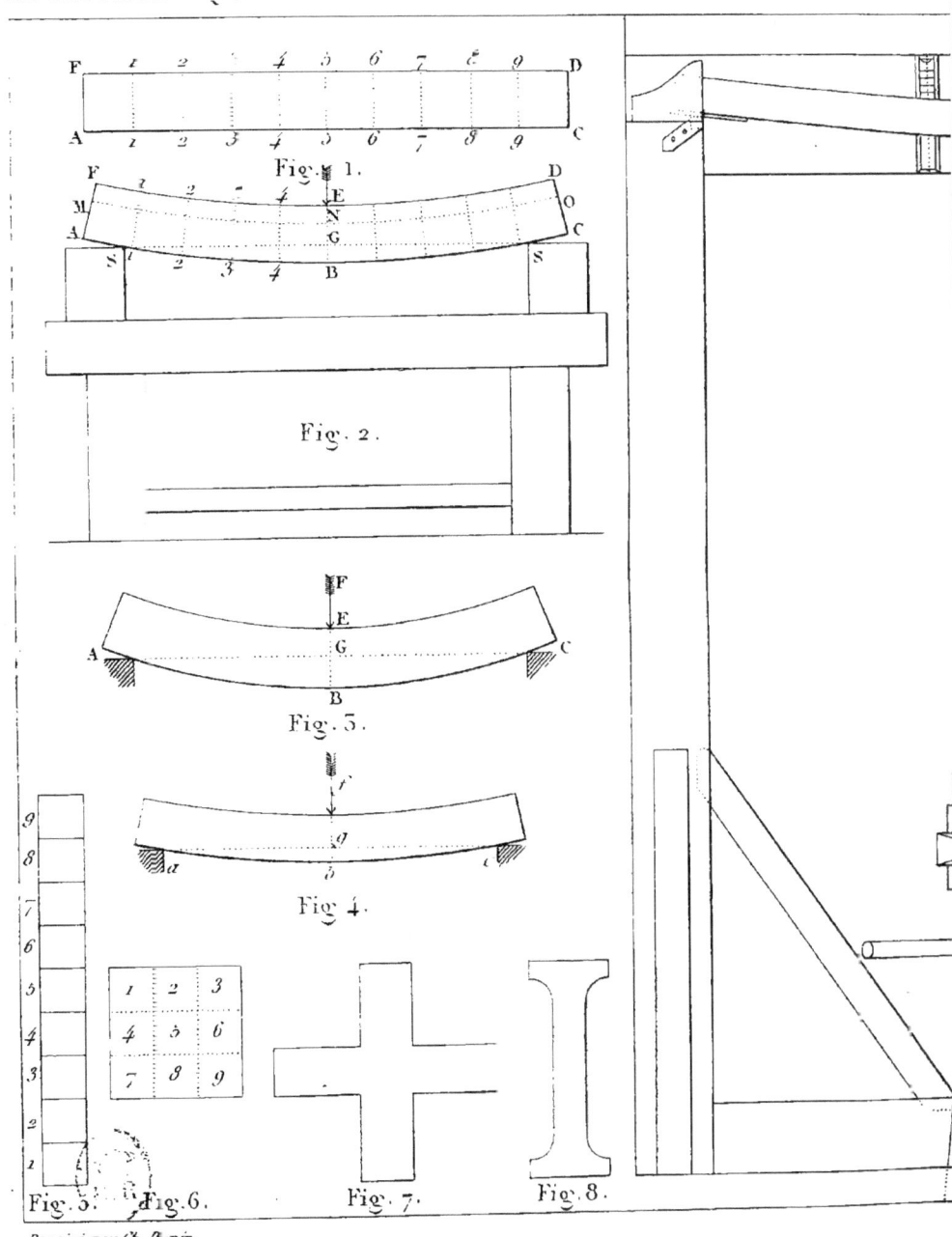

Dessiné par Ch. Dupin.

IX-ARTS. XIV.ᵉᵐᵉ LEÇON.

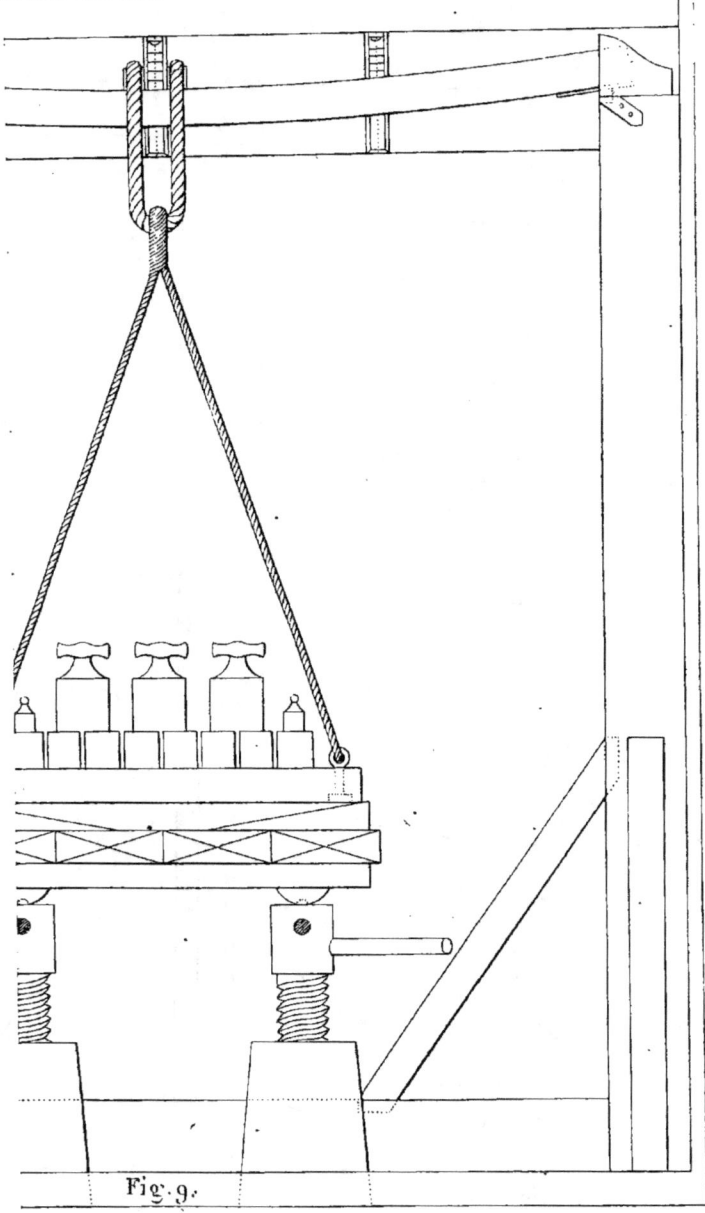

Fig. 9.

Gravé par Adam.

QUINZIÈME LEÇON.

Du choc des corps.

Nous avons considéré les résistances insensibles qui s'opposent à chaque instant au mouvement des corps en contact et frottant les uns contre les autres. Il faut actuellement considérer une autre espèce de résistance ; celle qui a lieu lorsque deux corps en mouvement, et séparés d'abord par un intervalle quelconque, se rencontrent tout à coup. Cette résistance est ce qu'on appelle un *choc* ou une *percussion*.

Tous les corps de la nature, lorsqu'ils sont isolés et soumis à l'action d'une ou de plusieurs forces, obéissent à ces forces de la même manière. Pourvu qu'ils aient une même masse, ils acquièrent une même vîtesse quand ils sont sollicités au mouvement par des forces égales.

Mais, quand deux corps se rencontrent, ils sont susceptibles de présenter des phénomènes très-différents, qui résultent de leur choc.

Les corps qu'on appelle *solides* sont les seuls qui, dans le choc, puissent conserver leur forme primitive. On appelle corps durs ceux qui jouissent de la propriété de ne pas perdre par le choc leur figure primitive; et corps mous les corps qui changent de figure ou par le choc ou même par la simple pression.

Lorsqu'on veut séparer, par la pression ou par le choc, diverses parties d'un corps mou, on éprouve toujours une résistance plus ou moins grande. Pour séparer les diverses parties d'un corps liquide, on n'éprouve pour ainsi dire aucune espèce de résistance.

Enfin, il y a des corps, tels que l'air atmosphérique et les gaz de toute espèce, qui ont besoin d'une compression habituelle pour que leurs diverses parties ne se repoussent pas mutuellement, et ne s'écartent pas les unes des autres d'une quantité dont les limites nous sont encore inconnues.

Revenons à la première des espèces de corps que nous venons d'énumérer. Parmi les corps durs, les uns n'éprouvent pas même momentanément de déformation; ce sont les corps qu'on pourrait appeler *parfaitement durs*. Les autres éprouvent momentanément une certaine déformation qui disparaît aussitôt après; ce sont les corps *parfaitement élastiques*. Enfin, une troisième espèce de corps ne recouvre qu'en partie la figure qu'ils avaient avant le choc ou la pression; ce sont les corps *mous*, et les corps *imparfaitement élastiques*.

Pour plus de simplicité, nous supposerons

QUINZIÈME LEÇON.

d'abord que deux corps seulement A, *a*, fig. 1, se meuvent suivant la ligne droite G*g*, qui passe par le centre de gravité G, *g*, de ces corps, et qu'à l'instant du choc, leur point de contact C est placé sur cette ligne droite GC*g*.

Au moment du choc, les forces dont les deux corps sont animés agissant suivant la même droite GC*g*, leur résultante est égale à leur somme ou à leur différence, suivant qu'elles sont dirigées dans le même sens ou en sens contraires.

Si les deux corps sont égaux en masse et sont animés d'une même vitesse opposée, ils se feront équilibre; car les forces motrices étant égales de côté et d'autre, leur différence est *zéro*.

Supposons que les deux corps diffèrent par leur masse ou par leur vitesse. L'unité de force étant représentée par l'espace qu'elle fait parcourir à l'unité de masse, pendant l'unité de temps, on a pour nombre total exprimant la force motrice d'un corps, le nombre d'unités de masse dont il est composé, multiplié par le nombre d'unités d'espace qu'il parcourt durant l'unité de temps.

Par exemple, si nous prenions pour unité de force celle qui peut transporter un kilogramme à un mètre de distance pendant une seconde, nous verrions sur-le-champ que la force qui, dans le même temps, transporte dix kilogrammes à un mètre, ou un kilogramme à dix mètres est dix fois plus considérable; nous verrions également que la force qui, dans le même temps, ferait parcourir dix mètres à dix kilogrammes serait cent fois plus considérable, etc.

En estimant ainsi la force motrice des corps animés d'un mouvement uniforme, par leur poids multiplié par l'espace parcouru dans l'unité de temps, c'est-à-dire, par leur poids multiplié par leur vîtesse, on a ce qu'on appelle la *quantité de mouvement des corps*.

Si l'on appelle M et m les masses de G et g, V et v les vîtesses dont ils sont animés, on a MV et mv pour leur quantité de mouvement, c'est-à-dire, pour les forces qui les animent: nous représenterons MV par Q, et mv par q.

Si les deux corps se meuvent en sens contraires, la différence des deux forces motrices, différence $=$ MV $- mv$, sera donc la force unique appliquée à mouvoir la masse M $+ m$.

Puisque cette force égale la masse multipliée par la vîtesse, la vîtesse égale la force divisée par la masse. Donc, enfin, la vîtesse avec laquelle les deux corps vont se mouvoir est
$$\frac{MV - mv}{M + m} = \frac{Q - q}{M + m}.$$

Dans le choc dont nous venons d'examiner les effets, la quantité totale de mouvement, avant le choc, est MV $+ mv$; après le choc, cette quantité n'est plus que $MV - mv$; donc, la quantité de mouvement perdue par le choc égale $2mv$.

Ainsi, quand deux corps dirigés en sens contraires viennent à se choquer, à moins que ces corps ne soient élastiques, si l'on détermine la quantité de mouvement dont chacun d'eux est animé, la quantité de mouvement, détruite par le choc, est égale au double de la moindre des deux quantités.

Si, donc, on veut qu'il n'y ait aucune force perdue dans le jeu des machines, il faut qu'il n'y ait jamais de choc entre les diverses parties de ces machines, dont les mouvements sont dirigés en sens contraires. C'est un principe général dont il ne faut jamais s'écarter dans la construction et le jeu des machines. Tout ressaut, tout mouvement brusque, a le double désavantage de diminuer instantanément la quantité de mouvement dont on peut disposer, et d'altérer la solidité et la durée de la machine.

Si les deux corps se meuvent dans le même sens, au moment du choc, la force unique appliquée à mouvoir la masse $M + m$, sera $MV + mv$, et la vîtesse avec laquelle les deux corps se mouvront sera $\frac{MV + mv}{M + m} = \frac{Q + q}{M + m}$.

Rendons sensible par une application, cette manière d'évaluer la distribution des forces dans le choc des corps durs. Supposons que le corps G ait une masse représentée par 3 kilogrammes, et que le corps g ait une masse représentée par un kilogramme. Supposons encore que G parcoure 2 mètres par seconde, tandis que g ne parcourt qu'un mètre; la quantité de mouvement de G, sera $MV = 3 \times 2 = 6$; celle de g sera $mv = 1 \times 1 = 1$.

Cela posé, si les deux corps se meuvent en sens contraires, on aura $MV - mv = 6 - 1 = 5$, et $M + m = 3 + 1 = 4$. Donc, enfin, la vîtesse commune des deux corps après leur choc sera $\frac{5}{4}$, c'est-à-dire, que les deux corps parcourront chacun $\frac{5}{4}$ de mètre par seconde après le choc. Si le petit corps avait une vîtesse de 6 mètres par seconde, on aurait $mv = 1 \times 6 = 6$. Donc, alors, $MV = mv$, $MV - mv = 0$; par conséquent il y aurait équilibre.

Lorsqu'on veut détruire brusquement le mouvement d'un corps, on peut s'y prendre de trois manières : 1°. en lançant à sa rencontre un corps de même masse et s'avançant avec la même vîtesse; 2°. en lançant plus vîte un corps plus léger; 3°. en lançant plus lentement un corps plus pesant.

Les travaux des arts nous offrent à chaque instant des exemples de ces diverses espèces d'équilibre obtenus par l'effet du choc, avec un bâton, une massue, un marteau, une raquette, peu pesants relativement à la masse d'un objet inanimé ou d'un animal qui s'élance sur nous. Nous pouvons, en employant une vîtesse plus grande, amortir tout-à-fait le mouvement de l'animal ou de l'objet, et souvent même le faire reculer ou tomber. C'est ainsi qu'on voit des enfants dont la course est rapide, renverser de grandes personnes, beaucoup plus pesantes, mais qui marchent avec lenteur. C'est ainsi qu'une voiture légère mais animée d'une grande vîtesse, renverse, par l'effet du choc, une voiture plus pesante mais qui chemine lentement.

De ces lois du choc des corps, on a déduit des conséquences importantes pour les arts de la guerre. Nous nous contenterons d'en rapporter un seul (1).

Jusqu'ici nous avons considéré comme des

---

(1) Dans les charges de cavalerie on forme des masses sur un à deux rangs. On fait avancer ces masses avec une vîtesse croissante, jusqu'à ce qu'elles choquent les masses de cavalerie ou d'infanterie qui leur sont opposées. Voyons ce qui se passe dans ce moment.

Le côté ou la masse, c'est-à-dire, la somme du poids des chevaux, des harnais, des cavaliers et des armes, multipliée par la vitesse, présente la plus grande quantité de mouvement, l'emporte nécessairement et communique aux deux corps chargeur et chargé, une quantité de mouvement égale à la différence des quantités de mouvement, divisée par la somme des masses.

Supposons que le corps chargé attende en repos, ou comme on dit de pied ferme le chargeur. La quantité de mouvement du corps chargé étant égale à la masse multipliée par une vîtesse qui est *zéro*, cette quantité de mouvement sera nulle et ne pourra jamais faire équilibre à celle du chargeur.

Aussi l'expérience a-t-elle constamment démontré que la cavalerie composée des chevaux et des hommes les plus forts et les plus massifs, ne peut jamais soutenir de pied ferme le choc de la cavalerie la plus légère. Mais, en prenant une vîtesse médiocre, elle peut faire équilibre et même renverser ces petits chevaux et ces petits hommes qui s'élancent contre elle avec une grande vîtesse. Ainsi, tout le secret des charges de cava-

points matériels, les corps qui se choquent. Lorsqu'on fait entrer en considération leur étendue et leur figure, voyons quelles sont les circonstances de leur équilibre et de leur mouvement.

Supposons que les deux corps M, *m*, fig. 3, se meuvent, soit dans le même sens, soit en sens

---

lerie, est d'obtenir, au moment du choc, le plus grand degré de vitesse possible. Voyons par quel moyen l'on y parvient.

La composition des mouvements, au moment du choc, ne dépend que de la masse et de la vitesse, en ce moment. Quelle qu'ait été cette vitesse auparavant, il suffit qu'elle soit la même à l'instant du choc, pour produire le même effet. Par exemple, si je veux amortir le mouvement d'un corps grave qui tombe de C en P, fig. 2, avec une vitesse accélérée, peu importe au moment où il arrive en P, la vitesse qu'il avait en p', p'', p'''..., s'il a même quantité de mouvement en ce point P, que s'il s'était mû constamment avec sa vitesse définitive, au lieu d'avoir commencé par une vitesse insensible, augmentée par degrés. Ainsi, le choc du mouton sur un pilot est le même que si le mouton avait toujours eu la même vitesse qu'à l'instant du choc.

Donc il y a dans le choc une grande économie de forces, à commencer par un mouvement lent, pour augmenter successivement la vitesse : de manière à n'atteindre le *maximum* de cette vitesse, qu'à l'instant du choc.

Voilà précisément l'économie de forces que l'on opère dans les charges de cavalerie. On parcourt au pas ou au petit trot la plus grande partie de la distance qu'il s'agit de franchir avant le choc ; une autre partie de l'espace qui reste est parcourue au grand trot ; une autre au galop ; enfin, la dernière partie l'est au plus grand galop que les chevaux puissent prendre sans cesser de se mouvoir avec l'ensemble qui fait de leur agrégation comme une masse unique.

Alors le choc est absolument le même qu'il eût été si les chevaux avaient pris, dès le commencement de la course, la

contraires, suivant la direction de la droite G*g* qui joint leurs centres de gravité. Enfin, supposons qu'aux points C, *c*, sur G*g*, la surface des deux corps soit perpendiculaire à G*g* ; la force avec laquelle le corps *m* frappera M, sera détruite par

vitesse qu'ils ont acquise à la fin. Mais ils n'auraient jamais pu parcourir un long espace avec une telle vélocité, et ces chevaux épuisés seraient devenus incapables de nouveaux efforts.

Cette application des principes du choc des corps aux mouvements de la cavalerie, paraît bien évidente ; il semble que le plus simple sens commun suffisait pour la saisir. Cependant il a fallu des siècles pour la découvrir.

Il y avait déjà trois cents ans que les Romains faisaient la guerre avant qu'ils eussent apprécié toute l'influence de la vitesse des chevaux sur la puissance des chocs qu'une cavalerie peut produire. C'est, au contraire, pour avoir bien appliqué ce principe, que les chevaux légers des Numides culbutaient en toute rencontre la cavalerie pesante des Romains.

C'est, enfin, parce que le peu de vitesse de cette dernière cavalerie la privait de qualités essentielles, que les chevaliers romains préféraient, dans les grandes occasions, mettre pied à terre et combattre avec toute la quantité de mouvement que des hommes d'élite et n'étant fatigués ni par la marche ni par la course peuvent produire dans un temps donné.

Chez les modernes vous trouveriez jusque dans le siècle dernier, la même ignorance des principes du choc des corps, appliqués aux mouvements de la cavalerie, et les plus belles victoires de Frédéric remportées par une heureuse application de ces principes.

Ces principes s'appliquent également aux combats de l'infanterie, et des armées en général, surtout dans le système de guerre par grandes masses ; mais ce n'est pas ici le lieu de s'arrêter long-temps sur ces applications qu'il faut réserver pour les écoles purement militaires.

T. II. — Méchan.

la surface de M ; réciproquement, la force avec laquelle le corps M frappera m, sera détruite par la surface de m : si les deux corps ont la même quantité de mouvement.

Supposons, maintenant, fig. 4, que les surfaces des deux corps sont obliques par rapport à Gg, mais parallèles en C et c sur Gg, droite qui joint les deux centres de gravité de M et m.

La fig. 5 représente ces corps en contact au moment du choc. Soient AC, aC, deux portions de Gg représentant les quantités de mouvement dont M et m sont animés. Menons BCb, perpendiculaire à la direction commune de la surface de M et de m, en C; puis, AB, Ab, perpendiculaires à BCb.

Après le choc : 1°. ces deux corps M, m, se mouvront en ligne droite, dans le sens de Gg, avec une vîtesse commune représentée par $\frac{AC + aC}{M + m}$; 2°. M, m, tourneront autour de leurs centres de gravité, avec une vîtesse respectivement égale à CB — cb et cb — CB, divisée par le moment d'inertie de M et m.

On voit par-là que les deux corps se sépareront après le choc, toutes les fois que leur surface ne sera pas perpendiculaire à la droite menée par leur centre de gravité.

Un cas encore plus compliqué, qu'il nous suffit d'indiquer ici, serait celui, fig. 6, dans lequel le point de contact des deux corps, à l'instant du choc, ne se trouverait pas sur la ligne droite qui joint les centres de gravité Gg.

Après avoir considéré les circonstances du choc dans le cas où deux corps sont dirigés suivant la même ligne droite, on peut se demander quelles seraient les circonstances du choc, si deux corps étaient dirigés suivant des lignes formant un certain angle et se rencontrant en un point A, fig. 7. Soient P et Q les deux forces qui représentent les quantités de mouvement dont les corps sont animés. En construisant le parallélogramme ABDC, dont les côtés AB, AC, sont proportionnels à P et Q, la diagonale AD représentera la quantité de mouvement dont les deux corps, qui se rencontrent en A, devront être animés, et la direction commune que ces corps suivront après le choc, s'ils ne sont pas élastiques. En appelant donc, M, m, la masse des corps, leur vitesse, après le choc, sera donnée par $\frac{AD}{MV + mv}$, AD représentant une quantité de mouvement.

Les lois de la communication du mouvement seraient les mêmes si les corps, au lieu de se mouvoir en suivant une même ligne droite, suivaient chacun la même courbe continue. En effet, dans le temps infiniment petit qui précède le choc, ces corps parcourent un espace qui se confond avec une petite ligne droite tangente à la courbe, au point où le choc s'effectue.

Ainsi, par exemple, si je prends deux pendules simples P, p, fig. 8, d'égale longueur, quelles que soient les masses de ces pendules, les lois du choc seront les mêmes quand ils se choqueront dans la position où les fils sont l'un et l'autre verticaux; parce que les corps P et p arrivent à cette position en parcourant l'un QP, l'autre qp, tangents en P, p, à la même droite Tt.

Si donc nous élevons à la même hauteur, en Q et q, les masses égales P et p, elles descendront en même temps et avec la même vîtesse à la position P et p, où elles se choqueront; mais ici les masses multipliées par les vîtesses, sont égales de part et d'autre; il y aura donc équilibre et les corps ne se mouvront pas après le choc.

Si l'une des masses est plus grande, il y aura mouvement dans le sens de la plus grande, suivant la loi donnée par la formule $\frac{MV - mv}{M + m}$.

Examinons actuellement le choc d'un corps qui se meut en ligne droite contre un corps qui se meut en tournant sur lui-même.

Supposons qu'un corps M, fig. 9, ayant en G son centre de gravité, tourne autour d'un axe C représenté par le point C; nous avons démontré, VIIe. leçon, qu'il existe un autre point c, sur le prolongement de la ligne droite CG, tel qu'on peut supposer, à chaque instant, la masse entière du corps M concentrée en c, et de plus animée par toute la quantité de mouvement que possède le corps ; sans que la vîtesse angulaire de ce corps soit changée. Admettons que le corps M, dans son mouvement, rencontre un obstacle m, et qu'au point A où ce corps rencontre l'obstacle : 1°. la surface du corps et celle de l'obstacle soient perpendiculaires à la ligne cA, perpendiculaire à Cc. Tout le mouvement du corps sera détruit par l'obstacle supposé inébranlable. Ainsi le corps restera en repos par l'effet de la percussion, alors même qu'au moment du choc l'axe C cesserait d'être fixe. On appelle le point C *centre de percussion*.

Si l'obstacle inébranlable dont la résistance est représentée par F, est tel que la distance CD soit plus grande que Cc, fig. 10, ou plus petite, fig. 11, alors l'axe de rotation éprouve une réaction par l'effet du choc.

Le corps M sollicité par les forces F et f, tend à se plier ou à se rompre entre C et D, fig. 10; entre C, c, fig. 11. On a, d'après l'équilibre des forces parallèles,

$$f \times Cc = F \times CD.$$

De plus, l'action F′, exercée par l'axe en vertu du choc, égale $f - $F, fig. 10 et F $- f$, fig. 11.

Ainsi, toutes les fois que le choc est produit suivant une droite AF, qui n'est pas à une distance de C$=$Cc, l'axe fixe C éprouve la réaction du choc. Si CD, fig. 10, est plus grand que Cc, la réaction du choc pousse l'axe fixe en sens contraire de la rotation du corps M. Si CD est moindre que Cc, la réaction du choc pousse l'axe fixe dans le sens même de la rotation du corps M. Ces résultats s'appliquent immédiatement aux travaux des arts.

On emploie souvent des *marteaux* et des *martinets* auxquels on imprime un mouvement de rotation pour produire des chocs. Afin que l'axe C, fig. 12, d'un martinet, n'éprouve aucune réaction lors du choc, il faut que toutes les conditions de la figure 9 soient remplies. Ainsi, m étant le corps posé sur l'enclume, et A le point où frappe le martinet, la droite AF perpendiculaire en A, à la surface du martinet, doit passer par le centre c de percussion, la droite Cc étant elle-même perpendiculaire à Ac.

Lorsque l'ouvrier fait agir un marteau à main, fig. 13, si toutes les conditions dont nous venons de parler ne sont pas remplies, la main éprouve une réaction semblable et parfois même douloureuse. Suivant que le point où s'opère le choc se trouve trop près ou trop loin de l'axe de rotation du marteau, la main est repoussée en sens contraire, ou pressée dans le sens même du mouvement qu'elle imprime.

On emploie le choc direct d'un corps, à mettre en mouvement un pendule qui doit osciller autour d'un axe. Tel est l'effet produit dans les expériences faites avec le *pendule ballistique*.

Qu'on imagine un solide bloc de bois M, fig. 14, entouré de liens de fer et suspendu par des tiges pareillement en fer, à l'axe C.

On tire une balle, un boulet m dans le pendule M, en s'efforçant de le lancer suivant la droite qui passe par le centre de percussion c. Si l'on parvient à ce but, aucune réaction n'est produite sur l'axe de rotation C, et la vîtesse angulaire du pendule égale $m \times Cc$, divisé par le moment d'inertie du pendule dans lequel la balle est logée. J'ai donné la description de ces expériences (*Voyages dans la Gande-Bretagne*, Ire. partie, *Force militaire*).

Quand on connaît le moment d'inertie du pendule, les masses M, m, et la distance Cc, on conclut par une opération très-simple, de la vîtesse de M, la vîtesse de m au moment du choc. Tel est le moyen qu'on emploie pour mesurer avec une grande exactitude la vîtesse des projectiles : détermination très-importante pour la ballistique.

Nous venons de voir qu'il y a destruction de forces, toutes les fois que les forces agissent en sens opposés. Si donc il importe de ne pas perdre de forces, ce qui est le cas de presque toutes les machines, il faut autant que possible éviter dans ces machines les chocs produits par des mouvements en sens contraires.

Pour le même motif, il faut éviter les frottemens qui, au lieu d'être continus et insensibles, s'exécutent par des saccades, des ressauts, des réactions, où il y a toujours quelques chocs pernicieux. Comme ces chocs se manifestent par des craquemens et des dislocations, on doit en conclure qu'il n'y a guère de machines parfaites que celles dont les mouvemens s'exécutent avec régularité, avec douceur, sans bruit et sans ébranlemens.

Les soins à prendre pour éviter les chocs dans les engrenages, sont aussi fort-importans.

Supposons, fig. 15, qu'au moment où la dent D, de la roue O, poussant la dent d de la roue o, s'échappe, la dent D' n'ait pas encore atteint la dent d' du pignon; aussitôt ce pignon devient libre et, s'il est sollicité par quelque force, il prend un mouvement rétrograde jusqu'à ce que d' rencontre D'. Donc il y a choc en sens opposés et par suite quantité de mouvement perdue. Il faut, règle générale, que la dent D' ait atteint la dent d' avant que les deux dents D et d se séparent.

Je vais présenter ici des observations que j'ai faites sur les petits chocs qui résultent *du jeu* dans les vaisseaux; elles s'appliquent également à toute autre espèce de machines (1).

---

(1) Ces observations font partie du *cinquième mémoire des Applications de Géométrie*. 1 vol. in-4°.

Ainsi que nous l'avons vu par ce qui précède, disons-nous, dans notre mémoire, lorsque le navire est en repos, sa partie inférieure n'en éprouve pas moins une contraction, et sa partie supérieure une extension. L'effet de ces changements est : 1°. d'allonger ou de raccourcir les fibres du bois; 2°. de détruire les assemblages de la charpente; 3°. de plier ou de briser les clous et les chevilles qui lient ces pièces en contact.

A mesure que les moments des forces déformatrices augmentent, ces effets augmentent pareillement. Mais, ensuite, ils ne diminuent pas dans le même rapport, quand ces moments diminuent; parce que les déformations dont nous venons d'indiquer l'existence, sont produites sur des corps imparfaitement élastiques.

Ainsi, lorsque l'arc diminue, les clous et les chevilles se redressent, mais trop peu; les assemblages disjoints ne se rejoignent qu'en partie; enfin, les fibres allongées ne se retirent pas assez, et les fibres foulées ne reprennent point en totalité leur longueur primitive.

Il n'y a donc pas connexion intime entre les éléments de l'édifice. Un tel défaut de connexion produit des effets d'une énergie extraordinaire sur la charpente des vaisseaux.

La déliaison de ces éléments permet à chacun d'eux, de prendre un mouvement libre, plus ou moins considérable, par rapport à ceux auxquels il était, dans l'origine, invariablement uni. L'ensemble de ces petits mouvements est ce qu'on appelle *le jeu* de la charpente.

Supposons qu'un édifice, ayant *du jeu* dans ses diverses parties, soit sollicité par des puissances déformatrices quelconques ; elles auront pour premier effet, de déplacer les éléments de cet édifice, suivant les directions qu'ils peuvent prendre en vertu de *leur jeu*. Ces éléments n'opposent à ce premier déplacement que la résistance de leur inertie. Jusqu'alors la quantité de forces vives dont le système est animé n'est en rien diminuée.

Mais chaque élément, lorsqu'il éprouve de la sorte un déplacement libre, acquiert une certaine vîtesse. Dès qu'il éprouve de la résistance efficace des autres parties du système, cette vîtesse produit un choc.

Alors ce n'est plus par une simple pression que les éléments de l'édifice agissent les uns sur les autres, pour s'allonger ou se raccourcir. Le choc augmente prodigieusement l'énergie de la force perturbatrice. C'est pourquoi, toutes choses égales d'ailleurs, et les puissances déformatrices restant les mêmes, *le jeu* des pièces doit sans cesse augmenter et produire des effets de plus en plus dangereux.

Les chocs dont nous parlons sont imprimés par une vîtesse pour ainsi dire insensible, lorsqu'ils résultent des variations lentes opérées dans le chargement du vaisseau, mais ils sont violents et rapides, dans les perturbations produites par les forces de la nature.

Il ne faut pas appliquer, à la structure d'un vaisseau, les idées qu'on pourrait se former de la structure d'un édifice établi sur un sol immuable, et sans qu'aucune puissance déformatrice vienne ajouter son action à celle de la pesanteur des éléments de ce même édifice. Il faut surtout considérer le vaisseau, lorsqu'il flotte sur une mer plus ou moins agitée, lorsqu'il est battu par les vents plus ou moins forts, plus ou moins constants, plus ou moins brusques.

Alors on reconnaît que les moments qui tendent à produire l'arc du vaisseau varient, pour ainsi dire, à chaque instant : ils deviennent même, vers la pouppe et vers la proue, alternativement positifs ou négatifs. Il faut donc regarder un vaisseau battu par la mer et les vents, comme une espèce de reptile qui, nageant à la superficie d'une mer ondulée, se courbe et se recourbe sans cesse dans le plan vertical de sa route; et s'avance, en formant de la sorte une ligne sinueuse.

Les lois du choc des corps durs dénués d'élasticité sont les mêmes que celles des corps mous, et la déformation éprouvée par les diverses parties de ces corps, n'altère en rien la composition du mouvement, à l'instant de la percussion. Il n'en est pas ainsi dans le choc des corps élastiques.

Lorsque deux corps parfaitement élastiques et de même masse se rencontrent, avec la même vîtesse, au lieu de se faire équilibre et de rester en repos, chacun d'eux, non-seulement détruit la force de l'autre, mais transmet à celui-ci toute la force qui lui est propre. En conséquence, tous deux rebroussent chemin avec la même vîtesse qu'ils avaient avant le choc, et les quantités de mouvement ne sont pas changées. Cette propriété des corps élastiques égaux en masse et en vîtesse, subsiste quand ces masses et ces vîtesses varient ; de sorte qu'avant ou après le choc, la somme des quantités de mouvement est toujours la même.

Présentons quelques applications de ce principe. Supposons que le corps en repos A, fig. 16, soit frappé par le corps B de même masse M, ayant la vîtesse V. La quantité de mouvement est *zéro* pour A, MV pour B, et par conséquent MV pour les deux corps. Alors, B communique à A toute la quantité de mouvement MV ; mais A ne peut communiquer à B qu'une quantité de mouvement égale à *zéro*, c'est-à-dire, nulle. Donc B, perd toute sa quantité de mouvement sans rien recevoir, et reste en repos ; tandis que A, qui a pris toute la quantité de mouvement de B, et qui a même masse, se meut avec la même vîtesse qu'avait B.

Supposons à présent qu'il y ait, fig. 17, trois corps élastiques égaux en masse, A, B, C, dont C soit le seul en mouvement. C, en frappant B, lui communique toute sa quantité de mouvement, et reste en repos; B communique de même à A toute cette quantité de mouvement, et reste en repos. Donc, enfin, A se meut avec toute la quantité de mouvement qu'avait le corps C.

On obtiendrait le même résultat si l'on avait quatre, cinq, etc., corps égaux, dont le dernier seul fût en mouvement; toujours les corps intermédiaires resteraient en repos comme le dernier, après le choc; tandis que le premier seul s'avancerait avec toute la quantité de mouvement du dernier.

On rend sensible cette vérité méchanique, au moyen de sphères ou billes d'ivoire A, B, C, fig. 18, qu'on suspend à des fils, pour en former comme des espèces de pendules :

1º. Lorsqu'on écarte deux billes, l'une à droite et l'autre à gauche de la verticale menée par le point de suspension et qu'on les laisse tomber en même temps, elles arrivent à la verticale au même moment, avec la même vîtesse; puis rebroussent chemin chacune avec cette même vîtesse.

Si l'ivoire était parfaitement élastique, et si l'on opérait dans le vide, les billes remonteraient précisément à la hauteur d'où elles sont parties; puis, retombant en même temps de cette hauteur, elles se choqueraient encore avec la même vîtesse; ce qui produirait un mouvement perpétuel. Mais l'ivoire n'est pas un corps parfaitement élastique. La nature ne présente aucun corps qui jouisse d'une telle propriété. Les billes remontent donc de moins en moins haut après chaque choc; au bout d'un certain nombre d'oscillations, leurs quantités de mouvement sont tout-à-fait anéanties.

2°. Si l'on suspend trois billes d'ivoire qui se touchent naturellement, et qu'on élève la première A en P, fig. 18; puis qu'on la laisse tomber. Au même instant la bille intermédiaire B reste en repos, et la dernière bille C remonte en Q à la hauteur du point P. Ensuite elle retombe, et communique son mouvement à travers B, à la bille A, qui remonte en P pour redescendre comme la première fois, etc.

Un résultat analogue est produit quand il y a quatre, cinq, six billes, et en général un nombre quelconque.

Il ne suffit pas de considérer le choc direct des corps, il faut déterminer les lois de leur *choc oblique*.

Afin de simplifier la question, autant que possible, supposons qu'un des deux corps soit fixe et plan, tandis que l'autre est sphérique.

Au moment où la sphère S, fig. 19, poussée par la force oblique AO rencontre en C le plan fixe; elle tend à tourner autour de C avec une force égale à AO×CF, CF étant perpendiculaire à AOF. Formons le rectangle AHOK, dont les côtés OK, AH sont parallèles au plan MN, et dont les côtés AK, OH, sont perpendiculaires à ce plan.

La force AO étant décomposée en OH et OK, si la sphère et le plan sont des corps sans élasticité, il ne reste plus que OK; et la force OH, qui représente la pression de la sphère sur le plan fixe, est détruite par ce plan.

La sphère, animée par la force KO parallèle au plan MN, va se mouvoir en faisant éprouver au plan MN un frottement dû à la pression OH. Nous avons vu, XIIIe. leçon, comment on peut apprécier les effets de cette résistance.

Le frottement empêchera la sphère de glisser le long de MN; elle roulera sur ce plan, comme une roue sur le terrain; et si le plan est partout également uni, la résistance due au frottement restera la même pour la même pression due à OH.

Si le corps qui choque le plan n'avait pas un contour circulaire, il roulerait sur ce plan, mais de manière que son centre de gravité s'élèverait et s'abaisserait alternativement; ce qui produirait des résistances inégales plus ou moins compliquées, qu'il nous suffit ici d'indiquer.

Ces résistances inégales nous montrent que, pour transmettre, le long d'un plan fixe, des efforts continués avec régularité, il faut toujours employer des corps à contours circulaires, tels que les sphères, les cylindres, les cônes et en général les surfaces de révolution.

Si, au lieu d'un corps dur, c'était un corps mou qui vînt frapper le plan fixe, la question deviendrait plus compliquée. Il faudrait connaître la forme que prendrait le corps mou après le choc. Heureusement, ce cas a peu d'applications utiles dans les arts méchaniques.

Il n'en est pas de même du choc des corps élastiques. Lorsqu'un corps A, parfaitement élastique, choque un plan fixe MN, fig. 20, la force AO qui l'anime, se décompose en deux autres : OH qui pousse perpendiculairement au plan MN, et OK qui agit parallèlement à ce plan. Celle-ci n'éprouvant pas d'obstacle, continue son action après le choc. Donc, le corps se meut toujours avec la même vîtesse parallèlement au plan fixe MN. La force OH, agissant perpendiculairement à MN, doit être soumise aux lois du choc direct des corps élastiques. Donc : 1°. toute la force OH doit être transmise au plan fixe, et restituée par la réaction de ce corps, laquelle est toujours égale à l'action. Le corps élastique remontera donc animé d'une force égale à OH, mais dirigée en sens contraire. Par conséquent, si un corps élastique O arrive animé d'un mouvement uniforme rectiligne, de manière à ce que dans un temps donné, il avance de OK parallèlement au plan fixe, et de HO perpendiculairement à ce plan, après le choc, le corps avancera dans un même espace de temps de OK′ = OK, parallèlement au plan fixe et de OH perpendiculairement à ce plan. Donc, la diagonale OA′ qui représentera la direction et la grandeur de l'espace parcouru, sera la diagonale d'un parallélogramme rectangle HOK′A′, égal à HOKA. Donc, les angles AOH, A′OH, sont égaux entr'eux.

Ainsi, quand un corps parfaitement élastique vient frapper un plan fixe sous un certain angle, qu'on appelle *angle d'incidence*, il conserve toute sa vîtesse et prend une direction nouvelle qui l'éloigne du plan, sous un angle qu'on appelle *angle de réflexion*, et qui est égal à l'angle d'incidence.

J'ai déjà dit que l'ivoire est un des corps qui approchent le plus d'être parfaitement élastiques. Aussi, lorsqu'une bille d'ivoire vient à frapper contre un plan, elle rejaillit en conservant sa vîtesse, et de manière que l'angle de réflexion égale à très-peu près l'angle d'incidence. *Le jeu de billard* est fondé sur la connaissance de cette loi du choc des corps élastiques.

Supposons, par exemple, que la blouse C,

fig. 21, soit tellement placée par rapport aux billes A et B, qu'en menant : 1°. la ligne droite CBE jusqu'à la bande MN; 2°. la ligne AE, on ait l'angle MEB = NEA. Poussant la bille A vers le point E, elle se réfléchira suivant la direction EB, frappera B directement, et restera en repos; tandis que B s'en ira, avec toute la vîtesse de A au moment du choc, dans la direction BC, qui conduit à la blouse. Le plus souvent la bille B n'est pas sur la direction rectiligne CBE qui conduit à la blouse. C'est ce qu'on voit dans la fig. 22. Alors il faut que la bille A, après avoir été lancée en E, et réfléchie de manière que AEN = MEA', arrive à une position A', pour choquer la bille B, de manière qu'elle se rende dans la blouse C (1).

Vous voyez par-là, que le jeu de billard exige un œil très-exercé à juger des directions et des angles, et une main non moins exercée à suivre les indications de l'œil.

Dans le 17ᵉ. siècle, le célèbre Vauban a fait usage d'une manière de tirer le canon, qui tient à la réflexion des corps élastiques. En tirant des boulets avec une charge médiocre et sous une direction AB, fig. 23, peu élevée au-dessus de

---

(1) Cette condition sera remplie si la droite xy, tangente aux deux billes en leur point de contact, est telle que les angles formés par cette droite et par BC, A'E, sont égaux.

l'horizon, le boulet A ramené vers la terre par la pesanteur, tombe en A', sous un angle un peu plus grand que l'angle BAN. Alors le boulet se réfléchit sous un angle B'A'N, presqu'égal à BAN; puis fait une nouvelle chute, pour se relever de nouveau. Si donc il y a sur la ligne AN une suite d'obstacles à détruire, on les frappe autant de fois que l'on produit ainsi de chocs et de réflexions ou de ricochets. Non-seulement on obtient des réflexions successives, quand on frappe avec le boulet, des corps durs tels que les murailles, en pierre ou en bois, des places fortes et des vaisseaux; et même quand on frappe la terre des revêtements et de la rase campagne, ou la glace, comme nos guerriers l'ont fait à Austerlitz; mais en lançant sur un fluide, des corps élastiques qui frappent la surface de ce fluide sous un petit angle d'incidence, on produit de semblables réflexions ou ricochets.

C'est ce que savent très-bien les enfants qui lancent sur l'eau, des pierres plates. Ces pierres ressautent et produisent jusqu'à sept, huit et dix réflexions, suivant qu'elles sont jetées avec plus ou moins de force et d'adresse.

La lumière qui tombe sur les corps, nous présente un des exemples les plus beaux et les plus importants de la réflexion des corps élastiques. Dans cette chute, l'angle de réflexion est toujours égal à l'angle d'incidence, et nos meilleurs instruments ne servent qu'à nous convaincre de la parfaite élasticité de ce corps.

Nous avons vu que, dans le choc, les corps durs et les corps mous éprouvent une perte de force, si les directions sont en sens opposés; perte que n'éprouvent point les corps parfaitement élastiques et qu'éprouvent en partie seulement les corps imparfaitement élastiques.

Cet avantage des corps élastiques sur les corps durs et les corps mous, les rend d'un emploi très-avantageux, en méchanique. Si l'on considère, par exemple, le mouvement des voitures dont les roues éprouvent sans cesse des chocs plus ou moins grands contre les parties saillantes de la route, on verra qu'on trouve beaucoup d'avantages à faire porter sur des ressorts la caisse des voitures ou le chargement. Par l'effet de ces ressorts, une partie de la force horizontale, qui serait perdue par le choc, est conservée, et, par conséquent, sert au mouvement progressif de la voiture. Quant à la partie de la force qui pousse de bas en haut la voiture, par l'effet des ressorts qui se plient au moment où la force qui pousse de bas en haut commence d'agir, le centre de gravité de la voiture se trouve plus ou moins soulevé; mais, lorsque l'obstacle est passé, lorsque les roues après avoir monté descendent, le ressort, soulevant la caisse ou le fardeau de la voiture, fait reprendre au centre de gravité sa hauteur primitive par rapport aux roues.

Ainsi, par l'effet des ressorts, le centre de gravité des voitures doit éprouver des mouvements de hausse et de baisse moins brusques et moins étendus. Cet effet est extrêmement sensible, lorsque l'on compare les secousses qu'on éprouve dans une voiture non suspendue et dans une voiture suspendue avec des ressorts : surtout lorsque la vîtesse progressive de la voiture devient considérable. Cet effet n'est pas seulement avantageux pour diminuer la fatigue des voyageurs ; il l'est beaucoup pour épargner, aux produits d'industrie que l'on transporte, des mouvements brusques et des chocs qui peuvent les endommager et leur faire perdre beaucoup de leur valeur. En suspendant ces produits d'industrie sur des ressorts, pour les transporter sur des voitures, on a le double avantage de mieux conserver ces objets et de les transporter avec une force beaucoup moindre. Depuis quelques années, ces principes, exposés avec soin dans notre cours du conservatoire, se sont popularisés. Déjà l'on voit, à Paris, un très-grand nombre de voitures consacrées au transport des objets fragiles, suspendues sur des ressorts. Cet usage s'étend chaque jour. Il aura le double avantage de faire transporter des poids plus considérables par les chevaux qu'on emploie, et d'éviter une foule d'accidents causés par le transport de ces objets.

Les ressorts n'ont pas seulement le double avantage de diminuer la fatigue des voitures et les cahots des chargements ; ils diminuent en même temps les chocs violents de la voiture contre la route, qu'ils économisent beaucoup.

L'élasticité des cordages les rend très-propres à résister à des chocs brusques ; elle en fait comme des ressorts, ainsi qu'on le voit par les cordages qui sont attachés d'un bout à la tête des mâts et de l'autre au bord du navire. Lorsque le vent agit tout à coup, sur les voiles, avec une force nouvelle, cette force a pour effet d'allonger par degrés les cordages qui se trouvent du côté du vent ; jusqu'au point où la résistance graduelle que ces cordages opposent, ajoutée à la résistance croissante qu'offre la stabilité du navire, à mesure qu'il s'incline par l'effet du vent, donne un total équivalent à l'impulsion du vent. Si cette impulsion diminue ensuite, la force élastique des cordages leur fait reprendre par degrés leur allongement primitif. Les mâts qui s'étaient, en vertu de leur élasticité, pliés au fur et à mesure de l'allongement des cordages, se redressent en vertu de cette élasticité ; et le système est susceptible d'une résistance nouvelle, lorsque le vent recommence son action brusque.

Il importe beaucoup, avant d'employer des cordages pour soutenir les mâts, comme le font les étais et les haubans, de les étirer fortement. En effet, dans les premiers temps de leur service, ils sont sujets à s'allonger beaucoup par l'effet des forces qui les tirent dans le sens longitudinal, sans reprendre leur longueur primitive, lorsque ces forces cessent d'agir. Il faut d'abord qu'on atteigne la limite de cette espèce d'allongement, avant qu'on puisse obtenir, de la force élastique des cordages, le service important qu'on doit en attendre.

J'ai vu casser tous les mâts supérieurs du vaisseau à trois ponts *le Commerce de Paris*, dans un mauvais temps, entre l'île de Corse et l'Afrique; parce que ce navire, récemment gréé, avait ses mâts tenus avec des cordages qui n'avaient point encore éprouvé tout l'allongement nécessaire à détruire, pour que leur force d'élasticité pût agir comme résistance utile et suffisante.

A bord des navires, lorsqu'on veut établir des mortiers très-pesants et qui doivent lancer des bombes d'un poids considérable, pour amortir le choc qui se produit lors du tir de la bombe et qui pousse violemment le mortier contre le navire, on a soin de placer sous le pont un lit épais de corps élastiques. Ce lit, cédant par degrés à l'énorme pression que transmet le mortier, empêche que des déchirements ou des ruptures n'aient lieu dans les diverses parties de la charpente du navire.

Lorsque l'on place une enclume sur une aire formée avec une maçonnerie qui n'a que de la dureté sans élasticité, on observe que les chocs multipliés du marteau sur l'enclume ont pour effet de briser promptement les pierres sur lesquelles l'enclume repose. Si l'on a soin de mettre sous l'enclume un corps élastique, tel qu'un massif de bois, la maçonnerie qui supporte ce massif n'est pas endommagée.

Lorsque les ouvriers frappent avec un marteau dont la tête est en fer et le manche en bois, le choc produit par la tête du marteau transmet au manche des vibrations qui finiraient par fatiguer beaucoup la main de l'ouvrier : surtout dans un travail tel que celui du chaudronnier et du ferblantier, où le marteau frappe à coups précipités sur des surfaces vibrantes. Il faut, alors, avoir soin de donner à la poignée du manche plus de grosseur qu'à la partie du manche qui s'ajuste avec la tête du marteau. Par cette disposition, les vibrations ayant à se transmettre en passant par des sections qui commencent à n'avoir que peu de surface et qui deviennent de plus en plus étendues, ces vibrations ont de moins en moins d'énergie, et l'ouvrier finit par les sentir à peine.

LEÇON.

F

C

N

Gravé par Adam.

II. MÉCHANIQUE. ARTS ET MÉTIERS et BE

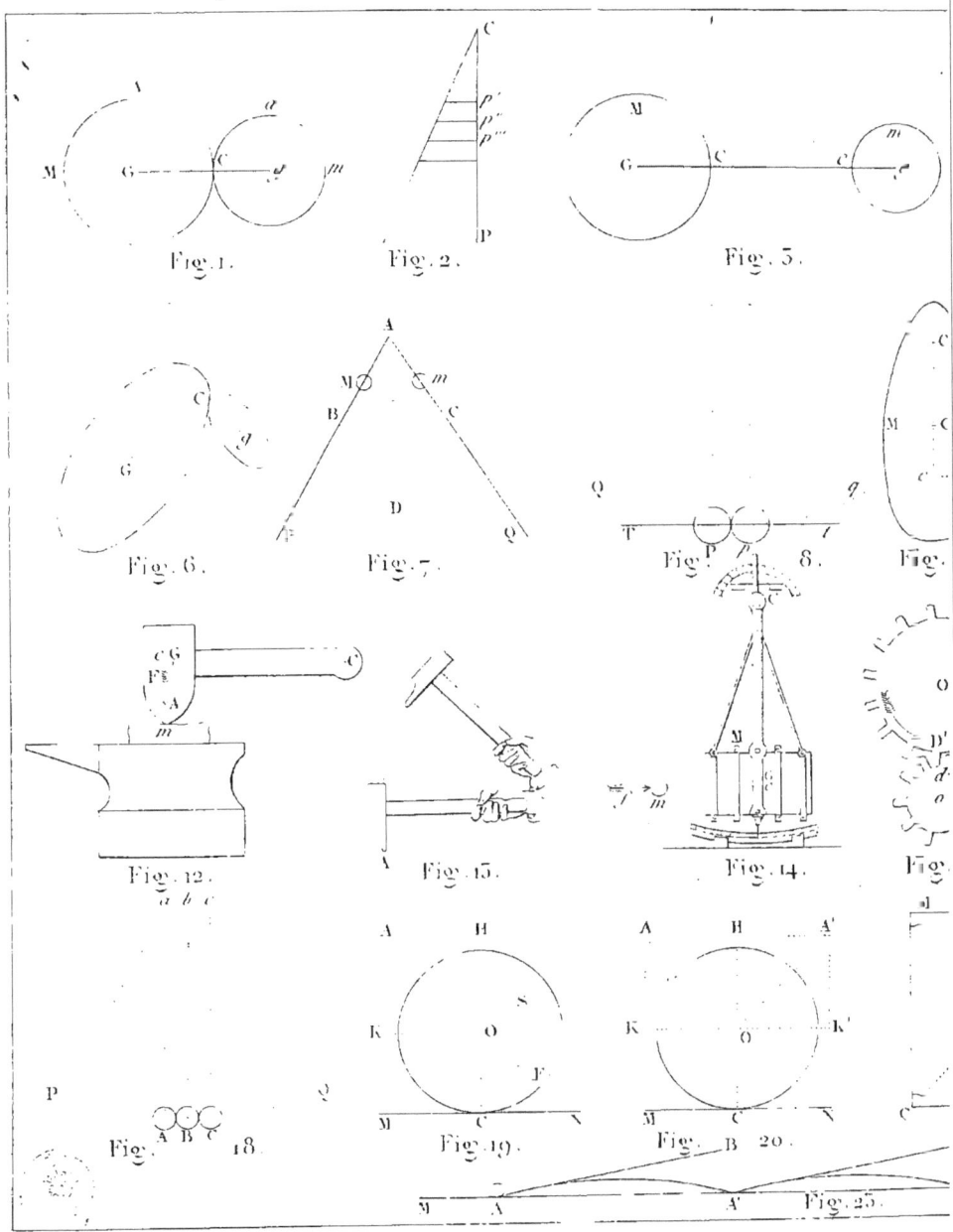

Dessiné par Charles Dupin

-ARTS. XV.ᵉᵐᵉ LEÇON.

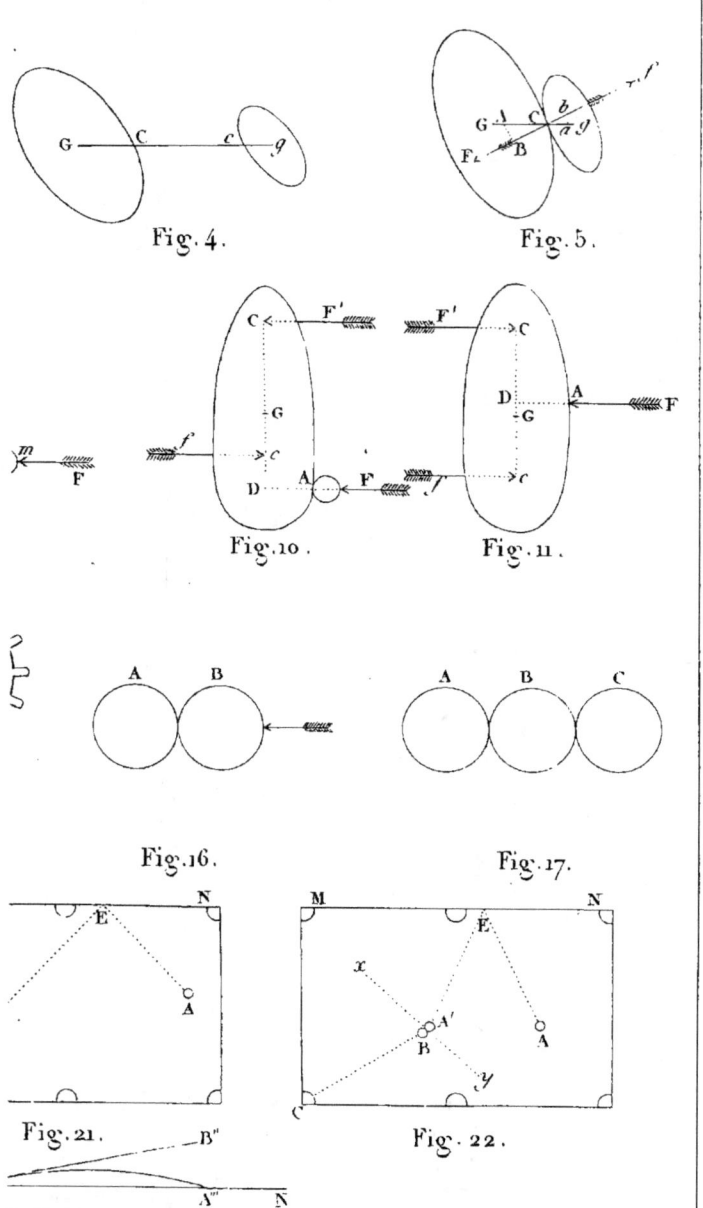

Gravé par Adam.

TABLE
DES MATIÈRES.

	Pages.
Circulaire de S. E. le Ministre de l'Intérieur, adressée à tous les préfets du Royaume, pour autoriser l'institution des Cours de géométrie et de méchanique appliquées aux arts.	v
Observations sur l'enseignement de la géométrie et de la méchanique appliquées aux arts et métiers.	vij
Rapports des nouvelles mesures aux anciennes et des anciennes aux nouvelles.	xvj
Première leçon. *Système général des mesures employées dans les arts méchaniques.*	1
Des mesures géométriques.	2
Mesures de longueur.	Ibid.
Importance de l'uniformité des mesures.	Ibid.
Mètre, unité des mesures de longueur.	5
Décimètre, centimètre, millimètre, etc.	6
Décamètre, hectomètre.	Ibid.
Kilomètre, myriamètre.	7
Application des nouvelles mesures à la division centigrade des méridiens de la terre.	Ibid.
Avantages des mesures métriques, sous le point de vue de la facilité des calculs.	8
Mesures de superficie.	10
De *l'are*, de *l'hectare*.	Ibid.
Mesures de capacité.	Ibid.

	Pages.
Mètre cube ou *stère*, décimètre cube ou *litre*.	10
Kilolitre, *décilitre*, *centilitre*, *millilitre*.	11
Mesures de méchanique.	*Ibid.*
Mesures de poids : le *gramme*, le *décagramme*, l'*hectogramme*, le *kilogramme*, le *myriagramme*.	12
Le tonneau.	*Ibid.*
Subdivisions du gramme : *décigramme*, *centigramme*, *milligramme*, etc.	*Ibid.*
Mesures monétaires : le *franc*, le *décime*, le *centime*, le *millésime*.	13
Mesure des valeurs en méchanique, par la monnaie. Comment la monnaie peut être considérée comme un représentatif de la force utile.	*Ibid.*
Mesure du temps.	15
Des jours, des heures, des minutes, des secondes, etc.	15
Du temps moyen et du temps vrai.	16
Division décimale des mois.	*Ibid.*
Difficultés qu'on a rencontrées pour mettre en pratique le nouveau système de mesures.	17
État actuel de l'adoption du nouveau système.	19
Difficultés inhérentes à tout changement de mesures; elles tiennent à la nature de nos sens et à l'état de l'industrie.	20
Introduction graduelle des nouvelles mesures dans les services publics.	26
DEUXIÈME LEÇON. *Suite des mesures.* Premières lois du mouvement et leur application aux machines. Motifs puissants pour tous les peuples, et spécialement pour nous, d'adopter dans toute son étendue notre nouveau système de poids et mesures.	33
Premières lois du mouvement.	37

Un corps en repos y reste tant qu'une force n'agit pas

	Pages.
pour le faire avancer d'un côté plutôt que d'un autre.	37
Quand un corps avance en ligne droite et parcourt des espaces égaux en temps égaux, son mouvement est uniforme.	38
La vîtesse est le rapport de l'espace qu'il parcourt au temps mis à parcourir cet espace. On peut la mesurer par l'espace qu'un corps parcourt durant un temps pris pour unité.	Ibid.
La résultante de deux ou d'un plus grand nombre de forces est la force unique qui fait mouvoir le corps de la même manière que toutes les autres forces prises ensemble. On l'appelle *résultante*, par opposition aux autres forces, qu'on appelle *composantes*.	39
Quand plusieurs forces agissent sur la même ligne droite et dans le même sens, la résultante est égale à leur somme.	Ibid.
Quand plusieurs forces agissant sur la même ligne droite ne sont pas toutes dirigées dans le même sens, la résultante est égale à la somme des forces dirigées dans un sens, moins la somme des forces dirigées dans le sens opposé; et le sens de la résultante est celui de la plus grande somme.	Ibid.
Quand on oppose à la résultante de plusieurs forces, une force égale et directement opposée à cette résultante, le corps n'avance ni dans un sens ni dans un autre, malgré les forces qui le sollicitent à se mouvoir; il est ce qu'on appelle en équilibre.	40
La vîtesse avec laquelle une force transporte un corps est proportionnelle à cette force.	41
La vîtesse est, au contraire, en raison inverse de la masse du corps transporté.	42

	Pages.
De là, l'idée d'une résistance proportionnelle à la masse des corps, résistance qu'on appelle *inertie*.	42
On mesure la dépense de force qu'exige le transport d'un corps à une distance donnée, prise pour unité, en multipliant le poids du corps par la vîtesse imprimée. C'est ce qu'on appelle la *quantité de mouvement*.	44
Résumé des principes exposés précédemment.	45
Des résistances, des obstacles de toute espèce qui retardent le mouvement des corps, sur la surface de la terre.	46
Des forces qu'il est nécessaire d'ajouter, à chaque instant, pour conserver un mouvement uniforme, sur la surface de la terre.	Ibid.
Cette dernière partie des forces est la plus importante à considérer dans les travaux des arts.	47
Calcul des forces qui réitèrent, à chaque instant, leur action, soit pour accélérer, soit pour retarder le mouvement des corps.	49
Représentation géométrique des lois de ce mouvement.	50
Dans cette espèce de mouvement, les espaces sont proportionnels aux quarrés des temps mis à les parcourir.	53
Les espaces parcourus en des temps donnés sont proportionnels aux quarrés des vîtesses acquises à la fin de ces instants.	Ibid.
Dans ce mouvement, l'espace total que les forces accélératrices ou retardatrices ont fait parcourir à un corps, durant un temps T, est la moitié de l'espace que dans le même temps T, ce corps parcourrait, si la force cessait tout à coup de renouveler ses impulsions à la fin du premier temps T.	54

DES MATIÈRES.

Pages.

Des forces constantes renouvelées à chaque instant par la pesanteur sur chacun des corps à la surface de la terre. Lois du mouvement des corps soumis à la pesanteur. 55

Application des lois de la pesanteur à la mesure des dimensions verticales, en calculant la durée de la chute des corps. 56

Distinction des *forces accélératrices* et des *forces retardatrices*. 58

Lorsqu'un corps, lancé par une force verticale, perd successivement cette force par l'action de la pesanteur, et retombe ensuite en revenant aux mêmes hauteurs qu'en montant, il reprend successivement les différentes vîtesses qu'il avait à des hauteurs correspondantes. Cette propriété caractérise ce qu'on appelle les *forces vives*. *Ibid.*

Conséquences importantes de cette propriété des forces vives, pour démontrer qu'il est impossible, dans l'industrie, d'obtenir ce qu'on appelle un *mouvement perpétuel*. 60

Des forces accélératrices et retardatrices, produites par la résistance ou par l'action du vent, de l'eau, etc. 61

TROISIÈME LEÇON. *Forces parallèles.* 65

La résultante de plusieurs forces parallèles, dirigées dans le même sens, est égale à leur somme. - *Ibid.*

Quand les forces parallèles ont des directions différentes, la résultante est égale à la somme de toutes celles qui sont dirigées dans un sens, moins la somme de toutes celles qui sont dirigées en sens contraire; et cette résultante est elle-même dirigée dans le sens de la plus forte somme. 66

Comment la géométrie représente, par des portions de

Pages.

l'étendue, des grandeurs essentiellement différentes, telles que le temps, les vîtesses, les forces, etc. *Ibid*.

Application au cadran des montres et des horloges, au cadran solaire. 68

Avantage particulier de cette application de la géométrie à la méchanique. 69

Cette application rend sensible à notre vue des rapports de quantités qui, par elles-mêmes, semblent devoir échapper à nos sens. *Ibid*.

On représente par une ligne droite, la grandeur, la direction d'une force; et par un point de cette droite, l'endroit où cette force est censée produire son action. 70

Comment on détermine la position d'une ligne droite qui représente, soit en grandeur, soit en direction, la résultante d'autres forces représentées par des lignes droites parallèles. *Ibid*.

Les distances de deux forces parallèles à leur résultante sont réciproquement proportionnelles à ces forces. Par conséquent le produit de la ligne droite qui représente chaque composante, par la ligne droite qui mesure la distance de cette composante à la résultante, est le même pour les deux composantes. 72

Deux forces égales, parallèles et dirigées en sens contraires, ne peuvent être mises en équilibre avec une troisième force seulement. Le mouvement qu'elles produisent ne peut donc être un simple mouvement en ligne droite, tel que le produirait une force unique. 73

La position du point d'application d'une résultante de tant de forces parallèles qu'on voudra, ne change

Pages.

pas, si, les points d'application de toutes les composantes restant les mêmes, on change à la fois la direction de ces forces, pourvu qu'elles conservent leur parallélisme. 74

Application de cette propriété à la pesanteur des corps. 75

Le point d'application de toutes les forces de la pesanteur des diverses parties d'un corps, reste le même dans ce corps, quoiqu'on lui donne toutes les positions différentes qu'il est possible d'imaginer. Ce point remarquable est ce qu'on appelle le *centre de gravité* du corps. 76

Mouvement rectiligne des corps. *Ibid.*

Un corps mis en mouvement par une force qui passe par son centre de gravité, se meut toujours de la même manière, en ligne droite et sans tourner. 77

Quand on suspend un corps par un seul point, il faut que la verticale menée par ce point passe par le centre de gravité du corps, pour que ce corps soit en équilibre. 78

Applications nombreuses de cette propriété aux usages ordinaires de la vie, et aux travaux de l'industrie. *Ibid.*

Du centre de gravité du corps de l'homme. 79

De l'équilibre de l'homme dans ses diverses positions. *Ibid.*

Utilité pour les beaux-arts et pour beaucoup de branches de l'industrie, de connaître les conditions d'équilibre qui sont relatives à la position du centre de gravité. 80

Exemples variés des positions que doivent prendre les hommes et les femmes pour garder leur équilibre, en combinant leurs attitudes avec les fardeaux dont ils sont chargés. *Ibid.*

Du mouvement qu'éprouve le centre de gravité, durant la marche de l'homme. 85

	Pages.
Conséquences de ce mouvement dans les exercices de l'infanterie.	86
Application aux exercices de danse, de voltige, etc.	*Ibid*
Application à l'escrime.	88

QUATRIÈME LEÇON. *Du centre de gravité des machines et des produits d'industrie; des moments.* 89

Importance de la détermination du centre de gravité des parties stables et des parties mobiles de toutes les machines. *Ibid.*

Exemple présenté par le chargement des voitures. *Ibid.*

De la position du centre de gravité d'une ligne droite partout également pesante. 90

De la position d'un nombre quelconque de lignes droites partout également pesantes. 91

Des contours symétriques. 92

Le centre de gravité d'un contour symétrique par rapport à un axe quelconque, est nécessairement placé sur cet axe. 93

Le centre de gravité de toute superficie plane, symétrique, est placé sur l'axe de symétrie. 94

Application à la forme et à la suspension des cadres. *Ibid.*

Du centre de symétrie des triangles. *Ibid.*

Application à la position du centre de gravité des triangles, des arcs de cercle, des segments et des secteurs de cercle, de la parabole et de l'hyberbole. 94, 95, 96

Le centre de gravité des contours et des superficies symétriques par rapport à deux axes, est au croisement de ces axes, c'est-à-dire, au centre de symétrie. 97

Le centre de gravité du contour et celui de la superficie des polygones réguliers, sont l'un et l'autre placés au centre de symétrie de ces polygones. *Ibid.*

Le centre de gravité du contour et de la superficie d'un cercle, est au centre du cercle. *Ibid.*

DES MATIÈRES. 473
Pages.

Le centre de gravité du contour et de la superficie de l'ellipse, est au centre de symétrie de cette courbe. 97
Détermination du centre de gravité des surfaces. 98
Le centre de gravité du triangle est placé sur la ligne droite qui joint le sommet et le milieu de la base, au tiers de cette ligne en partant de la base. *Ibid.*
Centre de gravité de la figure de quatre côtés. 99
Centre de gravité des surfaces symétriques. *Ibid.*
Les volumes ainsi que les surfaces courbes qui sont symétriques, par rapport à un axe, ont leur centre de gravité sur cet axe de symétrie. 101
Quand un volume a deux axes de symétrie, et par conséquent un centre de symétrie, ce point est le centre de gravité de sa surface et de son volume. *Ibid.*
Moments des forces parallèles. 102
Le moment d'une force par rapport à un axe est le produit de la distance de cet axe au point d'application de la force. *Ibid.*
Pour que deux forces parallèles soient en équilibre autour d'un point résistant, il faut que le moment des deux forces, pris par rapport à ce point, soit égal de part et d'autre, et que les deux forces tendent à faire tourner la droite en sens opposés. 103
Les moments peuvent être pris par rapport à une droite. 104
Si l'on mène, de chaque point d'application des forces, une perpendiculaire à la ligne droite, prise pour axe des moments, le produit de la résistance par la distance qui correspond à son point d'application, est égal à la somme des produits correspondants pour toutes les composantes, supposées parallèles. 105
Usage de cette propriété pour trouver la distance du

T. II. — Méchan. 60

point d'application de la résistance à une droite
quelconque. 106
Le centre de gravité de trois forces égales, appliquées
aux sommets d'un triangle, est le même que le
centre de gravité de l'aire du triangle. 107
Méthode générale tirée des propriétés des moments
pour trouver le centre de gravité des surfaces et
des volumes; méthode indispensable pour la construction des navires et pour la navigation. 108
Position du centre de gravité d'un certain nombre de
corps. 109
Emploi des centres de gravité pour trouver le volume
de certains corps. 117
Quand un solide est formé par une aire plane, qui
tourne autour d'un axe, le volume du solide est
égal au produit de l'aire par l'espace que parcourt,
dans ce mouvement, le centre de gravité de l'aire. 119
Applications à l'architecture, aux travaux des ponts et
chaussées, de l'artillerie, des constructions navales, etc. 120

CINQUIÈME LEÇON. *Suite des lois du mouvement.* 121

Un corps mis en mouvement par l'action de deux forces, arrive au même point au bout d'un temps donné, quand les deux forces agissent à la fois, durant ce temps, ou quand chacune d'elles agit seule, durant un temps égal à ce temps donné. *Ibid.*
Exemple emprunté au mouvement des navires. *Ibid.*
Il suit de là qu'un corps sollicité par deux forces constantes, doit parcourir une ligne droite comme s'il n'était sollicité au mouvement que par une seule force. 124
En représentant la grandeur et la direction de deux

forces par des lignes droites qui soient les côtés
d'un parallélogramme, la diagonale qui part du
sommet formé par ces deux côtés, représente en
grandeur et en direction, la résultante des deux
forces. 125
Démonstration de cette propriété du *parallélogramme
des forces.* Ibid.
Applications variées du parallélogramme des forces,
pour l'économie de ces forces. 126
Effet pernicieux causé par la composition des forces,
lorsqu'une personne saute d'une voiture entraînée
par un mouvement rapide. 127
Deux forces égales sont représentées par les côtés d'un
lozange, dont la diagonale est la résultante de ces
deux forces, et fait le même angle avec la direction
de chacune d'elles. Ibid.
C'est sur ce principe qu'est fondée la symétrie des
corps destinés à se mouvoir en ligne droite, par l'action de deux forces qui ne sont pas parallèles. 128
Exemple offert par la figure et les mouvements symétriques des oiseaux. Ibid.
————— de l'homme. Ibid.
————— des poissons et des navires. 129
Exemple remarquable de la décomposition des forces
dans le mouvement des navires, au moyen d'un
vent latéral. De la dérive. Ibid.
Comment deux grandes composantes peuvent avoir
une très-petite résultante. 130
De la composition des forces dans le jet des flèches,
au moyen de l'arc 131
Efficacité d'une force très-petite contre des forces considérables ; exemple offert par le jeu de la harpe. 132

	Pages.
De la résultante de trois forces qui concourent en un même point.	133
C'est la diagonale d'un parallélipipède, dont les arêtes sont respectivement représentées, en grandeur et en direction, par les trois forces composantes.	134
Quel que soit le nombre des forces, si l'on construit un polygone qui soit, ou non, compris dans un seul plan, mettons bout à bout les lignes droites qui représentent chaque force, en grandeur et en direction, sans changer la direction ni la grandeur de ces droites; nous formerons un polygone. Si l'extrémité du dernier côté de ce polygone vient aboutir au point de départ du premier côté, la résultante de toutes les forces sera nulle, et, par conséquent, ces forces se feront équilibre. Dans le cas contraire, si l'on joint le premier et le dernier point pour fermer le polygone, ce nouveau côté représentera la résultante.	136
Application des méthodes géométriques pour trouver la grandeur de la résultante, au moyen des projections.	137
Décomposition des forces parallèlement à trois axes donnés.	139
Comment, avec le parallélipipède, on rend sensible la composition de trois forces, de même qu'avec le parallélogramme, on rend sensible la composition de deux forces.	Ibid.
Des cas où la résultante unique des forces qui agissent sur un corps ne passe pas par le centre de gravité de ce corps. Alors le corps prend un double mouvement : 1°. il s'avance en ligne droite, avec une vîtesse uniforme, comme si les forces qui le solli-	

citaient étaient toutes concentrées dans le centre de gravité, sans changer de grandeur, ni de direction ; 2°. il tourne autour du centre de gravité, comme si ce centre restait immobile et que les forces composantes agissent sur lui, sans changer leur position primitive. 142

Tous les mouvements intérieurs, produits dans un corps par les actions et les réactions des diverses parties de ce corps, ne changent rien au mouvement du centre de gravité, par rapport aux points extérieurs de l'espace. 143

Exemples variés du mouvement de rotation combiné avec le mouvement de translation, présentés par le mouvement des billes de billard ; mouvement analogue à ceux des boulets, des bombes et des obus. *Ibid.*

SIXIÈME LEÇON. *Des machines simples : les cordes, les ponts suspendus, les harnais, le gréement des vaisseaux*, etc. 145

Définition des machines, leur énumération. *Ibid.*

Des cordes. *Ibid.*

D'une corde tirée par une force à chaque extrémité. 146

Mesure de la tension que cette corde éprouve. 147

Machine employée pour mesurer la force des cordages et celle des câbles de fer. 148

D'une corde sollicitée par un nombre quelconque de forces agissant sur ses extrémités. 149

Application à la sonnerie des cloches et au jeu des sonnettes ou moutons employés pour battre les pieux. 150

Des cordes tirées par leurs extrémités, ainsi qu'en des points intermédiaires. 151

	Pages.
Construction du polygone funiculaire.	152
De la pesanteur des cordes, prise en considération dans leur équilibre.	154
De la courbure que prennent les cordes suspendues par leurs extrémités, et abandonnées à l'effet de la pesanteur. Ces courbes sont appelées des chaînettes.	*Ibid.*
Application de cette manière de suspendre les cordes, pour tenir des navires en équilibre contre les forces du vent et du courant, par des câbles, des chaînes, etc.	155
Application des propriétés du polygone funiculaire et de la chaînette à l'équilibre des trailles dans le mouvement des bacs.	156
Quand les deux points de suspension d'une corde, supposée libre et partout également pesante, sont à la même hauteur, la chaînette formée par cette corde est symétrique par rapport à la verticale qui divise en deux parties égales la ligne droite menée d'un point de suspension à l'autre.	*Ibid.*
Application aux beaux-arts.	157
Si par le point le plus bas d'une chaînette, on élève une verticale, cette verticale sera pour la chaînette un axe de symétrie, quand même les points de suspension ne seraient pas à la même hauteur.	*Ibid.*
Détermination de la tension de la chaînette en ses divers points.	158
Comparaison des chaînettes semblables.	159
Comparaison des chaînettes plus ou moins courbes.	160
Lorsqu'une corde est tirée horizontalement par ses deux bouts, il faudrait qu'elle fût tirée par deux forces infiniment grandes, pour qu'elle se tendît exactement en ligne droite.	161

DES MATIÈRES. 479
                                                  Pages.
Application au gréement des navires.   161
Des étais et des haubans.   162
Variations des chaînettes que forment ces deux genres
  de cordages.   163
Tensions éprouvées par ces cordages en leurs diffé-
  rents points.   Ibid.
Équilibre des *ponts suspendus*.   164
Du système de suspension au moyen de tiges verticales
  attachées à des polygones funiculaires ou à des chaî-
  nes continues.   Ibid.
Hypothèse qui rend très-facile la recherche des tensions éprouvées aux extrémités des chaînes de suspension.   165
Des ponts suspendus économiques, dont l'industrie
  peut tirer un grand avantage.   166
Équilibre des cordes appliquées sur la surface des
  corps solides.   168
Lorsqu'une corde sollicitée par deux forces se met en
  équilibre sur une surface quelconque, elle suit la
  direction de la ligne la plus courte qu'on puisse mener sur cette surface, entre les deux points donnés. Il est quelques cas singuliers où cette ligne
  est, au contraire, la plus longue possible; mais, au
  moindre dérangement, l'équilibre se détruit de plus
  en plus.   Ibid.
Application des cordes tendues sur des surfaces et
  sollicitées par diverses forces, à la construction des
  navires, à l'habillement des hommes et des femmes,
  aux harnais des chevaux, etc.   169
Des polygones funiculaires, lorsque les cordes qui les
  composent sont appliquées sur des surfaces.   172
Des lanières ou courroies développables appliquées sur
  des surfaces et sollicitées par des forces.   173

                                                                    Pages.

SEPTIÈME LEÇON. *Suite des cordes.* Mouvement circulaire
  des cordes, des verges, des roues, des volants;
  moments d'inertie; les pendules, etc.   177
Définition de la *force tangentielle*, de la *force centrale*, de la *force centrifuge*.   Ibid.
La force centrale et la force centrifuge égalent le
  quarré de la force tangentielle, divisé par le rayon.   178
Du mouvement circulaire uniforme; de la vitesse tan-
  gentielle et de la vitesse angulaire.   179
Exemple de l'effet des forces centrales et centrifuges;
  exercice du manége.   180
Mouvement des voitures dans les tournants.   181
Influence de l'inclinaison des routes, combinée avec
  l'effet de la force centrifuge, dans les tournants.   Ibid.
Conséquences relatives à la configuration des routes.   182
Des paraboues, et de la solidité des roues.   183
Des armes de jet lancées en les animant d'un mouve-
  ment circulaire.   184
De la fronde.   Ibid.
Du mouvement d'un corps dans un cercle creux.   185
Application aux barils employés pour ébarber les
  balles de plomb.   Ibid.
Exemples offerts par la nature de mouvements curvi-
  lignes, sans que les corps soient retenus par des
  cordes ou par des surfaces solides; la terre, la lune,
  les planètes et leurs satellites, etc.   186
Maniere dont l'attraction agit dans ces mouvements.   187
Du mouvement d'un projectile lancé dans le vide, et
  soumis à l'attraction de la terre.   Ibid.
Effet de la résistance de l'air sur ce mouvement.   188
Idée des problèmes que les artilleurs se proposent de
  résoudre au moyen de la science appelée *ballis-
  tique.*   Ibid.

DES MATIÈRES. 481

Pages.

Effet de la force centrifuge sur les corps situés à la surface de la terre, en vertu de la rotation de la terre autour de son axe. 188

Dans ce mouvement, les forces centrifuges sont proportionnelles à la distance de l'axe de la terre aux points matériels, dont on considère le mouvement. 189

Expérience par laquelle on démontre le mouvement de rotation de la terre. *Ibid.*

De la quantité de mouvement des différents points d'un même corps qui tourne autour d'un axe. 191

Conséquences qui en résultent pour les volants employés dans les machines. 192

Forme la plus convenable aux volants. 193

Exposition des principes mathématiques par lesquels on mesure les effets du mouvement des volants. 194

Dans le mouvement d'un corps qui tourne autour d'un axe, la résultante des forces centrifuges, projetées sur un plan perpendiculaire à l'axe, est nulle, quand cet axe passe par le centre de gravité du corps. *Ibid.*

Quand un corps tourne autour d'un axe qui ne passe pas par le centre de gravité de ce corps, la résultante des forces centrifuges projetées sur un plan perpendiculaire à l'axe, augmente proportionnellement à la distance de l'axe au centre. Elle est la même pour cette projection, que si l'on supposait toutes les parties du corps condensées au centre de gravité. 195

Il suit de ce principe que le centre de gravité d'un volant doit être sur l'axe de rotation. *Ibid.*

Conditions nécessaires à remplir pour que le volant, par l'effet de sa rotation, n'exerce de pression sur l'axe dans aucun sens. *Ibid.*

Calcul de la vîtesse que doivent prendre les volants

par l'effet d'une force déterminée, agissant à une distance connue de l'axe de rotation. 197

Si l'on multiplie le poids de chaque point matériel dont est composé le volant, par le quarré de sa distance à l'axe, on aura le moment d'inertie de ce point; et la somme de ces moments sera le moment d'inertie du corps. 198

La vîtesse angulaire autour d'un axe, prise par un corps, en vertu d'une force quelconque, égale le moment simple de cette force, divisé par le moment d'inertie du corps; les moments étant pris par rapport à l'axe. *Ibid.*

Pour une direction donnée, le moment d'inertie est le moindre possible, quand cet axe passe par le centre de gravité du corps. Quand il ne passe pas par ce centre de gravité, il surpasse le premier moment, d'une quantité égale à la masse du corps, multipliée par le quarré de la distance du centre de gravité au nouvel axe. 199

Parmi tous les axes de rotation, celui pour lequel le moment d'inertie d'un volant est le moindre possible, et qu'on appelle *axe de moindre inertie*, est tel qu'une force donnée, agissant à une distance donnée, fait tourner le corps plus vîte autour de cet axe que de tout autre. Un second axe, perpendiculaire au premier, jouit, au contraire, de la propriété que pour une force constante, agissant à une distance constante aussi, le corps tournerait plus lentement que si l'on donnait toute autre direction à l'axe, passant par le centre de gravité : tel est *l'axe de plus grande inertie*. Enfin, un troisième axe, perpendiculaire aux deux autres, est un axe de plus grande inertie, comparativement à l'axe de moindre inertie, et, au contraire, un axe de moindre inertie, comparativement à l'axe de plus grande inertie. Ces trois axes jouissent de la propriété remarquable, que, quand le corps tourne autour de l'un d'eux, l'axe n'éprouve de pression dans aucun sens. On les appelle les *axes principaux* du corps pris pour volant: 199

Dans les surfaces de révolution, l'axe de la surface est un axe principal, et il y en a une infinité d'autres perpendiculaires au premier, et passant par le centre de gravité du corps. Tout axe de symétrie d'un corps est un axe principal d'inertie pour ce corps. Voilà pourquoi les volants sont toujours symétriques, par rapport à leur axe de rotation. 201

Exemple offert pour le jeu de différentes machines, du centre de rotation, c'est-à-dire, du point où l'on peut supposer appliquée une seule force qui arrêterait le corps tournant autour de son axe, sans que l'axe éprouvât aucune pression. *Ibid.*

On peut transporter parallèlement l'axe au centre de rotation, lorsque le centre de rotation se transporte sur l'ancien axe, en ligne droite avec le centre de gravité et sa première position. 202

Du pendule. *Ibid.*

Des mouvements alternatifs ou oscillations du pendule: 203

Calcul des mouvements du pendule. 204

En faisant abstraction de tout obstacle extérieur, le pendule, soumis à l'action de la pesanteur, doit exécuter des oscillations d'une égale étendue, et remonter d'un côté de la verticale menée par le

point de suspension, à une hauteur égale à celle qu'il a parcourue en descendant librement ; de manière qu'en remontant, il reprenne successivement les différentes vîtesses qu'il avait en descendant, lorsqu'il se trouvait à la même hauteur, et de l'autre côté de la verticale.	204
La durée totale de deux petites oscillations reste la même, quel que soit le rapport d'étendue ou l'amplitude de ces oscillations.	205
Utilité de cette propriété dans les arts. Influence des variations de la pesanteur sur les mouvements des pendules. Quand la longueur des pendules est en raison inverse du quarré de la distance du pendule au centre de la terre, les pendules exécutent dans le même temps leurs oscillations.	207
Ce principe sert à mesurer, par les mouvements du pendule, la distance du centre de la terre au point où se trouve ce pendule.	208
Pour un même lieu de la terre, les longueurs des pendules inégaux sont proportionnelles au quarré du temps que ces pendules mettent à faire leurs oscillations.	210
Application de cette propriété à la mesure des grandes hauteurs.	Ibid.
Longueur du pendule qui bat les secondes sexagésimales à l'Observatoire de Paris.	Ibid.
Application du pendule à l'horlogerie.	212
Description du pendule de compensation.	Ibid.
Examen du pendule composé.	214
Du centre d'oscillation. Il est le même que le centre de rotation, autour duquel s'exécutent les oscillations du pendule.	215

DES MATIÈRES. 485
Pages.

Si l'on suspendait un pendule par son centre d'oscillation, il aurait pour nouveau centre d'oscillation un point situé sur l'ancien axe de suspension, et, de plus, en ligne droite avec le premier centre d'oscillation et le centre de gravité du pendule. 215
Application des propriétés du pendule composé aux mouvements de roulis et de tangage des navires. 216
Application du pendule composé, au gouvernement des machines à vapeur. *Ibid.*

Huitième leçon. *Du levier.* 217
Leviers du premier, du second et du troisième genres. 218
Quand la puissance et la résistance sont parallèles, la puissance multipliée par sa distance au point d'appui, égale la résistance multipliée par sa distance au point d'appui, quelle que soit la figure du levier. *Ibid.*
Le même rapport subsiste, quelle que soit la direction de la puissance et de la résistance. 220
Application à la transmission des mouvements. *Ibid.*
Exemple pris sur le mouvement du piston d'une pompe et sur le jeu des scies de long. 221
Comment le levier, qui permet de faire équilibre à une grande force avec une petite, n'offre pourtant aucun moyen pour créer de la force. 222
Des vîtesses virtuelles, dans l'équilibre du levier. 224
L'équilibre aura lieu quand la puissance étant multipliée par sa vîtesse virtuelle, et la résistance également multipliée par sa vîtesse virtuelle, donneront un même produit, quel que soit le point d'application de la puissance et de la résistance. *Ibid.*
De la pression supportée par le point d'appui dans les leviers du premier, second et troisième genres. 225
Le parallélogramme des forces sert à faire connaître la

	Pages.
grandeur de la pression exercée sur le point d'appui, quand la puissance et la résistance ne sont pas parallèles.	226
Application du levier du premier genre. *Les balances.*	227
A quels signes on peut reconnaître qu'une balance est fausse.	228
De la mobilité, de la sensibilité des balances.	229
Des romaines.	232
Condition d'équilibre et graduation des romaines.	*Ibid.*
Moyen de faire des pesées exactes, avec des romaines quelconques.	233
Nouvel exemple des leviers du premier genre, offert par le gouvernail des navires; calcul de l'action du gouvernail.	234
Application des leviers du second genre; les avirons ou rames.	235
Application des leviers du troisième genre. Maniement de la plume, du pinceau, du porte-crayon, etc.	236
Emploi des leviers des membres de l'homme; utilité de leur complication.	237
Les télégraphes sont une imitation de ce genre de leviers naturels.	238
Des systèmes de leviers artificiels.	*Ibid.*
Dans ces combinaisons de leviers, la puissance multipliée par tous les grands bras de leviers, est égale à la résistance multipliée par tous les petits bras.	239
NEUVIÈME LEÇON. *Les poulies.*	241
De la poulie fixe.	*Ibid.*
Condition d'équilibre entre la puissance et la résistance, dans la poulie fixe.	242
Influence des poids de la corde, dans l'équilibre de la poulie fixe.	243

DES MATIÈRES.

	Pages.
Des cordes ou chaînes de compensation.	244
De la pression produite sur le point d'appui et sur l'essieu de la poulie fixe.	245
Des poulies de renvoi.	Ibid.
Du mouvement de la puissance et de la résistance dans les poulies fixes; son application à la machine d'Atwood.	246
Dans la poulie fixe, la puissance qui égale la résistance, est à la pression que supporte le point d'appui, comme le rayon du rouet est à la corde qui soustend l'arc embrassé par la portion courbe de la corde courbée sur le rouet.	247
De la poulie mobile.	Ibid.
Dans la poulie mobile, la puissance est à la résistance comme le rayon du rouet est à la corde qui soustend l'arc embrassé par la partie de la corde courbée sur le rouet.	Ibid.
Égalité des quantités de mouvement, lorsqu'on fait usage de la poulie mobile.	248
Application du principe des vîtesses virtuelles.	249
Combinaison de la poulie fixe et de la poulie mobile : exemple offert par la suspension des réverbères.	250
D'un système de poulies mobiles, où la puissance, pour une poulie, sert de résistance pour la poulie suivante.	Ibid.
Cas particulier où toutes les puissances et toutes les résistances deviennent parallèles.	251
Égalité du produit des forces qui se font équilibre dans ce système, multipliées respectivement par l'espace qu'elles parcourraient, si l'équilibre était infiniment peu dérangé.	Ibid.

	Pages.
Des systèmes de moufles.	252
Des moufles où des rouets, ayant chacun leur essieu, sont fixés à la même chape.	Ibid.
Égalité des quantités de mouvement entre des forces qui se feraient équilibre dans ce système, en le supposant un peu dérangé.	253
Des moufles où plusieurs rouets sont enfilés par le même essieu dans une même chape.	254
Inconvénient particulier de ce genre de moufles; avantage qui compense cet inconvénient, et que ne présente pas l'autre système de moufles.	255
De la pesanteur dans les poulies.	256
Nouvelles forces qu'elle ajoute, soit à la puissance, soit à la résistance, ainsi qu'aux pressions supportées par le point de suspension de la poulie, et par l'essieu qui porte le rouet de la poulie.	Ibid.
Importance de la légèreté des cordes susceptibles d'une résistance donnée.	257
Importance de la légèreté des rouets de poulie susceptibles d'une résistance donnée.	258
On évalue la résistance au mouvement présentée par les rouets de poulie.	Ibid.
Expériences de Coulomb, pour déterminer la résistance opposée par la roideur des cordes qui transmettent l'action de la puissance à la résistance, par le moyen des poulies.	260
Description de l'appareil employé pour faire les expériences.	Ibid.
Avec de grandes tensions, les forces nécessaires pour plier les cordes autour des cylindres de différents diamètres, sont à peu près : 1°. en raison directe des tensions des cordes, et inverse du diamètre des	

	Pages.
rouleaux; 2°. en raison directe du quarré du diamètre des cordes.	261
Explication des légères anomalies que cette loi présente.	262
Influence de l'humidité sur la roideur des cordes.	263
Résistances comparées de la roideur des cordages blancs, et des cordages goudronnés.	Ibid.
Influence de la température sur la roideur des cordes goudronnées.	264
Influence des mouvements alternatifs plus ou moins prompts sur la roideur des cordes.	265
Second appareil pour mesurer la roideur des cordes et la résistance que des cylindres éprouvent à rouler sur des surfaces planes.	266
Toutes choses égales d'ailleurs, la roideur de la corde enroulée sur le cylindre, est en raison inverse du diamètre de ce cylindre. Le frottement du cylindre qui frotte sur un plan horizontal, est en raison directe des pressions et inverse du diamètre. Ainsi, pour des cylindres de même poids, plus est grand le diamètre du cylindre, et moins est grande la résistance du frottement. Application de ces résultats aux travaux de l'agriculture et du jardinage.	268
De la fabrication des rouets.	Ibid.
Moyens de les exécuter avec des machines, proposés par M. Brunel.	269
Et par M. Hubert.	271
Des dez qu'on emploie pour garnir les rouets de poulie.	Ibid.
DIXIÈME LEÇON. *Du treuil et des roues dentées.*	273
Définition du treuil.	Ibid.

Dans le treuil, la puissance multipliée par le rayon de

Pages.

la roue, égale la résistance multipliée par le rayon du cylindre. 273

Évaluation des pressions supportées par les tourillons du cylindre dans le treuil. 274

Variations éprouvées par ces pressions, lorsque la résistance est appliquée à l'extrémité d'une corde qui s'enroule en spirale sur le cylindre. 276

Lorsqu'on fait entrer en considération la grosseur des cordes, il faut ajouter au moment de la puissance, cette puissance même multipliée par le rayon de la corde, au bout de laquelle elle est appliquée, et multiplier pareillement la résistance par le rayon de la corde à laquelle elle est appliquée. 277

Ce dernier moment doit être augmenté du produit de la résistance par autant de fois le diamètre des cordes, qu'on a couvert de fois complétement le cylindre par des tours de spirale de la corde qui porte la résistance. 278

Il faut ajouter au moment de la résistance, l'effet qui résulte de la roideur des cordes; effet qu'on a déterminé dans la leçon précédente. 279

De la tendance à la torsion qu'éprouve le cylindre du treuil, par l'effet de la puissance et de la résistance qui *tendent à faire* tourner en sens opposés, divers points de l'axe de ce cylindre. *Ibid.*

Effet de la pesanteur sur le treuil. 280

Des contre-poids employés pour rendre constant le rapport de la puissance à la résistance, quoique la corde, à laquelle est fixée la puissance, s'enroule ou se déroule sur le cylindre. 281

Des barres ou bras de levier, employés au lieu de la roue dans le treuil. *Ibid.*

	Pages.
Des roues à chevilles et des roues à tambour.	282
Des roues à marches, et de l'usage qu'on en fait en Angleterre, dans les maisons de correction.	Ibid.
Description du virevau.	283
Application du virevau à bord des navires et sur les voitures.	284
Emploi du treuil dans les maisons de commerce et dans les magasins d'Angleterre.	Ibid.
Explication du méchanisme de la grue.	285
Connaissances nécessaires pour exécuter des grues avec succès.	286
De la chèvre.	287
Du cabestan.	288
Conditions de son équilibre. La puissance, multipliée par la longueur du bras de levier, au bout duquel elle est appliquée, égale la résistance multipliée par le rayon de l'arbre, plus le rayon de la corde à laquelle cette résistance est attachée.	Ibid.
De la cloche du cabestan.	Ibid.
Usages du cabestan.	289
——— dans l'artillerie.	Ibid.
——— dans la marine.	Ibid.
Du grand cabestan des vaisseaux.	290
Du tournevire.	291
Calcul du rapport entre la puissance et la résistance, dans un système de treuils ou de cabestans.	293
Dans ce système, la puissance est à la résistance comme le produit des rayons de toutes les roues est au produit du rayon de tous les arbres.	294
Application de ces résultats à la transmission d'un mouvement de rotation d'un axe donné à un axe parallèle.	295

	Pages.
Application de ce système.	297
Des roues dentées.	Ibid.
Dans les systèmes de roues dentées, la puissance est à la résistance comme le produit des rayons de toutes les petites roues est au produit des rayons de toutes les grandes roues, une petite et une grande roues se trouvant fixées au même essieu.	299
Engrenage des aspérités des bandes des roues avec le terrain; ce qui en fait de véritables roues dentées.	300
Observations sur la forme et les dimensions des dents des roues.	302
Des lanternes.	303
Du cric.	Ibid.
Du cric simple et du cric composé.	304
ONZIÈME LEÇON. *Équilibre sur des plans fixes; plans inclinés; routes en fer avec leur plan incliné.*	305
Pour qu'un corps qui touche en un seul point un plan fixe y reste en équilibre, poussé contre ce plan fixe par une seule force, il faut que la force soit perpendiculaire au plan et passe par le point de contact.	Ibid.
Lorsqu'un nombre quelconque de forces agissent sur un corps qui touche en un seul point un plan fixe, pour qu'il y ait équilibre, il faut que la résultante de toutes les forces passe par ce point et soit perpendiculaire au plan fixe.	306
Lorsqu'un corps touche en deux points un plan fixe, il faut que la résultante unique de toutes les forces qui sollicitent ce corps, puisse être décomposée en deux autres qui passent par ces points et soient perpendiculaires au plan fixe. Par conséquent, la résultante unique de toutes les forces doit passer	

	Pages.
par la ligne droite qui joint les deux points fixes. 307
Lorsqu'un corps touche en trois points un plan fixe, pour qu'il reste en équilibre, malgré l'action d'un nombre quelconque de forces, il faut que la résultante de ces forces passe toujours dans le triangle dont les trois points fixes sont les sommets : il faut, de plus, que la direction de cette résultante soit perpendiculaire au plan fixe. 308
Quel que soit le nombre des points fixes, si l'on forme un polygone sans angle rentrant, en joignant ces points fixes par des lignes droites, il faut que la résultante de toutes les forces qui agissent sur le corps, soit perpendiculaire au plan de ce corps, et ne passe pas en dehors du polygone. *Ibid.*
Application de cette condition à l'équilibre des corps poussés sur des surfaces fixes d'une courbure quelconque. 309
Applications diverses des principes précédents. *Ibid.*
Des pressions supportées par chacun des points de contact d'un corps sur un plan fixe, lorsqu'on connaît la grandeur et la position des forces qui agissent contre ce plan fixe. 309
Application aux arts. 310
Des pieds qui supportent les animaux. *Ibid.*
Des pieds qui supportent les produits d'industrie. 311
Des objets qui portent sur des plans fixes, suivant des lignes continues et régulières. *Ibid.*
Des surfaces de révolution qui portent contre un plan fixe suivant un cercle dont le plan est perpendiculaire à l'axe de la surface de révolution. *Ibid.*
Équilibre d'un corps posé sur deux plans fixes, en supposant que le corps n'ait qu'un point de contact

Pages.

avec chaque plan; il faut que les forces qui sollicitent le corps puissent être décomposées en deux forces, respectivement perpendiculaires à chaque plan fixe et passant par chaque point de contact. 312

Lorsqu'un corps est appuyé par un point contre trois plans fixes différents, il faut que la résultante de toutes les forces qui agissent sur ce corps, puisse se décomposer en trois autres respectivement perpendiculaires à chaque plan fixe et passant par le point de contact du corps et de ce plan. 313

Comment le principe des vitesses virtuelles s'applique à l'équilibre des corps posés sur des plans fixes. *Ibid.*

De l'équilibre des corps posés sur des plans fixes, en considérant l'action de la pesanteur sur ces corps. *Ibid.*

Des plans fixes horizontaux. *Ibid.*

Condition de l'équilibre sur ces plans. 314

Équilibre d'une sphère posée sur un plan fixe horizontal. 315

Équilibre d'un ellipsoïde posé sur l'extrémité de son grand axe. 316

Équilibre d'un ellipsoïde dans le cas où son petit axe est vertical. *Ibid.*

Ce que c'est qu'un équilibre stable et un équilibre instable; de la stabilité et de l'instabilité des corps. *Ibid.*

Mesure de l'équilibre stable. 317

Du point remarquable qu'on appelle *métacentre*. 318

Détermination des conditions de l'équilibre instable. *Ibid.*

Comment la position du métacentre indique la stabilité, ou l'instabilité, ou l'indifférence à la stabilité d'un corps, et comment la distance du métacentre au centre de gravité, donne la mesure de la stabilité ou de l'instabilité. 319

DES MATIÈRES. 495
Pages.
De l'équilibre de deux et de trois corps posés sur un plan fixe et s'appuyant l'un contre l'autre. 320
Comment la théorie précédente peut s'appliquer à la détermination de la stabilité des vaisseaux. 321
Détermination des conditions d'équilibre sur un plan incliné. 322
Lorsqu'il y a mouvement sur un plan incliné, l'espace qu'un corps parcourt sur ce plan est à l'espace qu'il parcourrait dans le même temps, s'il tombait sans obstacle, suivant la verticale, comme la force qui le tire verticalement est à la force qui le tire parallèlement au plan. 323
Application à la stabilité des voitures en repos ou en mouvement. *Ibid.*
Quand un corps est tenu en équilibre sur un plan incliné, par une seule force parallèle à ce plan, le poids du corps est à cette force, dans le cas de l'équilibre, comme la longueur du plan incliné est à sa hauteur. 324
Si la force qu'on emploie est horizontale, le poids du corps est à la puissance qui lui fait équilibre, comme la base du plan incliné est à sa hauteur. *Ibid.*
Des chemins ou routes à ornières en fer et des plans inclinés que ces routes présentent. *Ibid.*
Conditions du tracé des routes ornières. 325
De la pente la plus avantageuse qui convienne aux routes ornières. *Ibid.*
Nombre de chariots chargés qu'un seul cheval doit traîner sur ces routes. 326
Données sur les chariots qui servent aux transports sur les routes ornières; description d'une route remarquable de ce genre, auprès de Sunderland. 327

	Pages.
Des plans inclinés des routes ornières.	329
Méchanisme qui sert à monter les chariots sur ces routes.	Ibid.
De la structure des routes ornières en fer ; routes à ornières plates et routes à ornières en relief.	332
Avantage de ces dernières.	333
Dimensions des pièces qui forment les ornières.	Ibid.
Consolidation et pose des ornières.	334
Espace qu'elles occupent sur le terrain.	335
Ornières en plate-bandes, qu'on peut employer dans les villes et dans les lieux où de grandes routes se croisent.	336

DOUZIÈME LEÇON. *De la vis, des torsions, des cordages; du coin et des outils qui s'y rapportent.* 337

Résumé des propriétés des lignes et des surfaces spirales.	Ibid.
Dans l'équilibre de la vis, la puissance qui agit perpendiculairement à l'axe, supposé vertical, est au poids du corps qu'on doit élever suivant cet axe, comme la surface que parcourt la puissance est à la hauteur du pas de la vis.	338
Du système à écrou stationnaire.	339
Du système à vis stationnaire.	Ibid.
Dans ces deux systèmes, la puissance et la résistance à laquelle elle peut faire équilibre, sont dans un rapport inverse des espaces parcourus durant un même temps par ces deux forces.	Ibid.
La puissance, multipliée par la circonférence qu'elle parcourt autour de l'axe de la vis, égale la résistance multipliée par le pas de la vis.	340
Importance de l'exécution parfaite des vis et des écrous.	Ibid.

DES MATIÈRES. 497

Pages.

Distinction des vis à filet triangulaire et des vis à filet
    quarré. 341
De la matière dont on doit former les vis. *Ibid.*
Des verrins. 342
Des chevilles et des boulons écroués. *Ibid.*
De la vis sans fin. Conditions de son équilibre. 343
Des forces qui sollicitent à la torsion la vis et l'écrou. 344
Comment les arbres cylindriques résistent et cèdent
    à la torsion. *Ibid.*
De la torsion des cordages. 345
Recherche du rapport entre les forces qui produisent
    la torsion des arbres et l'angle de torsion. *Ibid.*
La force totale nécessaire pour donner au cylindre un
    degré de torsion, pris pour unité, est proportion-
    nelle à la surface de la base du cylindre, multipliée
    par le quarré du rayon. 347
Les forces qui produisent la rupture des cylindres qui
    diffèrent de diamètres sont proportionnelles à la sur-
    face des bases, multipliée par le rayon de ces bases. 348
Importance de ces rapports pour fixer les dimensions
    de l'arbre du treuil, des arbres de couche, etc. *Ibid.*
Effet de l'humidité sur la résistance que les bois oppo-
    sent à la torsion. *Ibid.*
Résultat de la torsion des cordages sur la tension des
    fils extérieurs et sur la compression des fils inté-
    rieurs. 349
Effet désavantageux de la torsion sur la force des
    cordages. 351
Comment on a trouvé le moyen de remédier à cet
    inconvénient. Perfectionnements désirables et fa-
    ciles à produire dans la fabrication des cordages
    nécessaires à notre marine marchande. 352

T. II. Méchan. 63

	Pages.
Du coin. C'est un prisme triangulaire dont une arête sert de tranchant. Conditions de l'équilibre du coin.	353
Des coins symétriques.	354
Action oblique des coins sollicités par deux forces, l'une perpendiculaire et l'autre parallèle à leur tranchant. Des coins dont le tranchant présente des aspérités au lieu d'offrir une ligne d'une continuité mathématique.	356
Des scies. Avantage de leur action.	357
De la figure des dents, suivant les matières que la scie doit tailler.	358
Des scies unies.	*Ibid.*
Des scies circulaires.	359
Usages des scies circulaires; importance de leur vîtesse.	*Ibid.*
Des grandes scies circulaires qui servent à débiter les bois de placage.	360
Des instruments qu'on peut assimiler à la scie; les faucilles, les faulx, etc.	362
Action oblique et puissance des cimeterres.	*Ibid.*
Des limes et des râpes.	363
Importance de la régularité de leur taille.	*Ibid.*
Des cardes.	364
Usage des chardons à la manière des cardes.	*Ibid.*
Des peignes, des brosses, des balais, des étrilles, etc., des herses, des râteaux, etc.	365
Des corps durs employés pour polir des surfaces; effet qu'ils produisent par les coins dont leur superficie est hérissée.	*Ibid.*
Emploi des meules de moulin pour broyer les grains par une action qu'on peut rapporter à celle du coin.	*Ibid.*
Des coins coniques et pyramidaux.	*Ibid.*
Rapport de la puissance à la résistance, dans ces	

DES MATIÈRES. 499
Pages.

espèces de coins. Des instruments qui se rapportent
aux coins coniques et pyramidaux, la broche, l'é-
pée, la baïonnette, les aiguilles, les épingles, etc. 366
Des coins coniques et pyramidaux contournés en
spirale. *Ibid.*
Des coins de cette espèce qui servent à pénétrer un corps,
tels que les tire-bouchons, les tire-bourres, etc. 367
Des coins de ce genre qui servent pour tailler, ou
comme on dit, pour forer les corps; des vrilles,
des tarrières, etc. *Ibid.*

Treizième leçon. *Du frottement dans les machines.* 369
Définition du frottement. *Ibid.*
Belles expériences de Coulomb sur la résistance que
le frottement fait naître dans les machines. 370
Considérations préliminaires sur la résistance d'un
corps qui glisse en frottant le long d'un plan plus
ou moins incliné. *Ibid.*
Comment l'inclinaison de ce plan peut faire connaître
la résistance due au frottement. 371
Appareil dont Coulomb s'est servi pour ses expériences. *Ibid.*
Expériences faites avec du chêne frottant sur du chêne. 372
Dans ces expériences le rapport de la pression à la force
nécessaire pour vaincre le frottement, est compris
entre 236 : 100 et 248 : 100. 373
En faisant frotter du sapin contre du chêne, le rapport de la pression à la résistance est 150 : 100. 374
En faisant frotter du sapin contre du sapin, le rapport entre la pression et la résistance due au frottement varie de 185 : 100 à 177 : 100. 375
Quand on fait frotter de l'orme contre de l'orme, ce
même rapport varie entre 214 : 100 à 218 : 100. *Ibid.*
Expériences faites avec un traîneau dont le fil est à
angle droit avec le fil du bois du madrier d'épreuve. 376

	Pages.
Frottement du bois contre des métaux. Du fer contre le fer.	*Ibid.*
Frottement du fer contre le cuivre.	378
De l'emploi des enduits pour diminuer le frottement.	379
Emploi du suif comme enduit.	*Ibid.*
Emploi de l'huile d'olive comme enduit.	381
De la résistance due au frottement, en ayant égard aux changements de vîtesse d'un corps qui frotte contre un autre.	*Ibid.*
La résistance due au frottement est une quantité constante quelle que soit la vîtesse des corps en contact.	383
Des variations dans le rapport du frottement à la pression, pour des pressions très-inégales.	384
Explications données par Coulomb.	*Ibid.*
Des variations de la résistance due au frottement, en ayant égard à la vîtesse pour du bois qui frotte sur des métaux ou des métaux qui frottent sur du bois.	386
Résumé des rapports découverts par Coulomb, relativement à la résistance due au frottement.	390
Explication ingénieuse donnée par Coulomb, des phénomènes qu'il a observés.	391
Comparaison des résistances dues au frottement d'un corps qui glisse contre un autre et d'un corps qui roule contre cet autre corps.	396
Avantages qui en résultent pour le roulage.	*Ibid.*
Emploi des rouleaux, des molettes, des sphères, pour diminuer le frottement dans les transports.	397
Application aux chariots à roulettes, employés en Écosse pour remonter les navires sur les calles.	398
Des moyens employés par l'industrie pour augmenter la résistance due au frottement, par exemple, dans l'enrayage des voitures.	*Ibid.*

DES MATIÈRES.

	Pages.
Du sabot et du frein employés pour enrayer.	398
Du frein qu'on emploie dans les grandes machines.	399
Application du frein à la grue et au treuil.	400
QUATORZIÈME LEÇON. *Des pressions, des tensions et de l'élasticité en général.*	401
Propriétés des corps mous et des corps élastiques par rapport à la compression.	Ibid.
Application de cette propriété pour les corps élastiques à beaucoup de pratiques de l'industrie.	402
Application à l'impression.	403
———————— à l'emballage.	404
Propriétés des corps mous et des corps élastiques par rapport aux tensions.	Ibid.
De la tension des cordes.	405
Application à l'emploi des cordes pour transmettre des mouvements.	406
Des vibrations qu'on peut faire éprouver à des cordes tendues : des sons musicaux qu'elles rendent.	Ibid.
De l'élasticité des fils combinés.	408
Applications à la fabrication des étoffes élastiques.	Ibid.
Avantages précieux de cette élasticité.	409
Des tissus formés par des fils contournés, comme dans le tricot; élasticité particulière de ces tissus; propriétés qui s'ensuivent pour les applications.	410
Élasticité des spirales métalliques.	411
Élasticité des bois.	412
Exposition d'un système d'expériences dans lesquelles on s'est proposé de déterminer la résistance que les bois opposent à la flexion et à la rupture. Description de l'appareil employé par l'auteur.	415
La flexion des bois produite par des poids très-petits est proportionnelle à ces poids, en mesurant cette flexion par la flèche de leur arc.	416

De deux vaisseaux dont la charpente aura même volume, celui qui sera construit avec le bois le plus pesant, prendra moins d'arc et de courbure que celui qui sera construit avec le bois le plus léger. 421

De deux vaisseaux dont la charpente a le même poids, et qui sont construits en bois différents, le vaisseau construit avec le bois le plus léger, sera celui dont l'arc aura le moins de courbure et qui conservera par conséquent la plus grande solidité. 422

La résistance à la flexion est proportionnelle au cube des épaisseurs et aux simples largeurs. 423

Comparaison des pièces de bois pliées par l'effet d'une seule force accumulée à leur milieu, à égale distance des deux appuis, ou répartie uniformément dans toute leur longueur. 424

Deux pièces de bois d'égal équarrissage se plient suivant des arcs dont les flèches sont proportionnelles au cube des distances des appuis. 425

Quand des pièces de bois sont semblables et que leurs dimensions sont proportionnelles à la distance des appuis, quelle que soit la grandeur absolue de ces pièces, elles prennent toutes un seul et même rayon de courbure, à leur milieu, soit par le simple effet de leur poids, soit par l'effet déterminé de forces proportionnelles à leur poids et semblablement distribuées le long de ces pièces. *Ibid.*

L'arc des vaisseaux, toutes choses égales d'ailleurs, doit avoir au point où la flexion est la plus grande, un rayon de courbure constant, quelle que soit la grandeur absolue des vaisseaux. 426

Application des principes qui concernent la flexion des bois à la recherche des lois qui régissent la rupture des bois. *Ibid.*

Pages.

En pliant une pièce de bois entre des appuis dont la distance varie, la rupture a lieu par l'effet d'une force qui augmente comme la distance des appuis diminue, et réciproquement. 430

Quand la distance des appuis reste la même, la force qui produit la rupture est en raison du quarré des épaisseurs, et en raison des simples largeurs. 431

Quinzième leçon. *Du choc des corps.* 433

Propriétés différentes relatives au choc pour les corps, dans les corps parfaitement élastiques, et les corps imparfaitement élastiques. 434

Quand deux corps se meuvent en sens contraires, la quantité de mouvement, après le choc, est égale à la différence des quantités de mouvement de chacun des deux corps, et le mouvement a lieu dans le sens de la plus grande quantité de mouvement, avec une vîtesse égale à la différence des deux quantités primitives de mouvement, divisée par la somme des masses. 436

La quantité de mouvement de deux corps qui se meuvent en ligne droite et dans le même sens, reste la même avant et après le choc. 437

Application de ces lois du choc aux charges de cavalerie. 439

Comment on fait entrer en considération la figure des corps qui se choquent. *Ibid.*

Du choc d'un corps qui se meut en ligne droite contre un corps qui se meut en tournant sur lui-même. 444

Propriété du centre de percussion. 445

Application au mouvement des marteaux et des martinets. 446

Application à l'emploi du pendule ballistique, pour déterminer les vîtesses initiales des projectiles. 447

Des soins à prendre pour éviter les chocs dans les

	Pages.
engrenages. Observations sur les effets pernicieux des petits chocs qui résultent du jeu dans les vaisseaux et dans les machines.	448
Du choc des corps élastiques; conservation de la quantité totale de mouvement dans le choc des corps parfaitement élastiques.	452
Comment on rend sensible cette propriété par le mouvement des billes d'ivoire suspendues à des fils.	453
Du choc oblique des corps durs.	454
Et des corps mous.	455
Du choc des corps élastiques.	456
Comment, dans le choc de ces corps, l'angle d'incidence est égal à l'angle de réflexion.	457
Application au jeu de billard.	Ibid.
Application au tir à ricochet.	458
Application à la réflexion de la lumière.	459
Avantage de l'emploi des corps élastiques, dans tous les cas où les machines doivent éprouver quelque choc ou quelque mouvement brusque. Application à la suspension des voitures.	460
Application de l'élasticité des cordages au gréement des navires.	461
Des corps élastiques que l'on place sous les mortiers, à bord des bombardes, pour amortir le choc produit lors du tir de ces mortiers.	463
Effet avantageux d'un corps élastique placé sous une enclume qui doit recevoir de fortes percussions.	Ibid
Des vibrations qui s'opèrent dans le manche des outils à main, lors du choc.	464

FIN DE LA TABLE ET DU DEUXIÈME VOLUME.

IIe. LISTE
DES SOUSCRIPTEURS.

(La troisième sera publiée avec le troisième volume.)

MESSIEURS

A.

1. ALEX, élève des mines, à Paris.
1. ALLIZEAU, à Paris. (Il exécute des figures en relief pour l'étude de la géométrie élémentaire et de cristallographie.)
2. ALLO, à Amiens
13. ANDRÉ (Aimé), libraire, à Paris.
1. ANDRY, à Paris.
9. ANSELIN et POCHARD, libraires, à Paris.
2. ARDANT, libraire, à Limoges.
1. ARTARIA et FONTAINE, à Manheim.
1. ARNAUD, à Carcassonne.
4. AUBIN, libraire, à Aix.
1. AUBOUIN, à Rochefort.
1. AUDIN, libraire, à Paris.
1. AVON, horloger, à Apt.

B.

10. BARBEZAT et DELARUE, à Genève.
15. BARBOT, professeur royal d'hydrographie, à Antibes.
1. BARAT, à Paris.
1. BARZET frères, à Marseille.
1. BELINAYE (le comte de la).
18. BELLUC, libraire, à Toulon.
1. BERANGER, à Paris.
1. BERTIN, à Paris.
1. BESNE, négociant, Lorient.
3. BINTOT, à Besançon.
1. BLANCHARD fils, à Colmar.
1 BLANCHARD MARTINET, libraire, à Mézières.
3. BLIN HELENE LEBARON (madame), à Caen.

1. BLOUET (mademoiselle), libraire, à Rennes.
6. BOHAIRE, à Lyon.
1. BOISMILON, au Palais-Royal, à Paris.
1. BOLLE (Auguste), à Beaucourt.
1. BOLUMET aîné (Jean), à Pontivy.
1. BONNAFOUS, à Paris.
27. BONNOT, libraire, à Nevers.
1. BONTEMS, à Paris.
1. BONVALLET, à Saint-Ouen.
1. BONVOUST D'ALANÇON, à Paris.
2. BOREL, libraire, à Valence.
1. BORIE (Adolphe), à Paris.
1. BOSSANGE frères, à Paris.
1. BOUDART, maître de pension, à Paris.
1. BOUGUER (madame), libraire, à Bourges.
13. BOULANGER, à Cherbourg.
1. BOURDON, inspecteur de l'université, à Paris.
6. BOURGADE, professeur d'hydrographie, à Libourne.
1. BOUTEILLIER, chef d'atelier des pompes de la marine, à Rochefort.
1. BOUTEREAU, professeur de mathématiques, à Paris.
1. BOYER, à Paris.
1. BREBAN, à la manufacture des tabacs, Paris.
2. BREDIF, à Paris.
1. BREYNE, charpentier-constructeur, à Dunkerque.
1. BRUGIÈRE, à Paris.
1. BRUNOT-LAEBE, libr., à Paris.
1. BRUTÉ, à la manufacture des tabacs, à Paris.
1. BUSSEUIL (madame), libraire, à Nantes.

T. II. — MÉCHAN.

16. BOSSEUIL frères, libraires, à Nantes.

C.

13. CAMOIN frères, libr., à Marseille.
1. CANAPLE, à Paris.
20. CARILLIAN-GOEURY, libraire, à Paris.
7. CARIS, à Lorient.
1. CATOIRE, payeur du trésor royal, à Colmar.
1. CAUMONT (de), architecte, à Dijon.
1. CAYON-LIÉBAUT, libraire, à La Rochelle.
5. CHAIX, libraire, à Marseille.
1. CHAMBRE DE COMMERCE, à Amiens.
8. CHAPELLE, libraire, au Havre.
7. CHARLES BÉCHET, libraire, à Paris.
1. CHARTRES (monseigr. le duc de).
1 CHASLES, à Paris.
1. CHAUVAT, mécanicien, à Paris.
1. CHEVALLIER, opticien du roi, à Paris.
1. CHEVANGES, à Clamecy.
2 CIBIEL, négociant, à Toulouse.
1. COLAS (Louis), libraire, à Paris.
1. COLLIAT, à Paris.
1. COMBE, à Paris.
30. COMPAGNIE (la) du canal maritime de la Seine.
1. CONVERS, à Paris.
1. COTELLE et BÉGASON, quincailliers, à Paris.
1. COURLE, à Paris.
1. CUCHE, instituteur, à Lunel.
1. CUZENT (madame), née AUBRÉ, libraire, à Brest.

D.

1. DARRAS (madme. ve.), à Amiens.
1. DAVEL (Félix), à Paris.
1. DECROIX, pharmacien, à Elbœuf.
13. DEJS, à Besançon.
5. DELAROQUE, libraire, Paris.
1. DELAUNAY jeune, libr., à Paris.
1. DEMONCHY, à Paris.
1. DEMONDESIR, à Paris.
1. DEMONFERAND, à Paris.
1. DENTU, libraire, à Paris.
1. DESBASSAYNS (le comte), conseiller d'état de la marine, à Paris.
1. DESCROIX, commis principal à la marine, à Dunkerque.
1. DESLIGNIÈRES, horloger, à Paris.

1. DESPRETZ, professeur, à Paris.
1. DESROUSSEAUX, entrepreneur de la manufacture royale d'armes, à Charleville.
1. DESROUSSEAUX (Édouard), à Vendiers.
1. DEVILLE, notaire, à Tournon.
1. DEVILLIERS, à Paris.
1. DEWELEAT, à Autun.
1. DEWITTE, charpentier, à Dunkerque.
1. DIDOT (Fir.), libraire, à Paris.
30. DIRECTION DE L'ARTILLERIE, à Paris.
1. DISLÈRE, à Douai.
1. DOIZAN (Théodore), à Paris.
1. DOLFUS (J.-J.), à Mulhouse.
1. DORP, ébéniste, à Dunkerque.
1. DOUINE, à Paris.
1. DUCHESNE, libraire, à Rennes.
18. DUFOUR, libraire, à Bourg.
2. DUFOUR et compagnie, à Paris.
1. DUFRESNE, directeur de la manufacture de MM. Michon, à Metun.
1. DUGENET et NIVEAU, libr., à Guéret.
1. DUPARGE, à Paris.
1. DUPLEX, à la manufacture des tabacs, à Paris.
1. DUPOTET, à Tonnerre.
1. DUPUY, à Paris.
1 DUMAS, à Paris.
1. DURAND ainé, à Grenoble.
1. DURET, à Paris.
1. DUSCATE, à Paris.

E.

1. EDWARDS, à Paris.
1. EPPEL, employé des postes.
80. ESMIEU, professeur de navigation, à Narbonne.
1. ETIENNE, à Paris.
1. EXERTIER, à Saint-Denis.

F.

1. FAURE (Jules), à Paris.
2. FAVERIO, à Lyon.
1. FERNIQUE, à Paris.
1. FERY-MILON, à Saint-Diez.
1. FERLIES, à Paris.
4. FEVRIER, libraire, à Strasbourg.
1. FINOT, à Paris.
1. FINOT, juge de paix, à Arcis-sur-Aube.
3. FOREST, libraire, à Nantes.
1. FOUCHE, à Paris.

DES SOUSCRIPTEURS.

1. FOURIER-MAME, libraire, à Angers.
2. FRANÇOIS FOURNIER (mad.), à Auxerre.
1. FRAISSE, à Paris.
1. FRANCLIEU, à Paris.
19. FRÈRE, libraire, à Rouen.
6. FREUND, à Brest.

G.

3. GABON et compagnie, libraires, à Paris.
1. GACHET, à Paris.
1. GAETANO GEORGINI, professeur de mathématiques appliquées, à Florence.
1. GALLET fils, à Colmar.
1. GALLIOT, à Paris.
1. GARDES (Isidore), à Alby.
1. GARNIER, ingénieur des mines, à Arras.
4. GASSIOT, libraire, à Bordeaux.
8. GAULARD-MARIN, à Dijon.
3. GAUTHIER, libraire, à Paris.
1. GAUTIEZ, à Paris.
1. GAUTRAND, chef de l'atelier des boussoles de la marine, à Rochefort.
5. GEORGE, à Épinal.
1. GERSTER, à Neuchâtel.
1. GIRAUD, à Lyon.
1. GOUET, à Paris.
1. GOUJON, libraire, à Paris.
1. GOUY, entrepreneur principal des tabacs, à Colmar.
1. GRABEUIL, aide contre-maître, à Rochefort.
1. GROSJEAN, à Paris.
1. GUERLIN, à Paris.
1. GUIBAL, à Lunéville.
1. GUIGON, professeur de navigation, à La Rochelle.
1. GUILLAUME, libraire, à Paris.
1. GUILLIERS, à Paris.
1. GUINARD, à Paris.
1. GUIOT, à Paris.

H.

1. HARTMANN-VEISS, à Soultzmatt.
2. HÉBERT, fils aîné, libraire, à Brest.
1. HENNEAU, à Paris.
67. HÉRÉ, professeur de mathématiques, au collége de Saint-Quentin.
1. HOFFMANN, employé à la compagnie d'assurance, à Anvers.
1. HUBERT, à Paris.
1. HUREZ, à Cambrai.

5. HUZARD (madame), libraire, à Paris.

J.

1. JAMBON, à Paris.
26. JAVAUX, libraire, à Sedan.
1. JENNESSEAUX, à Paris.
1. IGONETTE.
1. JOLLY, à Dôle.
1. JULIEN (Charles), horloger, à Liancourt.

K.

1. KILLIAN, libraire, à Paris.

L.

1. LABITTE, libraire, à Paris.
1. LACAVE, ingénieur, à Orléans.
1. LACHEZ (Théodore), à Paris.
3. LAGIER, libraire, à Dijon.
2. LALOY, libraire, à Troyes.
1. LAMBERT, commandant du génie, à Amiens.
1. LAMÉSANGE, à Paris.
1. LANDRAGIN (Aimé), à Rethel.
1. LAPORTE aîné, à Saint-Geniez.
1. LARBRE (Prosper de), à Paris.
1. LARDIN frères, à Saint-Rambert.
13. LAROCHE, libr., à Angoulême.
8. LAROCHEFOUCAULT-LIANCOURT (le duc).
1. LARREILLET (Adolphe), à Paris.
45. LASSIMONNE, directeur de l'école de dessin, à Limoges.
15. LATY, à Avignon.
29. LAURENT, libraire, à Toulon.
1. LAURENT.
1. LAVALETTE (Henri), propriétaire, à Montpellier.
1. LAVOISIER à Paris.
15. LAWALLE, libr., à Bordeaux.
1. LEBAS, à Paris.
1. LEBEAU, à Provins.
1. LEBORDAYS, à Paris.
3. LECHARLIER, à Bruxelles.
1. LECLERC, carrossier, à Paris.
25. LECOINTE et DUREY, libraires, à Paris.
1. LEDOUX (Paul), libr., à Paris.
11. LEFOURNIER et DESPERRIER, libraires, à Brest.
1. LEGÉNISSEL, à Paris.
50. LEGRIS, professeur royal d'hydrographie, à Boulogne.
13. LELEUX, à Calais.
1. LELEUX, libraire, à Lille.
1. LEMAIRE, propriétaire, à Paris

4. LEMALE, à Douai.
9. LEMAITRE, libraire, à Valenciennes.
1. LEMONNIER, à Dunkerque.
1. LENOIR, à Paris.
1. LEPONTOIS, frères.
1. LEQUEU.
1. LEQUIN, à Paris.
3. LEROUX-CASSART, libraire, à Lorient.
13. LÉVY, maître de pension, à Rouen.
1. LEVAVASSEUR, professeur à l'école de marine, à Angoulême.
1. LEVOL, à Paris.
7. LEVRAULT (madame), libraire, à Paris.
1. LIMET-PERRIER, meunier, au moulin de Vaux.
1. LIOTARD, instituteur, à Nîmes.
1. LOEJILLET, professeur de mathématiques, à Colmar.
3. LORENZO sœurs, libraires, à Dunkerque.
1. LOUP (Julien).

M.

1. MACHAUT, à Paris.
2. MAIGRET fils, à Paris.
3. MAIRE-NYON, à Paris.
1. MAROT, libraire, à Angoulême.
7. MASWERT, libraire, à Marseille.
1. MAUGARS, à Paris.
1. MEAUX, à Paris.
1. MEDY, professeur de mathématiques spéciales au collège, à Cahors.
3. MELLINET MALASSIS, à Nantes.
1. MENGIN, à Paris.
1. MICHELET, à Paris.
1. MICQUEL, médecin, à Aurillac.
1. MIGEON, à Paris.
1. MIREMONT (de), maire, à Vienne.
8. MOLLIEX, à Rennes.
1. MONDESIR (de), à Paris.
1. MONNET, à Paris.
1. MONTGOLFIER, à Paris.
1. MONTMORENCY (le baron de), à Paris.
47. MOTTE, libr., à Saint-Étienne.

N.

1. NOEL, colonel d'artillerie, à Neuf-Brisac.
1. NOTRET, chef d'institution, à Givet.

P.

11. PANNETIER, libr., à Colmar.
1. PARENT DU CHATELET, à Paris.
1. PASCAL, entrepreneur des tabacs, à Bourgouin.
1. PASCH, à Paris.
26. PASCHOUD, libraire, à Paris.
5 PAVIE, libraire, à La Rochelle.
1. PELLETIER, à Paris.
1. PERIN DE MONTHERON, à Paris.
1. PERIN-SERIGNY.
1. PERNOT, à Paris.
8. PETIT, libraire, à Colmar.
1. PHANOR PRUDHOMME, à Paris.
1. PHILIPPE, dessinateur, à Paris.
1. PIDANCET, à Paris.
1. PILLET, contrôleur des déboursés aux postes, à Paris.
1. PIN, à Paris.
200. PLASSIARD, professeur d'hydrographie, à Marseille.
8. PONTHIEU, libraire, à Paris.
1. POULIN, à Paris.
1. PUTOT, à Paris.

Q.

1. QUENTIN, à Pithiviers.
1. QUENU, libraire, à Paris.
1. QUIRIN, professeur, à Dijon.

R.

1. RAYMOND, à Paris.
1. RAYMOND, à Paris.
4. REISLER, libraire, à Mulhouse.
26. RENAULT (madame veuve), libraire, à Rouen.
1. RENOUARD, libraire, à Paris.
5. RÉTHORÉ, libraire, à Montauban.
12. REY et GRAVIER, libraires, à Paris.
1. REZAL aîné, à Remiremont.
1. RIGAUT DE GENOUILLY, ingénieur de la marine, à Rochefort.
2. RISLER.
1. RISSONS, à Paris.
5. ROBIN, libraire, à Niort.
1. RONCHAND, à Thenay.
1. ROMIEU, à Paris.
2. ROTOURS (le baron des), administrateur de la manufacture royale Gobelins.
13. ROTTIER, à Saint-Malo.

DES SOUSCRIPTEURS. 509

S.

1. SAUGRIN (Th.), à Paris.
1. SALMON, à Paris.
2. SALASKI, colonel du génie, à Varsovie.
1. SAUTELET, libraire, à Paris.
1. SCHLOMBERGER (Nicolas), fabricant, à Gueviller.
3. SCHALBACHER, libraire, à Vienne.
1. SEGUIN frères, à Annonay.
1. SELLIER frères, à Paris.
1. SERVIER, libraire, à Paris.
1. SIMON, à Douai.
1. SIRIEYS DE MARINHAC, directeur général des haras et de l'agriculture, etc.
1. SOETENAEY, à Dunkerque.
1. SOLIER, à Paris.
1. SOUHAIT, capitaine d'artillerie, sous-directeur de la manufacture de Muzig.
1. SMOLIKOWSKI, à l'école des ponts et chaussées, à Varsovie.
1. STERLINGUE, à Paris.

T.

44. TARGE, libraire, à Lyon.
7. TARLIER, libraire, à Douai.
1. TERRIS (mademoiselle), libraire, à Aix.
1. TESCHENEST, à Bordeaux.
12. THIBAUD-LANDRIOT, libr., à Clermont-Ferrand.
8. THIEL, libraire, à Metz.
1. THOUVENIN, à Douai.
1. TILLARD frères, libr., à Paris.
3. TOPINO, libraire, à Arras.
1. TRENLE, architecte, à Colmar.
1. TREMONTEL (André), à Paris.

V.

1. VALCHER jeune, sculpteur, à Paris.
1. VALANTIN, à Paris.
1. VATINELLE, à Paris.
1. VAUDONCOURT, fils, à Paris.
1. VERBRUGGHE, architecte, à Dunkerque.
4. VERDIERE, libraire, à Paris.
3. VINCENOT, libraire, à Nanci.
1. VINCENT, à Paris.
1. VILLELONGUE, à Vigneux.
1. VILLEMSENS, à Paris.
1. VIOLLIER, à Paris.
2. VIEUSSEUX, à Toulouse.
1. VIVAUX, maître de forges, à Dammarie.

W.

1. WALCKIERS (Éd. de), à Paris.
1. WEBER (Jacques), à Mulhouse.

Z.

1. ZOEGA, à Paris.

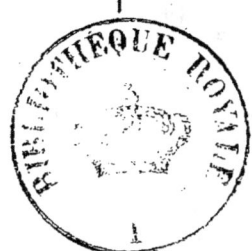

www.ingramcontent.com/pod-product-compliance
Lightning Source LLC
Chambersburg PA
CBHW050148230526
45470CB00001B/9